Salon Hair Cut

살롱 헤어커트

권기형 · 정웅경

메디시인

머리말

헤어 미용에서 헤어커트는 머리 형태가 만들어지는 가장 중요한 기초과정으로 퍼머넌트 웨이브, 컬러링, 블로우 드라이 등 헤어스타일을 완성하기 위해서는 헤어커트 과정이 반드시 수반되어야 합니다. 또한, 헤어커트로만 스타일을 완성할 경우 한 가지 커트 기법만 사용하여 스타일을 완성하는 경우는 많지 않습니다. 대부분 One Length cut, Graduation cut, Layer cut 등의 기본 기법을 혼합하여 다양한 형태의 선의 흐름, 볼륨, 질감 등을 표현하여 완성하게 됩니다. 이는 기본 기법에 대한 체계적인 교육이 이루어져 있어야 한다는 전제가 따릅니다. 이에 본 교재는 헤어커트 기본 형태와 더불어 기본 형태 바탕의 두 가지 이상을 혼합한 콤비네이션 헤어커트 스타일을 연출하여 살롱에 바로 응용할 수 있도록 구성하였다.

본 교재의 구성은 다음과 같습니다.

먼저 A Salon-type hair cut 교과목 프로파일과 강의 계획서 및 비평가자 자가 진단 및 교수평가를 수록하였습니다.

PART Ⅰ. A Salon-type hair cut 이론으로 CHAPTER 1 헤어커트의 이해에서 헤어커트 개념, 역사, 도구 및 사용법, 헤어커팅 테크닉에 대해 살펴보았으며, CHAPTER 2 헤어커트의 기본 지식은 두상의 포인트 및 기본 라인, 두상의 구획과 기능, 두상의 분할 용어, 헤어커트 기본 스타일에 대해 기술하였습니다. CHAPTER 3 헤어 디자인 설계하기에서는 헤어 디자인의 개념 구성요소 및 원리, 헤어 디자이너의 관찰과 사고, 헤어커트 디자인 설계론 및 설계 테크닉에 대해 기술하였습니다. 마지막으로 CHAPTER 4 헤어커트 기초 기술에서는 헤어커트 시 필요한 기초 기술과 진행 방법 및 주의사항에 대해 기술하였습니다.

PART Ⅱ. A Salon-type hair cut 실제에서는 모발의 길이에 따라 분류하여 롱 길이 헤어커트 5작품, 미디움 길이의 헤어커트 8작품, 숏 헤어커트 7작품, 총 20작품을 수록하였습니다. 특히 고객에게 오랫동안 사랑받고 있는 보브 커트는 각도와 파팅에 따라 분리하여 5작품을 수록하였습니다.

미용 산업현장에서 예술적 감각과 창의력을 펼치고 있는 많은 미용인들과 헤어 디자이너를 꿈꾸는 학생들에게 본 교재가 어려운 커트가 아닌 다가가기 쉬운 커트의 지침서가 되기를 희망합니다. 이 책이 완성될 수 있도록 도와준 많은 사람들과 이 책이 발간될 수 있도록 도움 주신 출판사 관계자에게 깊은 감사를 드립니다.

계묘년 만추에

저자 일동

차례

Contents

Chapter 03 헤어 디자인 설계하기

Chapter 04 헤어커트 기초 기술

차례

PART II 헤어커트 실제

Contents

차례

Contents

차례

A Salon-type hair cut

1. 교과목 프로파일

교과목	A Salon-type hair cut 살롱형 헤어커트
교과개요	고객의 외형적 특징, 취향 및 라이프 스타일을 고려하여 고객에게 어울리는 헤어스타일을 제안하고 헤어커트 기초부터 살롱에서 바로 적용 가능한 디스커넥션 등의 커트 기법으로 창의적인 콤비네이션 헤어커트 스타일을 완성하는 능력이다.
교과목표	• 고객이 원하는 정확한 스타일을 완성하기 위해 상담을 통해 고객에게 어울리는 헤어커트 스타일을 선정하여 디자인의 형태와 길이를 결정하는 능력을 함양한다. • 완성된 디자인 형태의 특징과 디자인 설계 테크닉, 헤어커트 조건을 나열하여 커트 도해도를 그려낼 수 있는 능력을 함양한다. • 커트 도해도와 시술 절차에 따라 헤어커트를 완성하는 능력을 함양한다. • 고객의 외형적 특징과 라이프 스타일에 맞는 헤어커트 스타일을 제안할 수 있는 능력을 함양한다. • 헤어커트 디자인에 따른 헤어 스타일링을 할 수 있는 능력을 함양한다.
교육방법	강의법, 실험 실습법, 문제해결식 수업
수업진행방식	• 학습자가 중심이 되어 헤어커트 스타일 형태의 특징과 디자인 설계 테크닉, 헤어커트 조건, 커트 도해도 등 헤어커트 연출 시 필요한 구성요소들을 찾아내어 분석하는 시간을 갖는다. • 학습자는 분석한 헤어커트의 구성 요소들을 상기시켜 연출과정을 충실히 이행한다.

2. 강의 계획서

교과목	A Salon-type hair cut	학수번호		학점 및 주당시간	3
이수구분	전공	학년		연구실/연락처	
담당교수		시수 이론/실습		교육장소	
수강제한	베이직 헤어커트 과정을 이수한 사람			E-mail	

교과목설명	교과개요	고객의 외형적 특징, 취향 및 라이프 스타일을 고려하여 고객에게 어울리는 헤어스타일을 제안하고 헤어커트 기초부터 살롱에서 바로 적용 가능한 디스커넥션 등의 커트 기법으로 창의적인 콤비네이션 헤어커트 스타일을 완성하는 능력이다.
	교과목표	• 고객이 원하는 정확한 스타일을 완성하기 위해 상담을 통해 고객에게 어울리는 헤어커트 스타일을 선정하여 디자인의 형태와 길이를 결정하는 능력을 키울 수 있다. • 완성된 디자인 형태의 특징과 디자인 설계 테크닉, 헤어커트 조건을 나열하여 커트 도해도를 그려낼 수 있는 능력을 키울 수 있다. • 커트 도해도와 시술 절차에 따라 헤어커트를 완성하는 능력을 키울 수 있다. • 고객의 외형적 특징과 라이프 스타일에 맞는 헤어커트 스타일을 제안할 수 있는 능력을 키울 수 있다. • 헤어커트 디자인에 따른 헤어 스타일링을 할 수 있는 능력을 키울 수 있다.
수업진행방식	교수학습법	이론강의, 실습, 발표, 토론, 팀티칭, 포트폴리오
	교수매체	시각, 청각, 시청각, 인쇄, 상호작용
	학습모듈 장비 및 도구	헤어커트 가위 장가위, 틴닝 가위, 블런트 가위, 틴닝, R형 등 레이저 Razor, 클리퍼, 핀셋, 분무기, 마네킹과 홀더 테이블용, 스탠드형 얼굴 털이용 스폰지 또는 붓, 어깨보, 커트보, 고객 가운, 타월 헤어 드라이기와 다양한 형태의 브러시

적용비율	시험 성적 %		출석, 기타 %	
	중간고사 %	기말고사 %	출석점수 %	과제점수 %
평가방법				
교재 및 참고도서 또는 추천도서				
저 자	출판년도	서명	출판사	출판지
권기형, 정웅경	2023년도		메디시언	경기도 파주시

주차별 진도 계획 및 내용

주	주별주제	수업계획 및 내용	수업 진행방식	수업 준비물
1	헤어커트의 이해	• 헤어커트 개념 및 종류에 대해 알 수 있다. • 헤어커트 역사에 대해 알 수 있다.	강의, 토론	교재, 필기도구
2	헤어커트의 이해 및 기본 지식	• 헤어커트 도구 및 사용법에 대해 알 수 있다. • 헤어커트 테크닉에 대해 알 수 있다. • 두상의 포인트 및 두상의 기본 라인에 대해 알 수 있다.	강의, 토론	교재, 필기도구
3	헤어커트 기본 지식 및 헤어 디자인 설계하기	• 두상의 구획과 기능에 대해 알 수 있다. • 두상의 분할 용어에 대해 알 수 있다. • 헤어커트 기본 스타일에 대해 알 수 있다.	강의, 토론	교재, 필기도구
4	헤어 디자인 설계하기 헤어커트 기초 기술	• 헤어 디자인의 개념 및 헤어 디자인 구성요소에 대해 알 수 있다. • 헤어 디자인의 원리 및 헤어 디자이너의 관찰과 사고에 대해 알 수 있다. • 헤어커트 디자인 설계론 및 디자인 설계 테크닉에 대해 알 수 있다. • 헤어커트 기초 기술 및 진행 방법과 주의사항에 대해 알 수 있다.	강의, 토론	교재, 필기도구
5	A Salon−type hair cut 1	• Long Increase Layer Cut • Long Square Graduation Cut	강의,토론,실습	교재, 헤어커트 도구일체
6	A Salon−type hair cut 2	• Long Uniform Layer Cut • Long Two Blocks Cut	강의,토론,실습	교재, 헤어커트 도구일체
7	A Salon−type hair cut 3	• Long Medium A line Combination Cut • Medium S line Combination Cut	강의,토론,실습	교재, 헤어커트 도구일체
8	중간고사	• 1차 평가, 서술형 시험	이론	
9	A Salon−type hair cut 4	• Medium A line Bobbed Cut • Medium A line Graduation Bob Cut	강의,토론,실습	교재, 헤어커트 도구일체

주	주별주제	수업계획 및 내용	수업 진행방식	수업 준비물
10	A Salon−type hair cut 5	• Medium Square Layer Bobbed Cut • Medium U line Bobbed Cut	강의, 토론, 실습	교재, 헤어커트 도구일체
11	A Salon−type hair cut 6	• Medium Short Graduation Bobbed Cut • Medium Layer Combination Cut	강의, 토론, 실습	교재, 헤어커트 도구일체
12	A Salon−type hair cut 7	• Medium Short High Graduation Cut • Short Medium Combination Cut	강의, 토론, 실습	교재, 헤어커트 도구일체
13	A Salon−type hair cut 8	• Short Cross Over Combination Cut • Short Mushroom Cut	강의, 토론, 실습	교재, 헤어커트 도구일체
14	A Salon−type hair cut 9	• Short Cross Over Asymmetric Cut • Short Two Blocks Cut	강의, 토론, 실습	교재, 헤어커트 도구일체
15	기말고사	• Short Half Diamond Piece Cut • Short Chirpy Bang Layer Cut • 2차 평가, 실기 시험	실습	헤어커트 도구일체

3. 비평가자 자가 진단 및 교수평가

진단 평가서			
담당교수		교과목명	A Salon-type hair cut
학 번		이 름	

능력단위요소	진단 문항	자가진단				
		매우 미흡	미흡	보통	우수	매우 우수
A Salon-type hair cut 디자인 설계	1. 고객 상담을 통해 고객이 원하는 스타일을 제안할 수 있다.	①	②	③	④	⑤
	2. 고객의 신체적 특징과 라이프 스타일을 분석하여 헤어커트 디자인을 제안할 수 있다.	①	②	③	④	⑤
	3. 고객 두상의 함몰과 돌출을 확인하여 보정 커트 방법에 대해 고객에게 제안할 수 있다.	①	②	③	④	⑤
	4. 헤어 디자인 전·후 필요한 고객 정보 분석, 수집하여 표를 작성할 수 있다.	①	②	③	④	⑤
	5. 고객이 원하는 헤어커트 스타일 도해도를 그림으로 표현할 수 있다.	①	②	③	④	⑤
A Salon-type hair cut 준비하기	1. 고객의 신체적 특징과 라이프 스타일을 보고 헤어커트 스타일을 디자인할 수 있다.	①	②	③	④	⑤
	2. 고객 두상의 함몰과 돌출을 확인하여 보정 커트를 디자인할 수 있다.	①	②	③	④	⑤
	3. 다양한 커트 기법을 활용하여 두상 특성에 맞는 헤어커트를 연출할 수 있다.	①	②	③	④	⑤
	4. 헤어커트 도해도로 표현한 헤어 디자인 실현을 위한 기술을 선정할 수 있다.	①	②	③	④	⑤
A Salon-type hair cut 진행하기	1. 고객의 신체적 특징과 모발의 특성 라이프 스타일을 판단하여 헤어커트를 실행할 수 있다.	①	②	③	④	⑤
	2. 다양한 헤어커트 기법을 활용하여 창의적인 헤어커트를 연출할 수 있다.	①	②	③	④	⑤
	3. 원랭스, 그래쥬에이션, 레이어의 커트 기법을 혼합하여 헤어스타일을 디자인할 수 있다.	①	②	③	④	⑤
	4. 디자인 된 콤비네이션 스타일을 커트할 수 있다.	①	②	③	④	⑤

능력단위요소	진단 문항	자가진단				
		매우 미흡	미흡	보통	우수	매우 우수
A Salon−type hair cut 마무리하기	1. 헤어커트 후 잔여 모발을 제거하기 위한 플레인 린스를 할 수 있다.	①	②	③	④	⑤
	2. 고객 만족을 파악하여 필요한 경우 보정 및 드라이 커트를 할 수 있다.	①	②	③	④	⑤
	3. 헤어커트 디자인에 따른 헤어 스타일링을 할 수 있다.	①	②	③	④	⑤
	4. 제품을 사용하여 창의적인 헤어 스타일링을 할 수 있다.	①	②	③	④	⑤

– 진단결과 –

능력단위요소	문항수	합계점수 개인	평균 점수÷문항수
A Salon−type hair cut 디자인 설계	5		
A Salon−type hair cut 준비하기	4		
A Salon−type hair cut 진행하기	4		
A Salon−type hair cut 마무리하기	4		

PART I 헤어커트 이론

Chapter 1. 헤어커트의 이해
2. 헤어커트 기본 지식
3. 헤어 디자인 설계하기
4. 헤어커트 기초 기술

Chapter 1

헤어커트의 이해

학습 내용	수업 목표
헤어커트의 이해	• 헤어커트의 정의와 종류에 대해 알 수 있다. • 헤어커트 역사에 대해 알 수 있다. • 헤어커트 도구 및 사용법에 대해 알 수 있다. • 헤어커트 테크닉에 대해 알 수 있다.

1. 헤어커트의 개념

1. 헤어커트의 정의

헤어커트의 사전적 의미로는 '미용을 목적으로 머리를 자르는 일. 또는 그 머리 모양'으로 정의하고 있다. 즉, 커트란 '머리 형태를 만든다.'라는 뜻으로 해석되며, 머리 모양을 만들기 위해서는 모발을 '자르다'라는 것으로 해석된다. 또한 '모발의 기장을 자르고 무게감을 남기면서 모발에 대해 수직으로 자르는 것'이라고 해석된다.

미용에서의 "헤어커트는 헤어스타일을 만드는데 기초가 되는 기술로 인 커트in cut와 아웃 커트out cut의 조합에 이루어낸다. 이는 모발 길이를 가지런히 하고 모량을 일정하게 하며 두발의 형태를 만듦으로써 '머리형을 만든다Hair shaping'라고도 한다. 또한 도구를 이용하여 머리카락의 단차를 내어 스타일에 맞는 정확한 길이와 질감을 정돈하여 헤어스타일을 완성하는 능력이다."라고 정의할 수 있다.

헤어 미용에서 헤어커트는 형태가 만들어지는 가장 중요한 기초과정으로 퍼머넌트 웨이브, 컬러링, 블로우 드라이 등 헤어스타일을 완성하기 위해서는 헤어커트 과정이 반드시 수반되어야 한다.

헤어커트는 모발이라는 소재를 가지고 신체적 특징이나 두상의 특성, 모질의 상태, 모발의 성질, 모발의 밀도, 모류의 흐름 등을 파악하여 각도에 따른 길이의 변화로 인한 높낮이의 결정, 질감의 변화, 양감의 표현으로 헤어스타일을 결정하는 과정이다. 또한 고객에게 어울리는 헤어스타일을 찾아주고 연출하여 고객에게 외모에 대한 자신감과 신뢰도를 높여주어 생활에 즐거움을 선사하고 고객에게 만족스러운 이미지를 찾아주는 것을 목적으로 한다.

헤어커트는 사람의 두개골 영역을 아름답게 표현하고 만들어 주는 것이므로 헤어스타일리스트는 자신의 노하우와 감성 표현을 자유자재로 표현할 줄 알아야 하며 헤어커트의 형태와 컬러 및 질감의 표현이 구현되는 디자인적 창조 활동과 더불어 과학적이며 체계적이라는 것을 잊지 않아야 한다.

살롱에서 진행되는 헤어커트 과정을 살펴보면 첫 번째는 상담을 통해 고객에게 어울리는 헤어커트 스타일을 선정하여 디자인의 형태와 길이를 결정한다. 둘째는 두상의 특성, 수정·보정이 필요한 두상의 위치를 파악하여 볼륨존의 위치를 확인한다. 세 번째는 완성된 디자인 형태의 이미지를 그려내어 커트 도해도를 완성한다.

커트 도해도 작성 시 헤어커트 실행에 필요한 블로킹 Volume Zone Blocking, 머리 위치 Head Position, 섹션 Section, 분배 Distribution, 커트 시술 베이스 Base, 시술 각도 Angle, 손가락 위치 Finger Position, 가이드 라인 Guide Line, 커트 테크닉 Cut technique, 질감 처리 방법 등을 나열하여야 한다. 마지막으로 완성된 커트 도해도와 시술 절차에 따라 헤어커트 실전에 들어간다. 헤어커트가 완성되면 마무리로 고객에게 어울리는 스타일링을 한다.

시술 도구로는 가위, 빗, 레이저, 클리퍼 등 헤어 디자인의 형태에 따라 도구를 다르게 사용하여 모발을 커팅하는 것이다.

2. 헤어커트의 종류

(1) 물 사용 여부에 따라

① 웨트 커트 Wet Cut

모발이 물에 젖은 상태로 커트하는 방법이다. 젖은 모발 상태로 커트 형태가 마무리되어야 모발의 손상을 덜 주고 탄성을 유지할 수 있다. 또한 모질의 본래 성질에 따라 모발의 뻣침 정도와 두개골의 형태를 파악하여 모류 교정, 방향성 제시, 보정 커트 등을 할 수 있으며 정확한 가이드 라인의 빗질이 형성되고 자연스러운 모발의 움직임을 보면서 움직임 자체를 이용한 자연스러운 커트 선을 만들 수 있다.

② 드라이 커트 Dry Cut

모발에 물이 없는 건조한 상태로 하는 커트로 길이의 변화 없이 수정할 경우 사용하며 손상모 등을 간단하게 추려내는 경우 사용한다. 모발의 손상이 있을 수 있는 단점이 있어 헤어스타일 마무리 단계에서 쓰인다.

(2) 퍼머넌트 전후에 따라

① 프레 커트 Pre Cut

퍼머넌트 시술 전에 하는 커트로 생각하는 디자인 라인보다 1~2cm 길게 커트하여 펌 시술 후 길이 변화를 생각하며 하는 커트이다.

② 애프터 커트 After Cut

퍼머넌트 시술 후에 하는 커트로 완성된 디자인에 맞춰서 하는 커트이다.

(3) 사용 도구에 따라

① 시저스 커트 Scissors Cut

커트 테크닉에 따라 커팅 가위의 형태와 크기 inch 를 선택하여야 한다. 잘리는 모발의 단면이 정확하고 손상도가 적으며 웨트 커트와 드라이 커트에 모두 사용할 수 있다.

② 레이저 커트 Razor Cut

반드시 웨트 커트 시 이용하며 면도날을 사용하여 시술한다. 젖은 모발에 커트함으로써 모발의 결을 매끄럽게 해서 커트가 잘 되도록 하는 동시에 모발을 잡아당겼을 때 아픔을 주지 않게 하기 위한 것이다.

③ 클리퍼 커트 Clipper Cut

클리퍼를 이용한 커트로 빠르고 간단한 시술이 장점이다.

2. 헤어커트의 역사

(1) 1910~1950년대

1910년대에는 앞머리를 일직선상으로 짧게 내리고 뒷머리는 짧고 직선적인 브런트 커트blunt cut의 보브 스타일이 유행하였다. 세계적 무용가 아이린 캐슬Irene Castle, 1892~1969의 짧게 자른 스타일이 유행하기 시작하여, 1920년대에는 더 짧은 쇼트커트가 유행했는데 이는 남녀평등에 대한 의지를 드러내기 위한 것으로 보이시 보브boyish bob라 하여 남성의 머리와 똑같은 형태의 쇼트커트가 유행하였다. 마샬 웨이브Marcel Wave가 일반적으로 사용되어 짧은 머리에 웨이브 컬을 만들어 표현하였다.

1930년대에는 머리 형태가 여성스럽고 우아한 부드러운 퍼머넌트 웨이브 스타일이 유행하였으며 의상 또한 로맨틱하게 변화가 이루어졌다. 1940년대에 머리 형태는 간소해졌고 모자는 머리 보호용으로 사용되었으며, 일하는 여성들은 간편하게 터번이나 천으로 묶는 것이 일반적이었다.

1950년대 마릴린 먼로의 머리카락을 약 4cm 길이로 똑같이 잘라서 느슨하게 컬을 한 푸들 커트poodle cut, 어깨까지 내려온 머리의 끝을 안으로 말은 페이지 보이 보브pageboy bob 등이 유행했으며, 오드리 헵번의 짧은 머리 모양픽시 커트과 불규칙한 앞머리와 짧은 커트가 유행하였다.

1910년대 아이린 캐슬Irene Castle

1940년대 잉글리드 버그만Ingrid Bergman

1950년대 마릴린 먼로Marilyn Monroe, 오드리 헵번Audrey Hepburn

(2) 1960~1980년대

1960년대는 대중매체의 대량 보급을 통해 의상, 헤어스타일, 메이크업 등 전 분야에 걸쳐 새로운 유행의 시작을 알리는 황금기였다. 특히 머리 모양의 변화가 많았는데 커트 기술의 향상과 다양화로 커트형의 머리 모양이 유행했고 특히 인기 모델 트위기Twiggy의 영향으로 짧은 헤어스타일이 유행하였고, 비달 사순Vidal Sassoon 은 1섹션 커트 디자인인 One Length cut, Graduation cut, Increase Layer cut, Uniform Layer cut 디자인을 창안하여 일명 기하학적 커트로 유명해졌다.

미국의 불평등과 기존 체제에 반항하는 히피 스타일로 긴 머리를 그대로 풀어 헤쳐서 자연스러운 모양을 내는 스타일이 유행하였다. 흑인 민권 운동의 영향으로 아프로 스타일이 유행하여 백인의 머리 형태에도 영향을 미치기 시작하였다.

1970년대 유럽에서는 헤어스타일이 예술로써 인정받게 되면서 미용의 모든 부분에서 사고와 창조가 중요시되었다. 긴 머리를 그냥 자른다는 커트에서 모발의 각도를 달리해서 유연함과 유동성에 의한 비달사순의 기하학적인 커트의 개념이 정립된 시기이다.

1970년대 전반에는 커트 붐이 절정을 이루었으며 특히 목덜미 뒤 부위에 길게 레이어형으로 커트한 스타일이 유행하였으며 1섹션 커트에 질감 처리기법이 나타났다. 또한 자연스럽고 청순한 바람머리 스타일과 자연스러운 웨이브로 어깨까지 내려오는 층이 있는 머리가 크게 유행하였다. 또한 바깥쪽으로 끝에만 웨이브를 준 귀엽고 여성스러운 스타일이 유행하였는데 앞머리부터 볼륨감 있는 웨이브가 특징이었다.

1970년대 후반에는 펑크스타일의 영향으로 뻗친 머리의 질감이 가미된 둥근 레이어 스타일이 유행하였다.

1960년대
비달사순Vidal Sassoon, 트위기Twiggy

1970년대 파라 포셋 메이저Farrah Fawcett Major,
마돈나Madonna

1980년대 헤어스타일

1980년대에도 펑크스타일이 유행하였으며, 1섹션 커트의 진화에 의한 다양한 디자인의 컨케이브, 컨백스 형태의 커트가 나타났다. 이에 맞추어 헤어 컬러가 다양하게 표현되었고, 부드러운 웨이브도 여전히 유행하였다.

(3) 1990년대

1섹션 커트를 자르다 보니 한계가 느껴지기 시작하여 유럽에서 디스커넥션Disconnection이 개발되어 가로 파팅과 대각 파팅을 이용한 커트에서 세로 파팅을 이용한 커트 디자인의 다양화가 이루어져 개성과 독창성을 추구하던 시기였다.

1990년대 초에는 밝은색의 헤어스타일과 길고 자연스러운 웨이브가 유행하였으며 뒷머리는 쇼트 커트를 한 머리 형태가 유행하였고 레이어layer 스타일이 유행하여 보브 길이의 변형 커트가 많았으며 헤어 컬러링도 고도로 발달하였다. 또한, 개인의 독창성이 중요시되어 다양한 스타일이 유행하였다. 미국의 TV 코미디의 제니퍼 애니스톤Jennifer Aniston이 했던 레이어드룩은 많은 사람이 모방하여 레이철Rachael이라는 이름이 붙여져 크게 유행되었다.

비달사순 ABC　　제니퍼 애니스톤Jennifer Aniston

(4) 2000년대

21세기는 새로운 밀레니엄 시대의 개막으로 유행의 흐름이 빠르게 진행되는 시기로 일본은 유럽에서 시작된 디스커넥션 기법을 발전시켜 2섹션 커트를 응용한 디스커넥션 커트가 유행하고 고객에게 맞는 살롱 스타일로 체계화하고 발전시켰다. 2000년대 초반에는 동양적 사상이 가미된 오리엔탈리즘과 뉴 미니멀리즘의 영향으로 젠Zen 스타일이 나타났다.

기존의 단순함을 피해 뱅이 있는 프렌지 라인과 가벼운 질감의 커트 형태, 투 톤의 과감한 컬러링과 3단계의 그라데이션 기법, 모발을 길게 하기 위해 익스 텐션extension을 이용하고 레게 머리 스타일이 컬러풀하게 연출되었다. 팝 아트의 영향으로 화려한 컬러링과 비대칭 라인, 과장된 텍스처로 인하여 디스커넥션 커트 기법 등 내추럴한 커트 기법이 선보였다.

젠 스타일

투 톤과 그라데이션 기법
헤어 컬러아티스트 Guy Tang 가이탕 작품

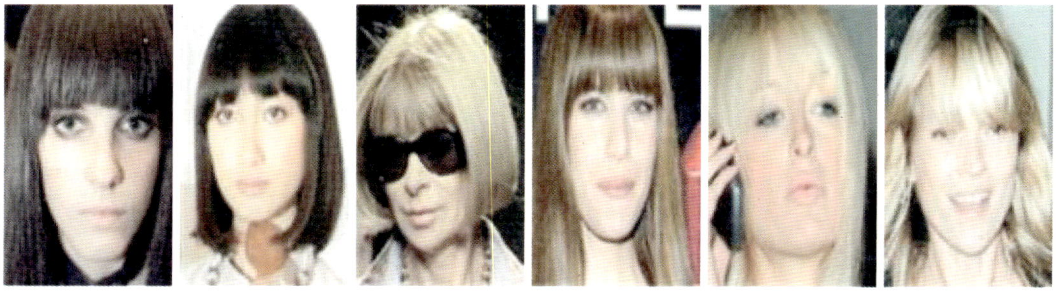

뱅 스타일 헤어

익스 텐션extension

비달사순 2013 AW Constructivist

3. 헤어커트 도구 및 사용법

디자인 결정 과정을 통해 정해진 스타일에 따라 사용 도구와 기법이 결정된다. 특정한 도구를 선택하는 일은 형태선에서 모발 질감의 변화를 가져오게 되며 도구에 대한 숙련도에 따라 결과가 다르게 나타나므로 많은 연습 과정이 필요하다.

1. 커트 가위 Cut scissors

(1) 가위의 종류

① 재질에 따른 분류

- 전강 가위 : 전체가 특수강으로 만들어진 가위
- 착강 가위 : 협신부는 연강, 날은 특수강으로 만들어진 가위

② 목적과 형태에 따른 분류

- 커팅 가위 : 가장 일반적인 모발 커트용 가위로 4.5~5.5인치는 일반용 미니 가위 으로 사용되고, 6.5인치 이상은 장가위로 사용된다.
- R형 가위 : 날 부분이 R모양으로 구부러진 가위로 스트로크 커트나 세밀한 부분을 수정할 때 사용되고 모발 끝의 커트 라인을 정리하는 데 사용된다.
- 틴닝 가위 : 숱을 감소시키는 것이 주목적인 가위로 발의 개수나 형태에 따라 모발 감소와 형태가 달라진다.
- 기타 : 가위 날의 등에 빗이 부착되어 빗질하면서 모발을 커트할 수 있는 빗 겸용 가위가 있다.

(2) 가위의 구조 및 특징

가위는 모발 끝을 깨끗하고 뭉툭한 모서리로 만들어 정돈된 느낌을 주기 위해 사용되는 도구이다. 협신에서 가위의 날 끝으로 갈수록 자연스럽게 구부러진 것이 좋으며, 양날의 견고함이 동일해야 한다. 날의 두께가 얇고 잠금 나사 부분이 강한 것이 좋다. 또한 손가락을 넣는 구멍이 미용사의 손에 맞아 조작하기 쉬운 것을 선택해야 한다.

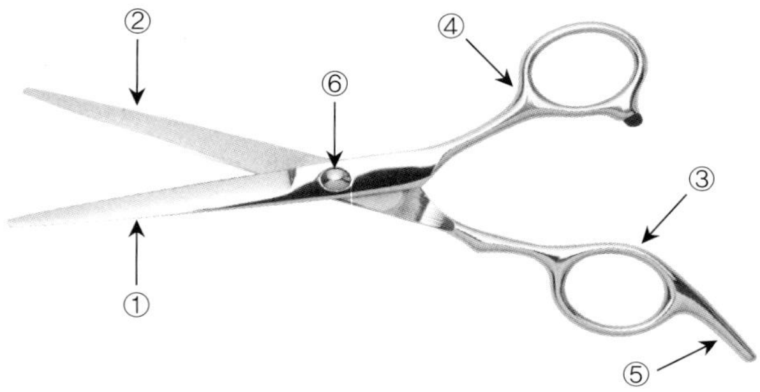

① **유동날**Moving blade : 엄지손가락에 의해 조작되어 움직이는 날

② **고정날**Blade : 약지손가락에 의해 조작되고 시술 시 고정되는 날

③ **약지환**Finger grip : 정도에 연결된 원형의 고리로 약지손가락에 끼워 넣는 곳

④ **엄지환**Thumb grip : 동도에 연결된 원형의 고리로 엄지손가락이 위치하는 곳

⑤ **소지걸이**Finger brace : 약지환에 이어져 있으며 소지새끼손가락를 걸기 위한 곳

⑥ **조임쇠**Pivot Point : 정도와 동도를 하나로 고정시켜 주며 나선의 스치는 정도를 조정한다.

(3) 가위 잡는 방법

① 가위의 조임쇠Pivot Point 부분이 자신을 바라보도록 잡고 고정날에 약지손가락을 끼운다.

② 오른 손바닥을 위로 하고 약지 두 번째 마디에 약지환을 끼운다. 손바닥 45° 위치에 가위를 놓고 동날에 엄지손가락을 끼우되 너무 깊게 끼워 넣지 말고 엄지손가락 끝에 걸치듯이 끼운다.

③ 왼손 엄지에 커트 빗을 끼워서 고정한 후 검지와 중지를 가볍게 붙인 다음 오른손에 가위를 열어서 왼손 중지 끝에 고정 가윗날을 가져다 대고 개폐 동작을 충분히 한다.

④ 동날의 엄지날만 움직이고, 약지와 나머지 세 손가락은 가지런히 하여 움직이지 않도록 엄지날의 힘을 받쳐주는 역할을 한다.

⑤ 커트하지 않을 때는 가위의 날을 닫은 뒤 엄지환에서 엄지를 빼고 가볍게 주먹을 쥐는 동작으로 가위를 쥔다.

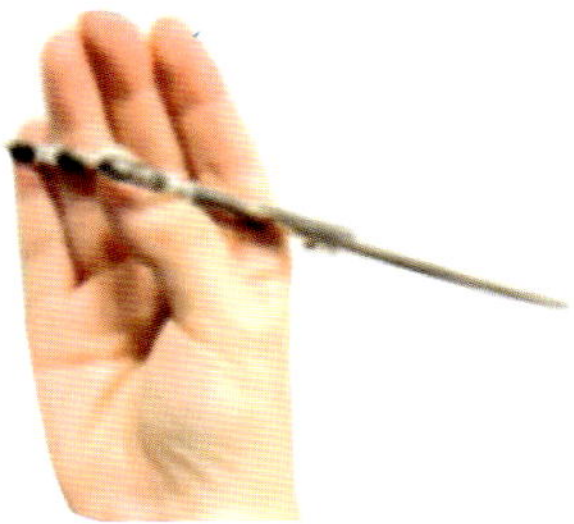

가위 쥐는 자세

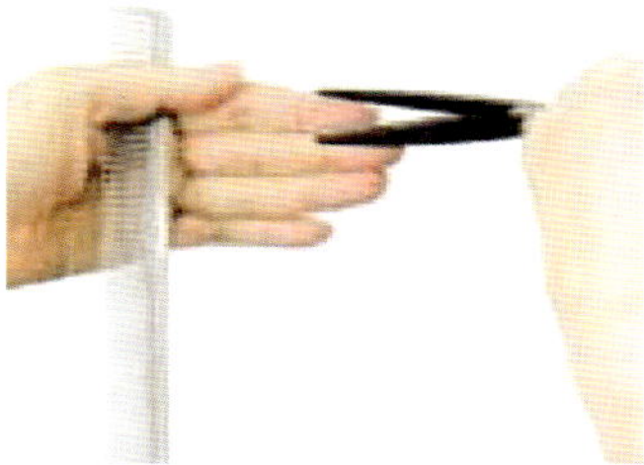

가위와 빗을 잡고 커트하는 모습

손등 위에서 커트하는 자세

손바닥을 아래로 향하는 자세

2. 틴닝 가위 Thining scissors

틴닝 가위는 규칙적이고 길고 짧은 단차를 만들어 내며 두발의 양을 조절한다.

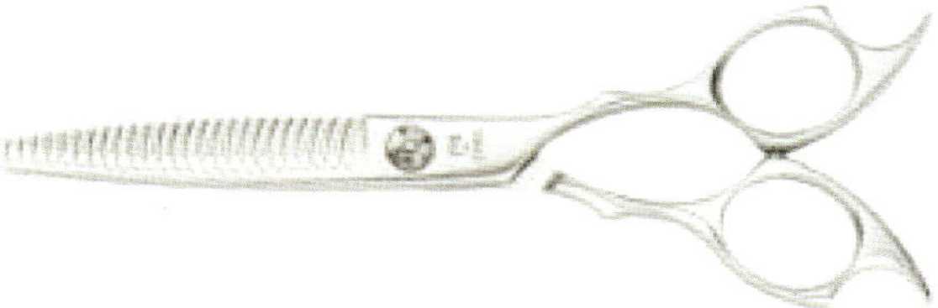

3. 레이저 Razor

레이저는 모발을 커트하기도 하지만 사용 방법에 따라 가위로는 낼 수 없는 모발의 가벼움, 매끄러움, 율동감을 주어 아름다운 헤어스타일을 연출한다. 레이저 커트 시 젖은 모발 상태에서 시술해야 한다. 레이저는 각 두발의 끝을 가늘게 하여 부드러운 형태선을 만든다.

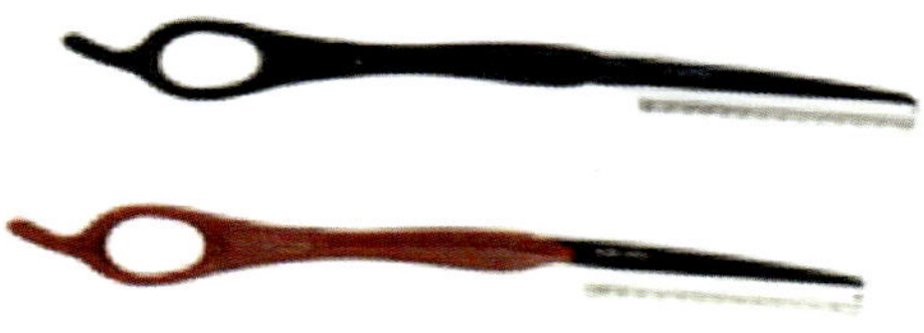

4. 클리퍼 Clipper

모터의 동력에 의해 유동날이 좌우로 빠르게 이동하면서 모발을 절단하는 도구이다. 일명 바리깡이라고 부른다. 남성의 쇼트커트나 여성의 쇼트커트 시 모발의 단면을 직선으로 자르는 데 사용한다.

5. 커트 빗 Comb

빗은 커트하는 동안 모발을 분해하고 조절하며, 빗살 간격과 디자인에 따라 다양한 용도로 사용한다. 전체적으로 빗살이 균일한 것이 좋고, 너무 뾰족하거나 무디지 않은 것을 선택한다.

(1) 빗 잡는 방법

빗의 중간을 엄지와 검지, 중지로 살며시 잡는다. 돌리고자 하는 방향으로 엄지, 검지, 중지를 이용하여 빗을 회전시키며 커트 시술 시 목적에 따라 한 방향으로 돌려가면서 사용한다.

(2) 빗의 종류

① **커트 빗** : 헤어커트 시 얼레 빗살은 블로킹과 슬라이스를 나눌 때 사용하고, 고운 빗살은 섬세한 빗질을 할 때 사용한다.

② **얼레 빗** : 빗살 간격이 넓기 때문에 많은 양의 모발을 조절하는 데 적당하다.

③ **꼬리 빗** : 고운 빗살과 긴꼬리가 있어 슬라이스를 나눌 때 용이하다. 퍼머넌트 와인딩과 롤러 컬 와인딩에 사용한다.

④ 웨이브 빗 : 빗의 길이가 길고 얼레 빗살과 고운 빗살이 같이 있어서 섬세한 웨이브를 만들 때 사용한다.

(3) 빗과 가위 사용하기

빗을 이용하여 모발을 일정하게 빗질한 후 손가락으로 모발을 고정하고 가위를 이용하여 원하고자 하는 곳의 모발을 커트한다. 커트 시술 시 빗을 사용하지 않을 때는 빗살 끝이 왼손 엄지손가락 안쪽으로 향하도록 중심을 끼워 넣고 가위 테크닉을 한다.

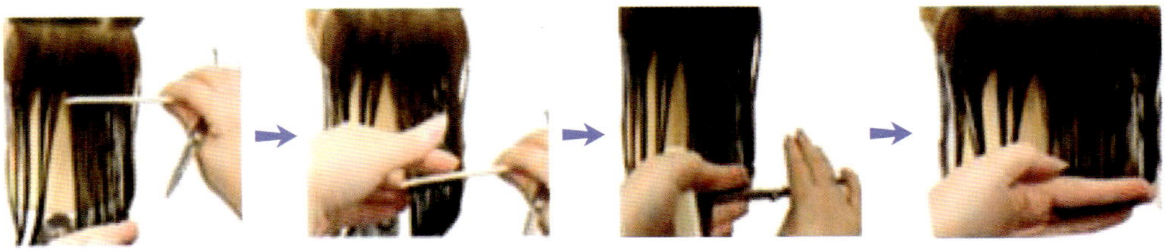

6. 핀셋 클립

모발을 커트하기 위해 일정한 파팅 Parting, 섹셔닝 Sectioning 등 모발의 고정을 위하여 사용한다.

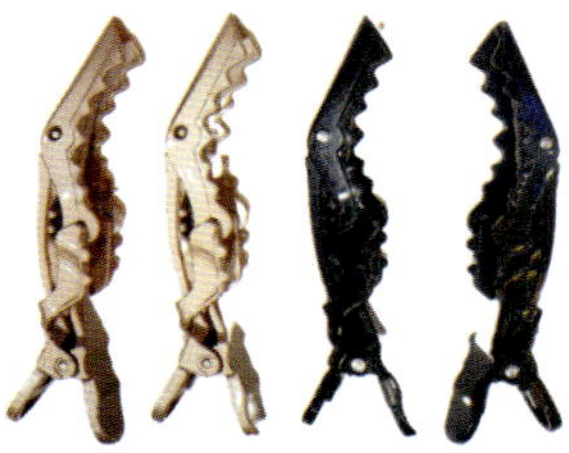

7. 분무기 Spray

커트 시 중요한 역할을 하는 도구로서 마른 모발에 균일한 수분을 주고 큐티클 Cuticle이 손상이 가지 않게 수분을 조절할 때 사용된다.

8. 커트용 어깨 보와 커트 보

어깨 보는 커트 보를 사용하기 전에 착용하며 커트 후 블로우 드라이 시 작업이 연결되도록 하는 데 목적이 있다. 커트 보는 커트 시 고객의 옷을 보호하고 커트 된 모발이 옷 속으로 들어가는 것을 방지할 목적으로 착용한다.

4. 헤어 커팅 테크닉

모발을 커팅하는 기법을 말한다.

1. 블런트 커트 Blunt Cut

모발을 일직선으로 커트하는 기법으로 스트랜드로 잘려진 단면이 직선으로 이루어진 커트이며 클럽커트Club cut라고도 하며 모발의 손상이 적다. 또한 길이는 제거되지만, 부피는 그대로 유지되어 모발 끝의 무게감이 그대로 남아있다. 모발이 가늘고 부드러운 모발에 많은 부피와 무게감을 유지하기 위해 사용한다. One Length cut, Graduation cut, Layer cut, Square cut에서 사용된다.

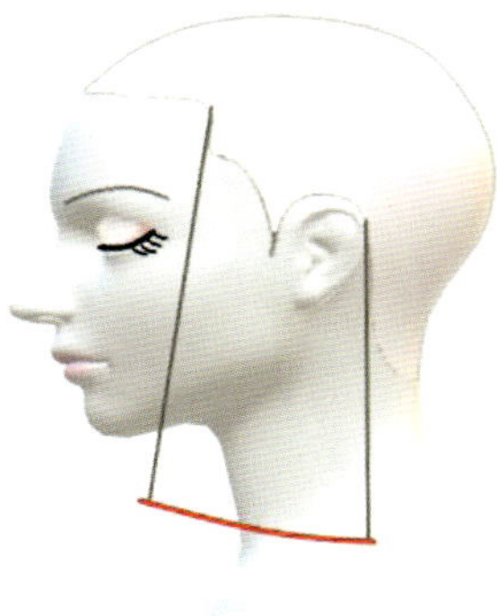

2. 나칭 커트 Notching Cut

머리끝에서부터 가위를 45°로 넣어가며 지그재그의 작은 폭이 생기도록 커트하여 커트 후 모발 끝이 불규칙한 디자인 선이 연출되도록 하여 무게감을 제거하고 가벼운 형태 선을 만든다. 웨이브의 머리에 효과적으로 운동감을 더해 주면서 커트 디자인에 질감을 넣어주기 위해 사용된다. 블런트 커트보다 무게감을 감소시키고 싶을 때 사용한다.

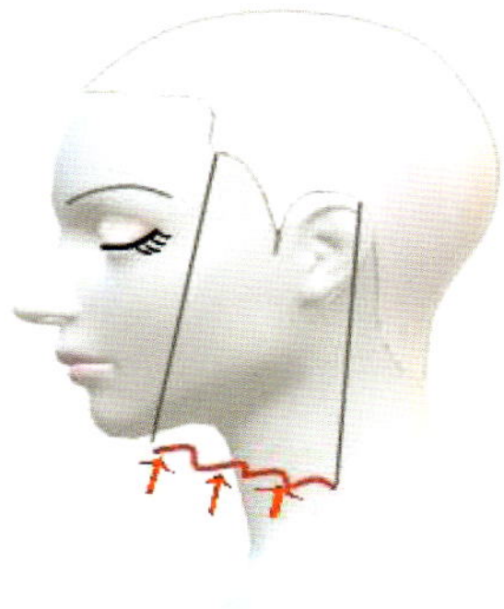

3. 포인팅 커트 Pointing Cut

나칭 커트보다 더 섬세하고 불규칙한 길이를 만들어 내며 모발 끝을 쳐내는 양의 손가락의 위치나 포인팅 횟수에 따라 달라지는 기법으로 모발 끝 쪽에서 스트랜드를 잡은 손가락 쪽으로 가위를 세로로 깊게 넣어 커트하는 기법이다. 헤어스타일 마무리 단계에서 모발의 끝을 가볍게 연출하고 싶을 때 사용한다.

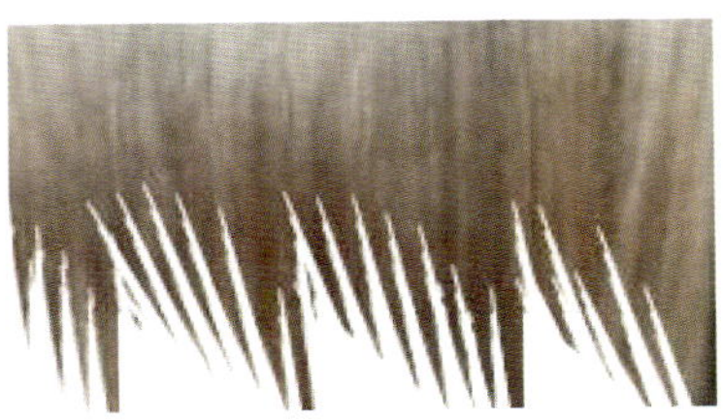

4. 슬라이드 커트 Slide Cut

머리 다발을 잡고 머리끝을 향해 미끄러지듯이 커트하는 기법으로 가위를 벌려 짧은 길이에서 긴 길이를 연결할 때 사용한다.

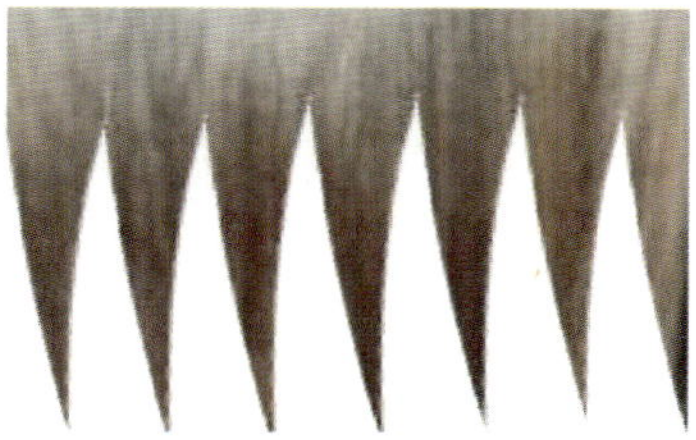

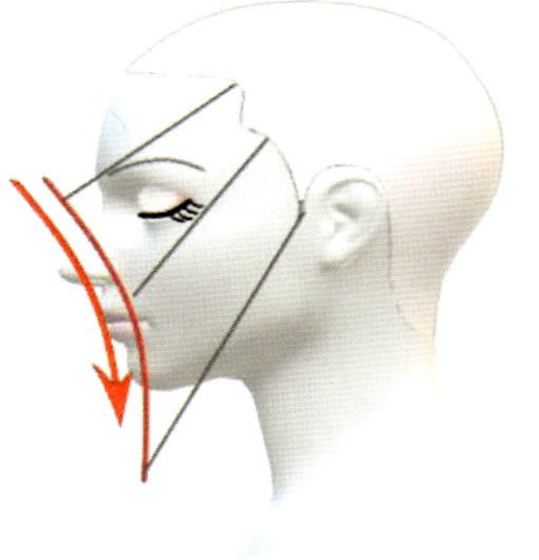

5. 슬라이싱 커트 Slicing Cut

불규칙한 움직임이나 가벼운 이미지를 나타내고 싶을 때 머리 표면을 따라 가위를 벌리고 미끄러져 가듯 커트하는 기법으로 머리 표면에 슬라이싱 하므로 확장감을 만든다. 웨이브 머리에는 운동감과 확장감을 준다. 모발 끝이 흩어지는 느낌을 연출하기 위한 테크닉으로 가위가 모발 끝 쪽으로 커트하는 기법이다.

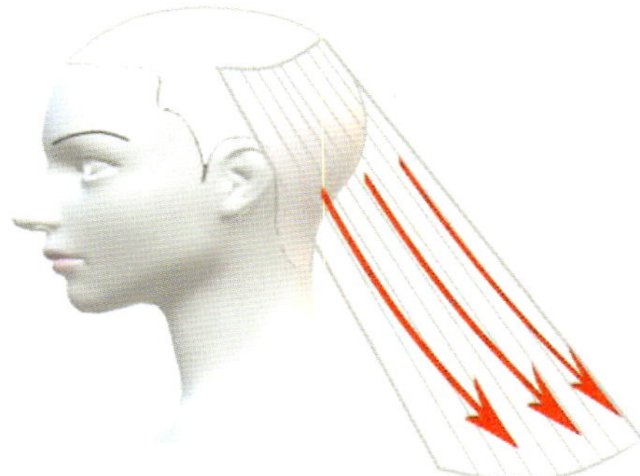

6. 스트록 커트 Stroke Cut

가위를 사용하여 마른 모발에 테이퍼링 하는 기법으로 모발 끝에서 두피 쪽으로 들어가면서 모발을 반복하여 밀쳐서 모량을 줄이는 기법으로 모발 끝의 움직임과 가벼움, 부드러운 라인을 만들 목적으로 사용된다.

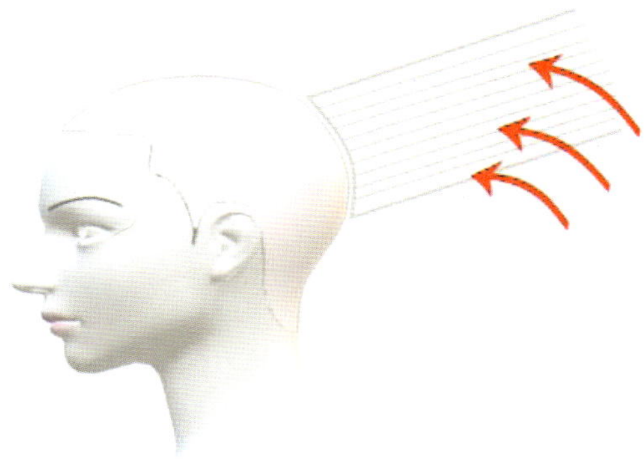

① 롱 스트로크 : 가위의 각도가 모발의 45~90° 정도이며 쳐내는 모발의 양이 적다.
② 미디움 스트로크 : 가위의 각도가 모발의 10~45° 정도이며 쳐내는 모발의 양이 보통이다.
③ 숏 스트로크 : 가위의 각도가 모발의 0~10° 정도이며 쳐내는 모발의 양이 많다.

7. 틴닝 Thinning

모발의 길이를 줄이지 않고 전체적인 모량에 부피를 줄이고 모류 조절을 통해 볼륨 및 생동감을 주며 짧은 모발에 질감을 주는 기법이다.

(1) 루트 틴닝 roots thinning

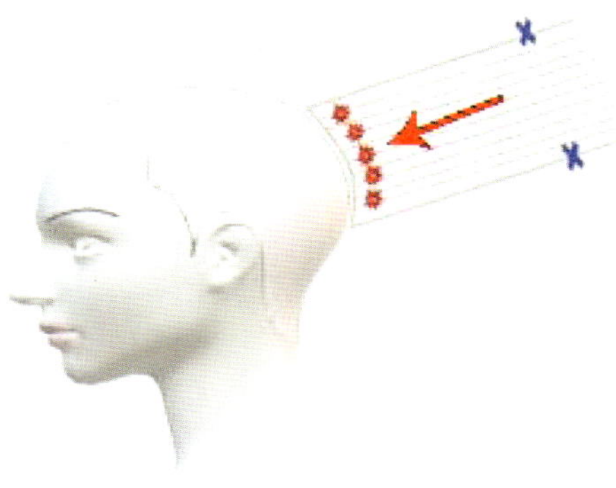

• **처리법** : 모근 쪽 0.5cm 이하 부분을 틴닝 처리한다.
• **효과** : 모량 감소, 강한 모류 부분 보정, 들떠있는 모류 교정이 가능하다. 판넬의 양쪽을 틴닝 할 경우 형태의 변형이 일어날 수 있으므로 주의해서 실행한다.

(2) 이너 그래쥬에이션 틴닝 inner graduation thinning

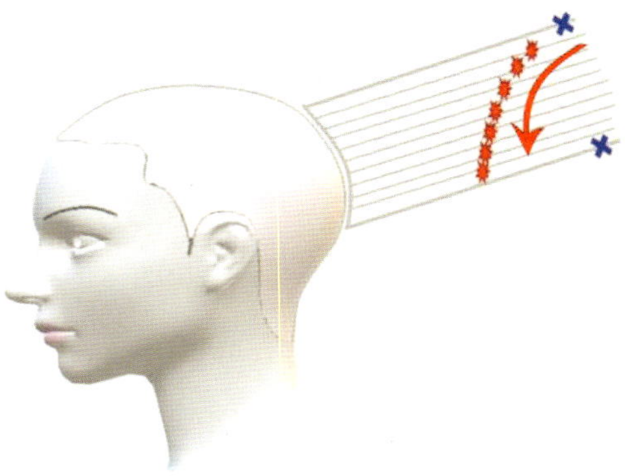

• **처리법** : 판넬을 수직으로 잡고 아래쪽은 짧고 위가 길도록 틴닝 처리한다.
• **효과** : 골격이 들어간 부분에 볼륨감이 생성되어 안 말음 효과가 난다. 또한 모량 감소와 표면의 매끄러움은 유지할 수 있다.

(3) 이너 레이어 틴닝 inner layer thinning

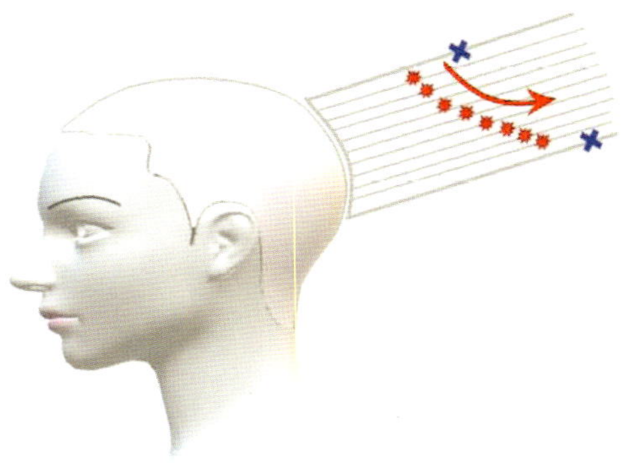

• **처리법** : 판넬을 수직으로 잡고 아래쪽은 길고 위는 짧게 틴닝 처리한다.
• **효과** : 모량과 양감의 감소 효과가 있고 움직임을 극대화시키는 효과가 있으며 겉 말음 효과가 난다.

(4) 라인사이드 틴닝 lineside thinning

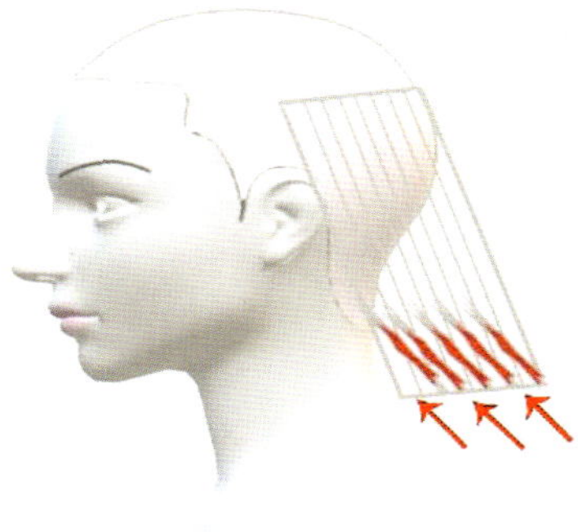

- **처리법** : 수평으로 잡은 판넬 끝의 라인 부분을 사선으로 틴닝 처리한다.
- **효과** : 볼륨이 형성되며 모발 끝의 움직임을 좌우로 자유롭게 표현하고 싶은 경우 사용한다.

(5) 라인언더 틴닝 lineunder thinning

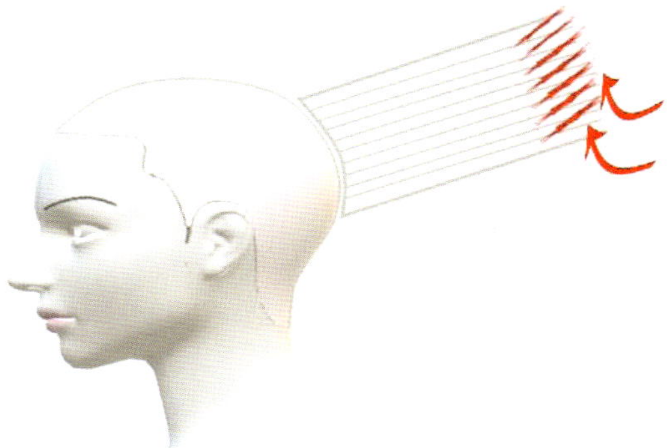

- **처리법** : 수직으로 잡은 판넬 끝의 라인 부분에 여러 개의 그래쥬에이션 층이 형성되도록 틴닝 처리한다.
- **효과** : 모량이 충분하지 않은 모발에 볼륨을 형성하여 안 말음 효과가 난다.

(6) 라인오버 틴닝 lineover thinning

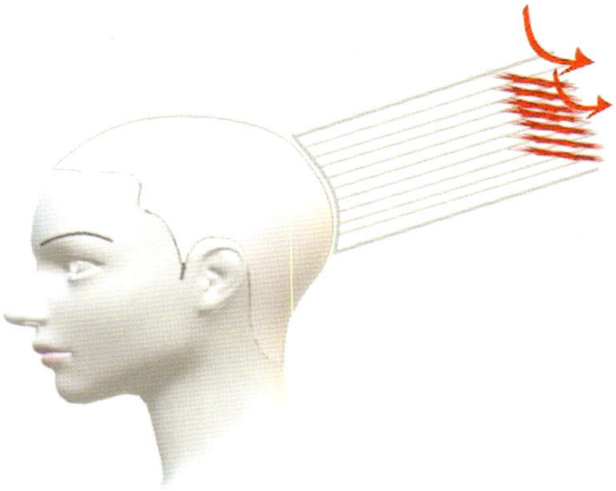

- **처리법** : 수직으로 잡은 판넬 끝의 라인 부분에 여러 개의 레이어 층이 형성되도록 틴닝 처리한다.
- **효과** : 모량이 충분하지 않을 경우 모발의 겉말음 효과가 난다. 모발의 표면에 움직임이 필요할 경우 사용한다.

8. 레이저 테크닉

레이저의 시술 각도에 따라 제거되는 모량의 변화가 발생하여 길이 제거 및 질감이 생겨 남겨진 모발의 가벼움이 달라진다.

- 레이저 각도가 15° 정도 : 50% 이상으로 가장 많은 모량이 제거된다.
- 레이저 각도가 30° 정도 : 모량의 50%가 제거된다.
- 레이저 각도가 45° 정도 : 모량의 20%~30%가 제거된다.
- 레이저 각도가 90° 정도 : 모량의 10%가 제거된다.

5° 정도

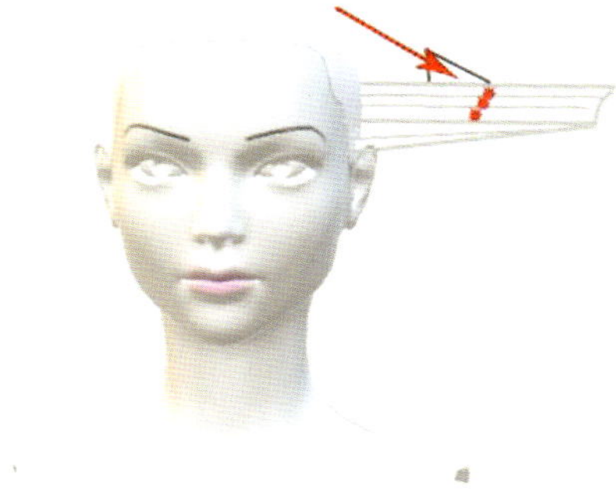

30° 정도

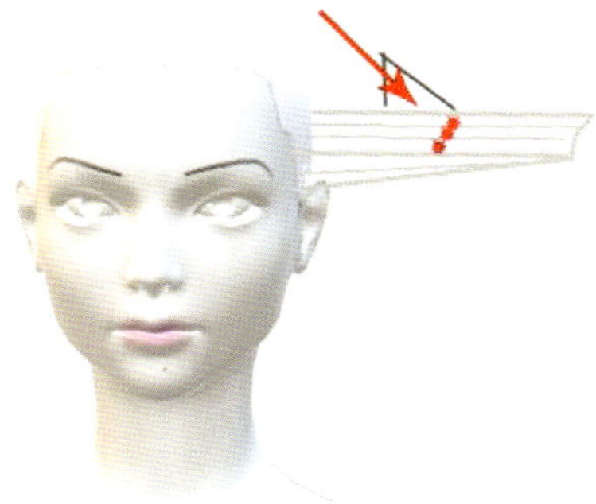

45° 정도

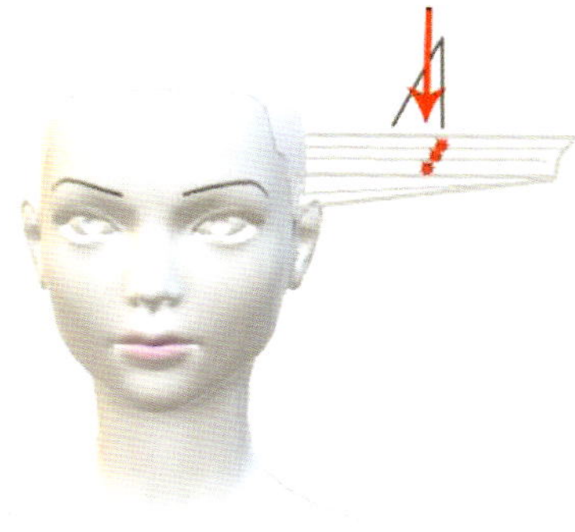

90° 정도

(1) 에칭 기법 Etching, Layer 질감

- 레이저를 판넬의 표면에 대고 테이퍼링하는 방법이다.
- 아웃 컬의 움직임을 만들고자 할 때 사용하는 방법이다.
- 율동감과 움직임을 줄 수 있다.
- 패널의 측면과 겉면의 길이를 제거하는 커트 방법으로 스트로크 폭의 깊이에 따라 모발의 움직임을 자연스럽게 만들 수 있다.

(2) 아킹 기법 Arching, Graduation 질감

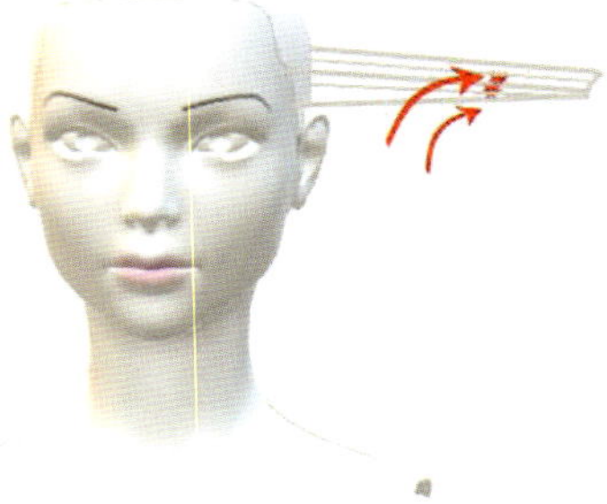

- 레이저를 판넬 뒤쪽으로 대고 호를 그려 안쪽 모발을 도려내는 방식으로 테이퍼링 하는 것이다.
- 판넬의 위쪽이 길고 아래쪽이 짧아 인 컬의 볼륨을 얻을 수 있는 기법이다.
- 볼륨감과 입체감을 만들고자 할 때 사용한다.
- 인 컬에 볼륨감을 주고자 할 때 사용한다.

(3) 텍스춰 테이퍼링

모발의 단차를 내기 위한 레이저 커트 기법이다. 에칭 Etching, 아칭 Arching 시술 시 많은 시간이 필요하므로 빠른 시간에 한꺼번에 질감을 처리하기 위하여 한 판넬을 잡고 질감을 표현하는 방법이다.

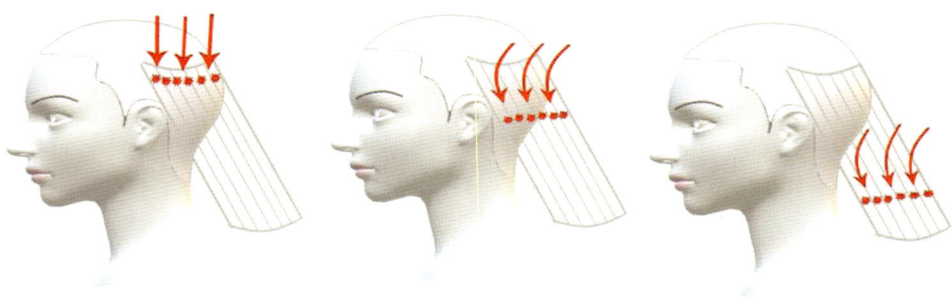

딥 테이퍼 노멀 테이퍼 앤드 테이퍼

- **딥 테이퍼** Deep Taper : 패널의 2/3지점에서 끝부분으로 진행한다. 모발을 많이 제거하여 가벼움을 만든다.
- **노멀 테이퍼** Normal Taper : 모발 패널의 1/2 지점에서 폭넓게 테이퍼한다.

- **엔드 테이퍼** End Taper : 패널의 모발 끝으로부터 1/3 지점 이내의 모발 끝을 가볍게 테이퍼한다.

(4) 방향에 따른 테이퍼링

- 왼쪽, 오른쪽으로 움직임을 주고자 하는 디자인에 따라 레이저가 들어가는 방법이 달라진다.
- 모발의 길이는 짧은 쪽에서 긴 쪽으로 흐르는 성질을 가지고 있다.
- 왼쪽 방향의 흐름인지 또는 오른쪽 방향의 흐름인지에 따라 레이저 날을 먼저 대어 짧게 해야 한다.

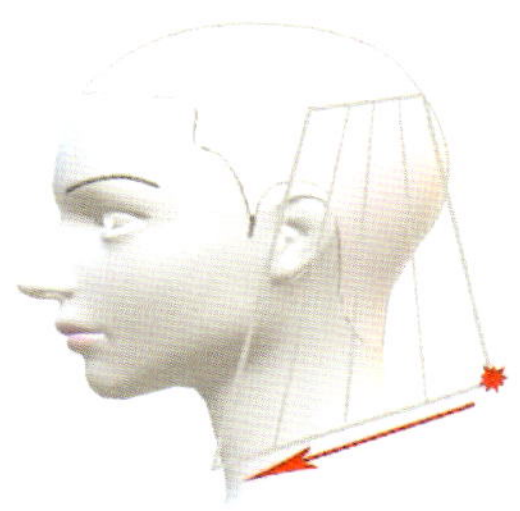

전대각

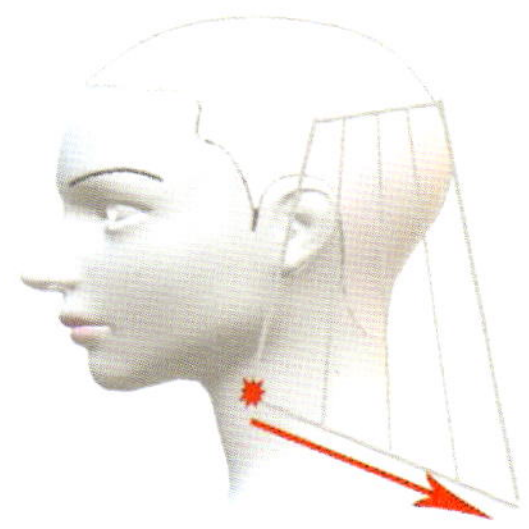

후대각

9. 트리밍 Trimming

완성된 형태의 모발을 최종적으로 정돈하기 위해 가볍게 다듬어 커트하는 방법

10. 크로스 체크 커트 Cross check cut

커트가 끝난 다음 처음 자른 슬라이스와 반대로 잡아서 체크하는 방법

11. 콤 컨트롤 Comb Control

헤어커트 시 모발에 손을 대지 않고 빗만 사용하여 커트하는 기법으로 모발 길이를 커트할 때 텐션을 최소화하기 위해 빗을 사용한다.

Chapter 2

헤어커트 기본 지식

학습 내용	수업 목표
헤어커트 기본 지식	• 헤어커트의 필수요소인 두상의 포인트에 대해 알 수 있다. • 헤어커트 시 요구되는 두상의 기본 라인과 두상의 구획과 그에 따른 기능에 대해 알 수 있다. • 헤어커트 시 사용되는 두상의 분할 용어에 대해 알 수 있다. • 헤어커트 4가지 기본 스타일에 대해 알 수 있다.

1. 두상의 포인트

커트 시술 시 정확성을 위해 두상의 특정 포인트들을 연결하여 섹션 또는 파팅을 나누며, 두상 포인트들은 모든 헤어 시술에 사용되어 매우 중요하므로 필수적으로 알아 두어야 한다.

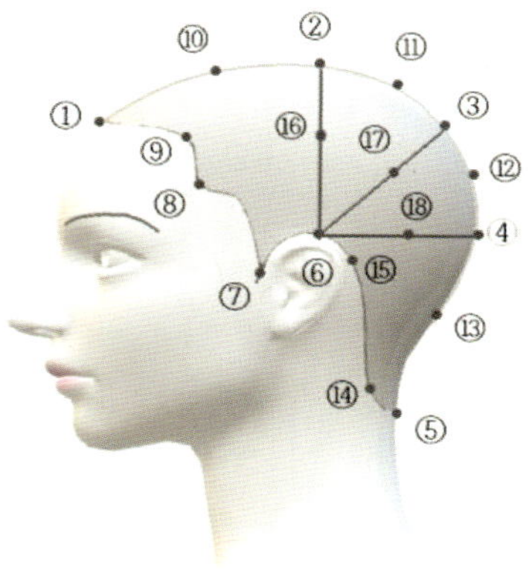

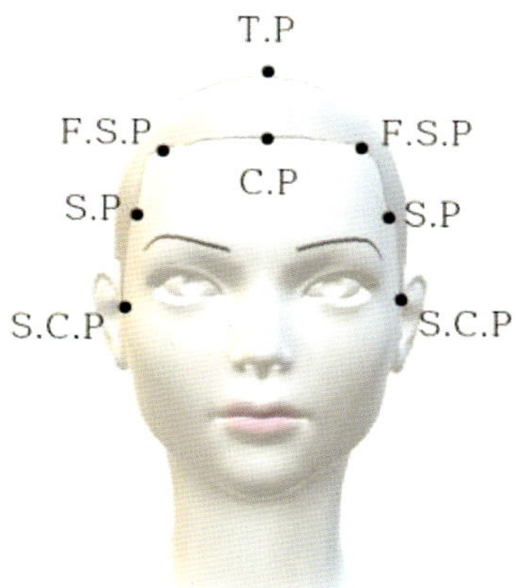

① C.P : 센터 포인트 Center Point

② T.P : 탑 포인트 Top Point

③ G.P : 골덴 포인트 Golden Point

④ B.P : 백 포인트 Back Point

⑤ N.P : 네이프 포인트 Nape Point

⑥ E.P : 이어 포인트 Ear Point

⑦ S.C.P : 사이드 코너 포인트 Side Corner Point

⑧ S.P : 사이드 포인트 Side Point

⑨ F.S.P : 프론트 사이드 포인트 Front Side Point

⑩ T.C.M.P : 탑 센터 미디엄 포인트 Top Center Medium Point

⑪ T.G.M.P : 탑 골덴 미디엄 포인트 Top Golden Medium Point

⑫ G.B.M.P : 골덴 백 미디엄 포인트 Golden Back Medium Point

⑬ B.N.M.P : 백 네이프 미디엄 포인트 Back Nape Medium Point

⑭ N.S.P : 네이프 사이드 포인트 Nape Side Point

⑮ E.B.P : 이어 백 포인트 Ear Back Point

⑯ T.E.M.P : 탑 이어 미디엄 포인트 Top Ear Medium Point

⑰ G.E.M.P : 골덴 이어 미디엄 포인트 Golden Ear Medium Point

⑱ B.E.M.P : 백 이어 미디엄 포인트 Back Ear Medium Point

2. 두상의 기본 라인

1. 햄 라인 Hem line

"가장자리", "경계"라는 의미로 모발이 나기 시작한 부분과 나지 않는 부분의 경계선을 가리킨다.

2. 앞머리 영역

우측 프론트 사이드 포인트F.S.P에서 탑 포인트T.P를 지나 좌측 프론트 사이드 포인트F.S.P로 연결하여 나눈 앞부분 영역이다.

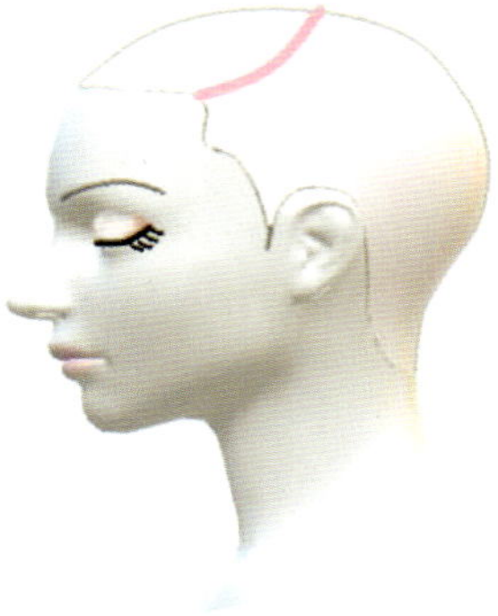

3. U 라인U Line, 측두선

우측 프론트 사이드 포인트F.S.P에서 탑 골덴 미디엄 포인트T.G.M.P를 지나 좌측 프론트 사이드 포인트F.S.P로 연결한 선이다.

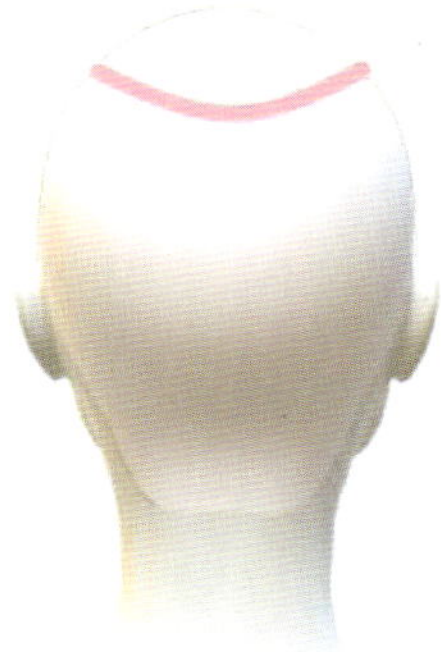

4. 센터 라인Center Line, 정중선

코를 중심으로 두상의 센터 포인트C.P, 탑 포인트T.P, 골덴 포인트G.P, 백 포인트B.P, 네이프 포인트N.P까지 연결하는 좌, 우를 수직 2등분으로 연결하는 선이다.

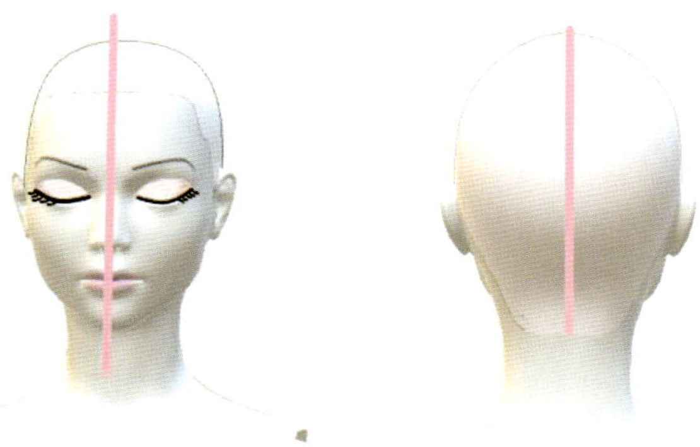

5. 크레스트 Caest Area

두상의 가장 넓은 부분을 말한다.

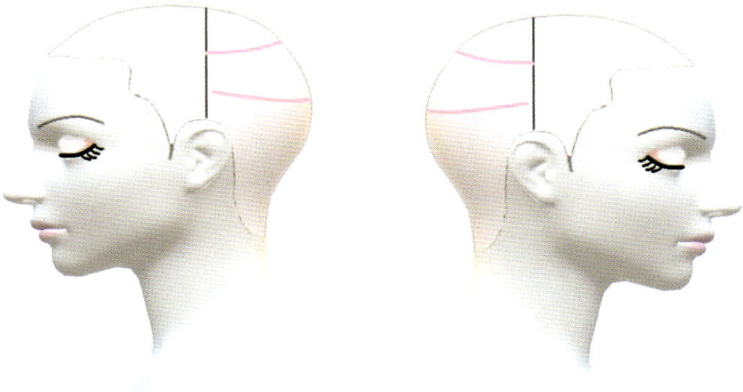

6. 페이스 라인 Face Line

얼굴을 정면으로 보았을 때 보이는 라인을 의미하며 센타 포인트C.P에서 양쪽 사이드 코너 포인트S.C.P까지의 연결선을 말한다. 페이스 라인을 따라 연출되는 모발의 형태에 따라 얼굴 이미지에 영향을 준다.

7. 이어 라인 Ear Line

얼굴의 측면을 보았을 때 사이드 코너 포인트S.C.P에서 이어 백 포인트E.B.P까지의 연결선으로 측중선을 기준으로 앞쪽 머리와 뒤쪽 머리를 연결하는 역할을 한다.

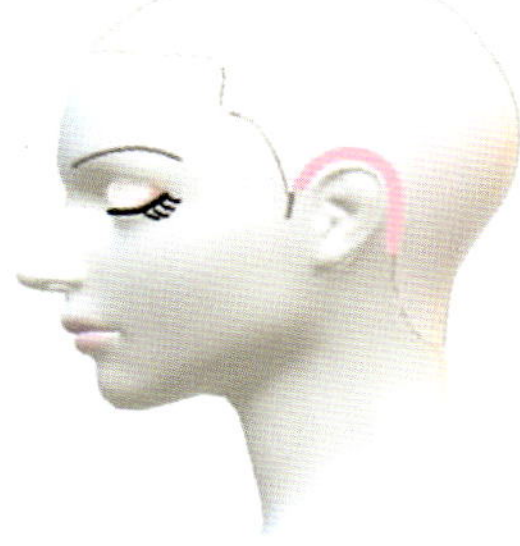

8. 이어 투 이어 라인Ear to Ear Line, 측중선

우측 이어 포인트E.P에서 탑 포인트T.P를 지나 좌측 이어 포인트E.P까지 앞과 뒤로 2등분으로 나누는 선이다.

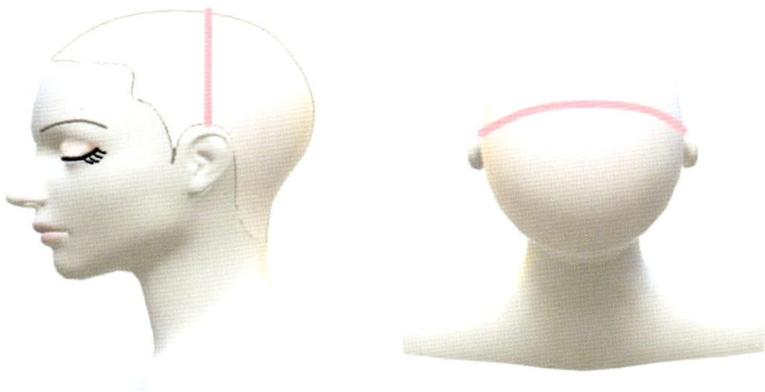

9. 호리존탈 라인Horizontal Line, 수평선

좌측 이어 포인트E.P에서 백 포인트B.P를 지나 우측 이어 포인트E.P까지 상하로 2등분으로 나누는 선이다.

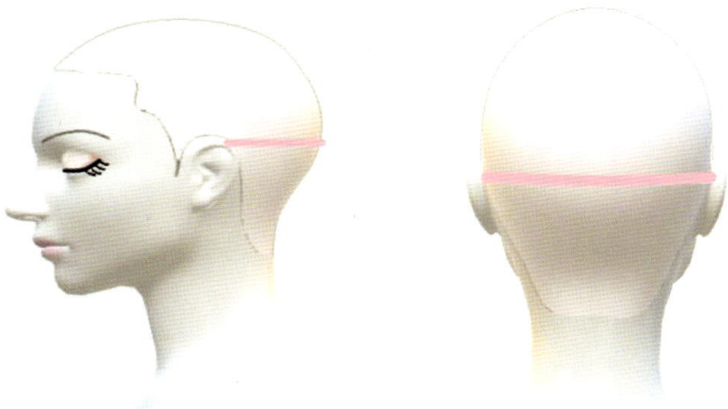

3. 두상의 구획과 기능

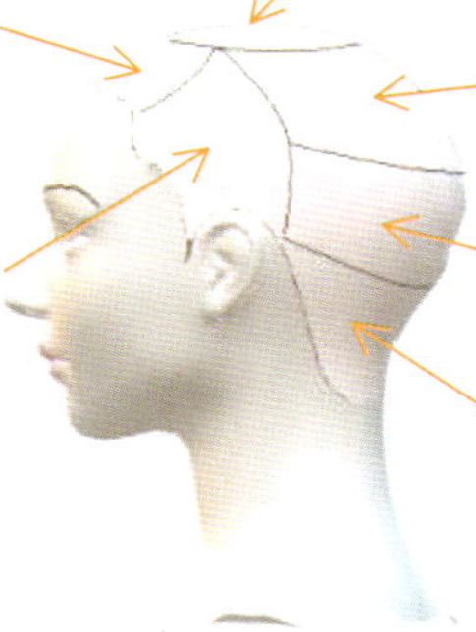

(1) 탑 섹션 Top Section

두상 중 가장 둥근 부분으로 정수리 부분으로 두상 중 가장 높은 위치로 차지하는 구역이다. 전체적인 스타일의 외곽을 나타내는 부분으로 볼륨이 가장 크게 나타나야 하는 구역으로 가마와 뿌리에 볼륨이 나와 모발의 가벼움이나 모발의 움직임을 나타내는 곳이다. 또한, 머리의 방향성과 뿌리 볼륨의 움직임을 눈으로 확인할 수 있는 구역이다.

(2) 페리에탈 섹션 Parietal Section

두상의 두정부 부분으로 형태를 좌우하는 구역으로 움직임이 표현되는 부분이다. 특히 뒤통수의 가로 길이가 넓고 퍼져 있는 볼륨이 없는 육각형인 한국인 두상 커트 시 볼륨을 주고 모량 조절이 필요한 구역이다.

(3) 옥시피탈 섹션 Occipital Section

두상의 후두 뼈 부분으로 커트 형태를 좌우하는 구역이다. 양감을 좌우하는 구역으로 모량 조절이 필요한 구역이다.

(4) 네이프 섹션 Nape Section

두상의 가장 아래에 위치하며 형태 길이를 결정하는 가이드 역할을 하는 구역이다. 커트 형태를 좌우하는 구역으로 짧은 커트 연출 시 네이프를 슬림하게 표현하기 위해서는 과도한 모량 조절이 필요한 구역이다.

(5) 템플 섹션 Temple Section

두상의 관자놀이 부분으로 얼굴형에 따라 형태를 좌우하는 부분이며 사이드 길이를 결정한다. 두상의 특성상 납작한 면을 갖고 있으며 뒷부분에 비해 모발의 양이 적은 구역이다.

(6) 프론트 섹션 Pront Section

두상의 이마 부분으로 앞머리의 길이를 결정하고 인상을 좌우하는 구역이다. 다른 구역과 달리 커트에 따라 독립시켜 디자인을 만드는 구역이다.

4. 두상의 분할 용어

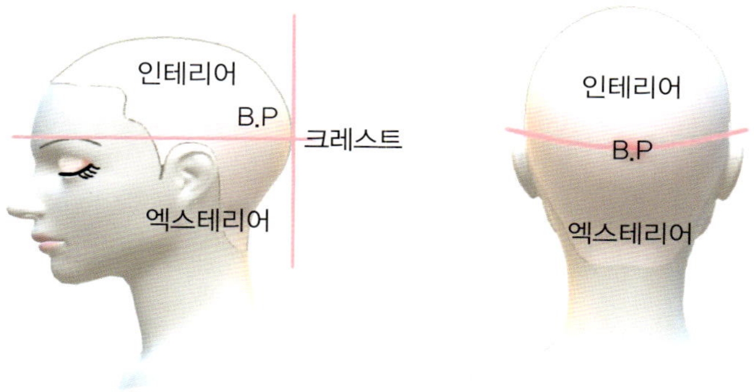

(1) 인테리어 Interior = 오버 섹션 Over Section

크레스트 윗부분 명칭으로 디자인의 표면에 해당하는 머리의 흐름이나 뿌리의 볼륨이 있는 부분으로 머리의 움직임을 눈으로 확인할 수 있다. 가벼움과 움직임을 표현하며 방향성이나 질감을 표현하는 부분이다.

(2) 엑스테리어 Exterior = 언더 섹션 Under Section

크레스트 아랫부분 명칭으로 오버 섹션에 비해 둥굶이 적으며 사이드는 납작하다. 모발의 뿌리가 아래로 향하므로 움직임이 없는 부분으로 아우트라인 길이를 결정하거나 스타일 전체의 형태를 담당하는 부분이다.

5. 헤어커트 기본 스타일

1. 원랭스 커트 One Length cut

상부에 있는 모발은 길고 하부로 갈수록 짧게 커트하여 모발의 길이에 작은 단차가 생기게 하는 커트 기법으로 두피에서 시술각이 0°인 상태, 자연시술각 자연스럽게 떨어지는 라인으로 동일 선상에서 커트하는 스타일로 형태는 종형이다. 가이드 라인에 따라 One Length cut 형태가 달라진다.

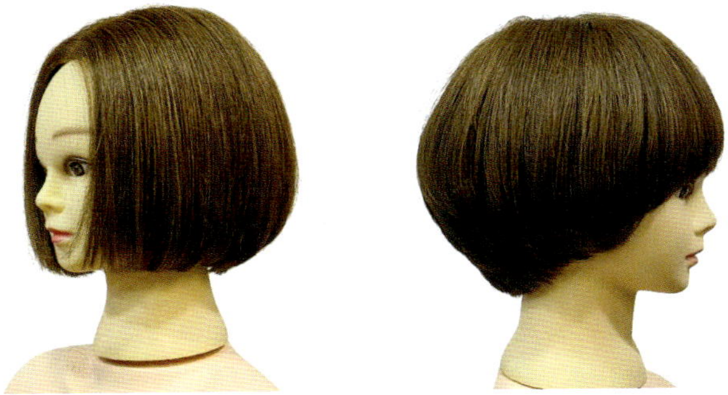

(1) 형태 – 디자인 라인 Design line

고정 디자인 라인을 사용, 아웃 라인에 따라 형태 선을 결정한다.

① 이사도라 앞이 올라가는 라인 : 앞부분의 모발이 뒷부분보다 짧아지는 스타일 컨벡스의 후대각 커트

② 스파니엘 앞이 내려가는 라인 : 앞부분의 모발이 뒷부분보다 길어지는 스타일 컨케이브의 전대각 커트

③ 파라렐 수평 라인 : 전체적으로 수평 평행인 스타일

④ 머쉬룸 : 버섯 또는 바가지 모양의 스타일, 네이프 쪽은 수평 라인 스타일이다.

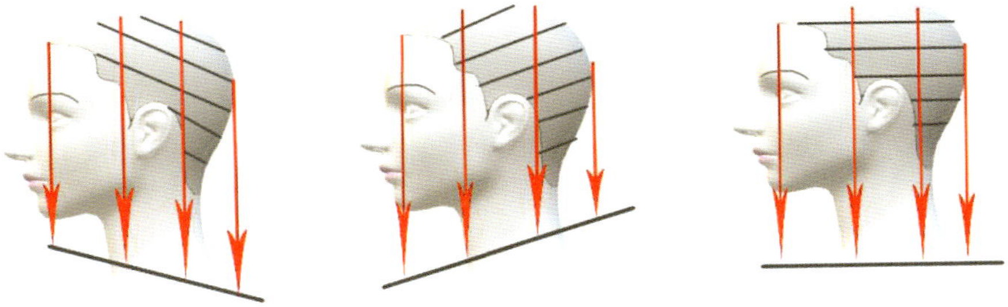

후대각 라인　　전대각 라인　　수평 라인

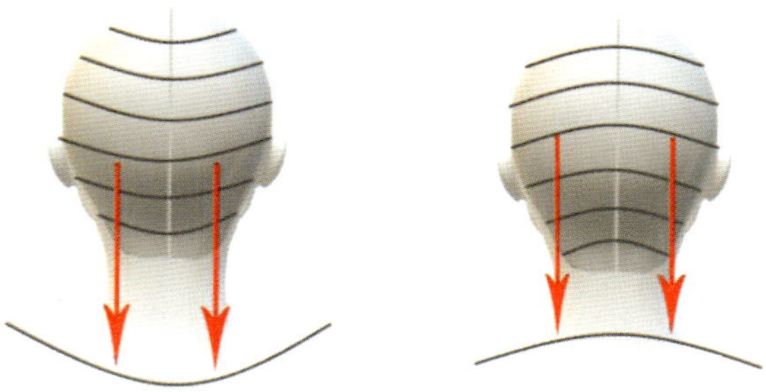

One Length Projection

(2) 구조

엑스테리어의 짧은 모발에서 인테리어로 모발의 길이가 증가하여 모든 모발의 길이가 같은 레벨에 떨어진다. 주변머리에서 최대의 무게감이 형성된다.

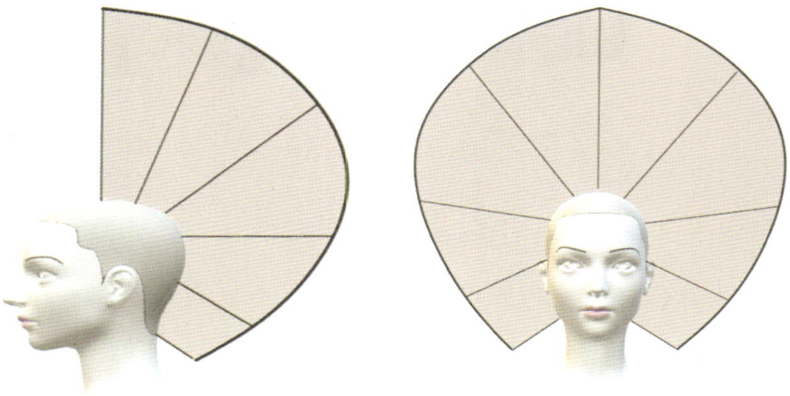

One Length

(3) 질감

100% 언엑티베이트로 표면이 매끄럽게 잘린 모발의 끝이 보이지 않는다. 단, 웨이브나 컬이 진 모발을 커트할 경우 표면이 엑티베이트 한 것처럼 보인다.

(4) 블로킹 Blocking

4등분 Center Parting/Ear To Ear Parting

(5) 머리 위치 Head Position

원랭스 커트는 일반적으로 똑바로 세워진다. 고개를 숙였을 경우 안 말음 효과가 있다.

(6) 섹션 Section

디자인 라인에 평행이 되도록 섹션을 만들어 커트한다.

(7) 분배 Distribution

자연 분배. 자연 분배는 성장 패턴을 고려하기 때문에 크레스트 윗부분에 특별히 주의해야 하며 텐션을 최소화하여 커트한다.

(8) 시술 각도 Projection

자연 시술각과 0°. 자연 시술각은 자연 분배 상태에서 중력에 의해 모발이 자연스럽게 늘어 떨어지는 각도를 말한다. 0°의 시술각에서는 베이스 섹션에 따라 모발이 두상의 표면에 편편하게 놓인다.

(9) 손가락 위치 Finger Position

디자인 라인과 평행. 손가락이나 손등 또는 빗으로 모발을 조절하여 커트할 수도 있으며, 커트를 하는 손은 손바닥을 위로 할 수도 아래로 둘 수도 있다.

2. 그래쥬에이션 커트 Graduation cut

네이프에서 탑 쪽으로 갈수록 길이가 증가하여 무게를 지탱해 준다. 짧은 모발이 점점 길어지면서 그 결과 볼륨감과 무게감이 생긴다. 혼합형의 질감과 형태는 삼각형이다. 시술각은 1~89°이다.

(1) 형태 – 디자인 라인 Design line

전체 디자인이나 특정 부분에서 탑 쪽으로 모발이 점점 길어지며 모발끝은 층이 쌓인 것처럼 보인다. 삼각형 모양이 연출되며 웨이브나 컬이 연출되어진 머리의 넓이가 더 강조된다. 디자인 라인은 수평 또는 대각으로 시술하며, 고정, 이동 또는 두 가지 혼합형을 사용한다.

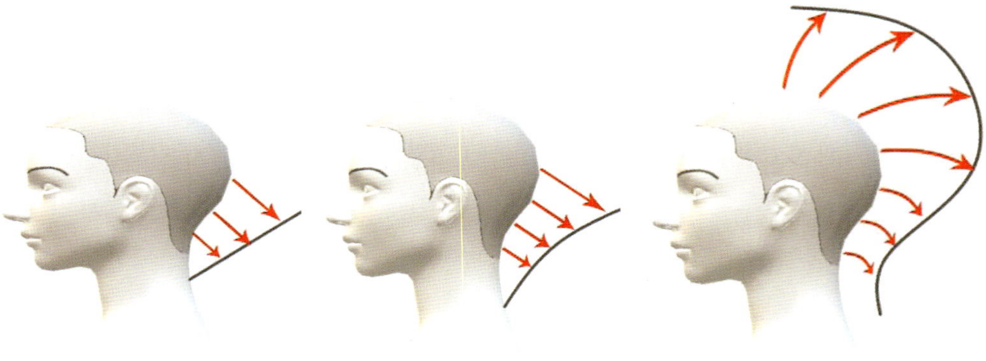

고정 디자인 라인 Stationarly design line　　　　이동 디자인 라인 Mobile design line

(2) 구조–

엑스테리어의 짧은 모발에서 인테리어의 긴 모발의 길이로 진행한다. 시술각 상태에서는 모발 끝이 서로 촘촘히 쌓여 하나의 각을 이룬다.

① Medium Graduation cut : 일반적으로 각도가 45° 커트 되어진 스타일

② Low Graduation cut : 일반적으로 각도가 45° 이하로 커트 되어진 스타일

③ High Graduation cut : 일반적으로 각도가 45° 이상으로 커트 되어진 이상으로 커트 되어진 스타일

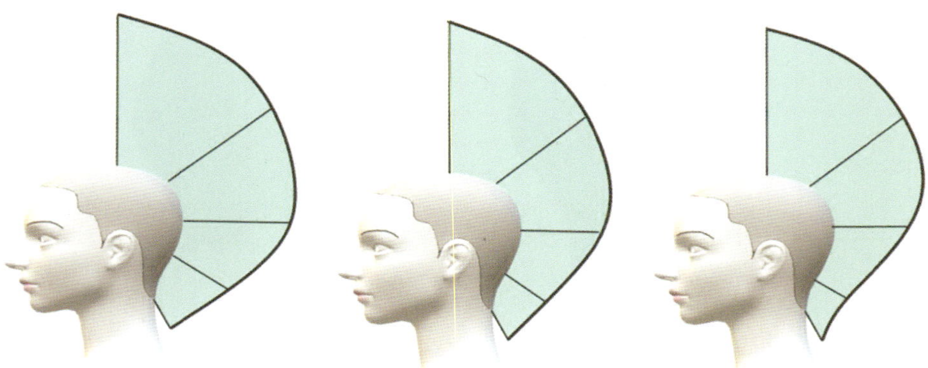

낮은 시술각 : 1~30°　　　　중간 시술각 : 31~60°　　　　높은 시술각 : 61~89°

그래쥬에이션 낮은, 중간, 높은 시술각 Graduation Low, Medium, High Projection

(3) 질감

인테리어는 부드럽고 매끈한 머릿결로 언엑티베이트, 엑스테리어는 거친 머릿결로 엑티베이트로 혼합형 질감이다.

(4) 블로킹 Blocking

4등분 Center Parting/Ear To Ear Parting

(5) 머리 위치 Head Position

일반적으로 똑바로 세워진다. 고개를 숙였을 경우 안 말음 효과가 있다.

(6) 섹션 Section

디자인 라인이나 시술각이 바뀌는 부분에서 섹션을 나눈다. 그래쥬에이션형을 만드는데 사용되는 섹션은 의도한 형태 선과 평행이 되도록 섹션을 만들어 커트한다.

(7) 분배 Distribution

자연 분배. 직각 분배, 변이 분배를 사용한다.

(8) 시술 각도 Projection

일반적으로 그래쥬에이션 커트는 표준 시술각 45° 을 가장 많이 사용하며 낮은 시술각 Low Projection 은 1~30°, 중간 시술각 Medium Projection 은 31~60°, 높은 시술각 High Projection 은 61~89°가 사용된다.

(9) 손가락 위치 Finger Position

대부분 커트에서 손가락의 위치는 베이스 섹션과 평행으로 한다.

3. 인크리스 레이어 커트 Increase Layer cut

롱 기장을 유지하면서 층을 줌으로써 볼륨감과 생동감을 살려주며 다양한 변화와 함께 또한, 다양한 스타일의 변화가 가능하다. 인크리스 레이어형의 질감은 형태 전체 또는 일부분에 만들어 줄 수 있다.

(1) 형태 – 디자인 라인Design line

네이프에서 탑으로 올라갈수록 모발의 길이가 짧아지는 커트로 커트 시 각 단이 서로 연결되도록 커트하여야 한다. 두상에서 90° 이상의 시술각으로 무게를 제거해 주어 움직임이 생긴다. 볼륨을 연출하고자 할 때 사용하며 때로는 볼륨을 없앨 때 사용한다. 엑티베이터 질감으로 형태는 긴 타원형이다.

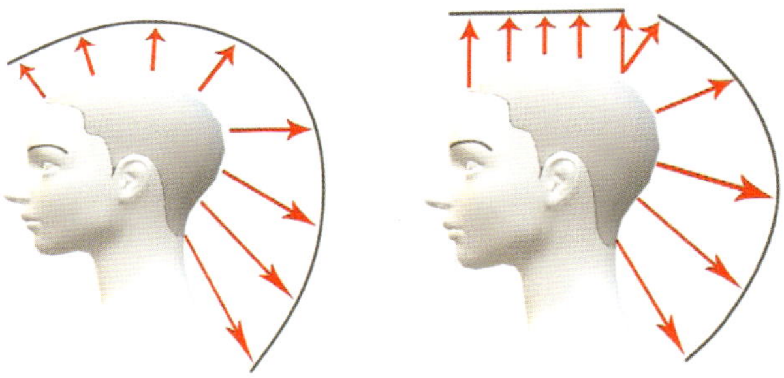

인크리스 레이어 커트 시술각 Increase Layer cut Projection

고정 디자인 라인을 사용하며, 가장 일반적인 기법은 집중 전환 레이어링 기법을 사용한다. 단, 인테리어의 모발이 고정 디자인 라인의 모발과 단차가 많이 나는 경우에는 다중 디자인 라인을 사용한다.

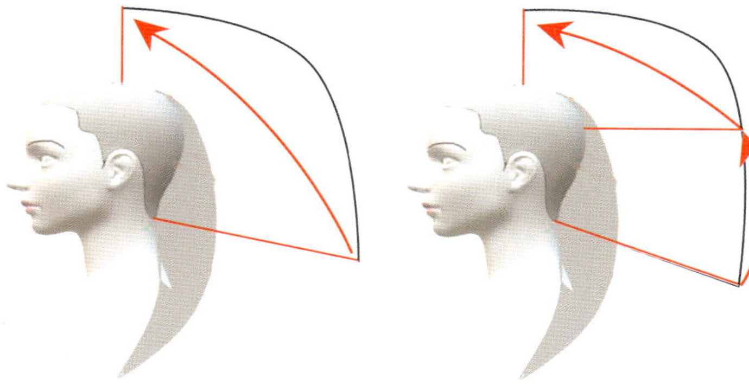

고정 디자인 라인Stationarly design line

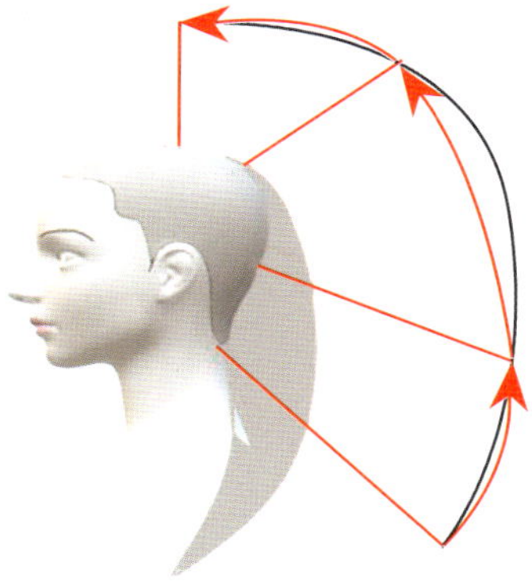

다중 디자인 라인Multi design line

(2) 구조

길이 배역은 인테리어 모발의 짧은 길이가 엑스테리어로 갈수록 길어지는 구조로 다른 형보다 가벼운 느낌을 준다.

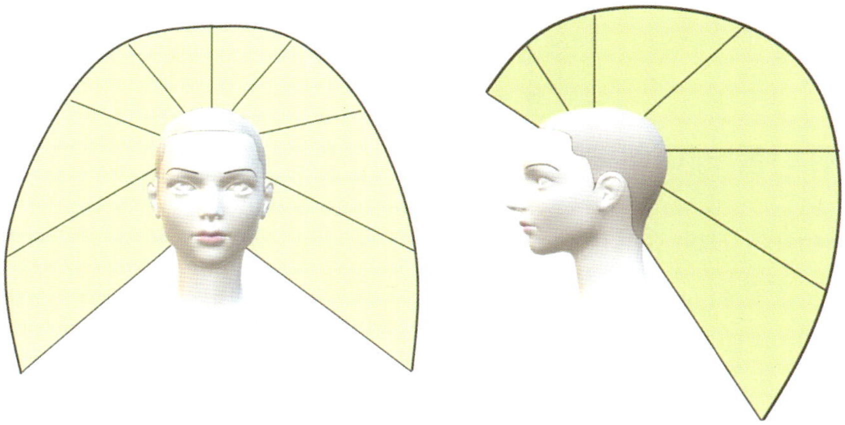

인크리스 레이어 커트Increase Layer cut

(3) 질감

잘린 머리끝이 전체적으로 보이는 엑티베이트 질감이다.

(4) 블로킹 Blocking

4등분Center Parting/Ear To Ear Parting

(5) 머리 위치 Head Position

일반적으로 똑바른 형이 가장 많으나 인크리스 레이어 커트할 시에 고개를 앞으로 숙이고 커트하면 쉽게 커트를 할 수 있다.

(6) 섹션 Section

수직으로 섹션 할 경우 얼굴 주변에 짧은 길이가 생기고 뒤로 갈수록 감소한다. 수평은 두상 둘레에 같은 질감이 생긴다. 대각 섹션은 원하는 대각 선과 반대 방향으로 나눈다.

(7) 분배 Distribution

일반적으로 직각 분배를 사용한다.

(8) 시술 각도 Projection

고정 디자인 라인의 시술각으로 모든 모발이 한곳으로 모인다. 90°를 많이 사용하나 모발 길이의 단차에 따라 시술각이 증가하거나 감소한다.

(9) 손가락 위치 Finger Position

손가락과 가위는 모발의 길이에 따라 평행 또는 비평행이 될 수 있다.

4. 유니폼 레이어 커트 Uniform Layer cut

탑과 네이프의 모발 길이가 같은 둥근 모양으로 모발에 많은 단차를 주는 커트로 엑티베이트한 질감을 가지고 있다. 베이직 레이어, 세임 레이어라고 불리며 모발을 두상 곡면을 따라 90°로 들어서 커트한다.

(1) 형태 – 디자인 라인Design line

두상의 곡면과 평행하게 커트하여 모든 모발의 길이가 동일하게 연출하는 둥근 모양이 특징이다.

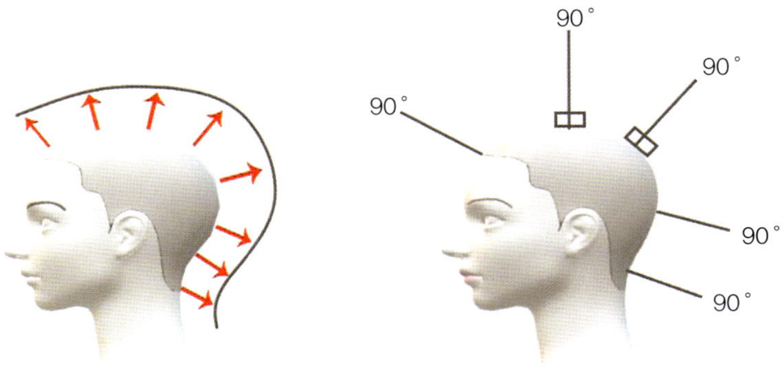

유니폼 레이어 시술각Uniform Layer Projection

(2) 구조

두상에서 90° 시술각을 사용하며 모든 모발의 길이가 동일하고 무게감이 없다. 다양한 길이로 시술할 수 있지만 주로 짧거나 중간 길이에 사용된다. 웨이브 시술 시 볼륨감과 입체감을 높일 수 있다.

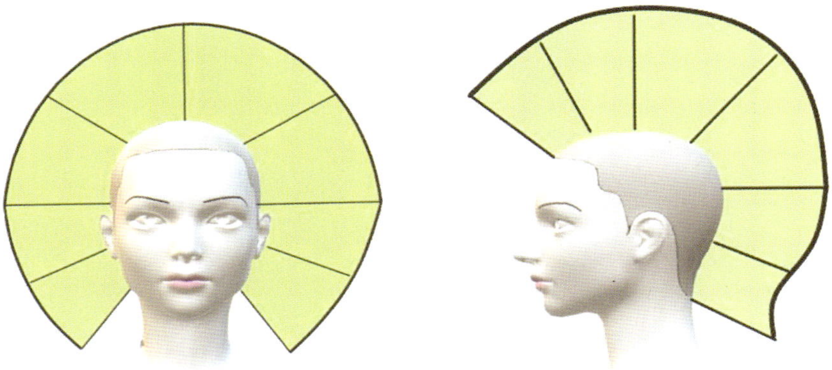

유니폼 레이어Uniform Layer

(3) 질감

모발 끝이 보이는 100% 엑티베이트다.

(4) 블로킹Blocking

4등분Center Parting/Ear To Ear Parting

(5) 머리 위치 Head Position

똑바로 형을 많이 사용한다.

(6) 섹션 Section

수평, 수직, 피벗 섹션을 사용할 수 있으며 시술 시 정확한 커트 선을 만들기 위해 너무 큰 섹션을 사용하지 않는 것이 좋다.

(7) 분배 Distribution

일반적으로 직각 분배를 사용한다.

(8) 시술 각도 Projection

두상의 곡면으로부터 90°

(9) 손가락 위치 Finger Position

두상 곡면으로부터 손가락과 손은 항상 평행하게 놓여야 한다.

Chapter 3

헤어 디자인 설계하기

학습 내용	수업 목표
헤어 디자인 설계하기	• 헤어 디자인의 개념 및 구성요소, 원리에 대해 알 수 있다. • 디자이너의 관찰과 사고를 통해 디자인 분석, 관찰의 3단계, 생각하기를 할 수 있다. • 고객과의 상담을 통해 고객의 외형적 특성과 모발 특성에 적합한 헤어커트 디자인을 설계할 수 있다. • One Length cut, Graduation cut, Layer cut 기법을 혼합하여 콤비네이션 헤어스타일을 디자인할 수 있다. • 고객의 요구를 기반으로 헤어커트 디자인을 고객에게 제안할 수 있다.

1. 헤어 디자인의 개념

디자인이란 의장, 도장 밑그림, 의도적 계획 및 설계, 구상 등의 넓은 뜻으로서 조형계획을 의미한다. 또한, 인위적이며 합목적성을 지닌 포괄적인 창작행위를 의미한다. 헤어 디자인 개념 또한 계획과 조형의 두 요소에 의존하여 정교한 미학적 확립 및 트렌드 등 여러 요소들을 조합하는 구상계획이라 할 수 있다.

특히 헤어커트 디자인은 사람을 대상으로 하므로 패션이나 건축 등 다른 어떤 디자인 영역에서보다 더욱 신중한 디자인 창출이 전제되어야 한다. 대상에게 적합한 디자인이 창출된 후에는 미적 추구나 유행, 그 시대에 맞는 트렌드 등을 반영시켜야 한다.

이를 위해서 헤어 디자이너는 모델의 두상과 얼굴형에 근거한 이미지를 이끌어내기 위하여 헤어 디자인을 계획하고 시술 작업을 수행하여야 한다.

헤어 디자인을 계획 시 모델의 모발에 심미적, 실용적, 경제적, 문화적 가치 등을 고려하여 복합적인 요소들을 종합하여 가장 합당한 특성을 만들어 내는 지적 활동으로 수행해야 한다. 또한 모발의 형태와 질감, 색상 등과 더불어 조화, 통일, 균형, 율동, 강조, 비례, 대조 등으로 표현할 수 있는 예술로서 디자이너의 능력에 의해 디자인이 창출되는 창조 활동이다.

2. 헤어 디자인 구성요소

헤어 디자인은 고객의 미적인 기능뿐만 아니라, 기능적으로도 만족시켜 주어야 하는 응용예술로서 창조적 디자인을 위한 구성요소로 형태, 질감, 컬러를 헤어 디자인의 3요소라 한다.

1. 형태 Form 선 Line, 방향 Direction, 모양 Shape

헤어 디자인의 형태는 작품의 시각과 촉각에 의한 일반적인 개념은 실루엣, 외형적인 형태나 윤곽으로 전체를 나타내는 구체적인 입체의 형태를 말한다. 일반적인 형태를 만드는 것들은 점, 선, 면, 방향, 모양, 크기, 입체가 있으며 점과 점이 만나 선을 만들고 선과 선이 만나 면을 만들면서 방향성을 지니고 있어 형태를 나타내는 3차원의 볼륨 Volume 으로 정의할 수 있다.

형태에는 선, 방향, 모양으로 이루어져 있다. 헤어커트 디자인적 면의 관점에서 형태는 웨이트의 위치를 말한다. 즉, 웨이트 변화의 전제하에 섹션 간의 발란스 등이 고려되어야 한다. 또한, 전대각과 후대각의 조합, 무거움과 가벼움의 조화에서 형이 만들어지며 동적인 움직임과 정적인 움직임의 조화가 이루어지며 규칙적으로 반복되거나 불규칙적인 형태가 나타나기도 한다.

- 선 Line : 직선 또는 곡선의 연속된 점들의 모임으로 형태의 분석은 선의 이해에서 비롯된다.
- 방향 Direction : 직선으로는 수평, 수직, 좌대각, 우대각이 있으며, 곡선으로는 컨케이브 Concave, 컨벡스 Convex 가 있다.
- 모양 Shape : 너비와 길이로 이루어진 형태의 이차원적 면이 표현 면 되는 것으로 시작점에서 만나는 선으로 둘러싸인 평면 닫힌 공간, 직선 디자인 각진 디자인 과 곡선 유선형의 디자인 으로 간주한다.

[형태 분석]

• **천체축** Celestial Axis : 직선과 곡선, 각도와 방향을 정의하며 4가지 기본 직선은 수평선, 수직선, 우 대각선, 좌 대각선이다. 주요 각도는 0°, 45°, 90°이다.

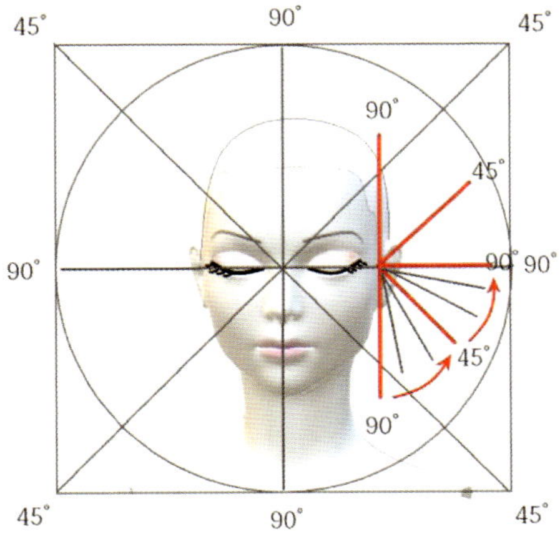

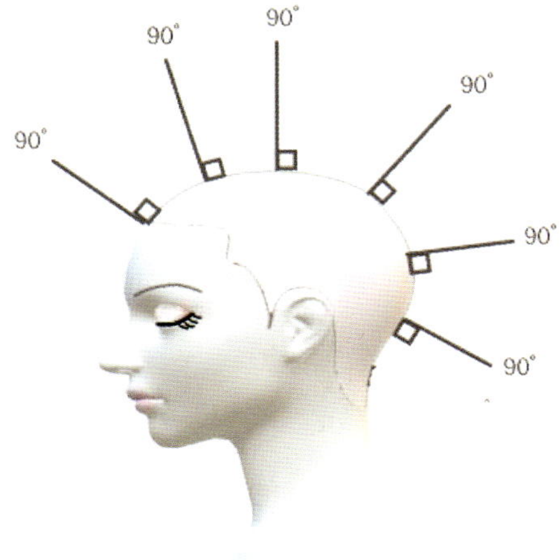

• **자연 시술각** Natural Fall : 두상으로부터 모발을 들어 올리는 시술 각도를 말한다. 두상에서 모발이 중력에 의해 자연스럽게 떨어진 모양을 이용한 각도로 중력에 의해 자연스럽게 떨어지는 그대로의 방향이다. 0°를 기준으로 하며 면에 의한 각도이다. 천체축을 기준으로 한 각도이다.

• **일반 시술각** Normal projection : 두상의 곡면을 따라 둥글게 굴려져 모발이 들리는 각도를 말한다. 두상으로부터 모든 모발의 90°로 들려졌을 때 각도 Uniform Layer cut 이다.

2. 질감 Texture

촉각과 시각을 통해 느낄 수 있는 머리 표면의 질이며, 빛 또한 머리 질감에 대한 인식에 영향을 준다. 헤어커트에서 질감은 모발이라는 소재에서 두상의 골격보정, 양감 조절, 음영 조절, 모발의 흐름 등으로 다양하게 표현될 수 있다.

(1) 언엑티베이티드 unactivated

매끈한 질감. 모발 표면의 높낮이 차가 없어 질감 면에서 무겁게 느껴지고 커트한 머리 질감이 보이지 않는 질감 One Length cut 이다.

(2) 엑티베이티드 activated

거친 질감. 커트된 외적 표현 요소들의 면이 겉으로 노출되어 머릿결이 그대로 보이는 질감 Uniform Layer cut, Increase Layer cut 이다.

(3) 혼합형 Combination

언엑티베이티드와 엑티베이티드의 두 가지가 혼합된 질감 Graduation cut 이다.

3. 컬러 Color

헤어커트에서 컬러는 직접적인 형태를 표현하지는 않지만, 모발 표면의 질감과 생동감, 방향감에 대한 착시를 일으키게 하여 특정한 부분에 시선을 집중시키게 할 수 있다. 같은 형태의 스타일에서 컬러를 더해 주어 명도와 입체감이 달라진다. 물체의 빛이 반사될 때 얻어지는 시각적 효과로 길이와 부피감, 머릿결, 움직임과 방향감에 영향을 준다.

3. 헤어 디자인의 원리

1. 조화 Harmony

두 가지 이상의 서로 다른 요소가 분리·배척되지 않고 각 요소가 통일감으로 감각적 효과를 발휘하는 미적 현상으로 기법의 통일성 또는 장식물에 통일성을 부여하여 조화를 이룬다. 비조화는 디자인 요소들간의 최대의 간격을 주는 것이다. 조화는 유사조화와 대비조화로 나눌 수 있다.

(1) 유사조화

서로 공통성을 가진 요소들이 조화되며, 동일감, 친근감, 부드러움을 줄 수 있으나, 단조로워질 수 있으므로 적절한 통일과 변화를 주어야 한다.

(2) 대비조화

전혀 다른 요소들이 대립되면서 나타나는 조화이므로 극화된 강함, 강조를 나타내고, 대비가 너무 강하면 조화가 깨질 수 있으므로 적절한 통일이 필요하다.

2. 통일 Unity

여러 요소, 소재 또는 조건을 선택하고 정리하여 하나의 완성체로 종합하는 것을 통일이라 한다. 헤어커트 스타일에서의 통일감은 주제에 의한 통일, 선의 방향에 의한 통일, 색상, 명도, 채도 등에 의한 통일로 구분할 수 있다.

통일성은 어떤 디자인에 있어서 한 요소를 반복함으로써 얻을 수 있으며, 이러한 노력은 모든 요소를 똑같게 만들어 정형화하기 위한 것이 아니라 디자인에서 전하고자 하는 이미지를 명확하고 효과적으로 전달하기 위한 것이다.

통일이란 전체적인 결합이나 질서를 말하는 것이므로 너무 통일에만 치우치면 단조로울 수 있기 때문에 적절한 조화가 필요하다.

3. 균형 Balance

중앙 측 둘레 부분의 조화로운 배치, 미적으로 만족스러운 요소들의 통합으로서 대칭공식적인 균형 또는 비대칭비공식적인 균형이 될 수 있다. 균형은 디자인 요소로서 하나의 디자인에서 각 부분들이 조화롭게 배치되었을 때 또는 동일하지 않거나 반대되는 부분들을 나란히 놓은 후 전체적인 조화를 강조할 때고 밸런스라고 한다.

위치상으로 수평적 균형, 수직적 균형, 방사선 균형으로 나눌 수 있고, 이미지에 따라 동적 균형 혹은 정적 균형으로 나누는데, 표현 무게에 대한 균형이 깨졌을 때 조화로움이 깨지고 불안정해 보인다.

(1) 대칭

대칭은 가장 정형적인 구성 형식이며 센터 포인트Center point에서 네이프 포인트Nape point의 정중선의 중심축으로 양쪽에 똑같은 형으로 디자인 단위의 위치와 관련하여 크기와 모양에 균형을 이룬다.

(2) 비대칭

비대칭은 맞지 않은 의미로서 비대칭은 좌우의 밸런스가 동일하지 않으며 축의 반대쪽과 불균등하게 균형을 이룬다. 비대칭은 또한 중심축을 벗어난 비슷한 단위와 함께 즉, 대칭의 결여로 만들어질 수 있다. 비대칭적으로서 비대칭적인 균형을 중심축의 어느 한쪽에 무게가 실렸을 때 이루어지면 실제 무게가 중심을 벗어나 있으므로 헤어 디자인에 있어서는 시각적인 대칭이 이루어지도록 해야 한다.

4. 율동Movement

율동은 물체가 연속적인 동작을 취하는 형태의 흐름을 내포하고 있다. 각 요소 상태와 모발 길이, 방향성, 볼륨 등 머릿결의 움직임 상태가 규칙적이고 강약에 의한 동적인 연속감을 리드미컬하게 표현할 때 나타난다. 통일성을 전제로 한 동적인 변화로 규칙적인 길이의 장단이 연속되는 율동이 있어야 하며 너무 강조되는 율동보다는 미묘한 강약을 주어 은은하게 표현하는 것이다.

5. 강조Emphasis

한 단위가 중심이 되어 두드러지게 표현함으로써 디자인 내에 가장 큰 영향력을 미치게 한다. 사람의 관심을 집중시키는 초점을 형성하는 것으로 흥미를 불러일으키고 통일감을 얻을 수 있으나 강조되는 부분에 종속시키려는 성질을 가지고 있다. 헤어 디자인의 커트 스타일에는 염색의 명암, 대조나 특수한 장식 또는 특수한 형태 등으로 시선이 집중될 수 있도록 한다.

6. 비례 Proportion

비례는 모든 사물의 상대적인 크기나 길이, 양 정도의 결과로 생기는 원리이다. 헤어 커트에서 비례는 부피와 형상이 다른 구획과 전체를 길이나 크기에서 가진 양의 관계를 말한다. 두상의 크기와 두상 위치에서의 서로 다른 공간의 크기와 미묘한 차이로 적당한 대립과 어울리는 만족을 준다.

7. 대조 Contrast

반대되는 것을 이용하는 것으로 상반되는 요소에 의해 강한 대조 감이 생긴다. 헤어 디자인에서 두상의 위치별로 서로 다른 간격으로 반대되는 형태, 색상, 크기, 선, 위치, 질감, 짜임새 등이 서로 대조됨으로써 흥미 또는 긴장감을 형성하는 법칙으로 다양한 디자인 변형을 만들어 낸다.

4. 헤어 디자이너의 관찰과 사고

헤어커트 디자인의 대상이 사람이므로 가장 어울리는 스타일을 찾아주는 전제하에 기능적·미적으로 만족스러운 디자인을 연출하기 위해 대상을 관찰, 사고하는 노력을 기울여야 한다. 대상을 관찰할 때는 먼저 전체에서 일부를 떼어 개별적으로 분석한 후 다시 하나로 조합하는 훈련이 필요하다.

1. 디자인 분석

① **질적 분석**Qualitative : 대상물을 관찰하고 물질의 성질, 특성 등을 분석하여 목록을 작성한다.

② **양적 분석**Quantitative : 분석 과정에서 사물의 크기, 양, 비율 등을 분석한다.

2. 관찰의 3단계

① **기본 관찰 단계** : 대상을 시각적으로 전체적인 형태외곽선를 파악해야 한다.

② **정밀세부 관찰 단계** : 질적 분석으로 대상의 구체적인 특성을 비교, 직감, 색, 용도 등을 파악해야 한다.

③ **추상적 관찰 단계** : ①, ②의 정보를 바탕으로 구조를 파악하고 추상적으로 구조 관찰하는 양적 분석에 들어간다.

3. 생각하기

우, 좌뇌의 종합적 작용으로 디자이너로서 대상을 관찰하고 분석하는 데 있어 균형 잡힌 시각을 갖기 위해서는 기술적·논리적·이성적·언어적·계획적 등 기술적인 사고에 영향을 주는 좌뇌와 시각적·직관적·감성적·예술적·창조력·미적 등 예술적인 사고에 영향을 주는 우뇌 모두의 능력을 개발시키는 것이 중요하다.

5. 헤어커트 디자인 설계론

1. 헤어 컨설테이션

헤어커트 디자인 설계에 앞서 고객의 컨설테이션이 헤어 디자인에 큰 영향을 끼친다. 헤어 디자인 설계 고객이 처음 대면일 경우 고객이 좋아하는 스타일이나 성격 등을 처음에는 알지 못한다. 이에 상담을 통해 고객에게 어울리는 스타일을 찾아가는 것이다.

대상의 전체적인 시각적 이미지, 언어 이미지, 분위기, 라이프 스타일, 표정 등 이러한 요소들을 종합하여 헤어스타일을 제안하는 것이다. 또한, 부정적인 요소들은 상담을 통해 살펴야 한다. 길이의 변화를 원하지 않거나 두상의 함몰·도출 등 두상의 특성과 모질과 모량으로 고민하는 부분이 있을 수 있다. 또한 대상자가 스타일의 변화에 대한 두려움이 있는 경우에는 조금씩 신선한 스타일로 제안하는 것도 중요하다.

헤어커트 디자인은 모발의 길이만으로 변화를 만들어 내는 것이 아니라 다양한 디자인의 변화를 주는 것이다. 변화를 원하고자 하는 고객의 이미지를 새로운 이미지로 재탄생하도록 스타일을 제안하는 것은 디자이너가 갖추어야 할 능력이다.

2. 고객 상담

디자인을 결정할 때 가장 중요한 것은 올바른 고객 상담을 통해 획득한 정보들을 반드시 명심해야 하며 여기엔 반드시 올바른 관찰 스킬과 커뮤니케이션 스킬이 뒷받침되어야 한다. 또한 고객과 상담할 때는 고객의 요구에 따른 신체적 특징, 감정적 특징, 기술적 양상에 반드시 초점을 맞추어야 할 것이다.

(1) 고객 상담의 필요성

IT 기술의 발달로 고객이 선호하는 헤어스타일이나 요금을 선택하는 등 상담의 자동화가 활발하게 이루어지고 있다. 그럼에도 불구하고 실제 고객과의 대면 상담을 통해 고객의 정확한 요구 사항을 파악하고 고객에게 어울리는 헤어스타일을 제안하는 것이 헤어스타일리스트가 고객에게 제공할 수 있는 중요한 서비스이다.

실제 고객이 상담을 원하는 경우 현재의 스타일에 만족하지 못하여 전문가의 조언이나 새로운 스타일을 제안받기 위함이므로 태블릿 PC 같은 기기나 도구를 사용하여 상담 후 고객이 원하는 스타일을 제안한다.

(2) 고객 상담 시 중요 사항

고객 상담은 고객에게 만족스러운 헤어스타일을 제공하기 위해 매우 중요한 과정이므로 다음 사항에 주의하며 진행한다.

① 신뢰감을 주는 전문가적 태도를 보인다.
② 최신 트렌드를 제공할 수 있는 풍부한 자료를 수집하여 고객에게 제공한다.
③ 고객의 개인정보 수집에 신중한 태도를 보인다. 개인 정보 보호법에 의해 관리
④ 고객에게 친밀감을 주어 재방문을 유도하여야 한다.

(3) 필요한 고객의 정보

고객에게 어울리는 헤어 디자인을 제공하기 위해 고객의 모발 상태, 모류 등 모발 특성과 고객의 신체적 특징, 취향, 이전 스타일의 만족도에 이르기까지 다양한 정보가 필요하다. 고객 상담을 통해 필요한 정보를 수집하여 표를 작성한다.

① **신체적 특징**Physical : 헤어커트 디자인할 때 가장 먼저 생각해야 할 부분은 상담을 통해 고객의 첫인상을 파악한다. 고객의 얼굴형, 두상의 윤곽, 체형, 이마 형태, 목의 두께, 모류 방향, 모발의 상태, 모량, 두상의 구조 등을 파악하고 진단하는 것이 스타일 선정에 가장 중요한 요인으로 작용한다.

② 감정적 특징Emotional : 고객의 요구를 파악하여 고객의 라이프 스타일을 분석하되 그것이 두상의 특징과 모발의 특성이 스타일에 직·간접적으로 관여하는지 또는 고객이 원하는 헤어스타일이 가능한지에 대한 여부 등을 파악하여 헤어 디자인에 반영하여야 한다.

③ 기술적 양상Technical : 고객의 신체적 특징과 감정적 특징의 분석을 통해서 헤어 디자인이 결정되면 헤어스타일리스트는 결정된 디자인의 결과에 도달할 수 있도록 실행하는 구체적인 방법을 결정하여야 한다.

표 3-1 **헤어 디자인 전·후 필요한 고객 정보**

구분	내용
헤어 디자인 전 활용할 고객 정보	• 모발 상태, 두상 특징, 모류, 선호하는 모발 길이 등 모발과 두상에 관련 사항 • 고객의 신체적 특징, 건강 상태, 알레르기 유무 등 • 고객의 취향, 외향적 특징, 라이프스타일, 직업 등 • 커트 시 금기사항, 고객 요구 사항, 디자인 결정 사항 등 취향 관련 사항 • 이전 스타일의 만족도 및 다음 스타일 관련 메모 등
헤어 디자인 후 수집에 필요한 고객 정보	• 헤어커트 결과에 대한 고객 만족도와 고객의 피드백 • 홈케어로 구입한 제품 리스트 및 다음번 방문 시 관심 있는 시술 내용 • 다음 방문 일정 및 미용 시술 담당자 예약 • 스타일 관련 요구 사항 및 담당 헤어스타일리스트에 대한 만족도

3. 헤어커트 디자인 설계

헤어커트 디자인을 설계하기 위해서는 사람의 얼굴 형태와 골격 특성에 맞춘 커트, 즉, 고객의 결점을 커버해 주며 어울림을 만들어 내는 것이다.

- 첫째, 스타일이 결정되는 페이스라인의 형태를 생각하여 디자인을 설계한다.
- 둘째, 두상 골격의 결점 보정을 위한 볼륨 존을 설정하여 디자인 설계가 이루어진다.
- 셋째, 탑 섹션과 네이프 섹션 등의 라인을 페이스라인과 어떻게 조화시킬 것인가를 생각하여 디자인 설계가 이루어진다.

- 고객에게 어울리는 헤어스타일을 디자인할 때는 디자인 형태의 면과 움직임의 조합, 직선과 곡선의 조합, 선과 각도의 조합, 고객 모발의 움직임과 가벼움의 조합, 고객의 모발의 길고 짧음의 조합, 2개 이상의 헤어스타일 형태 조합이 이루어진 디자인 설계가 되어야 한다.

(1) 길이 결정

- 모발 길이의 변화에 따라 헤어스타일의 실루엣과 이미지, 느낌이 달라진다.
- 모발의 길고 짧음이 자유롭게 구성되며, 길이 변화에 따라 이미지가 결정된다.
- 헤어스타일에서 길이의 종류는 짧은 커트Short cut, 짧은 중간 커트Short Medium cut, 미디엄 커트Medium cut, 미디엄 긴 커트Long Medium cut, 긴 커트Long cut 등으로 구분된다.

(2) 선 결정

- 헤어커트 시 선은 실루엣과 아웃 라인형태선, Out line으로 나누어지며, 선의 모양을 결정짓는 것은 슬라이스 라인이다.
- 커트에서 슬라이스 라인은 섹션을 나눌 때 선의 형태를 말하고 섹션 라인Section line이라고 하며, 아웃 라인의 실루엣 부분에 영향을 미친다.
- 실루엣과 아웃 라인을 결정하는 선은 직선, 곡선, 직 곡선, 무거운 선, 가벼운 선 등으로 구분되며 슬라이스 라인은 평행선Parallel line, 전대각선A Line, Concave, 후대각선U Line, Convex으로 분류한다.

6. 헤어커트 디자인 설계 테크닉

1. 얼굴형에 따른 헤어커트 디자인 제안

헤어스타일 연출 시 모든 얼굴형의 기준이 되는 표준형은 달걀형으로 가장 균형 잡힌 이상적이고 아름다운 형으로 여겨지고 있다. 달걀형에 가깝도록 헤어스타일을 연출할 수 있도록 하여야 한다. 한국인은 두상의 너비가 넓고 납작하고 뒤통수 또한 납작한 특징을 가지고 있다. 이를 보완하기 위해서는 특성을 파악하고 결점을 보완하는 디자인을 연출할 줄 알아야 한다.

(1) 달걀형 얼굴

- 표준형 얼굴
- 형태 특징 : 이마 폭이 좁고 턱선은 넓은 얼굴형
- 이미지 : 우아하고 부드러우며, 온화하고 유연한 이미지
- 커트 : 보이시하고 깔끔한 이미지의 커트뿐 아니라 섹시한 멋을 풍겨 강렬한 개성을 표현하는 쇼트커트도 잘 어울리며 스트레이트 헤어스타일도 세련되게 잘 어울린다.
- 웨이브 : 웨이브를 주어 시선을 위쪽으로 끌어내는 헤어스타일로 앞머리는 자연스러운 컬을 살리면서 얼굴을 살짝 감싸주듯 내려주는 것도 좋은 스타일의 예이다. 다양한 디자인을 소화할 수 있어서 선택의 폭이 넓다.
- 제안 : 얼굴 윤곽선을 가리지 않고 드러내는 디자인

(2) 둥근형 얼굴

- 동양 사람에게 가장 많다.
- **형태 특징** : 프론트의 헤어라인 선과 턱선이 짧고 둥글다.
- **이미지** : 볼에 살이 있어서 귀여운 인상을 풍기며 온화한 느낌을 준다. 친밀감, 원만함, 사교적, 귀여운 인상
- **커트** : 턱까지 내린 보브 스타일은 통통한 볼을 커버하고 얼굴이 드러나 길어 보이게 한다. 롱 헤어보다는 짧은 커트가 잘 어울린다. 또한, 둥근형의 얼굴은 프린지나 크라운에 볼륨을 주어 길어 보이게 연출한다. 비대칭 디자인도 둥근 얼굴이 길어 보이는 효과가 나타난다.
- **웨이브** : 탑의 웨이브를 풍성하게 높게 하고 사이드가 부풀어 보이지 않도록 가볍게 층을 내어 동그란 얼굴을 달걀형으로 보이게 하는 스트레이트가 잘 어울린다.
- **제안** : 탑 부분에는 볼륨을 주고 앞·옆머리는 길게 늘어뜨려 얼굴이 갸름하게 보이는 스타일

(3) 장방형 직사각형 얼굴

- **형태 특징** : 얼굴 전체가 직선인 형태로 턱이 각지고 이마가 좁다.
- **이미지** : 딱딱한 느낌, 날카로운 인상
- **커트** : 디자인 연출 시 중간 부분에 너비를 강조하여 시각적으로 옆으로 퍼져 보이게 연출한다. 프린지에 뱅 처리하여 얼굴이 길어 보이지 않게 연출한다.
- **웨이브** : 전두부를 낮게 하고 사이드에 볼륨을 주어 얼굴이 길어 보이는 것을 보완한다. 얼굴이 짧아 보이도록 연출하는 것이 좋다.
- **제안** : 앞머리는 짧은 뱅bang으로 이마를 가려주고 사이드에 볼륨을 강조하는 스타일

(4) 사각형 정사각형 얼굴

- **형태 특징** : 광대뼈가 넓고 이마와 턱선이 좁은 얼굴형
- **이미지** : 화려해 보이는 느낌을 줄 수 있으나 나이가 들어 보이기 쉬운 이미지
- **커트** : 탑에 볼륨을 주어 전체적인 형태가 길어 보이게 하는 동시에 곡선 모양을 만들어 사각형 얼굴을 부드러운 이미지로 연출한다. 옆선을 가볍게 층을 내어 각진 부분을 커버해 주는 스트레이트 스타일, 비대칭 헤어스타일이 잘 어울린다.
- **웨이브** : 모발을 높이 치켜올려 윗머리는 풍성하게 연출하고 각진 얼굴에 굵은 웨이브가 자연스럽게 떨어지도록 연출하여 각진 모습을 감소시켜 준다. 턱선이 부드럽고 편안한 느낌을 줄 수 있도록 헤어스타일을 연출한다.
- **제안** : 얼굴형을 감싸듯 부드럽게 하거나 비대칭으로 디자인

(5) 마름모형 얼굴

- 형태 특징 : 이마와 턱선이 좁고 광대뼈가 두드러진 얼굴형
- 이미지 : 화려한 인상을 풍기지만 광대뼈로 인해 나이가 들어 보이기 쉬운 이미지
- 커트 : 이마 부분과 턱 부분을 각각 폭넓게 보이도록 하는 스타일을 연출하는 것이 좋다.
- 웨이브 : 이마에 볼륨을 주며 광대뼈 부분은 바짝 붙이면서 부드러운 컬을 이용하여 턱선의 아래쪽을 풍성한 볼륨을 주어 달걀형을 만든다.
- 제안 : 앞머리에 볼륨을 주고 층이 있는 보브 스타일 또는 얼굴선을 따라 흘러내리는 레이어 스타일

(6) 삼각형 얼굴

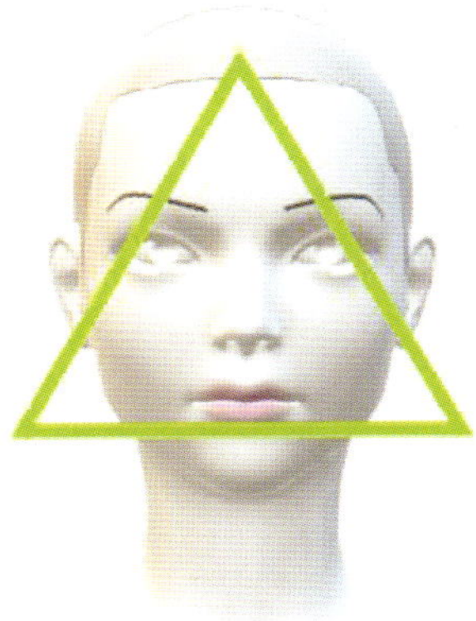

- 형태 특징 : 이마가 좁고 턱이 넓게 보이는 얼굴형
- 이미지 : 볼에 살이 많은 귀여운 이미지
- 커트 : 턱보다 위쪽으로 볼륨감을 증가시켜 아래보다 위로 갈수록 넓어지고 볼륨감을 주어 넓은 턱의 형태를 보완하는 스타일을 연출하는 것이 좋다.
- 웨이브 : 옆선을 강조한 웨이브나 좁은 이마를 감출 수 있는 큰 뱅을 이용하고 양볼의 선을 좁게 보이기 위해서 부드러운 웨이브를 주어 양옆을 덮어준다.
- 제안 : 넓은 턱선, 이마가 세로로 좁은 부분을 보완하기 위한 스타일

(7) 역삼각형 얼굴

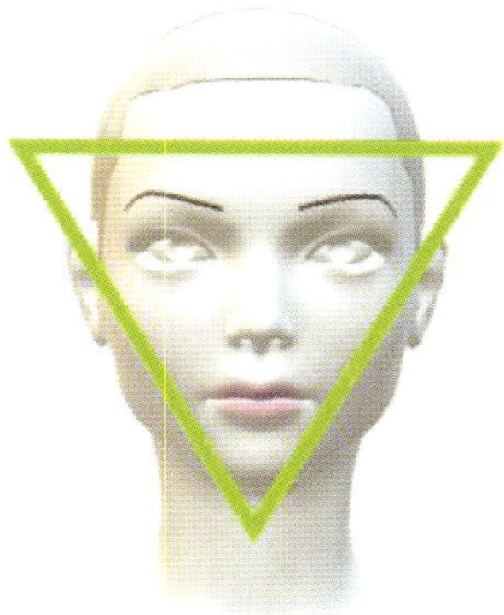

- 형태 특징 : 이마가 넓고 턱이 뾰족하여 볼에 살이 적은 얼굴형
- 이미지 : 스마트해 보이지만 다소 차가워 보이는 이미지
- 커트 : 미디엄, 롱 기장의 얼굴을 감싸는 레이어 스타일을 연출하는 것이 좋다.
- 웨이브 : 프린지는 볼륨을 살려 큰 웨이브로 이마를 좁게 보이게 하고, 턱 부분은 굵은 웨이브를 주어 살이 없는 볼륨을 주어 부드러운 이미지를 연출한다.
- 제안 : 좁은 턱선을 보완하기 위해 전체적으로 레이어 스타일

2. 보정 두상 형태별 헤어커트 디자인 제안

두상은 얼굴형과 같이 개인마다 그 형태와 특징이 다르므로 두상의 장단점을 파악하여 장점은 강조하고 단점은 보완할 수 있는 헤어 디자인을 제안한다.

(1) 납작 두상

탑 부분은 볼륨을 주고 사이드는 볼륨을 줄여주는 스타일 제안

(2) 돌출 두상

탑 부분 볼륨은 줄이고 사이드는 볼륨이 풍성한 스타일 제안

(3) 뒷부분 납작

탑 부분과 백의 볼륨을 주는 스타일로 제안

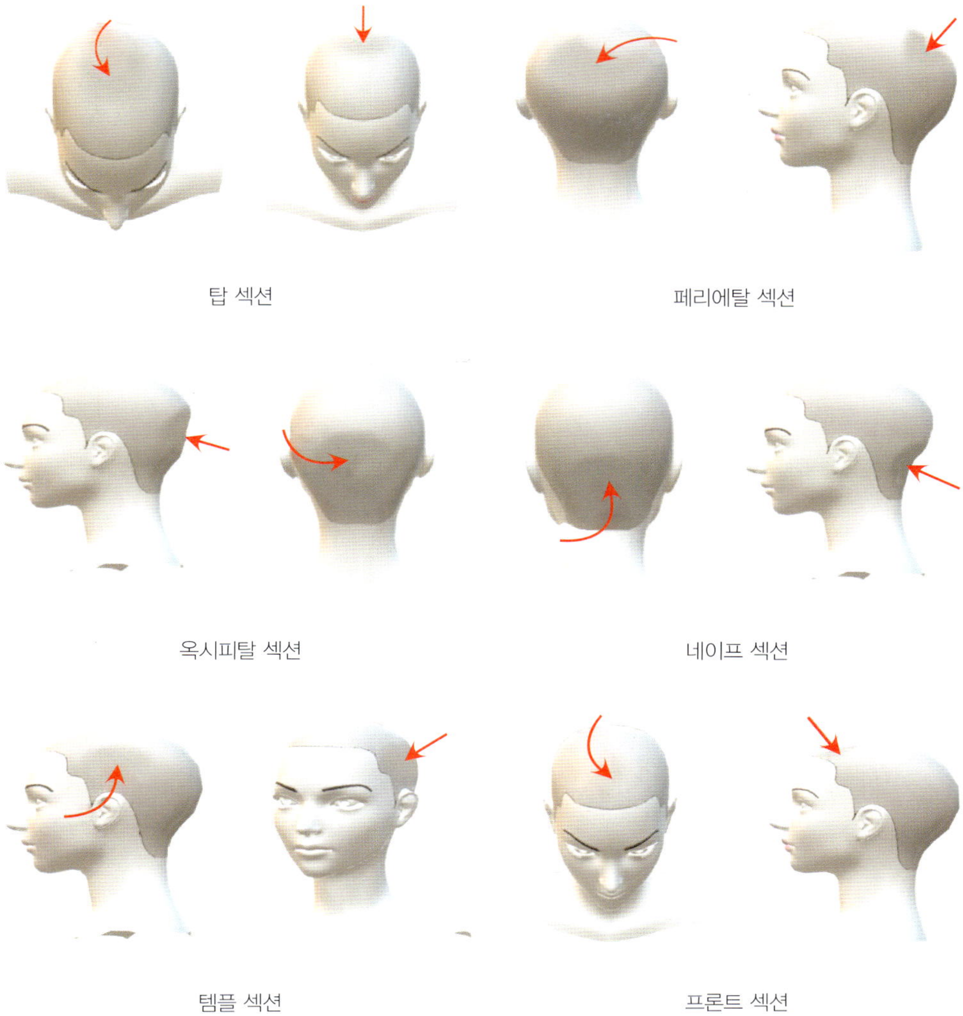

그림 3-1 **보정 두상**

3. 이마 형태에 따른 헤어커트 디자인 제안

(1) 넓은 이마

탑에서부터 앞머리를 내려 넓은 이마를 보완해 주며 약간 비대칭적인 앞머리 스타일로 하여 시선을 분산시킨다.

(2) 좁은 이마

탑에서부터 높이를 더 해주고 자연스럽게 내려주는 헤어스타일을 해준다. 이마를 드러내는 스타일은 좁은 이마를 오히려 강조할 수 있다.

(3) 납작한 이마

앞머리에 뱅을 만들어 볼륨감을 주어 두상의 형태를 입체적으로 만들어 이를 보완해준다. 두상 뒷부분에 볼륨을 주어서 납작한 이마가 상대적으로 튀어나와 보일 수 있도록 한다.

(4) 돌출형 이마

볼륨 있는 앞머리는 삼가고 옆으로 자연스럽게 앞머리를 넘겨주고, 뒤쪽의 볼륨을 주지 않는 스트레이트 헤어를 한다.

4. 목 타입에 따른 헤어커트 디자인 제안

고객마다 목의 길이가 다를 수 있기 때문에 헤어 디자인 결정 시 더 중요하게 고려해야 한다.

(1) 긴 목

- 긴 목은 길고 가는 목둘레의 공간을 채우기 위해 볼륨을 주어 단점을 보완할 수 있는 헤어스타일이 좋다.
- 짧은 헤어스타일 보다는 롱 헤어스타일이 긴 목의 단점을 보완해 준다.
- 롱 레이어 커트는 전체적으로 수직 라인이 강조되고, 목의 길이가 더욱 눈에 띄기 때문에 커트 후 굵은 웨이브를 주어 볼륨을 형성하는 것이 좋다.
- 짧거나 단정하게 목선이 보이는 스타일은 피하는 것이 좋다.
- 마른 체형의 목이 긴 사람은 짧은 헤어스타일은 자칫 잘못하면 마른 체형을 더 돋보이게 할 수 있기 때문에 긴 머리에 굵은 웨이브 스타일이 잘 어울린다.
- 굵은 웨이브를 어깨 앞쪽으로 드러내 주면 긴 목을 가리는 데 효과적이다.

(2) 짧은 목

- 커트 스타일에 높이와 길이를 강조해줌으로써 길어 보이게 하는 헤어스타일이 좋다.
- 롱 헤어스타일 보다는 쇼트 헤어스타일이 짧은 목의 단점을 보완해 준다.
- 얼굴이 크고 짧은 목의 사람에게는 롱 헤어스타일은 피하고 중간 정도의 웨이브 헤어스타일이 잘 어울린다. 앞부분의 머리는 턱선까지 자르고 레이어 커트 후 C컬 웨이브 펌을 연출한다.
- 작은 얼굴에 목이 짧은 사람에게는 밋밋하게 보일 수 있는 이목구비를 짧은 쇼트 커트를 연출함으로써 뚜렷하게 보이는 효과가 있다.
- 목뒤가 무거운 스타일과 수평 라인을 만드는 스타일도 피하는 것이 좋다.

5. 어깨 넓이에 따른 헤어커트 디자인 제안

(1) 넓은 어깨

- 롱 레이어 커트로 어깨까지 늘어진 헤어스타일을 연출하여 넓은 어깨의 단점을 보완할 수 있다.
- 어깨 주변에 층을 주면 넓은 어깨와 볼륨이 겹치고 어깨 폭이 넓다는 것을 강조하게 되므로 주의해야 한다.

(2) 좁은 어깨

어깨가 좁으면 얼굴이 커 보이는 단점이 있으므로 어깨에 무게감과 볼륨을 살릴 수 있는 그래쥬에이션 커트와 굵은 웨이브 스타일이 잘 어울린다.

6. 체형에 따른 헤어커트 디자인 제안

(1) 정상 체형 균형 잡힌 체형

- 가장 이상적이고 아름다운 체형으로 롱 헤어스타일이나 쇼트 헤어스타일 모두 잘 어울린다.
- 헤어스타일 연출 시 어떤 스타일을 해도 구애받지 않는다.

(2) 마른 체형

마른 체형은 날카로운 인상을 줄 수 있기 때문에 롱이나 미디엄 기장의 헤어스타일에 S컬이나 C컬의 웨이브로 볼륨을 넣어주어 부드러운 이미지를 주는 헤어스타일을 연출하는 것이 좋다.

① 키가 크고 마른 체형

- 롱 기장은 원랭스 커트 라인의 스트레이트 보다는 레이어 커트에 볼륨이 있는 S컬 웨이브 스타일이 잘 어울린다.
- 미디엄 기장은 보브 커트나 어깨 길이의 C컬 웨이브 헤어스타일이 잘 어울린다.
- 짧은 기장은 심플하게 연출하되 너무 짧은 쇼트커트나 베이비 펌처럼 웨이브가 많은 스타일은 체형이 더 왜소해 보일 수 있으니 피해야 한다.

[얼굴형별 추천 헤어스타일]

- 롱 커트
  - 달걀형, 역삼각형 : 원랭스 커트·그래쥬에이션 커트, 볼륨감 있는 굵은 웨이브
  - 역삼각형, 사각형 : 레이어 커트, 볼륨감 있는 굵은 웨이브
- 미디엄 커트
  - 둥근형 : 원랭스 커트, 그래쥬에이션 커트, 볼륨감 있는 롤 스트레이트
  - 사각형, 삼각형, 마름모형, 장방형 : 그래쥬에이션 커트·레이어 콤비네이션 커트, 굵은 웨이브
- 짧은 커트
  - 삼각형 : 그래쥬에이션 커트·레이어 콤비네이션 커트, 굵은 웨이브

② 키가 작고 마른 체형

- 대체로 어떤 헤어스타일이라도 잘 어울리나 스트레이트는 다소 왜소해 보일 수 있으니 피하는 것이 좋으며 사이드에 볼륨이 없는 스타일은 주의해야 한다.
- 롱 기장의 커트보다 미디엄 기장과 쇼트 기장의 심플하게 연출된 C컬 웨이브 헤어스타일이 잘 어울린다.
- 원랭스 커트 보다는 그래쥬에이션 커트·레이어 콤비네이션 커트로 볼륨을 주어 부드러운 이미지를 연출한다.

[얼굴형별 추천 헤어스타일]

- 미디엄 커트
  - 둥근형, 역삼각형 : 원랭스 커트·그래쥬에이션 커트, 볼륨감 있는 굵은 웨이브
  - 삼각형, 마름모형, 장방형 : 그래쥬에이션 커트·레이어 콤비네이션 커트, 볼륨감 있는 굵은 웨이브
- 짧은 커트
  - 달걀형 : 그래쥬에이션 커트·레이어 콤비네이션 커트, 굵은 웨이브

(3) 뚱뚱한 체형

- 심플한 헤어스타일이 좋으며 볼륨이 있는 긴 헤어스타일은 큰 체형이 더 커 보이기 때문에 피하는 것이 좋다.
- 목선 부위에 볼륨이 많은 웨이브 헤어스타일로 무게감을 주면 짧거나 굵은 목을 강조하게 되므로 피하는 것이 좋다.
- 짧은 커트나 미디엄 커트 탑 부분에 볼륨을 주어 착시 현상으로 목이 길어 보이도록 헤어스타일을 연출한다.

① 키가 크고 뚱뚱한 체형

- 롱 기장은 큰 체형이 더 커 보이기 때문에 피하는 것이 좋다.
- 미디엄 기장은 어깨 위로 떨어지지 않는 기장의 볼륨이 많지 않은 웨이브나 스트레이트로 슬림하게 보이도록 연출한다. 탑 부분에 볼륨이 죽지 않도록 주의하면서 스타일을 연출해야 한다.
- 짧은 기장은 탑 부분에 볼륨을 주어 심플하게 연출한다. 짧은 쇼트커트나 베이비 펌처럼 웨이브가 많은 스타일을 연출하여 체형이 왜소해 보일 수 있도록 한다.

[얼굴형별 추천 헤어스타일]

- 미디엄 커트
  - 달걀형 : 그래쥬에이션 커트, 적당한 볼륨이 있는 웨이브나 스트레이트
  - 역삼각형, 사각형, 삼각형 : 그래쥬에이션 커트·레이어 콤비네이션 커트, 탑에 적당한 볼륨이 있는 웨이브
  - 역삼각형, 장방형 : 그래쥬에이션 커트·레이어 콤비네이션 커트, 사이드에 적당한 볼륨이 있는 웨이브나 스트레이트
- 짧은 커트
  - 둥근형, 마름모, 역삼각형, 삼각형 : 레이어 커트, 탑에 볼륨이 있는 웨이브나 롤 스트레이트

② 키가 작고 뚱뚱한 체형

- 미디엄 기장은 두상 옆으로 볼륨이 너무 많지 않게 주의하며 웨이브가 많은 스타일 보다는 자연스러운 헤어스타일이 좋다.
- 짧은 쇼트커트가 가장 잘 어울리며 어깨 길이의 층이 있는 그래쥬에이션 커트 후 C컬 웨이브와 비대칭 커트도 잘 어울린다.
- 스트레이트는 더 뚱뚱해 보일 수 있으니 피하는 것이 좋으며 볼륨감이 많은 커트 스타일은 얼굴이 더 커 보일 수 있으니 주의하는 것이 좋다.

[얼굴형별 추천 헤어스타일]

- 미디엄 커트
  - **달걀형** : 그래쥬에이션 커트, 탑 부분에 볼륨이 있는 적당한 웨이브
  - **삼각형, 장방형** : 어깨선을 넘지 않는 그래쥬에이션 커트·레이어 콤비네이션 커트, 사이드에 적당한 볼륨이 있는 웨이브나 스트레이트
  - **역삼각형, 사각형, 삼각형** : 그래쥬에이션 커트·레이어 콤비네이션 커트, 탑에 적당한 볼륨이 있는 웨이브
- 짧은 커트
  - **둥근형, 마름모, 역삼각형, 삼각형** : 그래쥬에이션 커트·레이어, 비대칭 커트, 탑에 볼륨이 있는 웨이브나 롤 스트레이트

7. 앞머리Bang에 따른 헤어커트 디자인 제안

커트를 디자인할 때 앞머리 연출은 작품의 성격과 모델의 이미지를 결정적으로 좌우할 수가 있다.

(1) 사선 뱅 Diagonal Bang

- 좌측이나 우측 방향으로 앞머리를 옆으로 넘겨 차분하고 여성스러운 이미지를 연출한다.
- 유행을 타지 않는 스타일로 가장 많이 시술되고 있다.
- 각진 얼굴형의 경우 단점을 보완하고 이미지를 부드럽게 만들어 준다.
- 긴 얼굴형에는 더욱 길어 보이기 때문에 피하는 것이 좋고 달걀형이나 사각형 얼굴형에 잘 어울리는 스타일이다.

(2) 시스루 뱅 See-through Bang

- 앞 이마에서 페이스 라인을 따라 중앙은 가볍게 일자로 양쪽 끝으로 갈수록 길게 내려지는 앞머리로 여성스러운 느낌을 준다.
- 전체 앞머리 길이에 따라 다른 느낌을 연출할 수 있는 스타일이다.

- 얼굴형에 맞게 적절한 앞머리 길이를 만들어 준다.
- 둥근형의 얼굴에 양쪽을 길게 해주면 달걀형 얼굴처럼 연출이 된다.

(3) 일자형 뱅 Horizontal Bang

- 귀여운 이미지를 연출할 때 사용하나 눈썹이 보이게 너무 짧게 자르면 촌스러운 이미지를 줄 수 있다.
- 앞머리 숱이 많을 경우 답답해 보이기 때문에 피하는 것이 좋으나 고객이 원할 경우 모발의 양을 조절하여 연출한다.
- 이마가 넓은 경우 짧지 않은 일자형 앞머리를 연출하는 것이 좋다.
- 장방형이나 역삼각형 얼굴에 가장 잘 어울리는 스타일이다.

(4) 라운드 뱅 Round Bang

- 동안 이미지와 귀여운 이미지를 느끼게 할 수 있는 스타일이다.
- 눈을 반 정도 가리는 긴 라운드 뱅은 답답함과 강한 이미지, 와일드한 느낌을 줄 수 있다.
- 얼굴형에 맞게 적절한 앞머리 길이를 만들어 주는 것이 좋다.
- 달걀형, 삼각형, 역삼각형 얼굴에 가장 잘 어울리는 스타일이다.

(5) 와이드 뱅 Wide Bang

- 순수하고 청순한 이미지를 느끼게 할 수 있는 스타일이다.
- 얼굴이 긴 경우 와이드 뱅은 얼굴 옆으로 넓어 보이는 효과를 주므로 장방형 얼굴형에 어울린다.
- 나이가 어릴수록 잘 어울린다.

(6) 처피 뱅 Chirpy Bang

- 앞머리 자체가 짧게 올라가는 스타일로 귀여운 이미지를 느끼게 할 수 있는 스타일이다.
- 긴 머리 보다는 미디엄 커트나 짧은 커트 머리에 잘 어울리는 스타일이다.
- 포인트를 주기 위해 비대칭 스타일에도 쓰인다.

8. 가르마 Part에 따른 헤어커트 디자인 제안

얼굴형과 가르마의 위치, 모발의 흐름에 따라 이미지가 좌우된다.

(1) 센타 가르마 Center Part

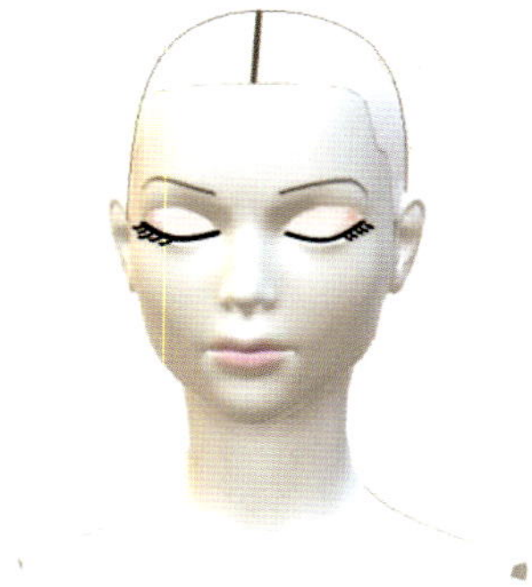

- 가장 중심이 되는 가르마이며, 분할의 효과가 있다.
- 전반적으로 깔끔한 이미지를 연출하며, 단아한 이미지나 귀여운 이미지 연출, 경쾌하고 뚜렷하게 강조하는 평면적인 이미지를 느끼게 한다.
- 긴 얼굴형은 얼굴이 더 길어 보일 수 있기 때문에 피하는 것이 좋다.
- 이목구비가 강조되며 턱이 작고 갸름한 달걀형, 이마가 넓고 턱이 좁은 역삼 각형에 가장 잘 어울리는 가르마이다.
- 달걀형, 역삼각형, 사각형 얼굴에 잘 어울린다.

(2) 사이드 가르마 Side Part

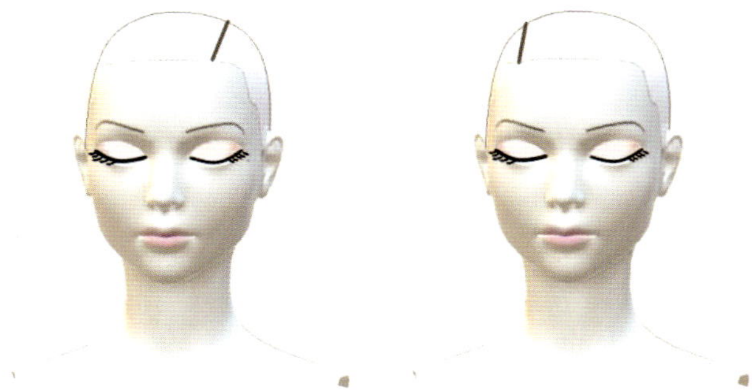

- 모든 이미지를 무난하게 소화할 수 있다.
- 깨끗하고 분명한 인상을 주는 가르마이며 안정적인 이미지를 느끼게 한다.
- 때로는 강하고 강렬한 이미지의 느낌을 받는다.

- 얼굴이 커 보이는 경우 단점을 커버하고 세련된 이미지를 보여 줄 수 있다.
- 둥근형, 삼각형 얼굴에 잘 어울린다.

(3) 곡선 가르마 Curve Part

- 골덴 포인트 부분을 라운드로 나눈 가르마로 둥근 느낌을 주고 입체적으로 유연하고 섬세한 효과를 준다.
- 세련되고 성숙한 이미지를 만들어 주며, 면접 보는 스타일로 많이 선호되는 가르마이다.
- 얼굴형이 갸름하고 우아한 여성스러운 분위기를 연출할 수 있다.
- 각진 형, 장방형, 삼각형, 마름모형 얼굴에 잘 어울린다.

(4) 지그재그 가르마 Zigzag Part

- 개성 있고 발랄한 스타일을 연출하면서 모발을 풍성하게 보일 수 있는 큰 장점을 가지고 있다.
- 섹시한 느낌을 줄 수 있고, 어려 보이는 효과를 준다.
- 머리숱이 적거나 자연스러운 가르마를 나누고자 할 때 사용된다.
- 사각형, 마름모형 얼굴에 잘 어울린다.

(5) 무 가르마Slicked-back Part

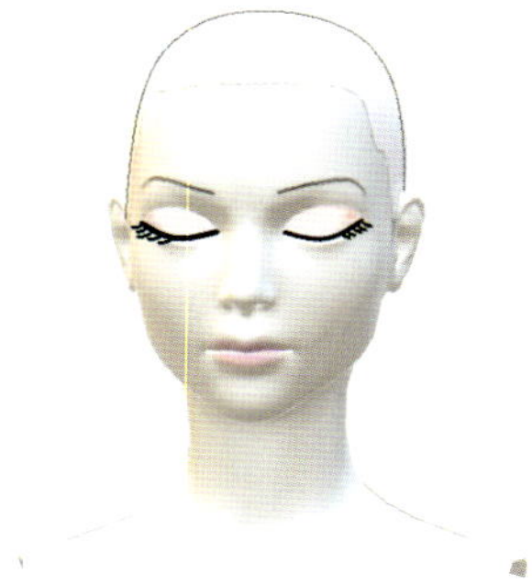

- 귀여운 이미지와 동안 스타일을 연출할 때 가장 잘 어울리는 스타일이다.
- 볼륨을 살려주면 갸름한 인상을 줄 수 있다.
- 턱이 뾰족한 역삼각형, 마름모형 얼굴에 가장 잘 어울린다.

9. 모발의 특성

모발은 물리적 특성과 화학적 특성이 있으며 유전적 요인과 환경, 미용 시술 등의 영향으로 건성모, 지성모, 발수모, 손상모로 나뉘며 모발의 탄력성, 다공성, 흡수성, 모류 등 특성을 파악하고 모류에 대해 파악하여 헤어 디자인을 제안하여야 한다.

(1) 모발의 탄력성

모발은 수분 함량에 따라 건조 시에 20%, 수분 함유 시 40~50% 정도 모발의 길이가 늘어나며 이 늘어나는 정도를 탄성이라 한다.

(2) 모발의 다공성

모발의 화학적 시술, 물리적 자극, 자외선 등에 의한 손상으로 모피질 내 간충물질이 소실되어 모발 내부에 구멍이 생기는 현상으로 다공성이 높을수록 수분 함량은 많아지며, 탄력성은 낮아진다. 헤어커트 시 모발의 다공성 정도를 잘 파악하여 수분 함량을 조절해야 한다.

(3) 모발의 흡수성

모발은 공기 중의 습도가 높으면 수분을 흡수하고 습도가 낮으면 수분을 빼앗기는 특성이 있다. 건강한 모발의 수분 함량은 10~15%이며, 10% 이하는 손상 모발에 해당한다.

(4) 모발과 열

모발은 80~90%가 단백질로 구성되어 있어 열을 가하면 단백질 응고 작용으로 경직 현상이 나타난다. 모발은 70℃에서 구조적 변화가 일어나기 시작하며, 100℃에서는 성질 변화가 일어나고 190℃ 정도에서는 연소된다.

(5) 모류

모발이 성장하면서 일정한 각도와 방향성을 가지게 되는 특성을 모류라고 한다. 모류의 중심은 가마이며, 모발은 가마를 중심으로 회전하며 성장한다. 모류는 모발 길이와 커트 선의 방향 결정에 영향을 미치므로 모류를 고려하여 헤어커트 디자인을 결정해야 한다.

[모류의 종류와 방향]

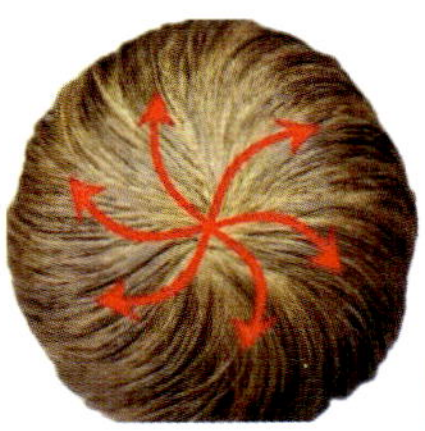

시계방향 오른쪽

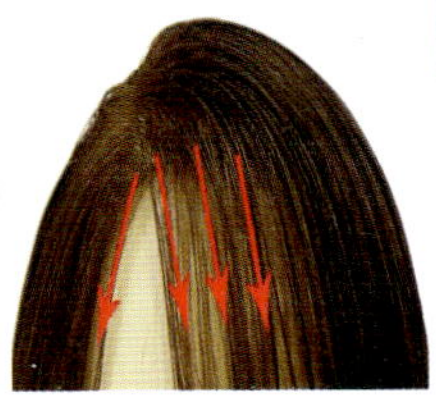

얼굴 방향

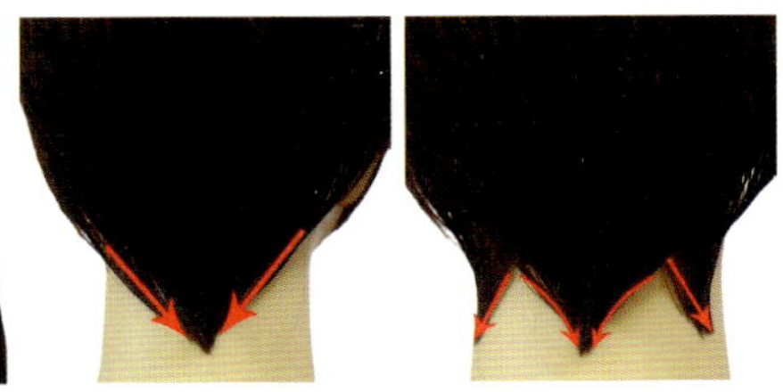

가운데로 모아짐

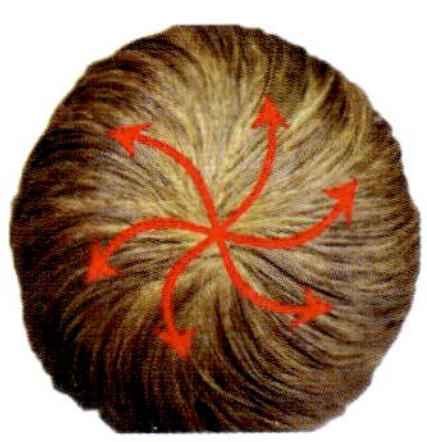

시계 반대 방향 왼쪽

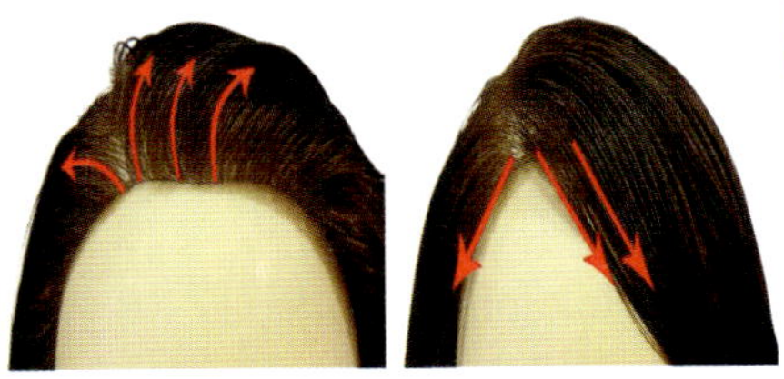

측면 방향

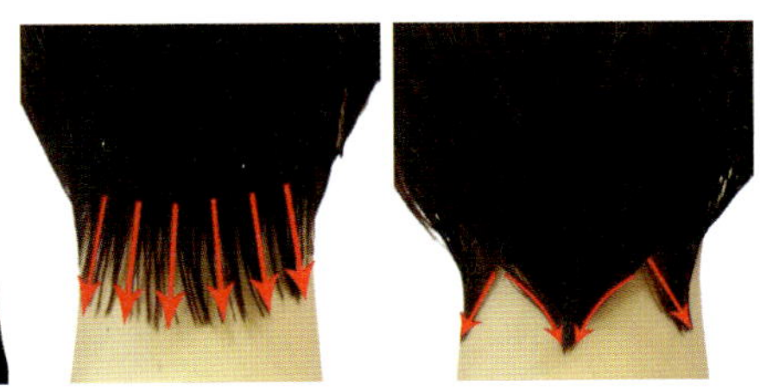

방사형으로 퍼짐

[가마 종류]

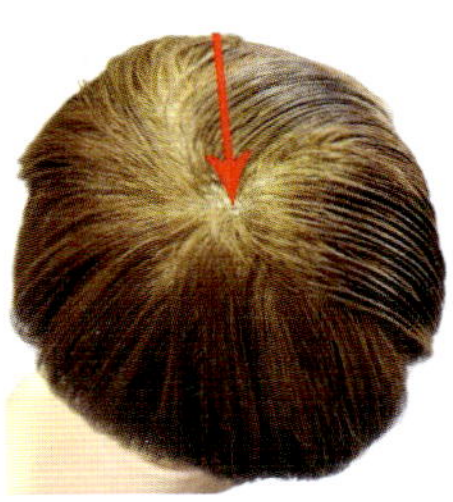

사이드 원가마

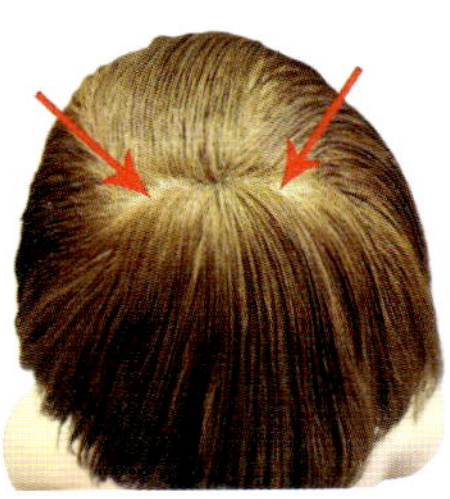

쌍가마

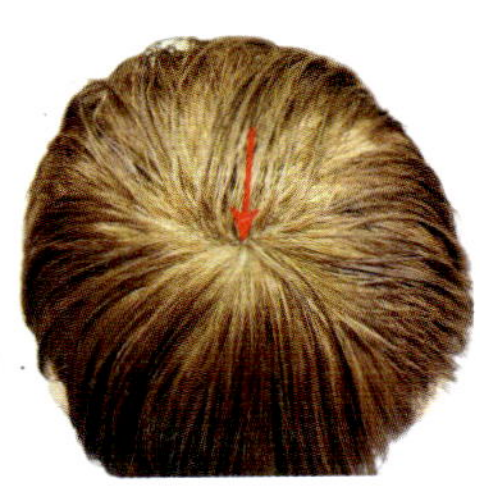

중앙 원가마

10. Combination 헤어커트 디자인 설계

헤어커트로 스타일을 완성할 경우 한 가지 커트 기법만 사용하여 완성하는 경우는 거의 없다. 대부분 One Length cut, Graduation cut, Layer cut 등의 기본 기법을 혼합하여 다양한 형태의 선, 볼륨, 질감 등을 표현하여 완성하게 되며 이를 Combination 헤어커트라 한다.

(1) One Length cut와 Graduation Cut의 Combination

네이프 부분의 무게감을 One Length cut로 표현하고 탑 크라운 부분은 볼륨감을 Graduation cut로 표현한 Combination 스타일이다.

(2) One Length cut와 Layer Cut의 Combination

One Length cut의 깨끗하고 무게감 있는 아웃 라인의 선을 유지하면서 두상의 익스테리어 부분에 율동감을 줄 수 있는 Combination 스타일이다.

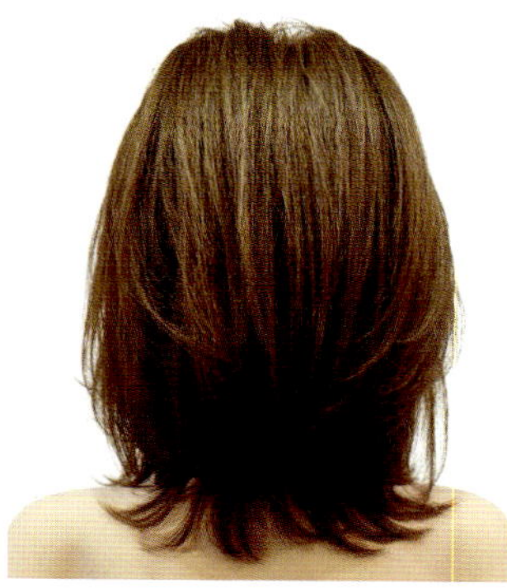

(3) Graduation cut와 Layer Cut의 Combination

Graduation cut 시 활용 가능한 가로 섹션, 세로 섹션, 사선 섹션을 이용하여 각도에 따라 두상에 다양한 볼륨과 형태를 만들 수 있는 각기 다른 두 종류의 Graduation cut의 Combination 스타일이다. 헤어커트 스타일 디자인 시 네이프 지역의 작은 무게감 형성을 위하여 Graduation cut을 실시하고 볼륨과 질감이 필요한 탑 부분을 Layer cut 기법으로 커트한다.

Chapter 4

헤어커트 기초 기술

학습 내용	수업 목표
헤어커트 기초 기술	• 정확한 헤어커트를 위한 기초 기술 블로킹, 섹션, 슬라이스, 시술 각도, 베이스, 분배, 손가락 위치, 가이드 라인, 질감 처리에 대해 이해할 수 있다. • 헤어커트 진행 방법과 주의사항에 대해 이해할 수 있다.

1. 헤어커트 기초 기술

헤어커트를 정확하고 일관성 있게 커트하기 위해서는 블로킹, 섹션, 슬라이스, 시술 각도, 베이스, 분배, 손가락 위치, 가이드 라인, 질감 처리에 대한 이해가 필요하다.

1. 블로킹 Blocking

커트 시 사용되는 블로킹은 크게 4등분 Center Parting/Ear To Ear Parting, 5등분 Center Parting/Ear To Ear Parting/Front Parting 으로 나눌 수 있다.

(1) 1파트 One Part

하나의 판넬을 가이드로 정하여 전체를 자르는 것으로 4가지 기본형 One Length cut, Graduation cut, Layer, 세임Layer 이 있다.

(2) 2파트 Two Part

① 센터 파트 Center Part

헤어커트 시 가장 기본이 되는 파트 방법이다. 센터 포인트C.P, 탑 포인트T.P, 골덴 포인트G.P, 네이프 포인트N.P를 연결하는 선으로 정중선이라 한다. 정중선을 기준으로 좌·우가 동일하게 대칭이 되도록 나누는 것을 말한다.

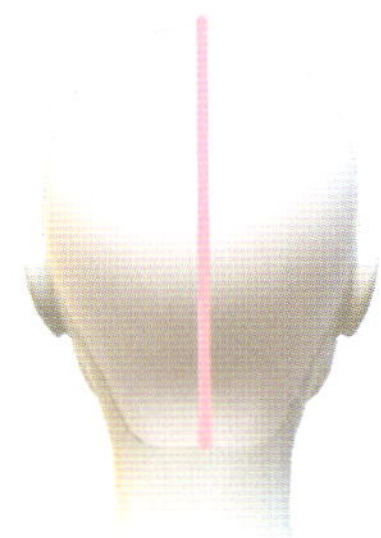

② 이어 투 이어 파트 Ear to Ear Part

두상의 우측 이어 포인트E.P에서 탑 포인트T.P를 지나 좌측 이어 포인트E.P까지 연결하는 선을 측중선이라 한다. 얼굴 방향Forward direction의 디자인과 얼굴 반대 방향Reverse direction의 디자인이 서로 다른 스타일을 시술할 때 쓰이는 파트 방법이다.

③ 템플 투 템플 파트 Temple to Temple Part

두상의 우측 프런트 사이드 포인트F.S.P에서 탑 골덴 미디엄 포인트T.G.M.P를 지나 좌측 프런트 사이드 포인트F.S.P까지 수평으로 나눈다. 2파트로 상하로 나눈다.

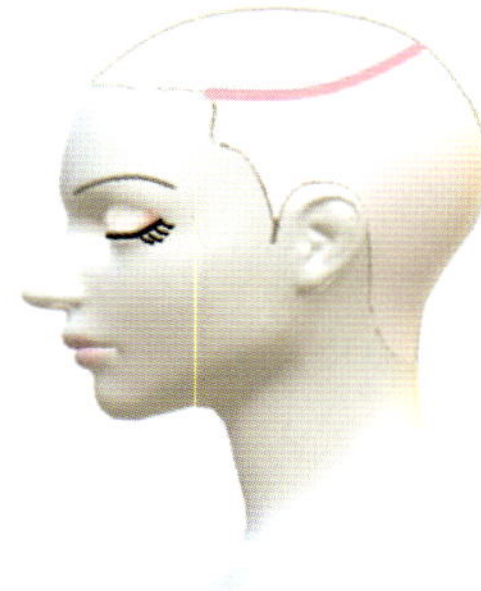

[2 파트 커트를 하는 이유]

- 하나의 가이드를 기준으로 전체적인 커트를 완성하는 1 파트 커트에 비해 2 파트 커트는 기본적인 베이스 커트만으로 모발에 공간을 만드는 것이 가능하므로 지나친 질감 커트로 모량을 감소시키지 않아도 움직임이나 가벼움을 내기 쉬운 파트법이다.
- 2 파트 커트도 연결형커넥팅과 비 연결형디스커넥팅이 있다. 헤어스타일에 따라 선택하여 사용할 수 있다.
- 1 파트 커트보다 배우기 쉽고 디자인의 다양성이 넓어진다.
- 1 파트란 조건하에서 한정되었던 디자인이 섹션끼리 연결하지 않고 베이스를 만드는 선택 범위가 늘어나 그래쥬에이션과 Layer의 조합으로 디자인 폭이 넓어졌다.
- 디자인에 대한 생각이 쉬워지고 체계적인 커트가 가능하다.

(3) 3파트 Three Part

① 두상의 프론트 사이드 포인트F.S.P에서 탑 골덴 미디엄 포인트T.G.M.P를 지나 반대편 프런트 사이드 포인트F.S.P까지 수평으로 나눈다.

② 두상의 사이드 포인트S.P에서 백 포인트B.P를 지나 반대편 사이드 포인트S.P까지 파트를 나눈다.

③ 2 파트에 비해 좀 더 정밀하고 정확한 커트 시술할 때 활용된다.

④ 섹션은 크게 언더 섹션Under section, 미들 섹션Middle section, 오버 섹션Over Section으로 나눌 수 있다.

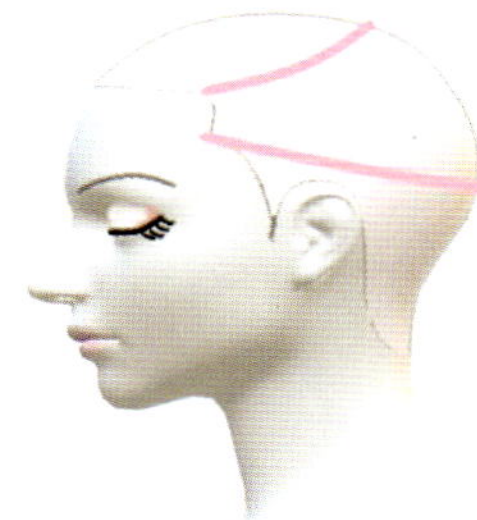

(4) 4파트 Four Part

① 존의 3 파트에 오른쪽 이어 포인트E.P에서 백 포인트B.P를 지나 왼쪽 이어 포인트 E.P까지 연결하는 파트를 추가하여 4파트로 나눈다.

② 언더 부분을 조금 더 세분화한 파트이다.

③ 3 파트에 비해 정밀한 커트 시술할 때 활용된다.

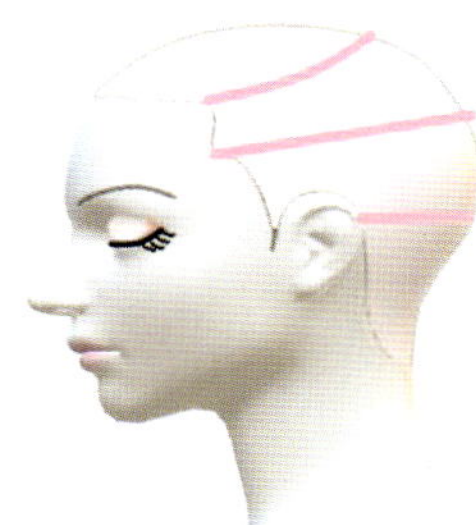

2. 머리 위치 Head Position

(1) 앞 숙임 Forward

모발의 분배에 직접적으로 영향을 주며 모발 질감과 커트 라인의 방향에도 영향을 준다. 형태선의 끝마무리로 주로 많이 사용하며, 머리가 약간 안으로 말려 들어간다.

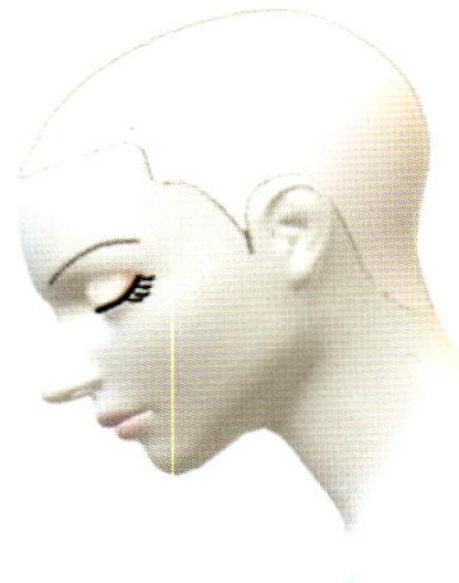

(2) 똑바로 Uo-Right

가장 자연스럽고 고른 효과가 나타난다.

(3) 옆 기울 Tilted

페이스 라인 또는 옆 형태선의 쉬운 마무리를 위해 사용한다.

3. 섹션 Section

헤어커트 시술 시 두상에서 블로킹Blocking을 나눈 후 디자인에 따라 작은 구역의 라인을 나누는 것을 말하며 디자인 형태의 선과 평행하게 나눈다.

(1) 호리존탈 섹션 Horizontal Section

가로 또는 수평으로 나누는 것으로 상·하의 층이 많이 나지 않는 헤어스타일을 시술할 때 나누는 섹션 방법이다. One Length cut수평 원랭스 커트, 스파니엘 커트, 이사도라 커트 등을 커트할 때 활용된다.

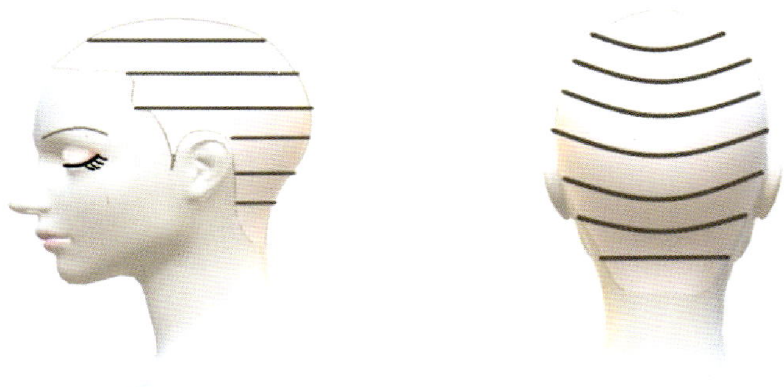

(2) 버티컬 섹션 Vertical Section

세로 또는 수직으로 나누는 것으로 상·하의 층을 많이 내는 데 활용한다. 질감이 부드럽고 가벼운 층으로 표현된 헤어스타일을 시술할 때 유용한 섹션이다. 주로 Layer cut에 활용된다.

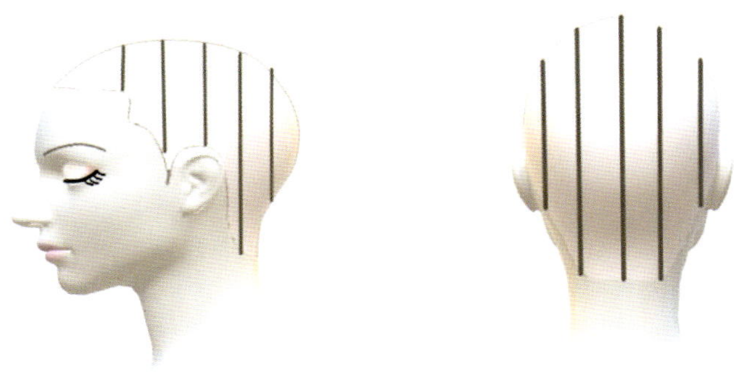

(3) 다이애거널 섹션 Diagonal Section

두상의 뒤쪽에서 얼굴 방향으로 대각선 전대각·후대각 으로 나누는 것으로 사선으로 섹션을 나누는 것이다. 두상의 앞쪽과 뒤쪽의 기장을 다르게 하여 언더 라인 Under line 이 A 라인, Vu 라인의 커트 선이 표현되는 스타일을 시술할 때 유용한 섹션이다. 전대각 섹션 Concave Section 과 후대각 섹션 Convex Section 으로 나뉜다.

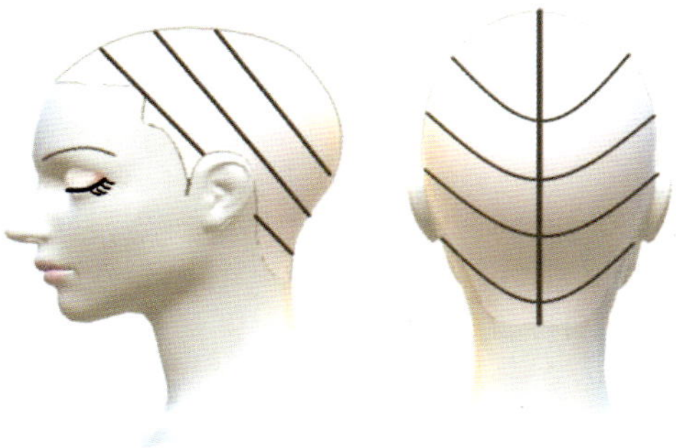

후대각 섹션 Convex Section

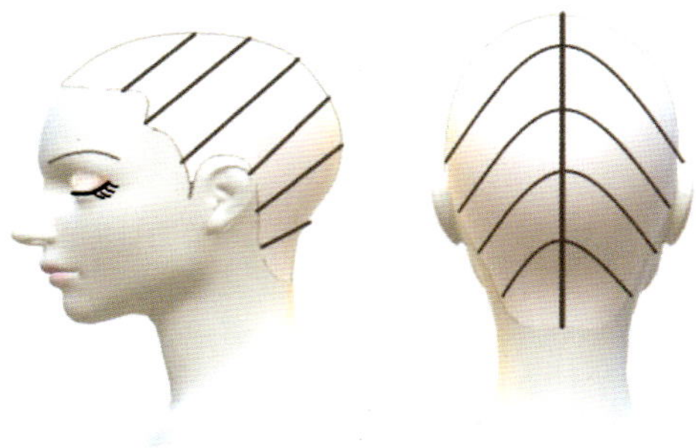

전대각 섹션 Concave Section

(4) 피봇 섹션 Pivot Section

두상의 피봇에서 똑같은 크기의 섹션을 방사선으로 나누는 것으로 버티컬 섹션 vertical Section 을 응용한 섹션으로 탑 포인트 T.P 에서 방사선으로 균등하게 분할하여 섹션을 나눈 것이다. 두상의 두정부 크라운, Crown 를 쉽게 시술하기 위하여 활용되는 방법이다. 수직 섹션과 같이 층을 많이 내는 스타일에 활용한다. 레이디얼 섹션 Radial Section 이라고도 한다.

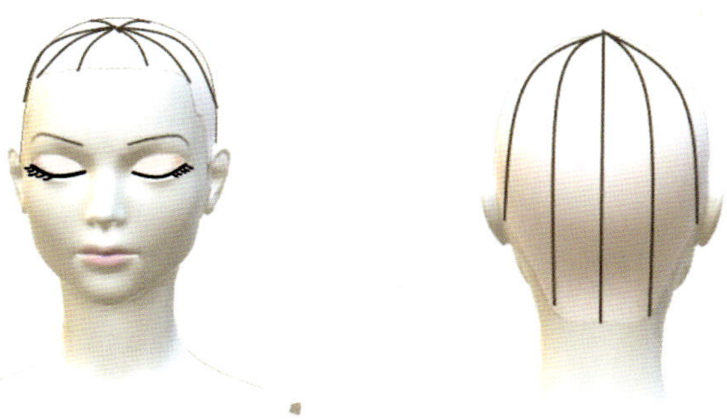

4. 슬라이스 라인 Slice Line

슬라이스란 모발을 얇게 선으로 나누는 것을 말한다. 섹션 라인과 유사한 개념으로 사전에 계획된 커트 디자인의 형태 선 Out Line 에 맞추어 헤어커트를 시술하기 위하여 두상에서 모발을 나누는 선의 형태를 의미한다. 수평으로 나누는 평행 라인 Parallel Line, 전대각선으로 나누는 A라인 Concave, 후대각 선으로 나누는 V 또는 U라인 Convex 이 있다. 전대각선과 후대각 선의 경우, 기울기에 따라 완성되는 커트 스타일의 형태와 형태 선이 달라지며 이미지도 다르게 나타난다.

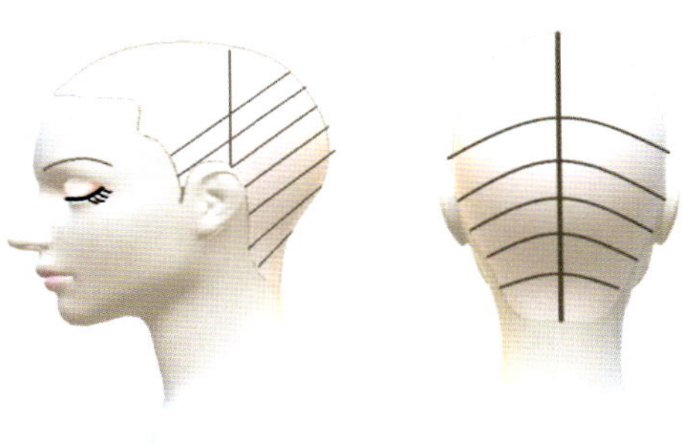

A라인 Concave

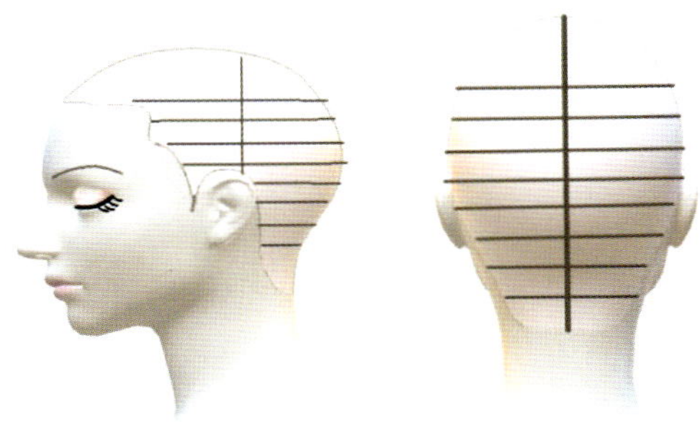

평행 라인 Parallel Line

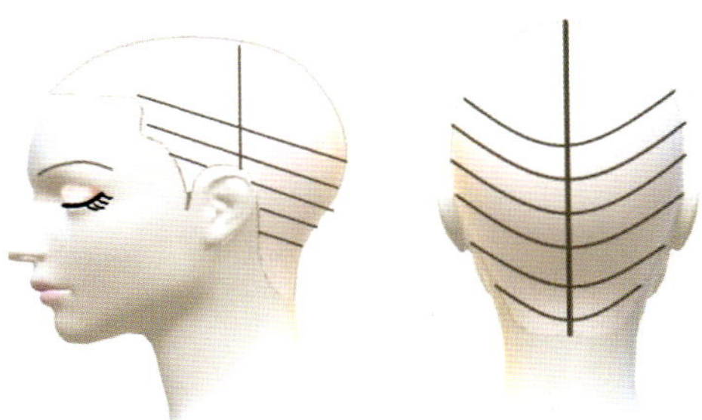

V 또는 U라인 Convex

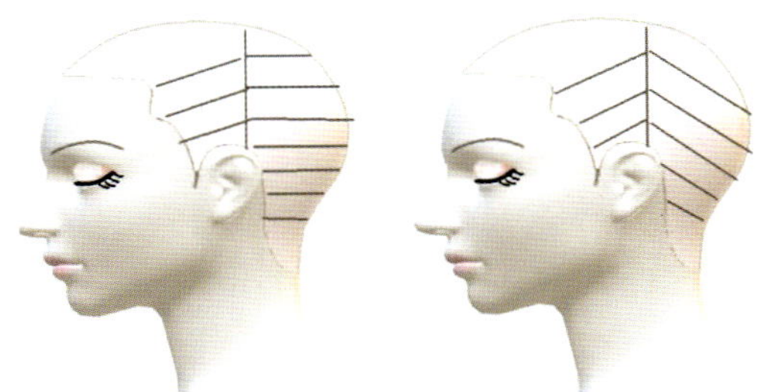

슬라이스 라인의 혼합

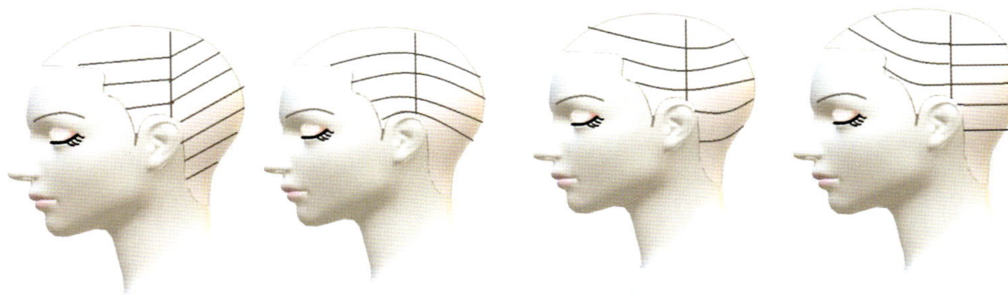

슬라이스 라인의 혼합

5. 커트 시술 베이스 Base

헤어스타일의 형태 선을 만드는 중요한 시술 형태로 섹션 Section 과 패널 panels 의 자리에서 길이의 변화를 요구할 때 사용한다. 가로로 커트하는 경우는 온 더 베이스 On the Base, 업 베이스 Up Base, 다운 베이스 Down Base, 업 사이드 베이스 Up Side Base, 다운 사이드 베이스 Down Side Base 가 있다. 사선으로 커트하는 경우는 뒤에서부터 앞으로 갈수록 길어지게 하는 전대각 사선과 앞에서부터 뒤쪽으로 갈수록 길어지는 후대각 사선이 있다. 온 더 베이스 On the Base, 다운 베이스 Down Base, 업 베이스 Up Base, 다운 오프 더 베이스 Down Off the Base, 업 오프 더 베이스 Up Off the Base 가 있다.

(1) 온 더 베이스 On the Base

세로로 커트하는 경우 좌·우 동일한 길이로 커트할 때 사용하는 커트 시술 시 가장 기본이 되는 방법이다. 파팅의 중심이 90°가 되도록 스트랜드를 잡아 원하는 부분을 동일한 길이로 커트할 때 사용되는 방법이다. 베이스의 폭이 너무 넓으면 각 파팅의 연결감이 좋지 않으므로 주의한다.

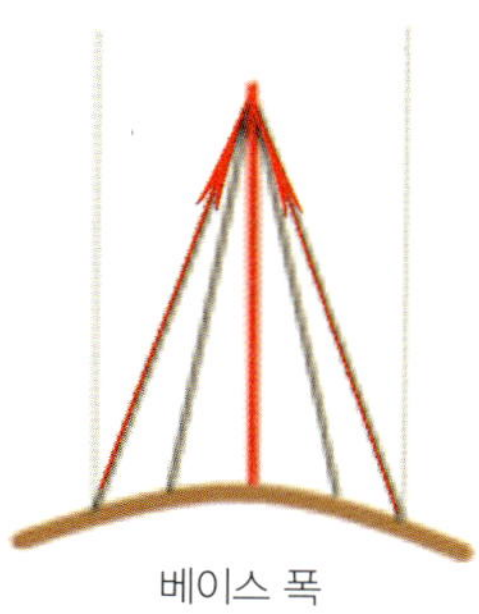

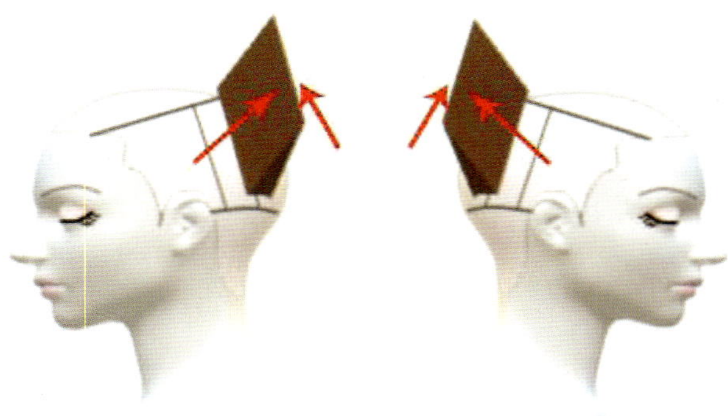

(2) 사이드 베이스 Side the base

베이스의 중심이 우측 변 또는 좌측 변으로 선정하고 그 기준을 중심으로 모발의 길이가 점점 길게 또는 짧게 커트할 때 사용한다. 파팅의 한쪽 변이 90°가 되도록 스트랜드를 잡는다. 한쪽 변이 90°가 되기 위해서는 반대쪽 모발의 이동 거리가 더 길어지므로 파팅을 모아 준 반대 방향으로 길이가 길어지며 파팅의 양에 따라 길이의 감소 또는 증가를 조절할 수 있다.

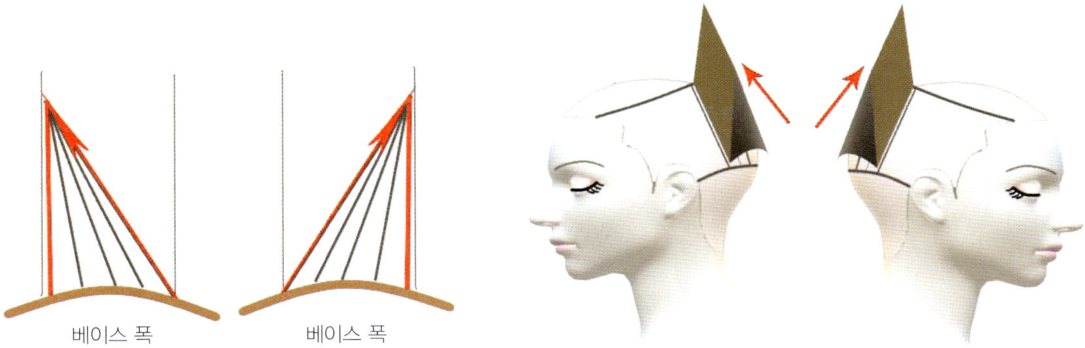

(3) 오프 더 베이스Off the Base

모발에 방향성을 주어 당겨 오버 다이렉션Over direction으로 헤어커트를 하려고 패널을 잡았을 때 한 변이 90° 이상으로 베이스를 벗어나 커트할 때 사용한다. 파팅의 양쪽 변이 베이스Base를 벗어나도록 스트랜드Strand를 잡는다. 한쪽으로 얼마나 당기는 가에 따라 길이의 증가 비율이 달라지며 급격한 길이의 변화를 요구할 때 사용되는 방법이다.

(4) 프리 베이스Free Base

두상에서 모발의 길이가 자연스럽게 길어지거나 짧아지게 커트할 때 사용한다. 자연스럽게 길이가 길어지거나 짧아지는 형태이며 온 더 베이스On the base와 사이드 베이스Side base의 중간에 있는 형태이다. 급격한 변화가 필요하지 않을 때 사용한다.

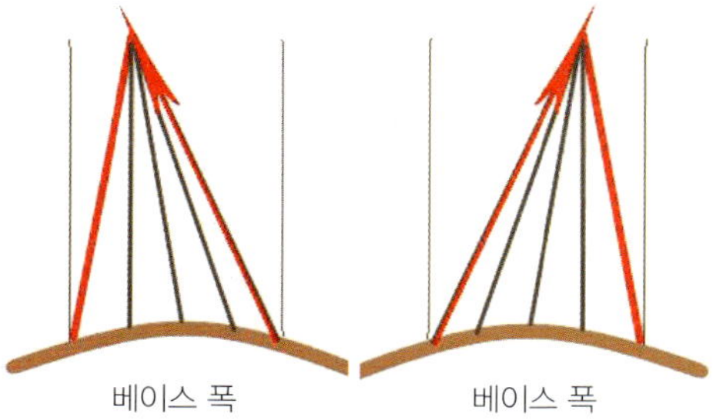

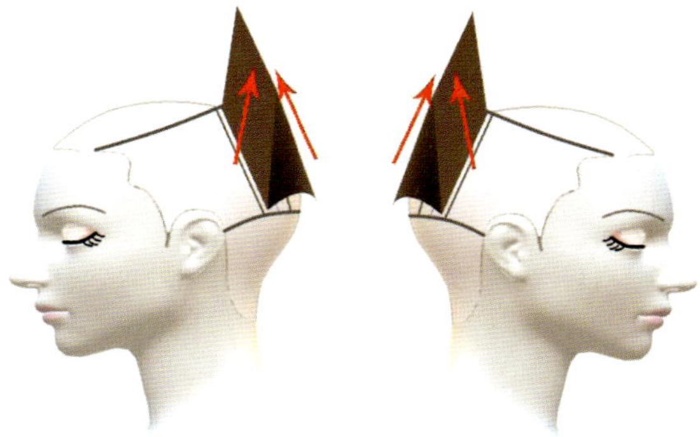

(5) 트위스트 베이스 Twist Base

헤어스타일에 있어 긴 모발과 짧은 모발을 연결할 때 사용된다. 베이스Base에서 베이스Base로 이동할 때 연결하는 베이스Base로 활용된다. 온 더 베이스On the base에서 사이드 베이스Side base, 오프 더 베이스Offthebase까지 모든 베이스Base에 적용할 수 있다.

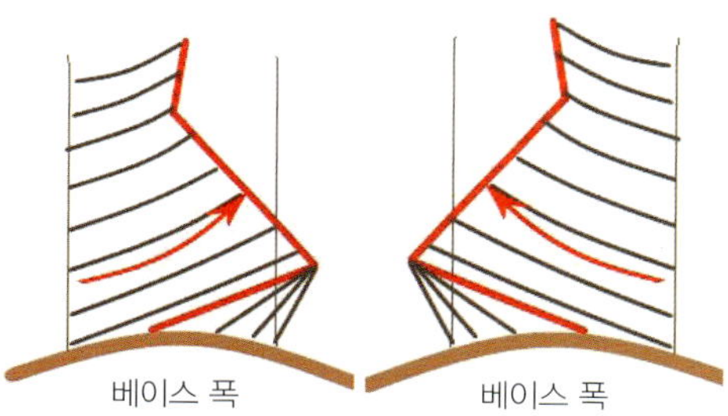

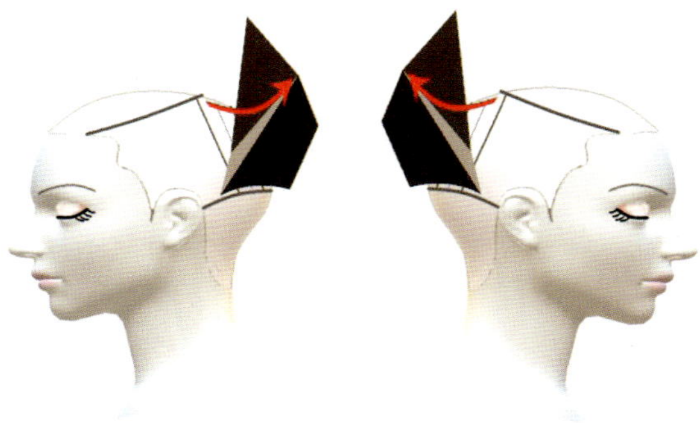

6. 분배 Distribution

분배란 두상에 관련하여 모발을 빗는 방향이다. 분배에는 자연 분배, 직각 분배, 방향 분배, 변이 분배가 있다.

(1) 자연 분배 Natural Distribution

두상에서 모발이 빗어지는 방향을 말한다. 모발이 두상 곡면에서 중력 방향으로 자연스럽게 떨어지는 방향으로 빗질하는 것을 말하며 중력과 자연 모발 성장 패턴이 방향에 영향을 준다. 수평, 좌 대각, 우 대각 섹션을 사용한다. 원랭스 커트와 그래쥬에이션 커트 시 사용한다.

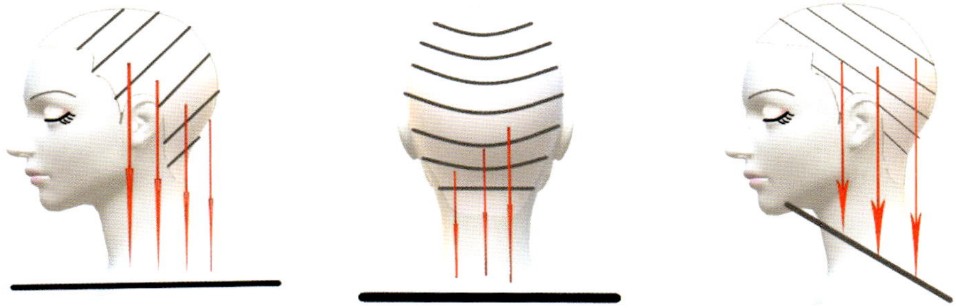

(2) 직각 분배 Perpendicular Distribution

모발이 섹션에서 90° 각도로 빗겨지며, 수직 분배라고도 한다. 수평, 대각, 수직 섹션에서 사용하며 모발이 자연 시술각 상태에서 벗어나게 된다. 그래쥬에이션 커트이나 레이어 커트 시 사용된다.

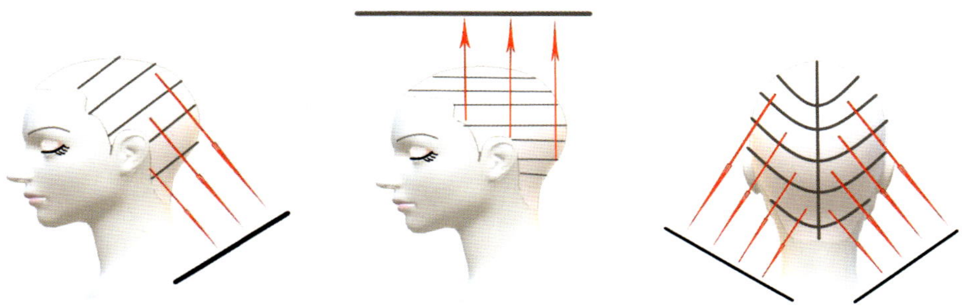

(3) 방향 분배 Directional Distribution

특정한 방향을 정해 두고 일관성을 유지하며 빗질하는 것을 말하며 두상의 곡면으로 인해 길이가 길어지는 결과를 가져온다.

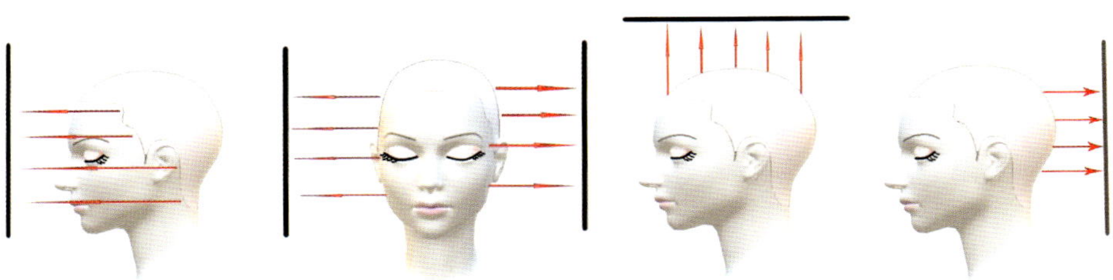

앞으로 똑바로 | 옆으로 똑바로 | 위로 똑바로 | 뒤로 똑바로

(4) 변이 분배 Shifted Distribution

모발이 섹션에서 임의의 방향으로 빗겨지는 자연 분배나 직각 분배가 아닌 그 외의 모든 방향으로 빗겨지는 것을 말한다. 긴 모발과 짧은 모발을 연결할 때 사용한다. 원랭스 커트을 제외한 모든 커트에서 사용하며 급격한 길이를 보이거나 각 부분 간의 길이를 연결할 때 사용한다.

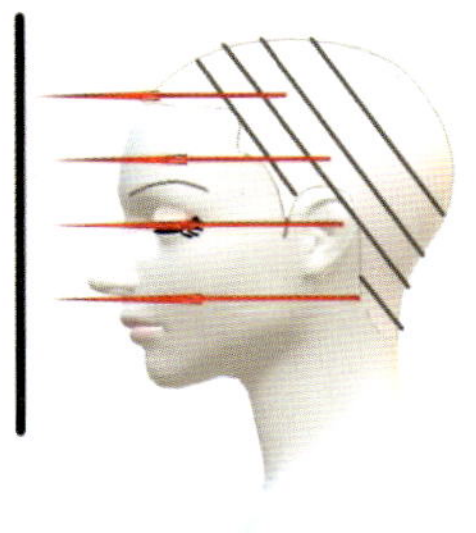

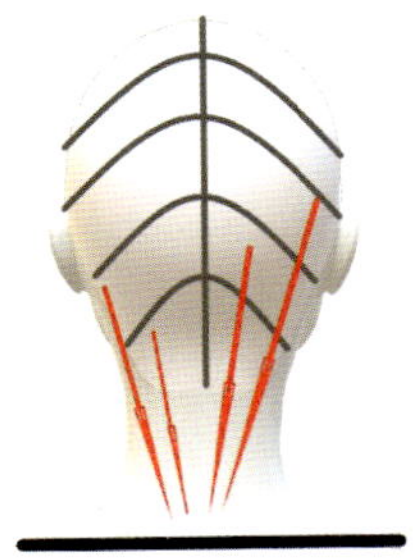

7. 시술 각도 Projection

두상으로부터 모발을 들어 올리는 시술 각도를 말한다.

(1) 자연 시술각 Natural Fall

두상에서 모발이 중력에 의해 자연스럽게 떨어진 모양을 이용한 각도로 중력에 의해 자연스럽게 떨어지는 그대로의 방향이다. 0°를 기준으로 하며 면에 의한 각도이고, 천체축을 기준으로 한 각도이다. 주요 각도는 0°, 45°, 90°이다.

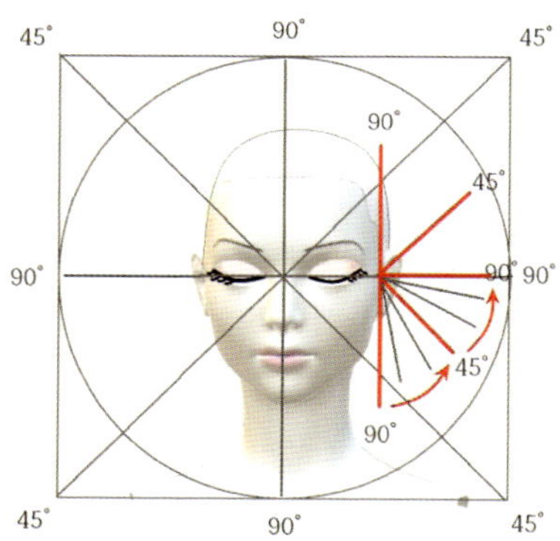

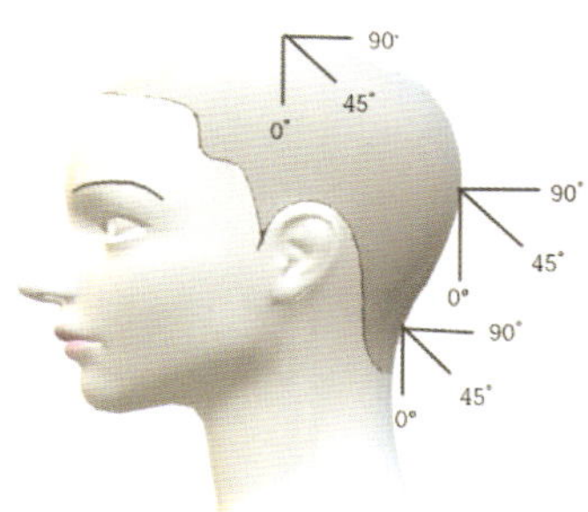

(2) 일반 시술각Normal projection

두상의 곡면을 따라 둥글게 굴려져 모발이 들리는 각도를 말한다. 두상으로부터 모든 모발이 90° 들려졌을 때 나타나는 각도로 베이스의 모발을 펼쳐 빗어 잡았을 때 두상의 둥근 접점을 기준으로 한 각도의 Uniform Layer cut이다.

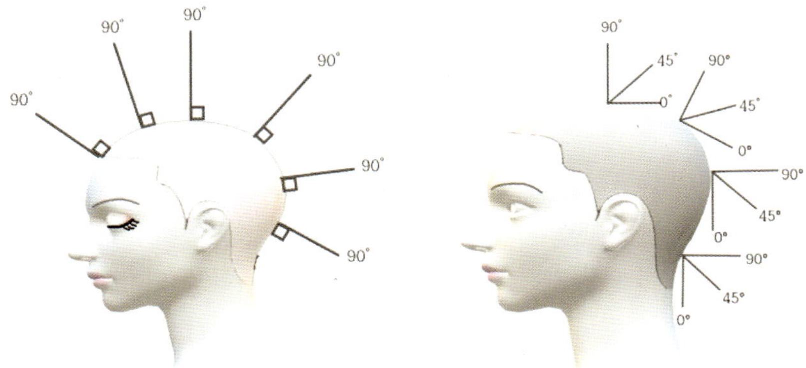

① 원랭스 커트One Length cut 시 사용되는 시술각

- 자연 시술각 : 중력에 의해 자연스럽게 떨어지는 그대로의 방향을 말한다. 두상의 어떤 부위에서는 자연 시술각이 0°가 되기도 한다. 면의 시작점에서 무조건 떨어지는 각도 0°이다.
- 시술각0°projection : 0°는 모발이 두상의 표면에서 평평하게 붙는 것을 말하며, One Length cut 형 커트 시 시술각을 0°로 해서 시술 시 약간의 베 벨 언더 효과가 생기는 One Length cut 형이 된다.

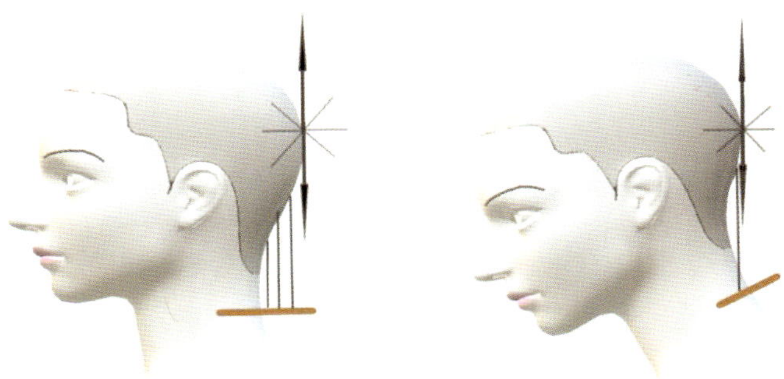

② 그래쥬에이션 커트 Graduation cut 시 사용되는 시술각

시술각은 1°~89° 사용하며, 시술각이 높을수록 Graduation cut 형태가 많이 보이며, 경사선이 더욱 급격해진다. 표준 시술각은 45°이다.

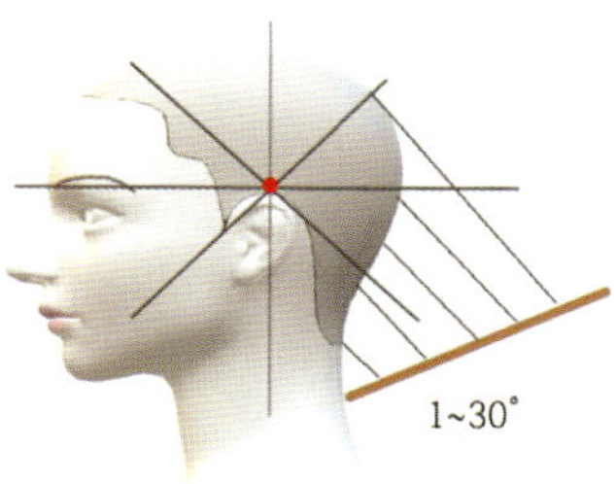

로우 그레쥬에이션

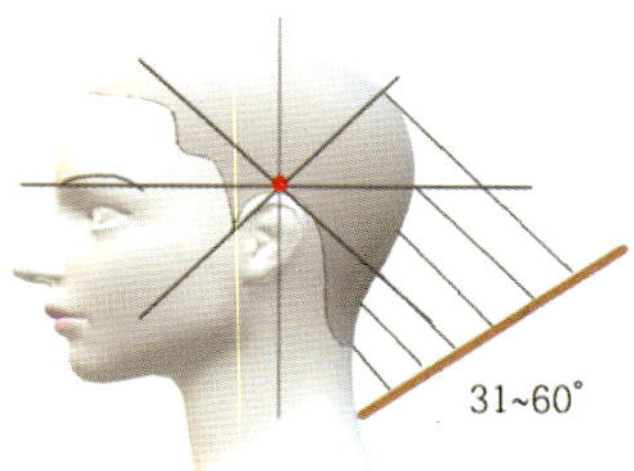

미디엄 그레쥬에이션

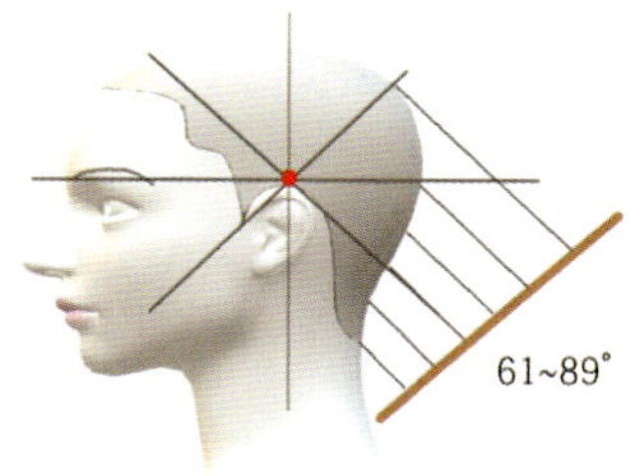

하이그레쥬에이션

③ 인크리스 레이어 커트 Increase Layer cut 시 사용되는 시술각

- 일반적으로 0°, 45°, 90°를 사용한다.
- 시술각은 한 부분에서 모든 길이가 집중되는 고정 디자인 라인이 적용된다.
- 고정 디자인 라인으로 길이의 증가 비율과 유지된 길이의 양에 따라 각도가 결정된다.

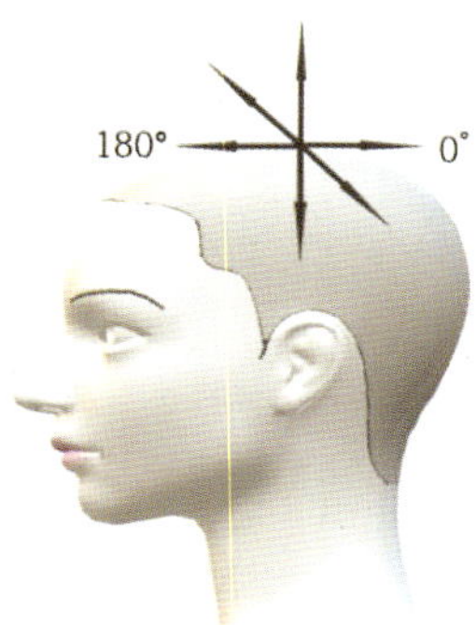

④ 유니폼 레이어 커트 Uniform Layer cut 시 사용되는 시술각

- 일반 시술각을 사용하며 두상의 곡면을 따라 둥글게 굴려져 모발이 들리는 각도를 말하며, 두상의 곡면에 따라 둥근 형태를 유지하게 된다.
- 모발을 두상에서 90° 들어 올려 펼쳐 빗었을 때 나타나는 각도로 베이스의 모발을 빗어 잡았을 때 두상의 둥근 접점을 기준으로 한 각도이다.
- 수직, 수평, 후대각, 전대각을 다양하게 응용할 수 있다.
- 이동 디자인 라인으로 동일한 길이로 커트해야 한다.

8. 손가락 위치 Finger Position

커트 시술 베이스에 따른 손가락과 커트 라인의 위치를 말한다.

(1) 평행 손가락 자세 Parallel Finger Position

손가락과 가위가 평행인 상태를 말하며 커트 시술 베이스 섹션과 손가락을 평행하게 하고 커트하면 의도한 선을 가장 완벽하게 만들 수 있다.

(2) 비 평행 손가락 자세 Non Parallel Finger Position

커트 시술 베이스 섹션과 손가락이 비 평행하게 놓인 상태로 과장된 길이 증가와 대조되는 길이 간의 연결 시 사용한다.

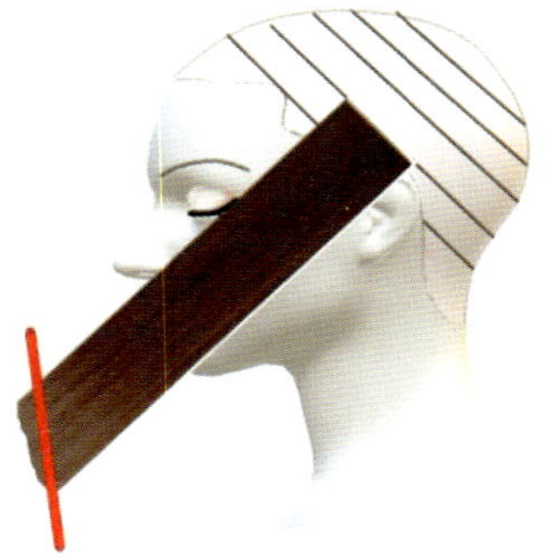

9. 가이드 라인 Guide Line

커트할 때 사용되는 디자인의 라인으로 머리의 모양 패턴이나 길이의 가이드, 형태의 선 등을 말한다.

(1) 고정 디자인 라인 Stationarly Design Line

디자인 라인은 이동하지 않고 처음 가이드 라인에 맞춰 커트하는 방법이다. 모든 모발을 처음 가이드에 모아서 커트하는 방법으로 반대편의 길이가 길어진다. 디자인 라인은 이동하지 않는다. 솔리드, 인크리스 레이어 커트가 고정 디자인 라인에 속한다.

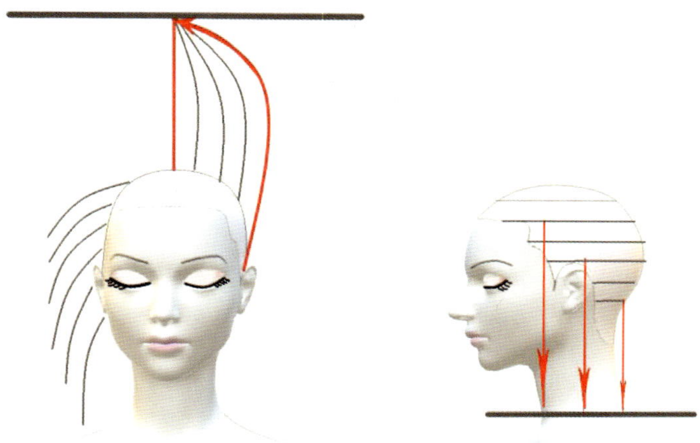

(2) 이동 디자인 라인 Mobile Design Line

커트하는 길이 가이드가 움직이는 것으로 이전에 커트 된 모발 일부분을 섹션의 가이드로 사용한다. 가이드가 이동하며 커트 된 일부를 다음 커트할 때의 가이드로 사용한다. 그래쥬에이션 커트, 유니폼 레이어 커트가 이동 디자인 라인에 속한다.

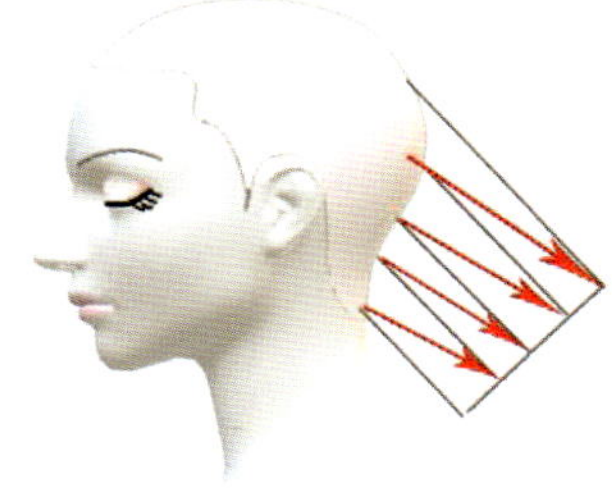

(3) 다중 디자인 라인 Multi Design Line

전체적으로 층진 모발 질감을 원하지만, 네이프 부분의 모발 길이가 충분치 않을 새로운 디자인 라인을 만들어 사용한다. 인크리스 레이어 커트 시 사용한다.

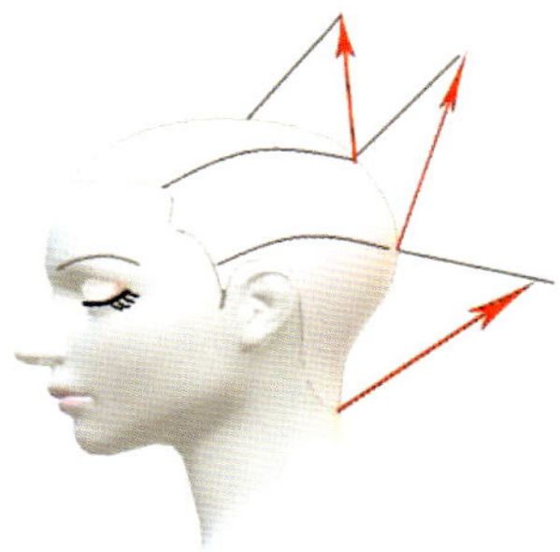

(4) 스퀘어 디자인 라인 Square Design Line

두상의 특정한 위치에 따라 수직, 수평으로 일관성을 유지하며 사각형 형태의 라인으로 사용한다. 두상의 곡면으로 인해 잘려진 모발이 밑으로 떨어졌을 때 자연스러운 그래쥬에이션이나 레이어 형태를 원할 때 수직을 사용하며, 잘려진 모발이 일직선으로 떨어지는 원랭스 형태를 원할 때 수평을 사용한다.

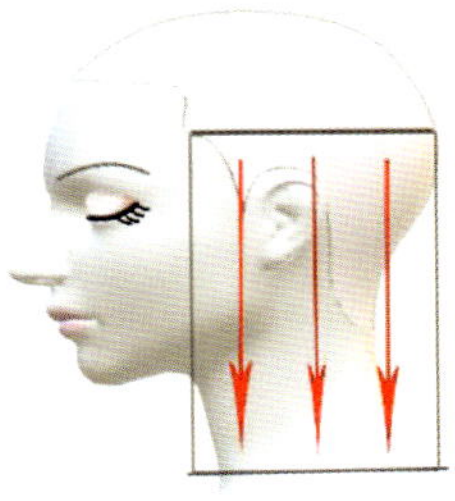

수평

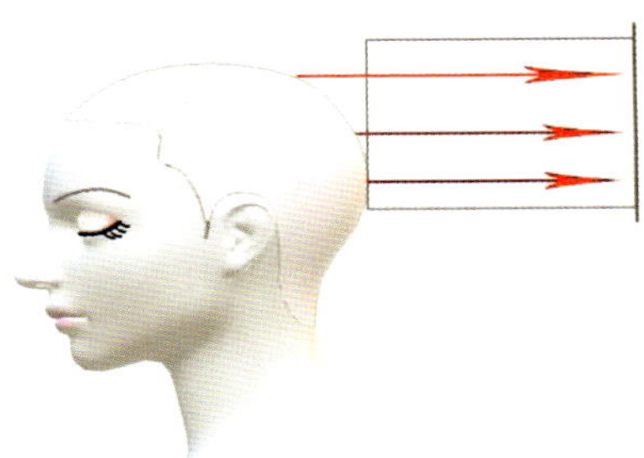

수직

10. 질감 처리

질감 처리는 모발의 양감을 조절하여 볼륨감과 입체감을 다양하게 표현하며 헤어스타일의 형태와 길이에 따른 질감 처리를 할 수 있다. 도구로는 커트 가위, 틴닝가위, 레이저가 있으며 사용하는 방법에 따라 다양한 결과를 얻을 수 있다.

- 엔드 테이퍼 End taper : 스트랜드의 1/3 이내의 모발의 끝을 테이퍼링 하는 것. 모발의 양이 적거나 모발 끝의 표면을 정리할 때 사용한다.
- 노멀 테이퍼 Normal taper : 스트랜드의 1/2지점을 폭넓게 테이퍼링 하는 것. 모발의 양이 보통일 경우 모발을 가볍고 자연스럽게 하기 위해 사용한다.
- 딥 테이퍼 Deep taper : 스트랜드의 2/3지점에서 모발을 많이 쳐내는 테이퍼링 하는 것. 모발에 적당한 움직임을 줄 때 사용한다.

2. 헤어커트 진행 방법과 주의사항

1. 헤어커트 진행 방법

(1) 준비 단계

정확한 스타일을 완성하기 위해 상담을 통해 고객에게 어울리는 헤어커트 스타일을 선정하여 디자인의 형태와 길이를 결정한다. 완성된 디자인 형태의 이미지를 그려내어 커트 도해도를 완성한다. 커트 도해도 작성 시 헤어커트 실행에 필요한 블로킹 Volume Zone Blocking, 머리 위치 Head Position, 섹션 Section, 분배 Distribution, 커트 시술 베이스 Base, 시술 각도 Angle, 손가락 위치 Finger Position, 가이드 라인 Guide Line, 커트 테크닉 Cut Technique, 질감 처리 방법 등을 숙지한다.

(2) 실행 단계

완성된 커트 도해도와 시술 절차에 따라 헤어커트 실전에 들어간다. 모발 → 수분 → 빗질 → 블로킹 → 슬라이스 → 커트 순서대로 진행한다.

① 적당량의 물을 적셔서 정확한 커트를 위한 블로킹을 나눈다.

② 자세를 바르게 하고 빗질을 곱게 한다. 빗질하면서 고객 두상의 특성, 수정·보정이 필요한 두상의 위치를 파악하여 볼륨존의 위치를 확인한다.

③ 정교한 커트를 위해 가이드 라인을 정확하게 하고 슬라이스의 폭은 1~1.5cm 정도로 한다.

④ 한 번에 자를 양을 너무 많지 않게 하고 텐션의 강약을 조절하여 커트한다.

⑤ 테이퍼링이나 틴닝 등을 시술할 때는 두피에서 2~2.5cm 띄운 상태로 시술하는 것이 좋다.

⑥ 고객이 요구하는 길이와 시간, 스타일을 준수하여 시술한다.

(3) 마무리 단계

헤어커트가 완성되면 샴푸 후 고객에게 어울리는 스타일링을 한다.

2. 헤어커트 시 주의사항

① 손상도나 모발의 굵기, 가르마 위치 등 전체적인 모발의 상태를 확인한다.

② 두상의 골격돌출, 함몰 부위를 파악하여 보정이 필요한 위치를 확인한다.

③ 실행에 들어가기 전에 고객의 얼굴형, 이마 형태, 목, 어깨 넓이 등 고객의 전체적인 체형을 인지하고 참고한다.

④ 네이프 라인의 방향을 확인하여 가이드 라인을 잡는데 실수하지 않도록 한다.

⑤ 고객이 원하는 헤어 스타일을 인지하고 참고한다.

⑥ 헤어커트 시술 후 다음 시술에 대해 인지하고 참고한다.

예상 문제

01 헤어커트 개념에 대해 서술하시오.

02 웨트 커트 Wet Cut 에 대해 서술하시오.

03 슬라이드 Slide 커트 테크닉 방법에 대해 서술하시오.

04 틴닝 테크닉 중 이너 그래쥬에이션 틴닝 inner graduation thinning 처리법과 효과에 대해 서술하시오.

05 텍스춰 테이퍼링 테크닉 중 딥 테이퍼 Deep Taper 방법에 대해 서술하시오.

06 두상의 구획 중 탑 섹션 기능에 대해 서술하시오.

07 두상의 분할 용어 인테리어와 엑스테리어에 대해 서술하시오

08 헤어 디자인 개념에 대해 서술하시오.

09 자연 시술각Natural Fall에 대해 서술하시오.

10 Combination 헤어커트에 대해 서술하시오.

11 자연 분배Natural Distribution에 대해 서술하시오.

12 온 더 베이스On the Base에 대해 서술하시오.

13 스퀘어 디자인 라인Square Design Line에 대해 서술하시오.

14 그래쥬에이션 커트Graduation cut 시 사용되는 시술각에 대해 서술하시오.

15 헤어 디자이너의 관찰의 3단계를 나열하고 서술하시오.

16 질감 처리 방법에 대해 나열하고 서술하시오.

17 두상의 포인트 명칭과 약어를 나열하시오.

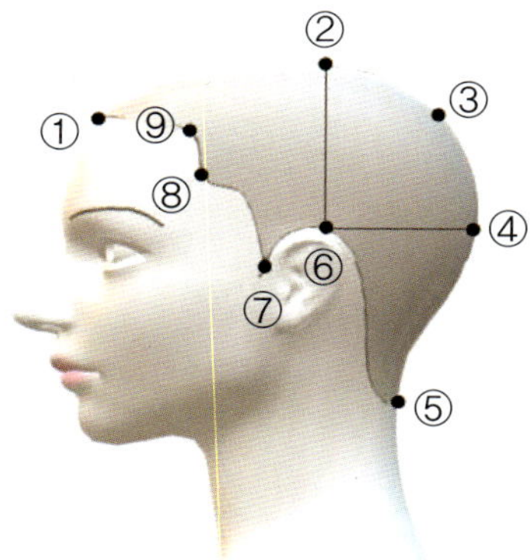

18 헤어 디자인의 원리를 나열하시오.

19 커트 시술 베이스Base 중 가로로 커트하는 경우 사용되는 베이스의 종류에 대해 나열하시오.

20 1990년대 1섹션 커트를 자르다 보니 한계가 느껴지기 시작하여 유럽에서 가로 파팅과 대각 파팅을 이용한 커트에서 세로 파팅을 이용한 커트 디자인의 다양화가 이루어진 개성과 독창성을 추구하던 커트 방법을 무엇이라 하는가?

21 머리끝에서부터 가위를 45°로 넣어가며 지그재그의 작은 폭이 생기도록 커트하여 커트 후 모발 끝이 불규칙한 디자인 선이 연출되도록 하여 무게감을 제거하고 가벼운 형태 선을 만드는 커트 방법은 무엇인가?

22 헤어커트 시 모발에 손을 대지 않고 빗만 사용하여 커트하는 기법으로 모발 길이를 커트할 때 텐션을 최소화하기 위해 빗을 사용하는 커트 테크닉 방법을 무엇이라 하는가?

23 코를 중심으로 두상의 센터 포인트C.P, 탑 포인트T.P, 골덴 포인트G.P, 백 포인트B.P, 네이프 포인트N.P까지 연결하는 좌, 우를 수직 2등분으로 연결하는 두상의 기본 라인을 무엇이라 하는가?

24 두상의 기본 라인 중에 두상의 가장 넓은 부분을 무엇이라 하는가?

25 이어 투 이어 라인 Ear to Ear Line, 측중선을 나누는 두상의 포인트를 표시하고 그리시오.

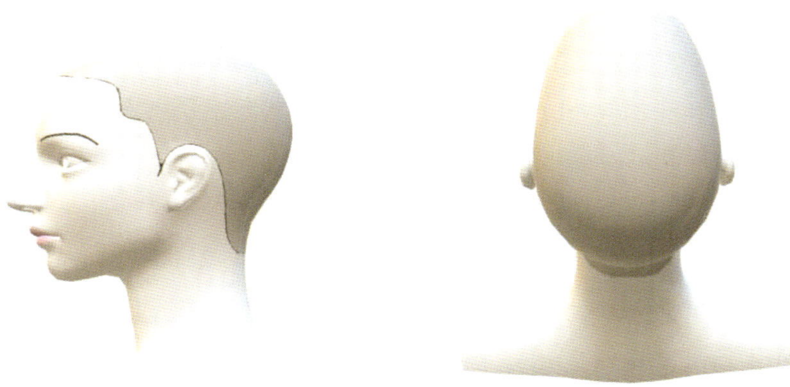

26 원랭스 커트는 고정 디자인 라인을 사용하며 아웃 라인에 따라 형태 선을 결정한다. 사진을 보고 맞는 아웃 라인을 적으시오.

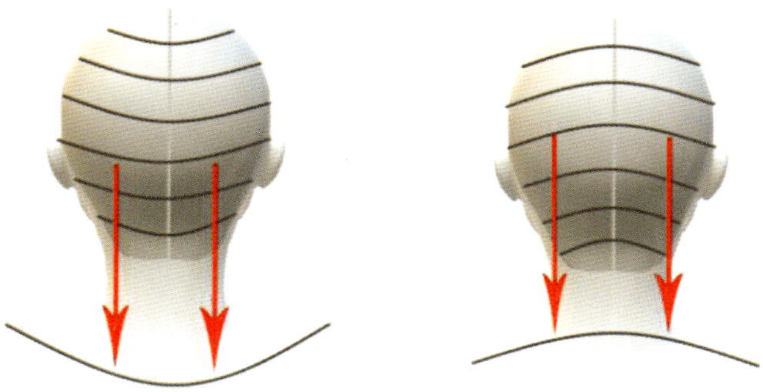

(①) (②)

27 그래쥬에이션 커트 Graduation cut 의 표준 시술각은 무엇인가?

28 고정 디자인 라인을 사용하며 네이프에서 탑으로 올라갈수록 모발의 길이가 짧아지는 커트로 커트 시 각 단이 서로 연결되도록 커트하는 커트의 형태를 무엇이라 하는가?

29 베이직 레이어, 세임 레이어라고 불리며 두상의 곡면으로부터 90° 시술각을 사용하며 모든 모발의 길이가 동일하고 무게감이 없는 커트의 형태를 무엇이라 하는가?

30 헤어 디자인의 구성 요소는?

31 천체축Celestial Axis의 주요 각도는 무엇인가?

32 매끈한 질감. 모발 표면의 높낮이 차가 없어 질감 면에서 무겁게 느껴지고 커트한 머리 질감이 보이지 않는 질감One Length cut을 무엇이라 하는가?

33 상담을 통해 대상의 전체적인 시각적 이미지, 언어 이미지, 분위기, 라이프 스타일, 표정 등 이러한 요소들을 종합하여 고객에게 어울리는 헤어스타일을 제안하는 것을 무엇이라 하는가?

34 고객 상담을 통해 필요한 정보를 수집하여 표를 작성하여야 한다. 이를 위해 필요한 고객의 정보는 무엇인가?

35 얼굴 전체가 직선인 형태로 턱이 각지고 이마가 좁은 형태적 특징과 딱딱한 느낌, 날카로운 인상 이미지의 얼굴형은?

36 넓은 이마에 어울리는 헤어커트 디자인을 제안하시오.

37 동안 이미지와 귀여운 이미지를 느끼게 할 수 있는 스타일이다. 눈을 반 정도 가리는 긴 라운드 뱅은 답답함과 강한 이미지, 와일드한 느낌을 줄 수 있는 뱅 스타일은?

38 모든 이미지를 무난하게 소화할 수 있으며 깨끗하고 분명한 인상을 주는 가르마이며 안정적인 이미지를 느끼게 하는 가르마는?

39 모발이 성장하면서 일정한 각도와 방향성을 가지게 되는 특성을 무엇이라 하는가?

40 두상의 오른쪽 F.S.P에서 T.G.M.P를 지나 왼쪽 F.S.P까지 수평 2파트로 상하로 나누는 파트는?

41 가로 또는 수평으로 나누는 것으로 상·하의 층이 많이 나지 않는 헤어스타일을 시술할 때 나누는 섹션 방법으로 One Length cut수평 원랭스 커트, 스파니엘 커트, 이사도라 커트 등을 커트할 때 활용하는 섹션은?

42 두상의 앞쪽과 뒤쪽의 기장을 다르게 하여 언더 라인Under line이 A 라인, V U 라인의 커트 선이 표현되는 스타일을 시술할 때 유용한 섹션으로 전대각 섹션Concave Section과 후대각 섹션Convex Section으로 나뉘는 섹션을 무엇이라 하는가?

43 섹션 라인과 유사한 개념으로 사전에 계획된 커트 디자인의 형태 선Out Line에 맞추어 헤어커트를 시술하기 위하여 두상에서 모발을 나누는 선의 형태를 의미하는 것은?

44 베이스의 중심이 우측 변 또는 좌측 변으로 선정하고 그 기준을 중심으로 모발의 길이가 점점 길게 또는 짧게 커트할 때 사용하는 베이스는?

45 모발이 섹션에서 임의의 방향으로 빗겨지는 자연 분배나 직각 분배가 아닌 그 외의 모든 방향으로 빗겨지는 것을 말하며 긴 모발과 짧은 모발을 연결할 때 사용하는 분배는?

46 커트 시술 베이스 섹션과 손가락이 비 평행하게 놓인 상태로 과장된 길이 증가와 대조되는 길이 간의 연결 시 사용하는 손가락 위치를 무엇이라 하는가?

47 커트하는 길이 가이드가 움직이는 것으로 이전에 커트 된 모발 일부분을 섹션의 가이드로 사용하며 가이드가 이동하며 커트 된 일부를 다음 커트할 때의 가이드로 사용하는 그래쥬에이션 커트, 유니폼 레이어 커트 시 사용하는 가이드 라인을 무엇이라 하는가?

48 특정한 방향을 정해 두고 일관성을 유지하며 빗질하는 것을 말하며 두상의 곡면으로 인해 길이가 길어지는 결과를 가져오며 레이어 형태를 만들기 위해 사용되는 분배는?

49 모발의 양감을 조절하여 볼륨감과 입체감을 다양하게 표현하며 헤어스타일의 형태와 길이에 따라 다르게 연출할 수 있으며 도구로는 커트 가위, 틴닝가위, 레이저가 있으며 사용하는 방법에 따라 다양한 결과를 얻을 수 있는 커트 테크닉은?

50 모발의 분배에 직접적으로 영향을 주며 모발 질감과 커트 라인의 방향에도 영향을 주는 형태선의 끝마무리로 주로 많이 사용하는 머리 위치는?

[정답]

1	헤어스타일을 만드는데 기초가 되는 기술로써 가위, 빗, 클리퍼 등의 도구를 이용하여 머리카락의 단차를 내어 스타일에 맞는 정확한 길이와 질감을 정돈하여 헤어스타일을 완성하는 것이다.
2	모발이 물에 젖은 상태로 커트하는 방법이다. 젖은 모발 상태로 커트 형태가 마무리되어야 모발의 손상을 덜 주고 탄성을 유지할 수 있다. 또한 모질의 본래 성질에 따라 모발의 뻗침 정도와 두개골의 형태를 파악하여 모류 교정, 방향성 제시, 보정 커트 등을 할 수 있으며 정확한 가이드 라인의 빗질이 형성되고 자연스러운 모발의 움직임을 보면서 움직임 자체를 이용한 자연스러운 커트 선을 만들 수 있다.
3	머리 다발을 잡고 머리끝을 향해 미끄러지듯이 커트하는 기법으로 가위를 벌려 짧은 길이에서 긴 길이를 연결할 때 사용한다.
4	판넬을 수직으로 잡고 아래쪽은 짧고 위가 길도록 틴닝하는 방법으로 골격이 들어간 부분에 볼륨감이 생성되어 안 말음 효과가 난다. 또한 모량 감소와 표면의 매끄러움은 유지할 수 있다.
5	패널의 2/3 지점에서 끝부분으로 진행하며 모발을 많이 제거하여 가벼움을 만든다.
6	두상 중 가장 둥근 부분인 정수리 부분으로 두상 중 가장 높은 위치를 차지하는 구역이다. 전체적인 스타일의 외곽을 나타내는 부분으로 볼륨이 가장 크게 나타나야 하는 구역이고 가마와 뿌리에 볼륨이 나와 모발의 가벼움이나 모발의 움직임을 나타내는 구역이다. 머리의 방향성과 뿌리 볼륨의 움직임을 눈으로 확인할 수 있는 구역이다.
7	인테리어Interior = 오버 섹션Over Section : 크레스트 윗부분 명칭으로 디자인의 표면에 해당하는 머리의 흐름이나 뿌리의 볼륨이 있는 부분으로 머리의 움직임을 눈으로 확인할 수 있다. 가벼움과 움직임을 표현하며 방향성이나 질감을 표현하는 부분이다. 엑스테리어Exterior = 언더 섹션Under Section : 크레스트 아랫부분 명칭으로 오버 섹션에 비해 둥긂이 적으며 사이드는 납작하다. 모발의 뿌리가 아래로 향하므로 움직임이 없는 부분으로 아우트라인 길이를 결정하거나 스타일 전체의 형태를 담당하는 부분이다.
8	계획과 조형의 두 요소에 의존하여 정교한 미학적 확립 및 트렌드 등 여러 요소들을 조합하는 구상계획이다.
9	두상으로부터 모발을 들어 올리는 시술 각도를 말한다. 두상에서 모발이 중력에 의해 자연스럽게 떨어진 모양을 이용한 각도로 중력에 의해 자연스럽게 떨어지는 그대로의 방향이다. 0°를 기준으로 하며 면에 의한 각도이다. 천체축을 기준으로 한 각도이다.
10	One Length cut, Graduation cut, Layer cut 등의 기본 기법을 혼합하여 다양한 형태의 선, 볼륨, 질감 등을 표현하여 완성하는 것을 Combination 헤어커트라 한다.
11	두상에서 모발이 빗어지는 방향을 말한다. 모발이 두상 곡면에서 중력 방향으로 자연스럽게 떨어지는 방향으로 빗질하는 것을 말하며 중력과 자연 모발 성장 패턴이 방향에 영향을 준다. 수평, 좌대각, 우 대각 섹션을 사용한다. 원랭스 커트와 그래쥬에이션 커트 시 사용한다.

12	세로로 커트하는 경우 좌·우 동일한 길이로 커트할 때 사용하는 커트 시술 시 가장 기본이 되는 방법이다. 파팅의 중심이 90°가 되도록 스트렌드를 잡아 원하는 부분을 동일한 길이로 커트할 때 사용되는 방법이다. 베이스의 폭이 너무 넓으면 각 파팅의 연결감이 좋지 않으므로 주의한다.
13	두상의 특정한 위치에 따라 수직, 수평으로 일관성을 유지하며 사각형 형태의 라인으로 사용한다. 두상의 곡면으로 인해 잘려진 모발이 밑으로 떨어졌을 때 자연스러운 그래쥬에이션이나 레이어 형태를 원할 때 수직을 사용하며, 잘려진 모발이 일직선으로 떨어지는 원랭스 형태를 원할 때 수평을 사용한다.
14	시술각은 1°~89° 사용하며, 시술각이 높을수록 Graduation cut 형태가 많이 보이며, 경사선이 더욱 급격해진다. 표준 시술각은 45°이다.
15	1. 기본 관찰 단계 : 대상을 시각적으로 전체적인 형태외곽선를 파악해야 한다. 2. 정밀세부 관찰 단계 : 질적 분석으로 대상의 구체적인 특성을 비교, 직감, 색, 용도 등을 파악해야 한다. 3. 추상적 관찰 단계 : 1., 2.의 정보를 바탕으로 구조를 파악하고 추상적으로 구조 관찰하는 양적 분석에 들어간다.
16	엔드 테이퍼End taper : 스트렌드의 1/3 이내의 모발의 끝을 테이퍼링 하는 것으로 모발의 양이 적거나 모발 끝의 표면을 정리할 때 사용한다. 노멀 테이퍼Normal taper : 스트렌드의 1/2 지점을 폭넓게 테이퍼링 하는 것으로 모발의 양이 보통일 경우 모발을 가볍고 자연스럽게 하기 위해 사용한다. 딥 테이퍼Deep taper : 스트렌드의 2/3 지점에서 모발을 많이 쳐내는 테이퍼링 하는 것으로 모발에 적당한 움직임을 줄 때 사용한다.
17	① C.P : 센터 포인트Center Point, ② T.P : 탑 포인트Top Point, ③ G.P : 골덴 포인트Golden Point, ④ B.P : 백 포인트Back Point, ⑤ N.P : 네이프 포인트Nape Point, ⑥ E.P : 이어 포인트Ear Point, ⑦ S.C.P : 사이드 코너 포인트Side Corner Point, ⑧ S.P : 사이드 포인트Side Point, ⑨ F.S.P : 프론트 사이드 포인트Front Side Point
18	조화Harmony, 통일Unity, 균형Balance, 율동Movement, 강조Emphasis, 비례Proportion, 대조Contrast
19	온 더 베이스On the Base, 업 베이스Up Base, 다운 베이스Down Base, 업 사이드 베이스Up Side Base, 다운 사이드 베이스Down Side Base
20	디스커넥션Disconnection
21	나칭 커트Notching Cut
22	콤 컨트롤Comb Control
23	센터 라인Center Line, 정중선
24	크레스트Crest Area

25	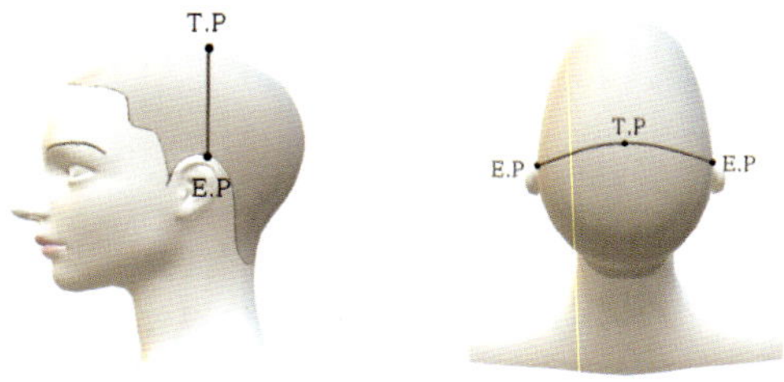
26	① 컨벡스 라인 ② 컨케이브 라인
27	45°
28	인크리스 레이어 커트 Increase Layer cut
29	유니폼 레이어 커트 Uniform Layer cut
30	형태 Form, 질감 Texture, 컬러 Color
31	0°, 45°, 90°
32	언엑티베이티드 unactivated
33	헤어 컨설테이션
34	신체적 특징 Physical, 감정적 특징 Emotional, 기술적 양상 Technical
35	장방형 직사각형 얼굴
36	탑에서부터 앞머리를 내려 넓은 이마를 보완해 주며 약간 비대칭적인 앞머리 스타일로 하여 시선을 분산시킨다.
37	라운드 뱅 Round Bang
38	사이드 가르마 Side Part
39	모류
40	템플 투 템플 파트 Temple to Temple Part
41	호리존탈 섹션 Horizontal Section
42	다이애거널 섹션 Diagonal Section
43	슬라이스 라인 Slice Line
44	사이드 베이스 Side the base
45	변이 분배 Shifted Distribution
46	비 평행 손가락 자세 Non Parallel Finger Position
47	이동 디자인 라인 Mobile Design Line
48	방향 분배
49	질감 처리
50	앞 숙임 Forward

PART Ⅱ

헤어커트 실제

PART Ⅱ

헤어커트의 실제

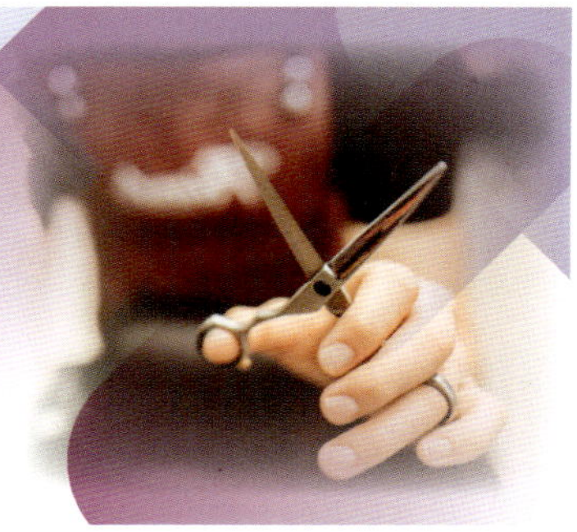

학습 내용	수업 목표
헤어커트의 실제	• 정확한 헤어커트 디자인을 위한 시술 전 준비과정으로 디자인 형태의 특징, 설계 테크닉, 커트 도해도, 도구 준비 등을 알 수 있다. • 원랭스, 그래쥬에이션, 레이어 커트 기법을 혼합한 콤비네이션 헤어스타일을 디자인할 수 있다. • 완성된 헤어커트 디자인에 따른 여러 형태의 스타일링의 모습을 제시하여 다양하게 응용할 수 있다.

실제 편은 살롱에서 가장 많이 활용되고 있는 스타일로 롱, 롱 미디엄, 미디엄, 숏 미디엄, 숏 길이에 따른 헤어스타일로 구성하였으며 트렌드를 반영한 클래식하고 내추럴 스타일로 구성하였다.

살롱형 헤어커트 진행 과정은 다음과 같다.

헤어커트 디자인 시술 전 준비 단계로 헤어커트 디자인 형태의 특징에 대한 분석을 통해 헤어커트 디자인에 대한 설명과 더불어 디자인 설계 시 필요한 테크닉으로 고객에게 각 헤어스타일 제안 시 피해야 하는 사항들 및 커트와 더불어 응용할 수 있는 펌과 스타일링에 대해 알 수 있도록 하였다.

또한 헤어커트 조건으로는 가이드 길이, 블로킹Blocking, 머리 위치Head Position, 섹션Section, 베이스Base, 분배Distribution, 시술 각도Projection, 손가락 위치Finger Position, 가이드 라인Guide Line, 커트 테크닉Cut Technique, 질감 처리Textured, 마무리 방법 등을 제시하였다.

준비 단계 마지막으로 완성된 디자인 형태의 이미지를 그려내어 커트 도해도를 제시하였다. 진행 과정은 각 파트에 따른 커트 도해도를 통해 시술 각도와 섹션, 슬라이스 라인, 방향 등을 제시하여 커트 진행 과정에 도움을 주었다. 마무리 과정에서 완성된 헤어커트 디자인에 따른 여러 형태의 스타일링의 모습을 제시하여 다양하게 응용할 수 있도록 하였다.

[헤어커트 디자인 공통 준비 도구]

마네킹

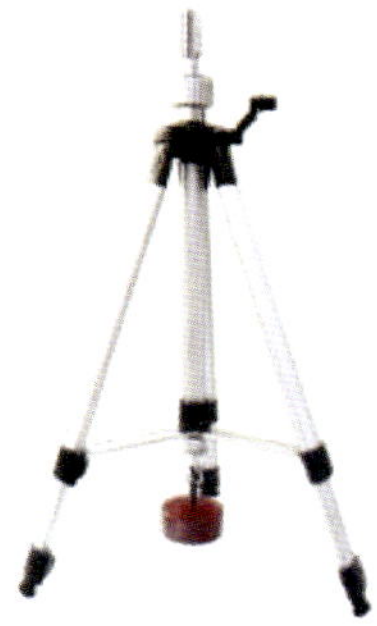
홀더

가위

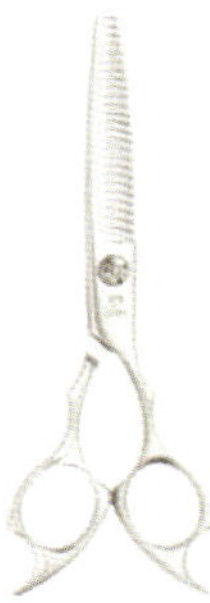
틴닝 가위

커트 빗

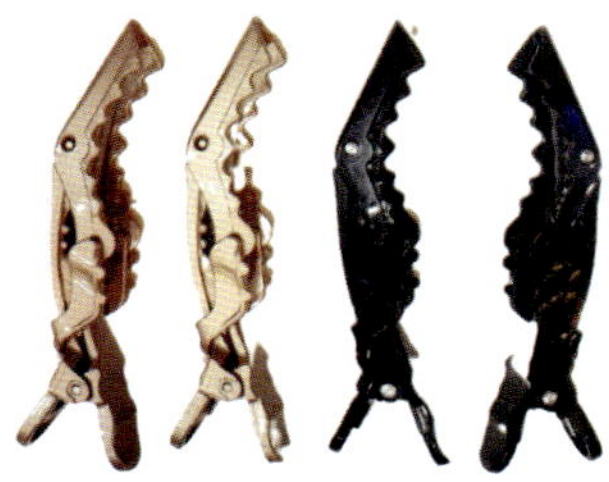
핀셋

분무기

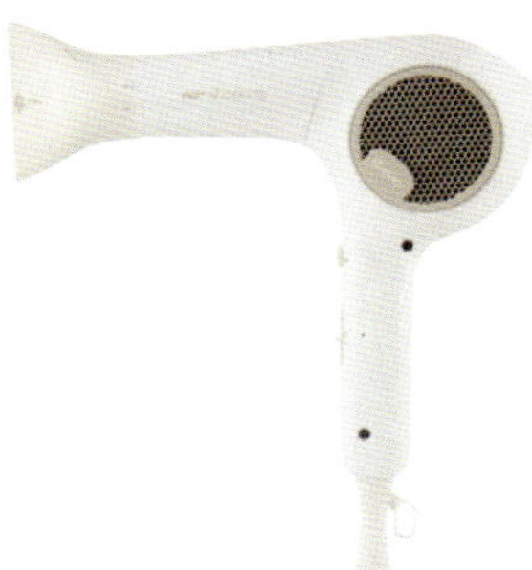
드라이기

드라이롤

원형 아이론

Title 01

롱 인크리스 레이어 커트 Long Increase Layer Cut

앞모습

뒷모습

좌측 모습

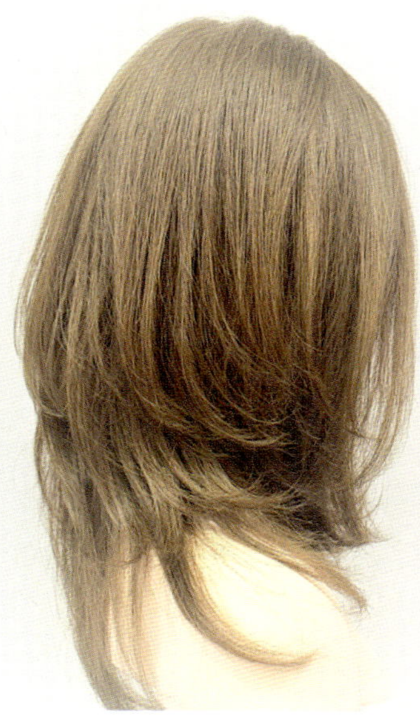

우측 모습

1. 헤어커트 디자인 분석 및 준비하기

(1) 헤어커트 디자인 형태의 특징

그래쥬에이션 커트와 레이어 커트의 혼합형인 롱 인크리스 레이어 커트 스타일이다. U 라인으로 가이드를 설정하여 B.P 지점 하이 레이어 커트하여 아래로 떨어지는 모발의 형태가 슬림하게 떨어지도록 한다.

B.P 위를 기점으로 그래쥬에이션이 진행될 수 있도록 가이드를 설정하여 두 번째 판넬부터 전대각으로 섹션을 나누어서 사이드 방향으로 갈수록 각도가 떨어지면서 컨케이브 형태가 연출되는 하이 그래쥬에이션으로 시작하여 미디엄 그래쥬에이션 커트로 마무리되도록 한다. 프론트는 T.P를 중심으로 고정 디자인 라인으로 커트하여 탑 섹션에 볼륨감을 만들어 준다.

디자인 설계 테크닉	헤어커트 조건
얼굴형 : 장방형, 마름모형, 역삼각형 얼굴형은 피하는 것이 좋다.	가이드 길이 : N.P 길이 − 25cm
	블로킹Blocking : 4등분Center Parting/Ear To Ear Parting, 가르마 : 좌측 F. S.P
두상 : 탑 섹션 함몰, 템플 섹션 함몰이 있을 때 보정 커트가 필요하다.	머리 위치Head Position : 똑바로, 고개 숙임
	섹션Section : 수평 섹션, 호리존탈 섹션
이마 형태 : 돌출형을 제외한 모두 가능하다.	슬라이스 라인Slice Line : 수평 라인, 평행 라인
	베이스Base : 온 더 베이스, 사이드 베이스
목, 어깨 넓이 : 목이 짧고 굵으면서 어깨가 넓은 사람은 피하는 것이 좋다.	분배Distribution : 자연 분배, 직각 분배, 변이 분배
	시술 각도Projection : 일반 시술각그래쥬에이션은 45°~ 80°, 하이레이어 180° 이상
피해야 할 체형 : 뚱뚱한 체형은 큰 체형이 더 커 보이므로 피하는 것이 좋다.	손가락 위치Finger Position : 평행 손가락, 이동 손가락
	가이드 라인Guide Line : 고정 디자인 라인, 이동 디자인 라인
응용 가능 펌 : 일직선으로 떨어지는 스트레이트를 제외한 굵은 웨이브를 연출할 수 있는 모든 펌이 가능하다.	커트 테크닉Cut Technique : 블런트 커트Blunt Cut
	질감 처리Textured : 틴닝Thinning
	마무리 : 블로우 드라이 인컬C컬

(2) 확장 도해도

커팅된 모발을 펼쳤을 때 모습을 그림으로 표현한다.

앞모습

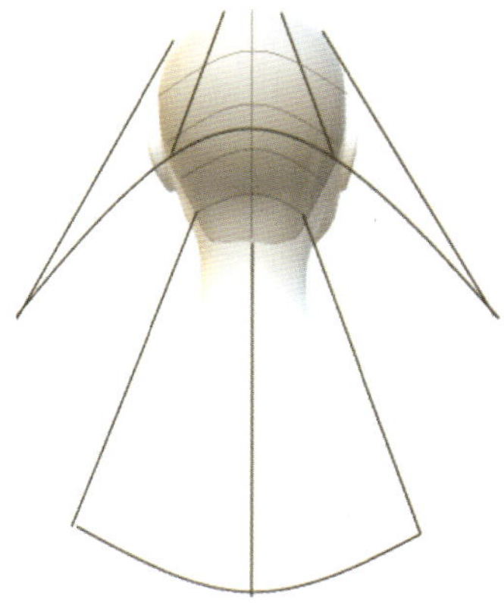

뒷모습

우측

좌측

2. 헤어커트 진행하기

1. Blocking

4등분Center Parting/Ear To Ear Parting , 사이드 가르마좌측 F.S.P

① Ear To Ear Parting으로 나눈다.
앞 : 좌측 F.S.P~좌측 T.P 일직선으로 나누어 2 파트
뒤 : N.P~T.P 정중선
좌·우 E.B.P~B.P 언더, 좌·우 T.E.M.P~G.P 일직선으로 나누어 3파트

2. Back 3파트

좌·우 E.B.P~B.P 언더, 좌·우 T.E.M.P~G.P 일직선 위 오버, 아래 미들

(1) 언더 섹션 Under Section – 좌·우 E.B.P~B.P 호리존탈 라인 아래

① 1 커팅

완성 사진

- 가이드 N.P : 25㎝
- U라인 커팅
- 자연 분배
- 머리 위치 : 고개 숙임

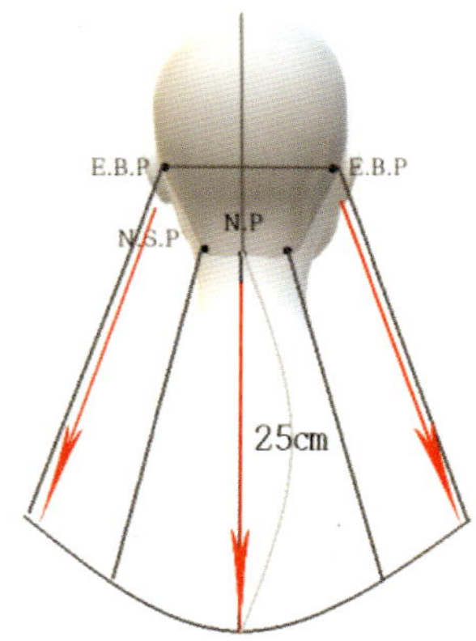

도해도

① N.P에서 자연 분배로 가이드를 결정하여 커팅한다.

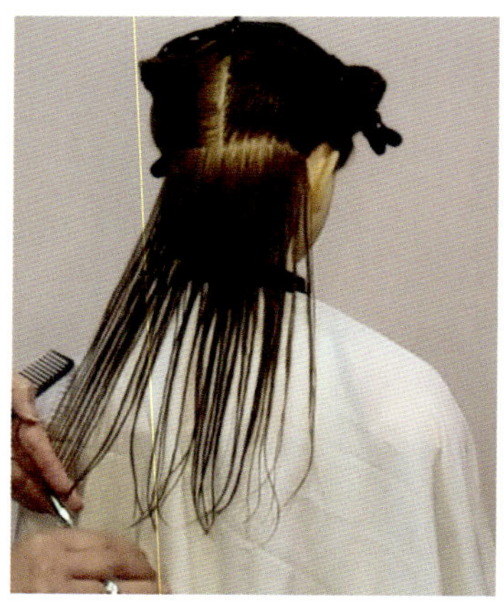

② N.P~좌측 N.S.P 연결하여 U라인으로 커팅한다.

③ N.P~우측 N.S.P 연결하여 U라인으로 커팅한다.

Check Point

'양쪽의 길이가 다르지 않은지 꼭 체크한다.'라는 것을 잊지 말아야 한다.

② 2 커팅

완성 사진

- 180° 이상의 각도
- 변이 분배
- 머리 위치 : 똑바로

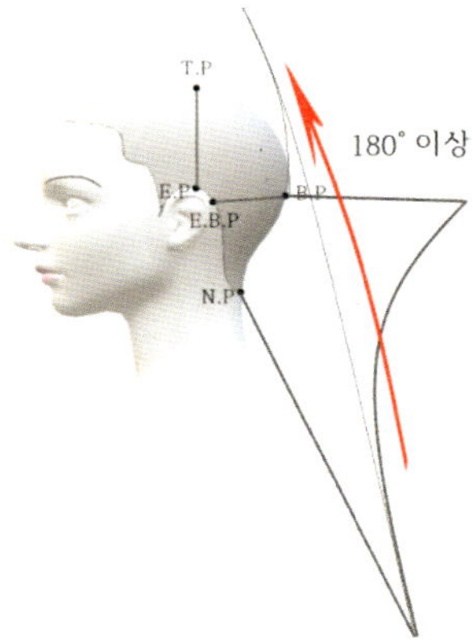

도해도

① N.P 가이드를 들어 올려 두상 곡면에 붙여서 커팅한다.

② 우측 가이드도 같은 방법으로 커팅한다.

③ 커팅된 모발과 E.B .P의 길이가 U 라인이 나오는지 체크한다.

④ 정확한 U 라인이 나오는지 더블체크한다.

⑤ 좌측 가이드도 똑같은 방법으로 커팅한다.

⑥ 하이 레이어가 연출된 모습이다.

Check Point

'양쪽의 길이가 다르지 않은지 꼭 체크한다.'라는 것을 잊지 말아야 한다.

(2) 미들 섹션 Middle section – 좌·우 T.E.M.P~G.P 전대각 라인 아래

완성 사진

- 전대각 라인 슬라이스
- 각도 : E.P 45°~G.P 90°
- 전대각 라인 커팅
- 온 더 베이스
- 사이드 베이스
- 직각 분배
- 머리 위치 : 똑바로

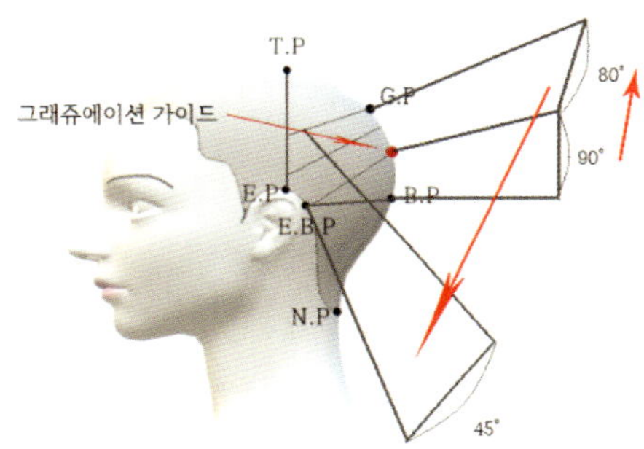

도해도

① B.P~B.G.M.P 연결한다.
B.G.M.P~좌측 E.B.P 한다.

② B.P~B.G.M.P 연결한다.
B.G.M.P~우측 E.B.P 한다.

③ 전대각으로 섹션이 만들어진 모습이다.

④ B.P 가이드 길이와 연결하여 B.G.M.P에서 90° 각도로 커팅하여 가이드를 만든다.

⑤ 우측 모발을 센터 가이드로 끌어서 90°로 커팅한다.

⑥ 좌측 모발을 센터 가이드로 끌어서 90°로 커팅한다.

⑦ 그래쥬에이션 가이드가 만들어진 모습이다.

⑧ G.P까지 전대각으로 섹션을 나누어 가이드 모발과 연결하여 새로운 가이드를 만든다.

⑨ 우측 모발을 중앙 방향으로 끌어 가이드와 연결하여 커팅한다.

⑩ 나머지 판넬도 같은 방법으로 그래쥬에이션 형태가 만들어지도록 커팅한다.

⑪ 좌측도 같은 방법으로 그래쥬에이션 형태가 만들어지도록 커팅한다.

⑫ 좌측의 나머지 모발도 같은 방법으로 커팅한다.

Check Point

그래쥬에이션 가이드를 만들 때 B.P의 가이드와 연결해야 한다. 투 블록이 아니라는 것을 잊지 말아야 한다.

(3) 오버 섹션 Over Section – 좌·우 T.E.M.P~G.P 전대각 라인 위

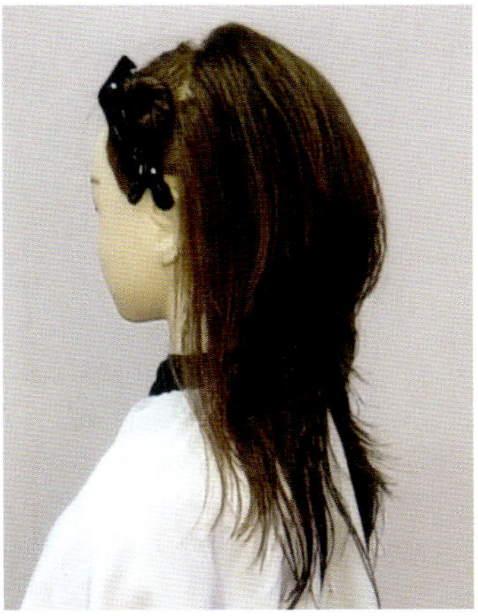

- 피봇 섹션
- 전대각 라인 커팅
- 사이드 베이스
- G.P 중심 45°
- 직각 분배
- 머리 위치 : 똑바로

완성 사진

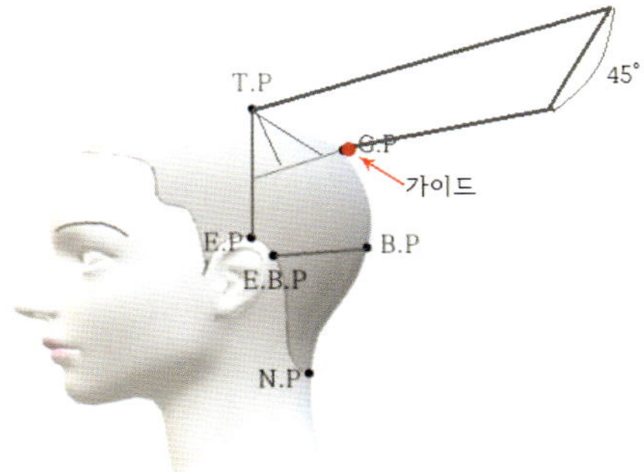

도해도

① G.P 가이드를 중심으로 45°로 커팅하여 가이드를 만든다.

② 피봇 섹션으로 두 번째 판넬을 가이드와 연결하여 사이드 베이스로 커팅한다.

③ 세 번째 판넬도 같은 방법으로 커팅한다.

④ 좌측도 우측과 같은 방법으로 가이드와 연결하여 사이드 베이스로 커팅한다.

⑤ 마무리로 모발을 가운데로 모아 잡아 체크한다.

Check Point

피봇 섹션을 나눌 때는 T.P를 중심으로 하여야 하나 각도는 G.P를 중심으로 커팅하여야 각도가 자연스럽게 떨어진다.

3. Temple Section **좌측** – 좌측 F.S.P~좌측 T.P 사선 라인

완성 사진

- 전대각 라인 슬라이스
- 각도 0°~45°
- 가이드 후대각 라인 커팅
- 전대각 라인 커팅
- 직각 분배
- 사이드 베이스

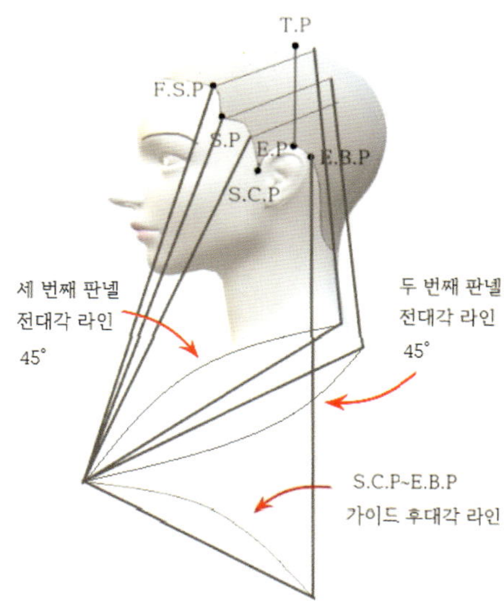

도해도

① 가이드 라인을 만들기 위해 섹션을 백 사이드까지 연결하여 전대각 라인으로 나눈다.

② 첫 번째 판넬은 좌측 S.C.P ~E.B.P 후대각 라인으로 커팅한다.

③ 두 번째 판넬은 좌측 S.P와 백 사이드 가이드 모발과 연결하여 전대각 라인으로 커팅한다.

④ 두 번째 판넬의 커팅이 완성된 모습이다.

⑤ 세 번째 판넬은 F.S.P와 백 사이드 가이드 모발과 연결하여 전대각 라인으로 커팅한다.

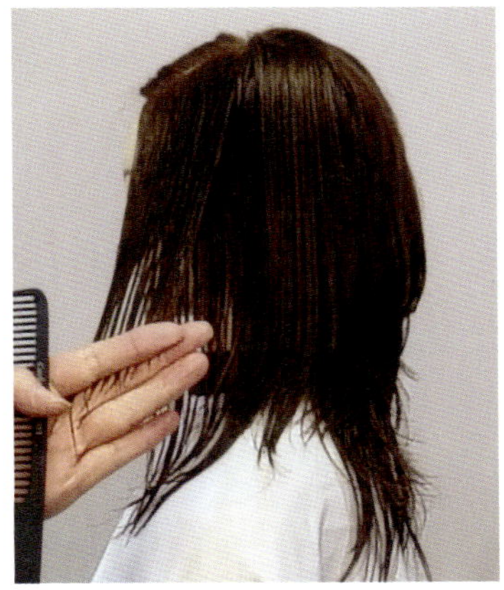

⑥ 커팅이 완성된 모발을 모아서 전대각 라인으로 커팅이 됐는지 체크한다.

Check Point

백 사이드 가이드 라인과 연결할 때 각도가 올라가지 않도록 주의한다.

4. Temple Section 우측 – 좌측 F.S.P~좌측 T.P 사선 라인

완성 사진

- 전대각 라인 슬라이스
- 각도 0°~45°
- 가이드 후대각 라인 커팅
- 전대각 라인 커팅
- 직각 분배
- 사이드 베이스

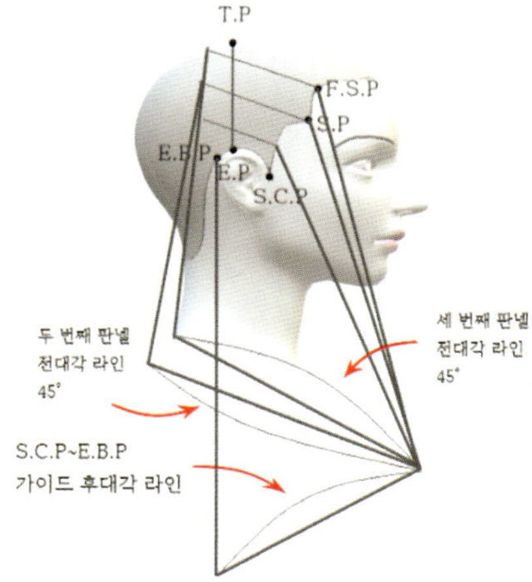

도해도

① 첫 번째 판넬은 우측 S.C.P ~E.B.P 후대각 라인으로 커팅한다.

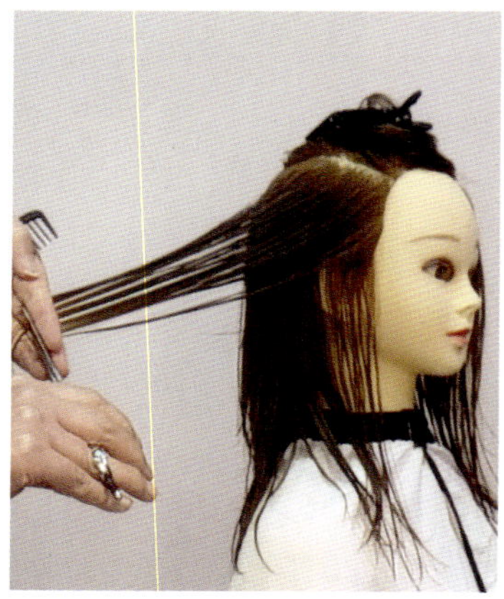

② 두 번째 판넬은 우측 S.P와 백 사이드 가이드 모발과 연결하여 전대각 라인으로 커팅한다.

③ 세 번째 판넬은 F.S.P와 백 사이드 가이드 모발과 연결하여 전대각 라인으로 커팅한다.

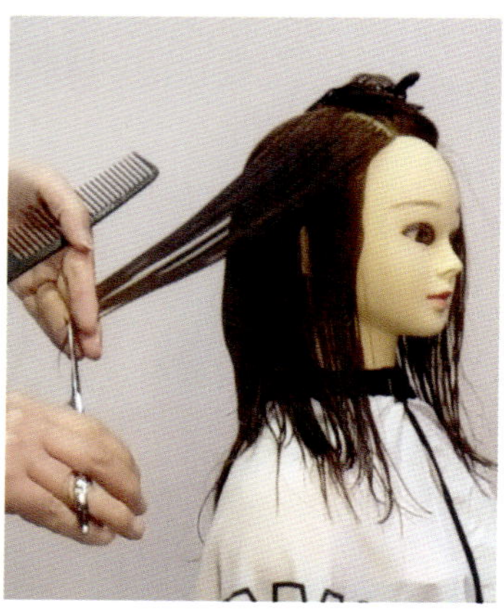

④ 커팅이 완성된 모발을 모아서 전대각 라인으로 커팅이 됐는지 체크한다.

Check Point

양쪽의 사이드 길이가 다르지 않도록 중간에 체크하면서 커트하는 것을 잊지 않아야 한다.

5. Pront Section

완성 사진

- 호리존탈 섹션
- T.P 중심 90° 각도
- 직각 분배
- 머리 위치 : 똑바로

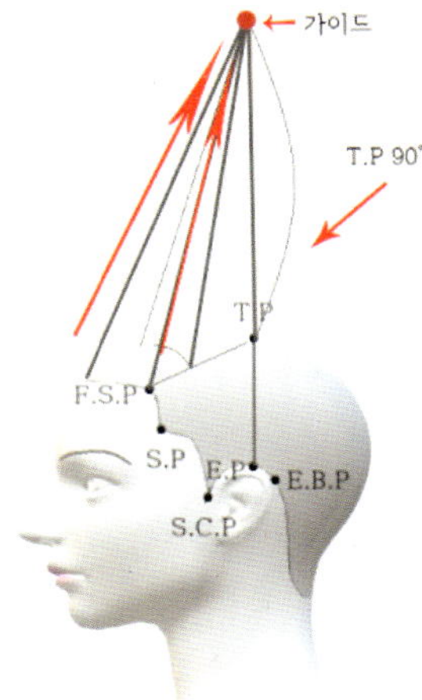

도해도

① 첫 번째 판넬은 T.P 가이드 길이에 맞추어 양쪽의 모발을 모아 커팅한다.

② 페이스 라인의 모발을 T.P에 모아 가이드와 같은 길이로 커팅한다.

Check Point

사진과 같이 모발을 코를 중심으로 모아야 한다. 모발을 양옆으로 펼쳐서 커트할 경우 사이드 길이가 짧아질 수 있다.

6. 헤어커트 완성 사진

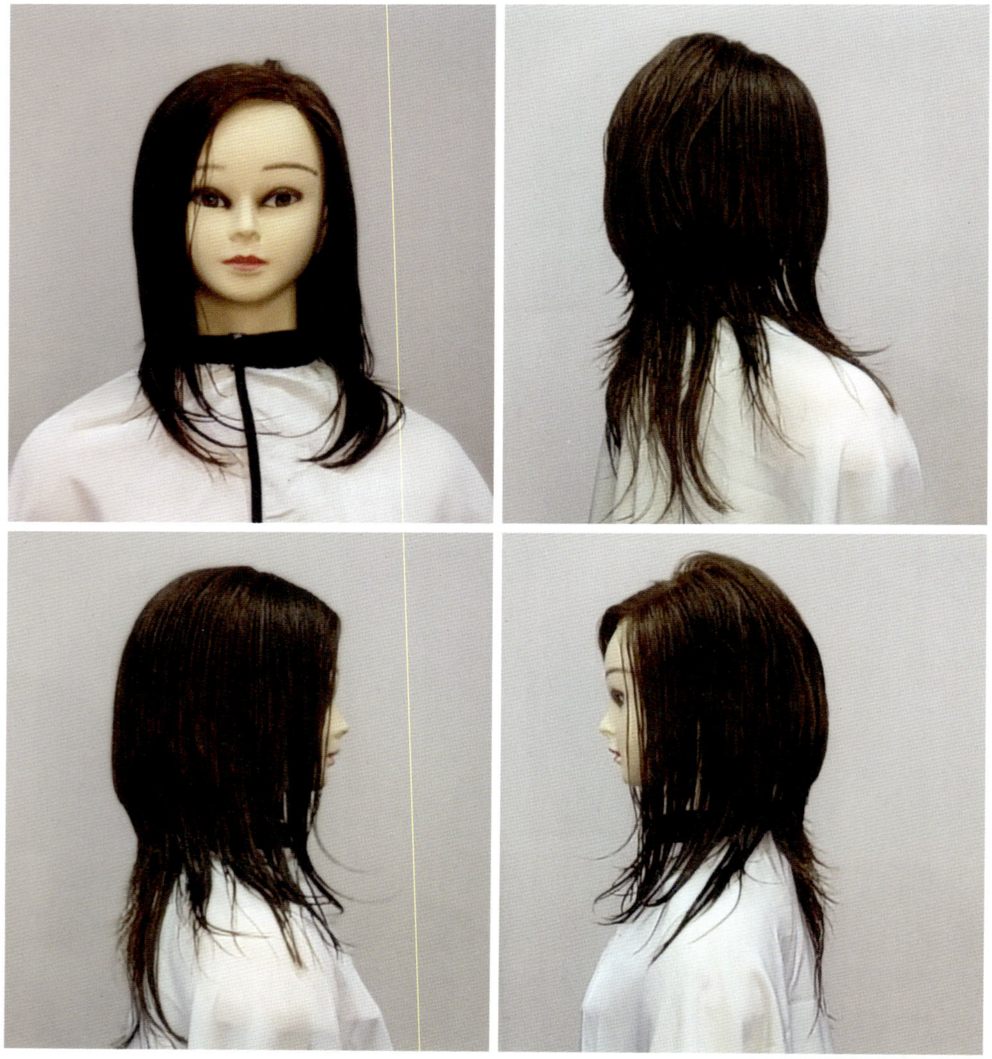

3. 헤어커트 마무리하기

[J컬 스타일링]

① 블로우 드라이 : 블로우 드라이롤 1~3호를 이용하여 뿌리에 볼륨을 넣어주고 블로우 드라이롤 3~5호를 이용하여 모발 끝에서 J컬 형태를 만들어 준다. 헤어 광택제나 헤어 스프레이를 이용하여 스타일링을 마무리한다.

② 원형 아이론 : 원형 아이론 25~30mm를 이용하여 뿌리에서부터 인컬 형태를 만들어 모발 끝에서 J컬 형태를 만들어 준다. 헤어 광택제나 헤어 스프레이를 이용하여 스타일링을 마무리한다.

Title 02

롱 스퀘어 그레쥬에이션 커트 Long Square Graduation Cut

앞모습

뒷모습

좌측 모습

우측 모습

1. 헤어커트 디자인 분석 및 준비하기

(1) 헤어커트 디자인 형태의 특징

두상 곡면 온 더 베이스 45°~89° 각도의 그래쥬에이션을 연출하는 롱 스퀘어 그래쥬에이션 커트 스타일이다. 스퀘어 라인의 가이드를 설정하여 네이프에서 무게감을 주고, 후두부 센터 라인 89° 그래쥬에이션으로 시작하여 얼굴 방향으로 갈수록 각도를 낮추어 45° 그래쥬에이션으로 마무리한다. 어깨를 덮는 기장에서 하이 컨케이브 형태를 연출하여 백의 볼륨감을 극대화시키고 사이드에 컨케이브 형태를 연출하여 서서히 볼륨감이 작아지게 하여 얼굴을 감싸는 형태를 연출한다.

<table>
<tr><th>디자인 설계 테크닉</th><th>헤어커트 조건</th></tr>
<tr><td rowspan="2">얼굴형 : 장방형, 마름모형 얼굴은 피하는 것이 좋다.</td><td>가이드 길이 : N.P 길이 − 14㎝</td></tr>
<tr><td>블로킹 Blocking : 4등분 가르마 : 좌측 F.S.P~T.P 사선/Ear To Ear Parting</td></tr>
<tr><td rowspan="2">두상 : 앞머리가 길게 늘어지는 형태의 커트이므로 프론트 섹션의 함몰 두상은 피하는 것이 좋다.</td><td>머리 위치 Head Position : 똑바로, 고개 숙임</td></tr>
<tr><td>섹션 Section : 호리존탈 섹션, 전대각 섹션</td></tr>
<tr><td rowspan="2">이마 형태 : 돌출형, 함몰형을 제외한 모두 가능하다.</td><td>슬라이스 라인 Slice Line : 평행 라인, 전대각 라인</td></tr>
<tr><td>베이스 Base : 온 더 베이스</td></tr>
<tr><td rowspan="2">목, 어깨 넓이 : 목이 짧고 굵으면서 어깨가 넓은 사람은 피하는 것이 좋다.</td><td>분배 Distribution : 자연 분배, 직각 분배, 변이 분배</td></tr>
<tr><td>시술 각도 Projection : 일반 시술각</td></tr>
<tr><td rowspan="2">피해야 할 체형 : 뚱뚱한 체형은 큰 체형이 더 커 보이므로 피하는 것이 좋다.</td><td>손가락 위치 Finger Position : 평행 손가락</td></tr>
<tr><td>가이드 라인 Guide Line : 고정 디자인 라인</td></tr>
<tr><td rowspan="3">응용 가능 펌 : 스트레이트, 인컬, 아웃컬, 굵은 웨이브 연출이 가능하다.</td><td>커트 테크닉 Cut Technique : 나칭 커트 Notching Cut</td></tr>
<tr><td>질감 처리 Textured : 틴닝 Thinning</td></tr>
<tr><td>마무리 : 블로우 드라이 인컬 아웃 컬, S컬</td></tr>
</table>

(2) 확장 도해도

커팅된 모발을 펼쳤을 때 모습을 그림으로 표현한다.

앞모습

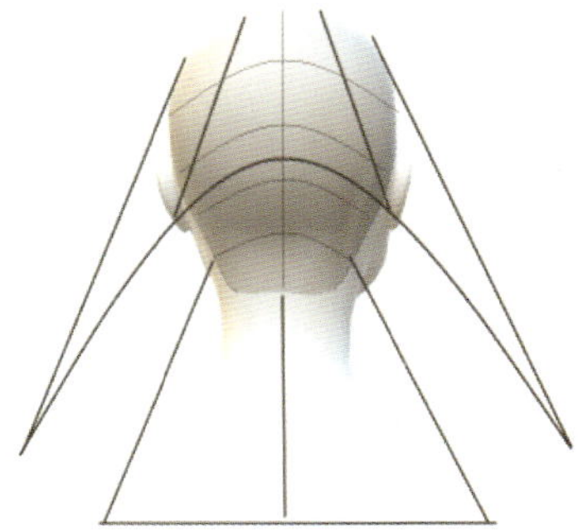

뒷모습

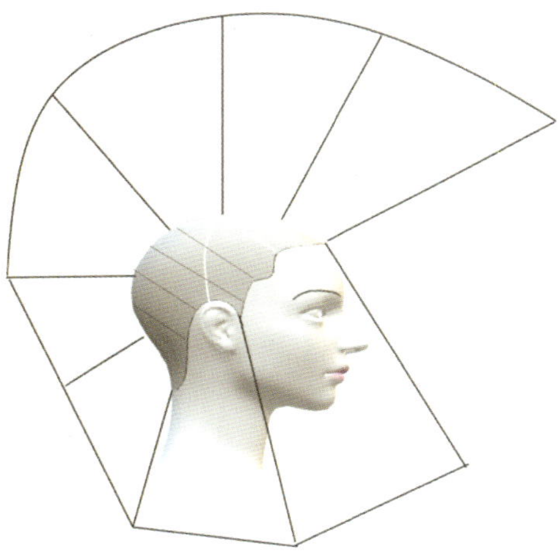

우측

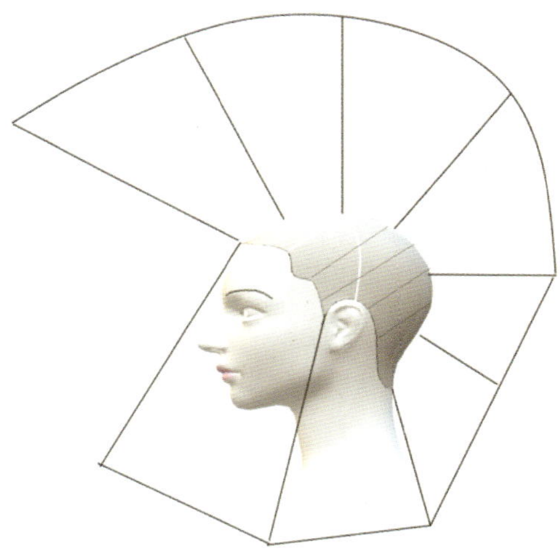

좌측

2. 헤어커트 진행하기

1. Blocking

4등분Center Parting/Ear Back To Ear Back Parting, 사이드 사선 가르마좌측 C.F.S.M.P~T.P

① Ear Back To Ear Back Parting으로 나눈다.
앞 : 좌측 C.F.S.M.P~ T.P 사선 좌·우 2파트
뒤 : N.P~T.P 정중선
좌·우 E.B.P~B.P 언더, 좌·우 E.B.T.M.P~G.T.M.P 위 오버, 아래 미들 3파트

2. Back 3파트

좌·우 E.B.P~B.P 언더, 좌·우 E.B.T.M.P~G.T.M.P 위 오버, 아래 미들

(1) 언더 섹션 Under Section – 좌·우 E.B.P~B.P 호리존탈 라인 아래

① 1 커팅

완성 사진

- 가이드N.P : 14㎝
- 자연 분배
- 전대각 라인 슬라이스
- 호리존탈 커팅
- 머리 위치 : 고개 숙임

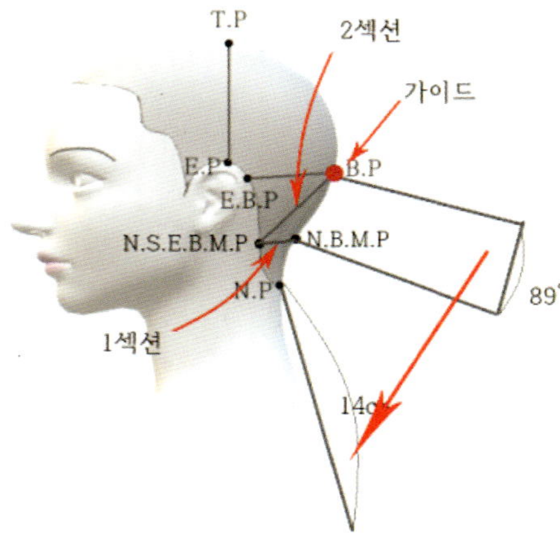

도해도

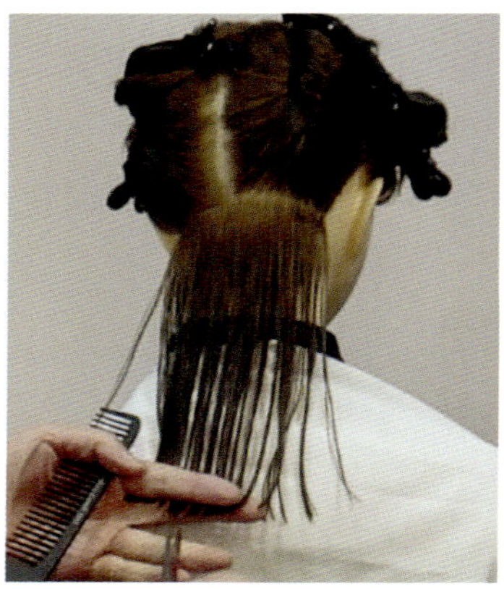

① 첫 번째 판넬 N.P 자연 분배로 가이드를 결정하여 커팅한다.

② 우측 모발을 가이드와 연결하여 평행 라인으로 커팅한다.

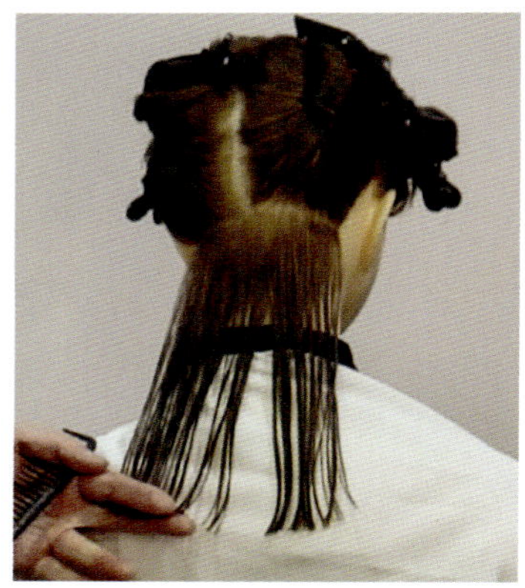

③ 좌측 모발을 가이드와 연결하여 평행 라인으로 커팅한다.

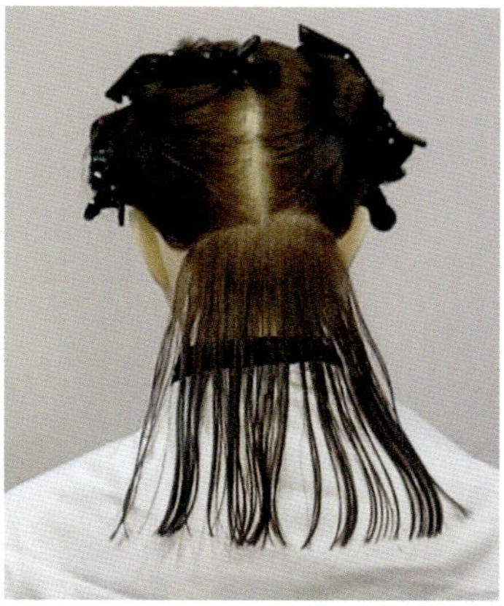

④ 고개 숙임으로 커팅한 모습이다.

⑤ 두 번째 판넬 N.S.E.B.M.P~B.P 연결하여 전대각 라인으로 나눈다. 전대각 라인으로 섹션을 나눈다. B.P 89° 온 더 베이스로 커팅한다. 가이드와 연결하여 좌측 모발을 커팅한다.

⑥ 우측도 가이드와 연결하여 커팅한다.

Check Point

고개 숙임으로 평행 라인 커팅하여 고개를 들면 완만한 곡선의 라운드 라인이 생긴다.

(2) 미들 섹션 Middle section – 좌·우 E.B.T.M.P~G.T.M.P 전대각 라인 아래

① 1 커팅 – 좌 · 우 E.P~G.P

완성 사진

- 전대각 라인 슬라이스
- 각도 45°~89°
- 온 더 베이스
- 머리 위치 : 똑바로

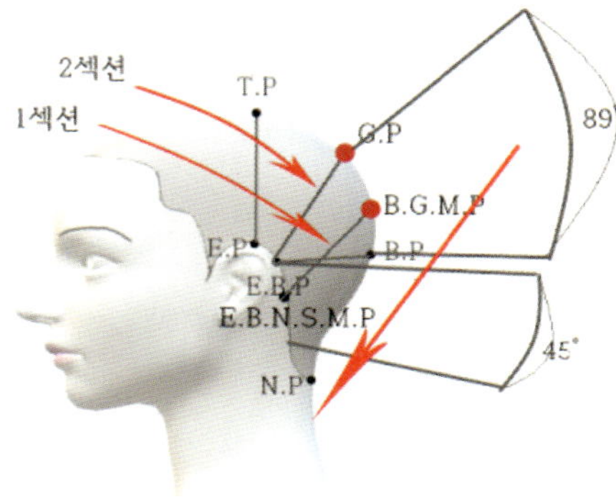

도해도

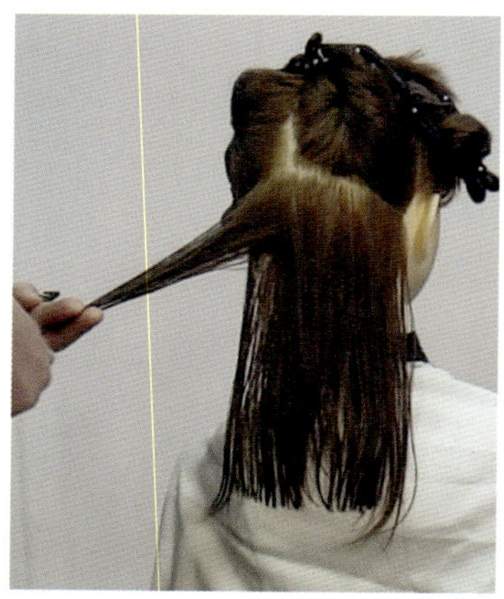

① 첫 번째 판넬을 좌·우 E.B.P 아래 지점에서 G.B.M.P와 연결하여 전대각 라인으로 슬라이스 한다. 센터에서 89° 온 더 베이스로 커팅하여 가이드를 만든다. 좌·우 모발을 센터 가이드와 연결하여 전대각 라인으로 커팅한다.

② 좌·우 E.B.P 아래 지점에서 45° 각도가 나와야 한다.

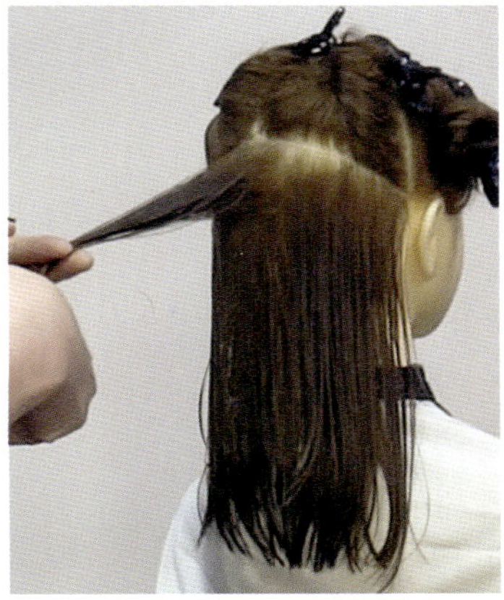

③ 두 번째 판넬을 좌·우 E.P~G.P 전대각 라인으로 슬라이스 한다. 센터에서 89° 온 더 베이스로 커팅하여 가이드를 만든다. 좌측 모발을 센터 가이드와 연결하여 전대각 라인으로 커팅한다.

④ 우측 모발을 센터 가이드와 연결하여 전대각 라인으로 커팅한다. 좌·우 E.B.P 아래 지점에서 45° 각도가 나와야 한다.

Check Point

센터 89°, 양쪽 E.B.P 45° 각도가 나와야 한다.

② 2 커팅 – 좌 · 우 E.B.T.M.P～G.T.M.P 전대각 라인 아래

완성 사진

- 전대각 라인 슬라이스
- 각도 45°～89°
- 온 더 베이스
- 머리 위치 : 똑바로

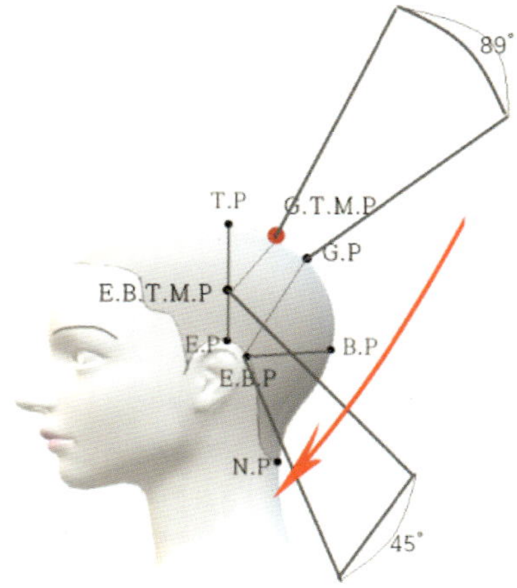

도해도

① 센터의 모발을 G.T.M.P 89° 온 더 베이스로 커팅한다.

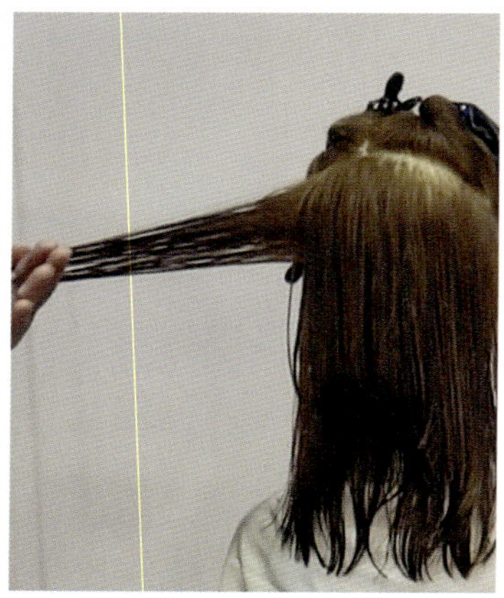

② 센터 가이드와 연결하여 좌측 E.B.T.M.P 전대각 라인으로 커팅한다.

③ 센터 가이드와 연결하여 우측 E.B.T.M.P 전대각 라인으로 커팅한다.

Check Point

두상 곡면을 따라 45°～89°의 자연스러운 하이 그래쥬에이션 형태가 나와야 한다.

(3) 오버 섹션 Over Section – 좌·우 E.B.T.M.P~G.T.M.P 전대각 라인 위

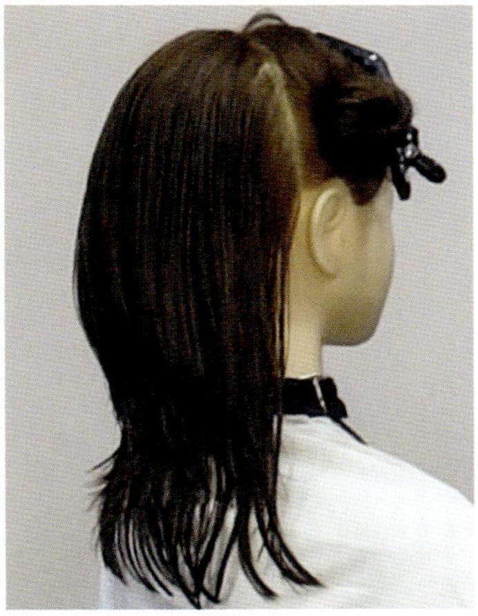

완성 사진

- 전대각 라인 슬라이스
- 각도 45°
- 온 더 베이스
- 머리 위치 : 똑바로

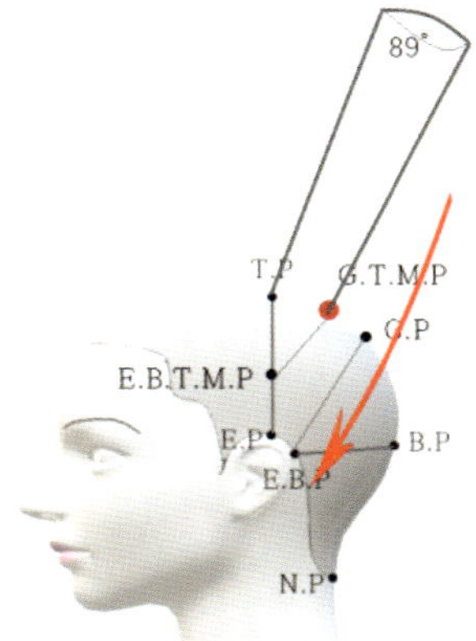

도해도

① 첫 번째 판넬 45° 온 더 베이스로 커팅한다.

② 센터 가이드와 연결하여 우측 모발과 연결하고 전대각 라인으로 커팅한다.

③ 센터 가이드와 연결하여 좌측 모발을 전대각 라인으로 커팅한다.

④ T.P 나머지 모발을 가이드와 연결하여 커팅한다.

⑤ 센터의 위치에서 정확한 89° 각도인지 체크한다.

⑥ B.P, G.P, T.P 위치의 정확한 89° 각도인지 체크한다.

Check Point

T.P의 나머지 모발은 T.P를 중심으로 89° 커팅하여야 볼륨이 생기면서 자연스러운 그래쥬에이션 커트가 연출된다.

3. Temple Section 좌측 – 좌측 C.F.S.M.P~ T.P 사이드 사선 가르마

완성 사진

- 호리존탈 라인 슬라이스
- 각도 0°~45°
- 온 더 베이스
- 머리 위치 : 똑바로

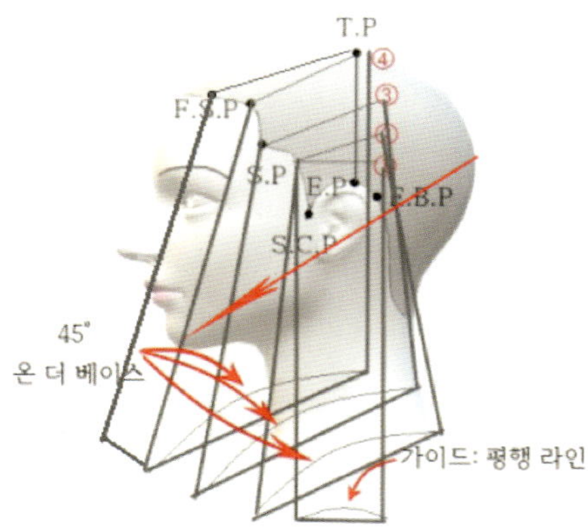

도해도

① 가이드 라인을 만들기 위해 섹션을 백 사이드까지 평행 라인으로 나눈다.

② 첫 번째 판넬은 평행 라인으로 커팅한다.

③ 평행 라인으로 가이드를 만든 모습이다.

④ 가이드를 만든 첫 번째 판넬을 45° 각도의 온 더 베이스로 커팅한다.

⑤ 프론트 방향까지 45° 각도를 유지하면서 커팅한다.

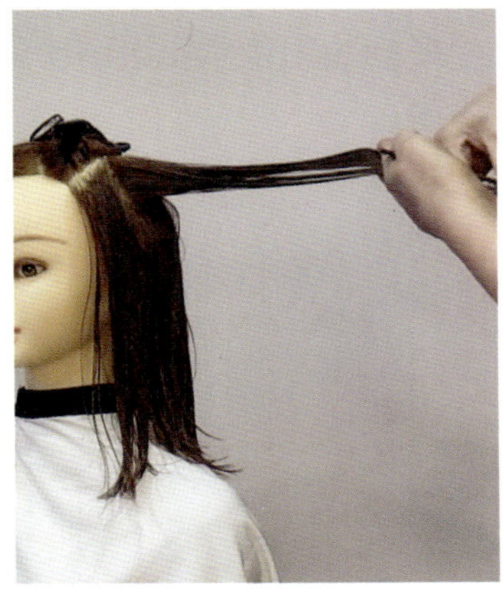

⑥ 두 번째 판넬도 45° 각도를 유지하며 커팅한다.

⑦ 프론트 방향까지 45° 각도를 유지하면서 커팅한다.

⑧ 세 번째 판넬도 같은 방법으로 45° 각도를 유지하면서 커팅한다.

⑨ F.S.P까지 45° 각도를 유지하면서 커팅한다.

⑩ 정확한 전대각 라인이 나오는지 체크한다.

Check Point

백 사이드 가이드 라인과 연결할 때 각도가 올라가지 않도록 주의한다.

4. Temple Section 우측 – 좌측 C.F.S.M.P~ T.P 사이드 사선 가르마

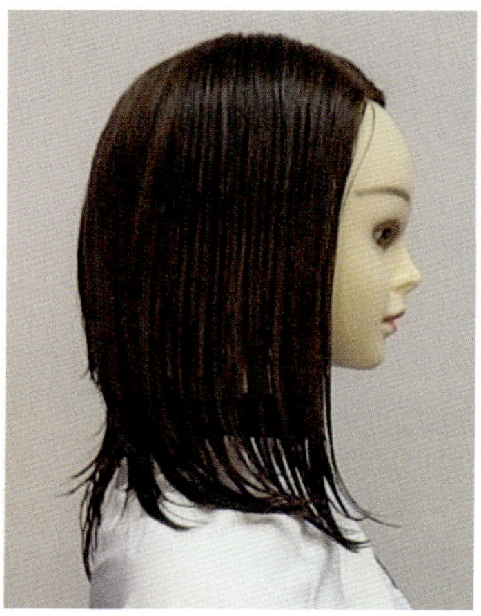

완성 사진

- 호리존탈 라인 슬라이스
- 각도 0°~45°
- 온 더 베이스
- 머리 위치 : 똑바로

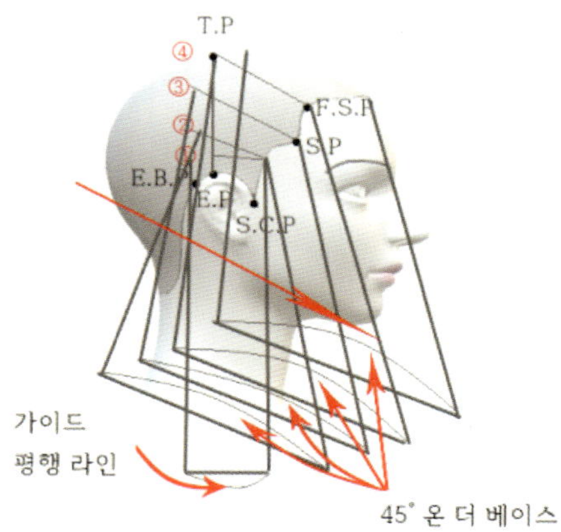

도해도

① 가이드 라인을 만들기 위해 섹션을 백 사이드까지 평행 라인으로 나눈다.

② 평행 라인으로 가이드를 만든 모습이다.

③ 가이드를 만든 첫 번째 판넬을 45° 각도의 온 더 베이스로 커팅한다.

④ 프론트 방향까지 45° 각도를 유지하면서 커팅한다.

⑤ 두 번째 판넬도 45° 각도를 유지하며 커팅한다.

⑥ 나머지 판넬도 같은 방법으로 45° 각도를 유지하면서 사이드 가르마까지 커팅한다.

Check Point

양쪽의 사이드 길이가 다르지 않도록 중간에 체크하면서 커트하는 것을 잊지 않아야 한다.

5. Textured

① 후두부 센터 라인부터 사이드로 이동하면서 틴닝 가위를 이용하여 엔드 테이퍼하여 모발 끝 부분에 모량을 줄여준다.

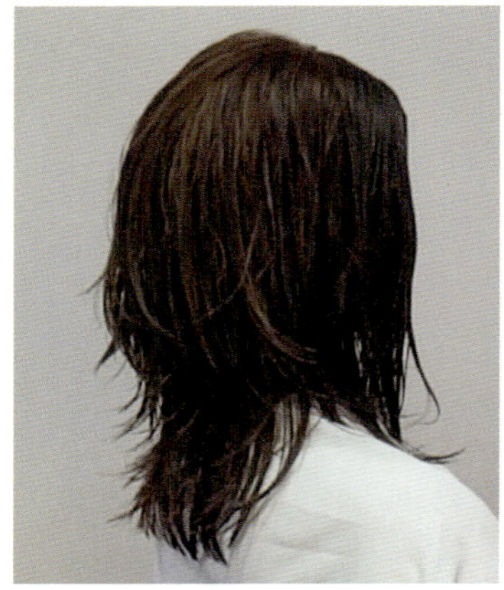

② 질감 처리가 완성된 모습이다.

Check Point

질감 처리는 고객의 모발의 양에 따라 실행해야 한다.

6. 헤어커트 완성 사진

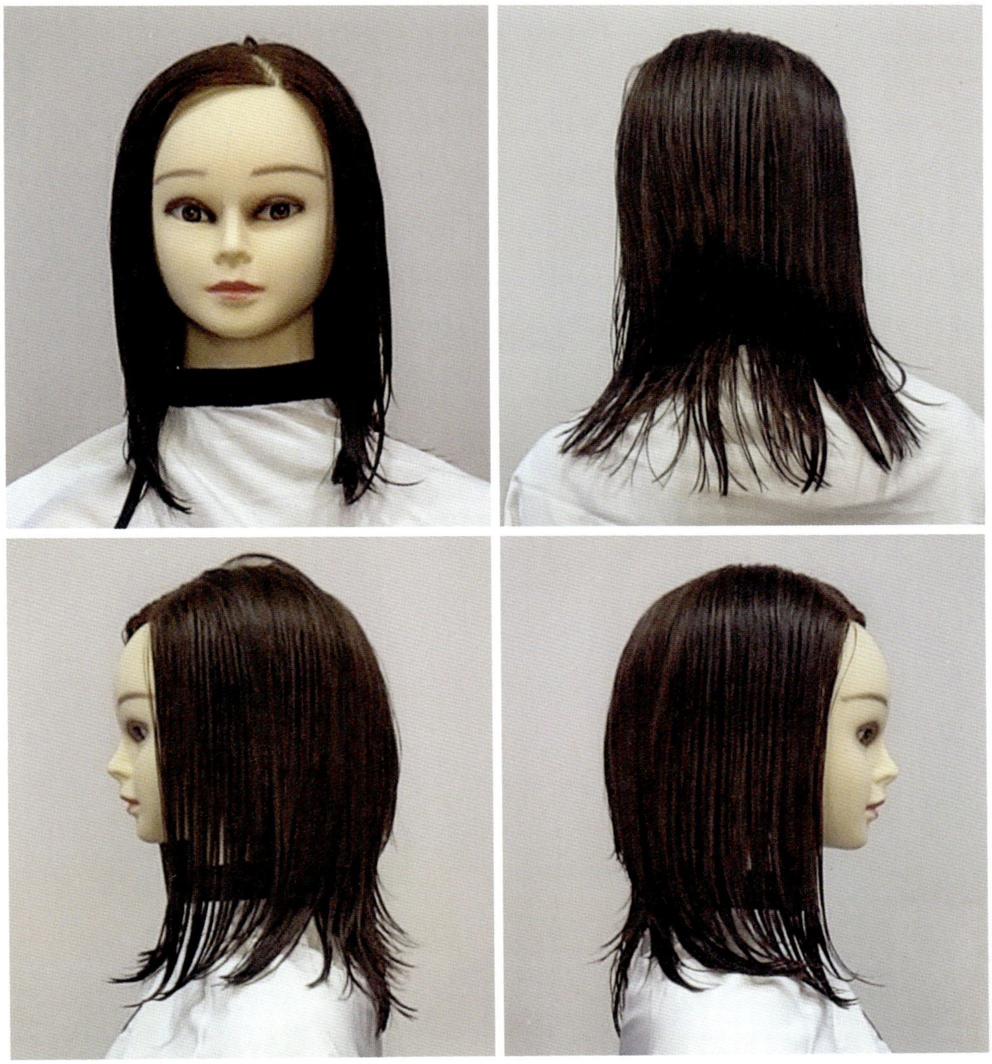

3. 헤어커트 마무리하기

[아웃컬 스타일링]

① **블로우 드라이** : 블로우 드라이롤 3~5호를 이용하여 뿌리에서 인컬 형태로 롤을 돌려주고 끝에서 아웃컬C컬 형태를 만들어 준다. 탑의 모발은 인컬로 마무리한다. 헤어 광택제나 헤어 스프레이를 이용하여 스타일링을 마무리한다.

② **원형 아이론** : 원형 아이론 25~30mm를 이용하여 뿌리에서부터 인컬 형태를 만들어 모발 끝에서 아웃컬C컬 형태를 만들어 준다. 탑의 모발은 인컬로 마무리한다. 헤어 광택제나 헤어 스프레이를 이용하여 스타일링을 마무리한다.

[S컬 웨이브 스타일링]

① 블로우 드라이 : 블로우 드라이롤 3~5호를 이용하여 뿌리에서 인컬 형태로 롤을 돌려주고 모발의 중간에서 얼굴 방향의 S컬 형태를 만들어 준다. 좌·우 사이드와 프론트 모발은 얼굴 반대 방향의 S컬을 만들어 준다. 탑의 모발은 인컬로 마무리한다. 헤어 광택제나 헤어 스프레이를 이용하여 스타일링을 마무리한다.

② 원형 아이론 : 원형 아이론 25~30mm를 이용하여 뿌리에서부터 인컬 형태를 만들어 모발의 중간에서 얼굴 방향의 S컬 형태를 만들어 준다. 좌·우 사이드와 프론트 모발은 얼굴 반대 방향의 S컬을 만들어 준다. 탑의 모발은 인컬로 마무리한다. 헤어 광택제나 헤어 스프레이를 이용하여 스타일링을 마무리한다.

Title 03

롱 유니폼 레이어 커트 Long Uniform Layer Cut

앞모습

뒷모습

좌측 모습

우측 모습

1. 헤어커트 디자인 분석 및 준비하기

(1) 헤어커트 디자인 형태의 특징

두상 곡면을 따라 90° 각도로 레이어 형태를 연출한 롱 유니폼 레이어 커트 스타일이다. 두상에서 90° 시술각을 사용하여 모든 모발의 길이가 동일하며 무게감이 없다. 수평, 수직, 피봇 섹션을 사용하였으며 두상 곡면으로부터 손가락과 손은 항상 평행하게 놓여야 한다. 모발 끝이 보이는 100% 엑티베이트로 웨이브 시술 시 볼륨감과 입체감을 높일 수 있다.

디자인 설계 테크닉	헤어커트 조건
얼굴형 : 장방형 얼굴형을 제외한 모두가 어울리는 스타일이다.	가이드 길이 : N.P 길이 – 23㎝
	블로킹 Blocking : 5등분 Ear To Ear Parting/앞 2, 뒤 3
두상 : 두상 곡면을 따라 커트하므로 돌출과 함몰이 있는 두상은 보정 커트가 필요하다.	머리 위치 Head Position : 똑바로
	섹션 Section : 피봇 섹션, 버티컬 섹션
이마 형태 : 돌출 또는 함몰이 있을 경우 피하는 것이 좋다.	슬라이스 라인 Slice Line : 평행 라인, 피봇 라인
	베이스 Base : 온 더 베이스
목, 어깨 넓이 : 짧은 목은 피하는 것이 좋다.	분배 Distribution : 직각 분배
	시술 각도 Projection : 일반 시술각
피해야 할 체형 : 키가 작고 뚱뚱한 체형은 피하는 것이 좋다.	손가락 위치 Finger Position : 평행 손가락
	가이드 라인 Guide Line : 고정 디자인 라인
응용 가능 펌 : 스트레이트, C컬, S컬 웨이브	커트 테크닉 Cut Technique : 블런트 커트 Blunt Cut
	질감 처리 Textured : 틴닝 Thinning
	마무리 : 블로우 드라이 인컬

(2) 확장 도해도

커팅된 모발을 펼쳤을 때 모습을 그림으로 표현한다.

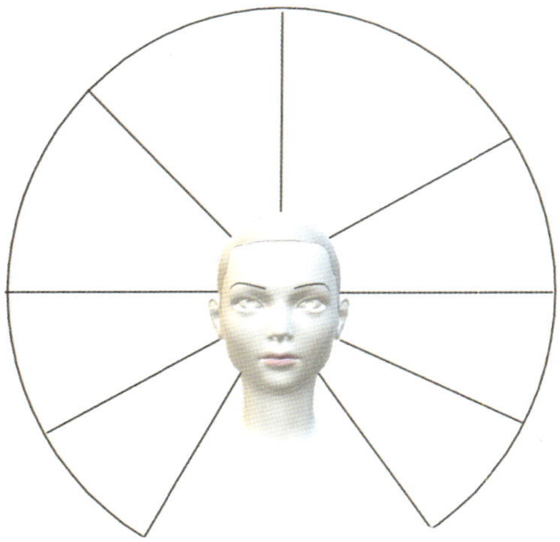

앞모습

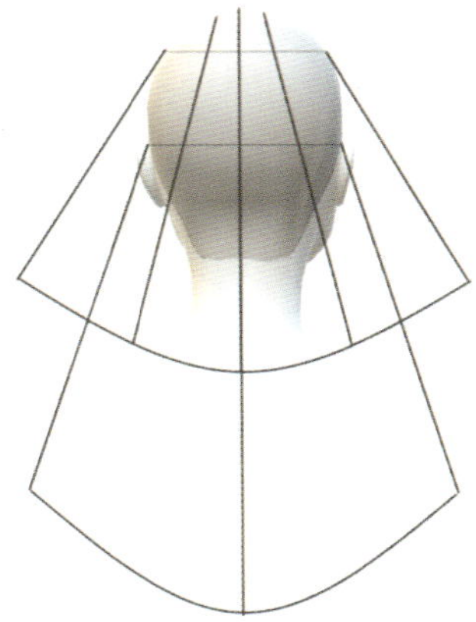

뒷모습

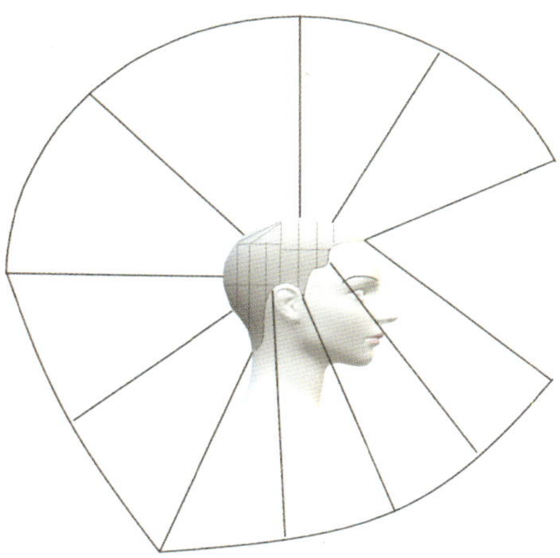

우측

좌측

2. 헤어커트 진행하기

1. Blocking

5등분 Ear To Ear Parting/앞 2, 뒤 3

① Ear To Ear Parting으로 나눈다.
앞 : C.P~좌측 T.P 센터 사선 가르마, 2 파트
뒤 : 좌·우 E.P~B.P 언더, 좌·우 T.E.M.P~G.P 위를 오버, 아래 미들 3 파트

2. 언더 섹션 Under Section – 좌·우 E.P~B.P 호리존탈 라인 아래

완성 사진

- 가이드 N.P : 23cm
- 수직 버티컬 슬라이스
- 두상 곡면 90° 각도
- 온 더 베이스
- 머리 위치 : 똑바로

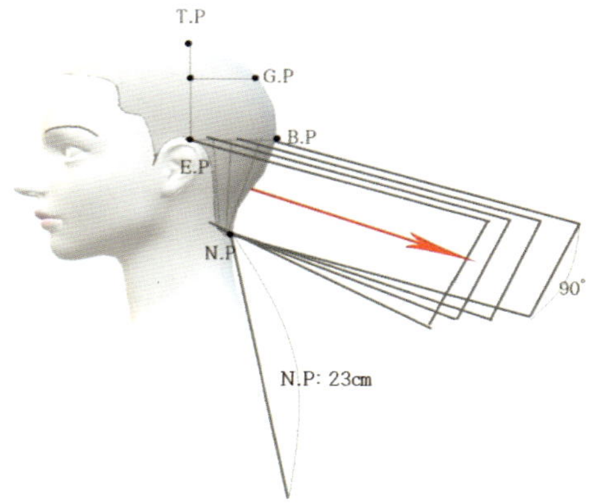

도해도

① 가이드를 결정하기 위해 언더 섹션을 일정하게 정리한다.

② 두상 곡면에서 수직 버티컬 섹션으로 90° 각도 온 더 베이스로 커팅한다.

③ 같은 방법으로 90° 각도로 커팅한 다.

④ 가로 섹션으로 90° 각도가 나왔는 지 체크한다.

⑤ 좌측의 커팅된 모발을 U 라인으로 연결한다.

⑥ 좌측 커팅이 완성된 모습이다.

⑦ 우측 판넬도 같은 방법으로 두상 곡면에서 수직 버티컬 섹션으로 90° 각도 온 더 베이스로 커팅한다.

⑧ 가로 섹션으로 90° 각도가 나왔는 지 체크한다.

⑨ 우측의 커팅된 모발을 U 라인으로 연결한다.

Check Point

B.P~N.P의 두상은 경사가 있는 곡선임을 잊지 말고 두상 곡면 90° 각도 온 더 베이스 커팅한다.

3. 미들 섹션 Middle section – 좌·우 T.E.M.P~G.P 호리존탈 라인 아래

완성 사진

- 수직 버티컬 슬라이스
- 두상 곡면 90° 각도
- 온 더 베이스
- 머리 위치 : 똑바로

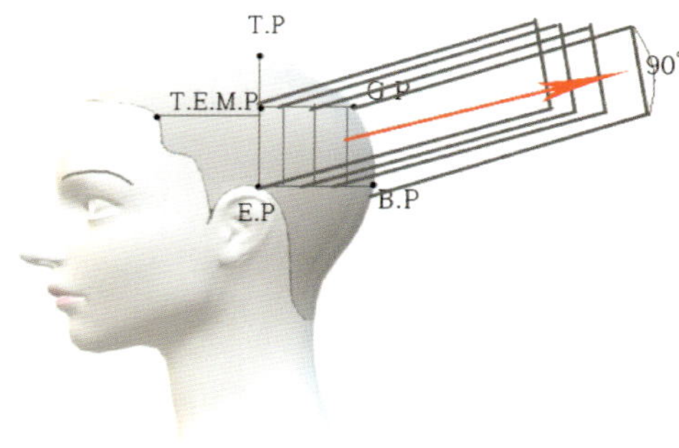

도해도

① 곡선의 두상 곡면의 90° 각도의 모습이다.

② 언더 섹션의 모발과 연결하여 두상 곡면에서 수직 버티컬 섹션으로 90° 각도 온 더 베이스로 커팅한다.

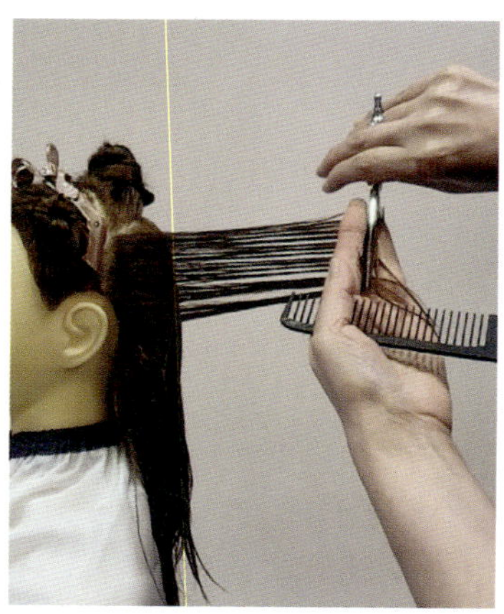

③ 좌측의 나머지 모발도 같은 방법으로 언더 섹션의 모발과 연결하여 두상 곡면 90° 각도로 커팅한다.

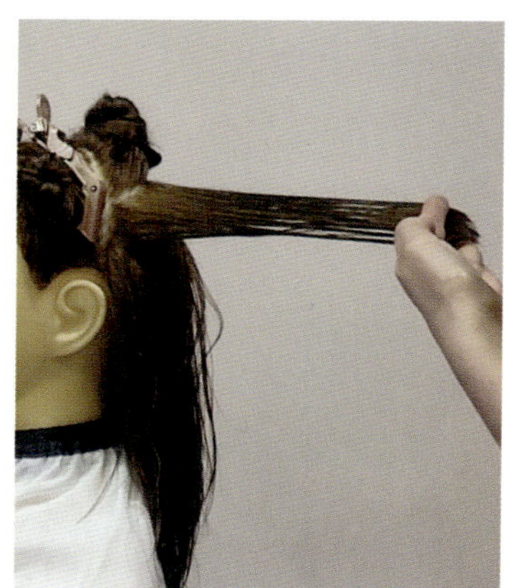

④ 가로 섹션으로 90° 각도가 나왔는지 체크한다.

⑤ 좌측 커팅이 완성된 모습이다.

⑥ 우측 판넬도 같은 방법으로 언더 섹션의 모발과 연결하여 두상 곡면에서 수직 버티컬 섹션으로 90° 각도 온 더 베이스로 커팅한다.

Check Point

곡선의 두상 곡면 90° 각도 온 더 베이스 커트임을 잊지 말아야 한다.

4. 오버 섹션 Over Section – 좌·우 T.E.M.P~G.P 호리존탈 라인 위

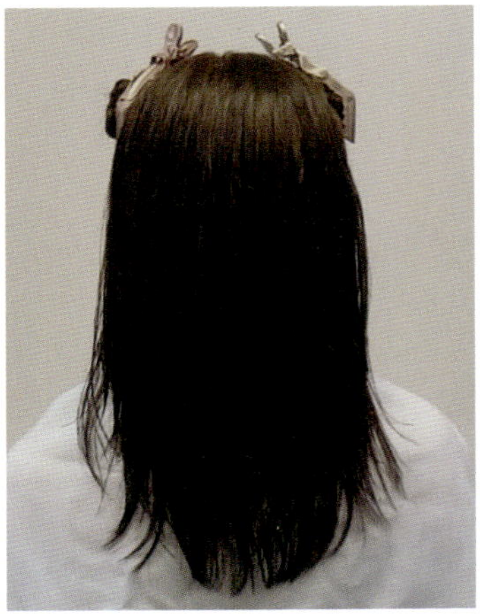

완성 사진

- 수직 버티컬 슬라이스
- 두상 곡면 90° 각도
- 온 더 베이스
- 머리 위치 : 똑바로

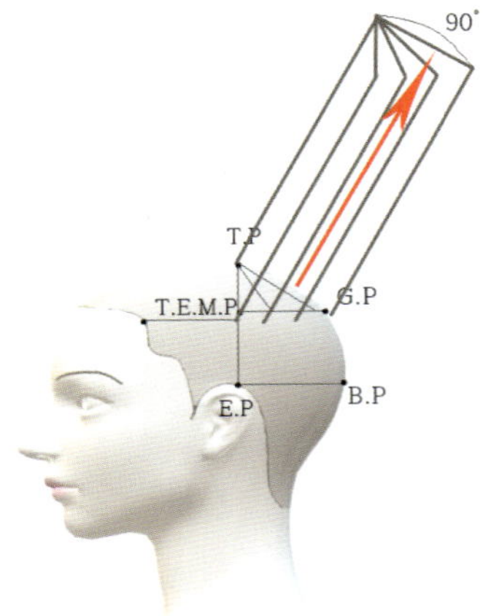

도해도

① T.P 센터를 중심으로 피봇 섹션으로 나눈 모습이다.

② 오버 섹션의 두상 곡면의 90° 각도의 모습이다.

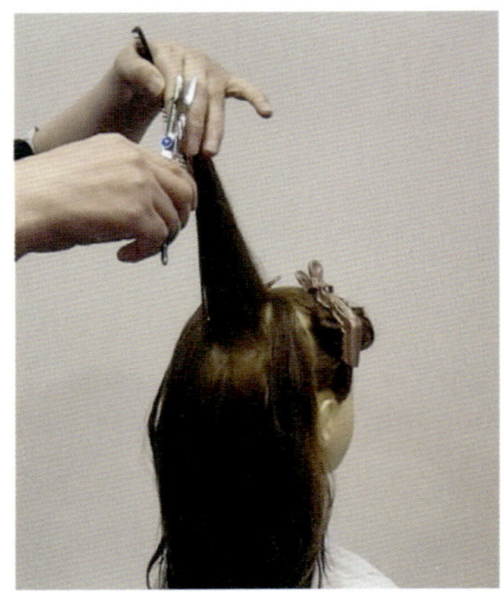

③ 미들 섹션의 모발과 연결하여 두상 곡면에서 수직 버티컬 섹션으로 90° 각도 온 더 베이스로 커팅한다.

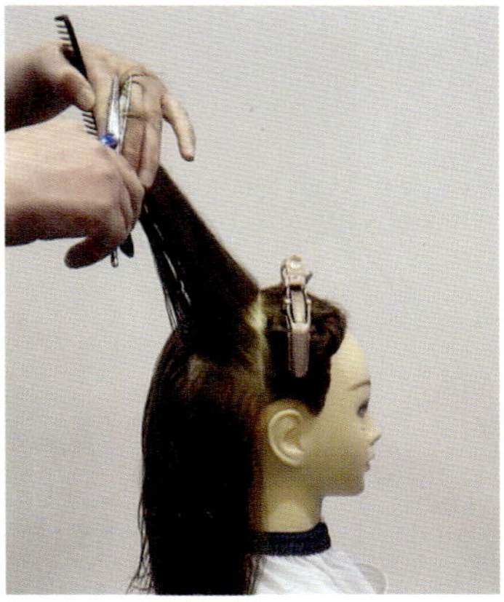

④ 우측의 나머지 모발도 같은 방법으로 미들 섹션의 모발과 연결하여 두상 곡면 90° 각도로 커팅한다.

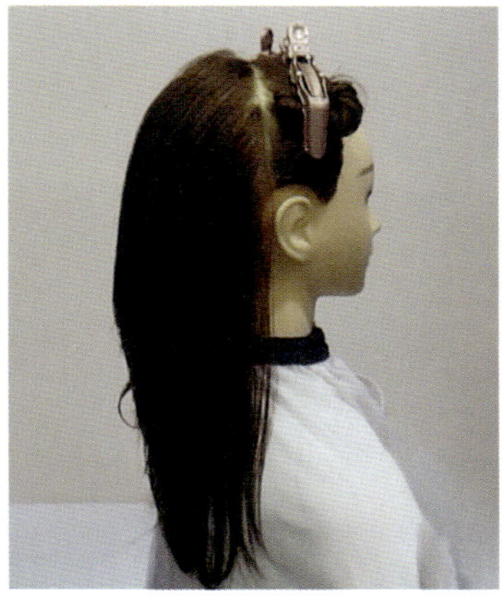

⑤ 우측 커팅이 완성된 모습이다.

⑥ 좌측 판넬도 같은 방법으로 두상 곡면에서 수직 버티컬 섹션으로 90° 각도 온 더 베이스로 커팅한다.

Check Point

곡선의 두상 곡면 90° 각도 온 더 베이스 커트임을 잊지 말아야 한다.

⑦ 나머지 판넬도 같은 방법으로 두상 곡면에서 수직 버티컬 섹션으로 90° 각도 온 더 베이스로 커팅한다.

5. Temple Section 좌측 – C.P~좌측 T.P 센터 가르마

완성 사진

- 수직 버티컬 슬라이스
- 두상 곡면 90° 각도
- 온 더 베이스
- 머리 위치 : 똑바로

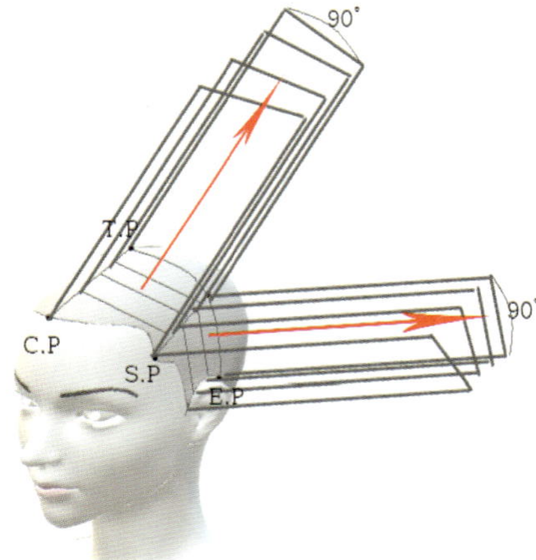

도해도

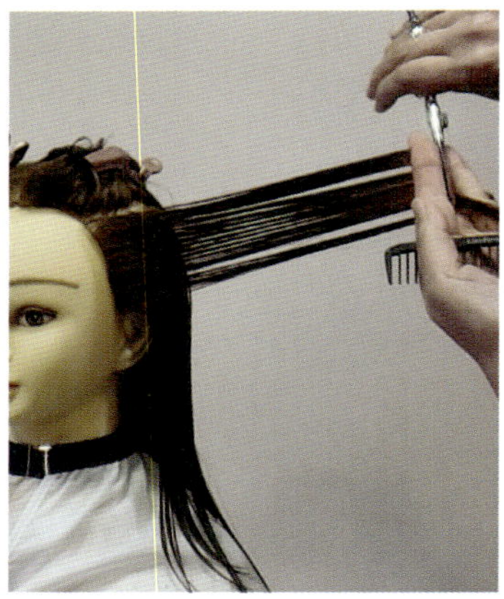

① 백 사이드의 모발과 연결하여 두상 곡면에서 수직 버티컬 섹션으로 90° 각도 온 더 베이스로 커팅한다.

② 가로 섹션으로 90° 각도가 나왔는지 체크한다.

③ 첫 번째 판넬이 완성된 모습이다.

④ 두 번째 판넬도 백의 모발과 연결하여 두상 곡면에서 수직 버티컬 섹션으로 90° 각도 온 더 베이스로 커팅한다.

Check Point

사이드 두상은 첫 번째 판넬은 직선이고 두 번째 판넬은 곡선이다. 두상 곡면 90° 각도 온 더 베이스 커팅임을 잊지 말아야 한다.

⑤ 얼굴 방향의 마지막 판넬도 같은 방법으로 커팅한다.

6. Temple Section 우측 – C.P~좌측 T.P센터 가르마

완성 사진

- 수직 버티컬 슬라이스
- 두상 곡면 90° 각도
- 온 더 베이스
- 머리 위치 : 똑바로

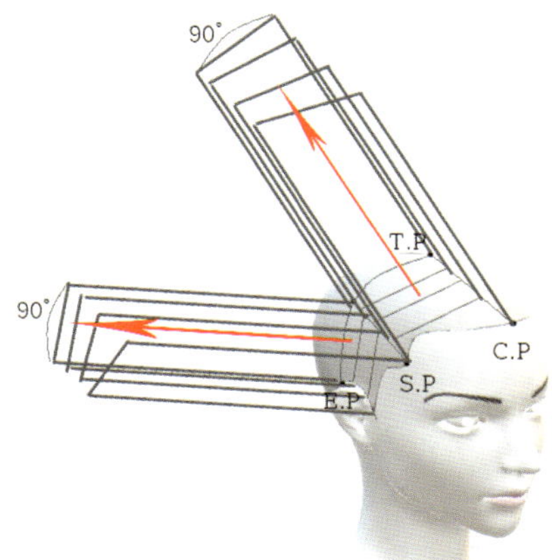

도해도

① 백 사이드의 모발과 연결하여 두상 곡면에서 수직 버티컬 섹션으로 90° 각도 온 더 베이스로 커팅한다.

② 첫 번째 판넬이 완성된 모습이다.

③ 두 번째 판넬도 백의 모발과 연결하여 두상 곡면에서 수직 버티컬 섹션으로 90° 각도 온 더 베이스로 커팅한다.

④ 가로 섹션으로 90° 각도가 나왔는지 체크한다.

Check Point

사이드 두상은 첫 번째 판넬은 직선이고 두 번째 판넬은 곡선이다. 두상 곡면 90° 각도 온 더 베이스 커팅임을 잊지 말아야 한다.

7. Front Section

완성 사진

- 두상 곡면 90° 각도
- 온 더 베이스
- 머리 위치 : 똑바로

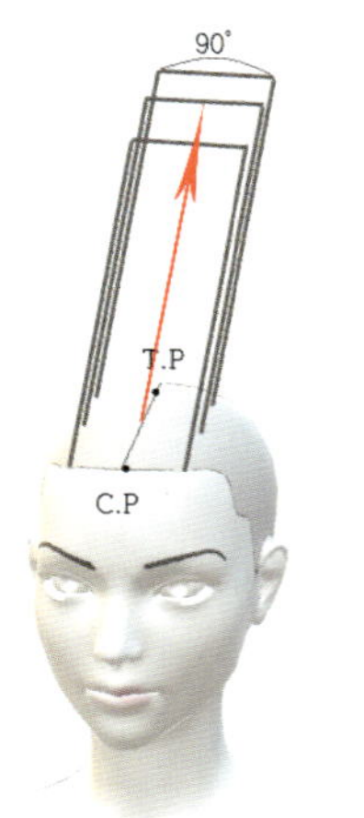

도해도

① 탑에서 모발을 90° 각도로 들어 올려 커팅한다.

② 프론트의 좌·우 모발을 탑으로 들어 올려 튀어 나온 모발을 제거한다.

③ 페이스 라인의 모발도 같은 방법으로 두상 곡면에서 수직 버티컬 섹션으로 90° 각도 온 더 베이스로 커팅한다.

④ 센터의 모발을 가로 세로로 두상에서 90° 각도가 나오는지 체크한다.

Check Point

둥근 두상에서 90° 각도 온 더 베이스 커트임을 잊지 말아야 한다.

8. Textured

① 틴닝 가위로 라인언더 틴닝 기법으로 판넬 끝의 라인 부분에 여러 개의 그래쥬에이션 층이 형성되도록 틴닝 처리한다. 우측의 프론트에서 사이드로 진행한다.

② 같은 방법으로 백까지 진행한다. 틴닝 처리가 된 모발은 앞으로 빗어넘겨 무리한 질감 처리가 이루어지지 않도록 한다.

Check Point

질감 처리는 고객의 모발의 양에 따라 실행해야 한다.

9. 헤어커트 완성 사진

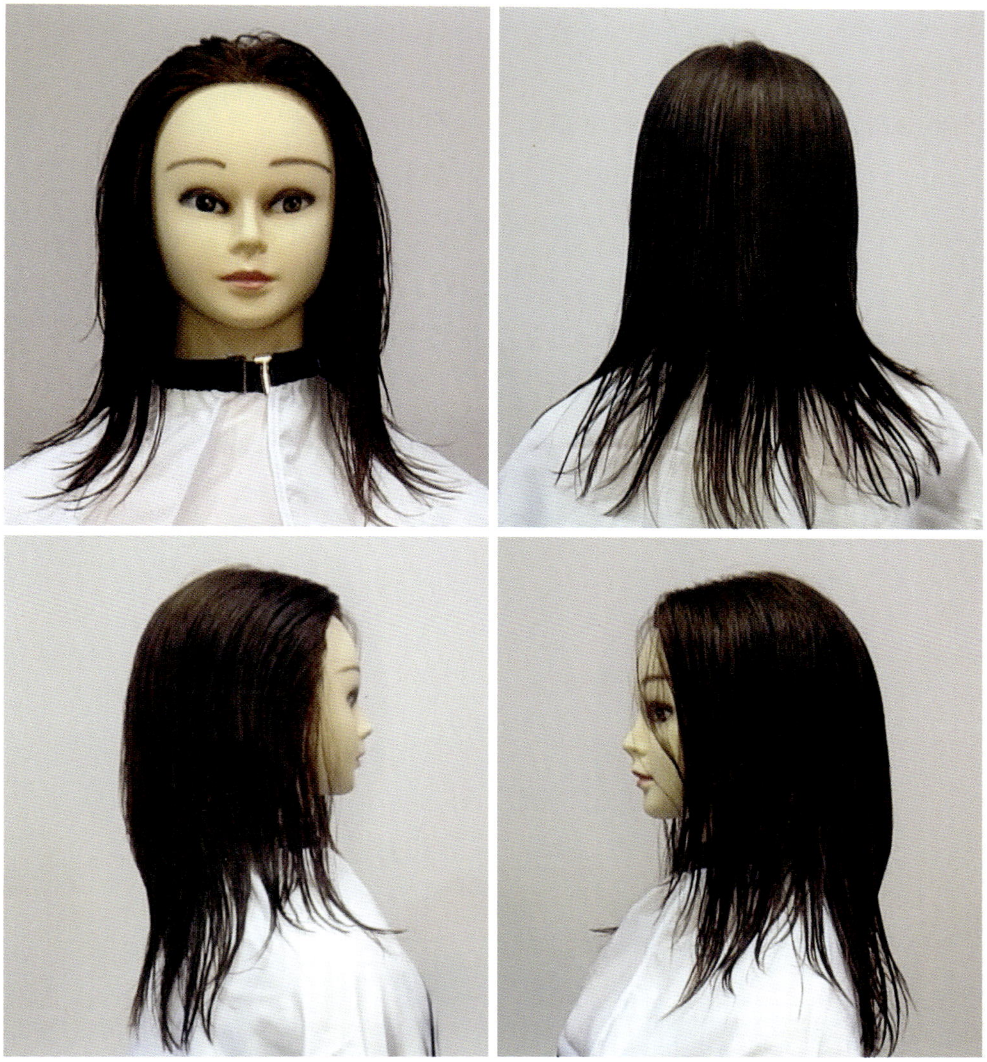

3. 헤어커트 마무리하기

[인컬 스타일링]

① **블로우 드라이** : 블로우 드라이롤 1~3호를 이용하여 뿌리에 볼륨을 넣어주어 블로우 드라이롤 3~5호를 이용하여 인컬 형태를 만들어 준다. 탑의 모발은 미들 섹션의 모발을 덮어주는 느낌으로 드라이한다. 헤어 광택제나 헤어 스프레이를 이용하여 스타일링을 마무리한다.

② **원형 아이론** : 원형 아이론 25~30mm를 이용하여 뿌리에서부터 인컬 형태를 만들어 모발 끝에서 인컬 형태를 만들어 준다. 탑의 모발은 미들 섹션의 모발을 덮어주는 느낌으로 드라이한다. 헤어 광택제나 헤어 스프레이를 이용하여 스타일링을 마무리한다.

[C컬 웨이브 스타일링]

① **블로우 드라이** : 블로우 드라이롤 1~3호를 이용하여 뿌리에 볼륨을 넣어주어 모발 끝에서 블로우 드라이롤 3~5호를 이용하여 얼굴 방향으로 C컬 웨이브 형태를 만들어 준다. 프론트의 모발은 센터에서 볼륨을 만들어 얼굴 반대 방향으로 C컬 웨이브를 만들어 준다. 헤어 광택제나 헤어 스프레이를 이용하여 스타일링을 마무리한다.

② **원형 아이론** : 원형 아이론 25~30mm를 이용하여 뿌리에 볼륨을 넣어주어 모발 끝에서 블로우 드라이롤 3~5호를 이용하여 얼굴 방향으로 C컬 웨이브 형태를 만들어 준다. 프론트의 모발은 센터에서 볼륨을 만들어 얼굴 반대 방향으로 C컬 웨이브를 만들어 준다. 헤어 광택제나 헤어 스프레이를 이용하여 스타일링을 마무리한다.

[S컬 웨이브 스타일링]

① **블로우 드라이** : 블로우 드라이롤 1~3호를 이용하여 백은 얼굴 방향으로 사이드와 프론트는 얼굴 반대 방향으로 S컬 웨이브 형태를 만들어 준다. 헤어 광택제나 헤어 스프레이를 이용하여 스타일링을 마무리한다.

② **원형 아이론** : 원형 아이론 20~25mm를 이용하여 백은 얼굴 방향으로 사이드와 프론트는 얼굴 반대 방향으로 S컬 웨이브 형태를 만들어 준다. 헤어 광택제나 헤어 스프레이를 이용하여 스타일링을 마무리한다.

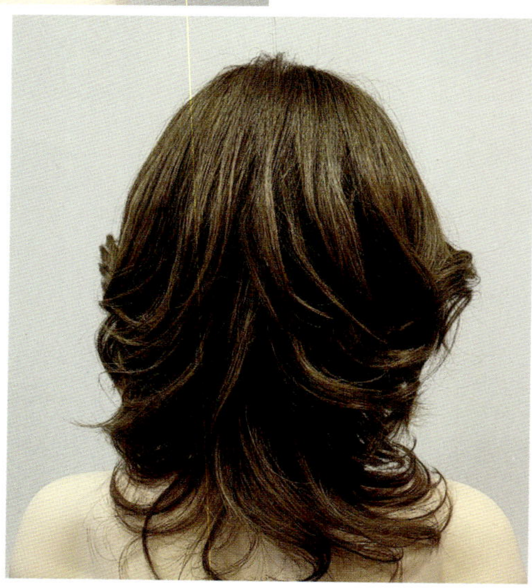

Title 04

롱 투 블록 커트 Long Two Blocks Cut

앞모습

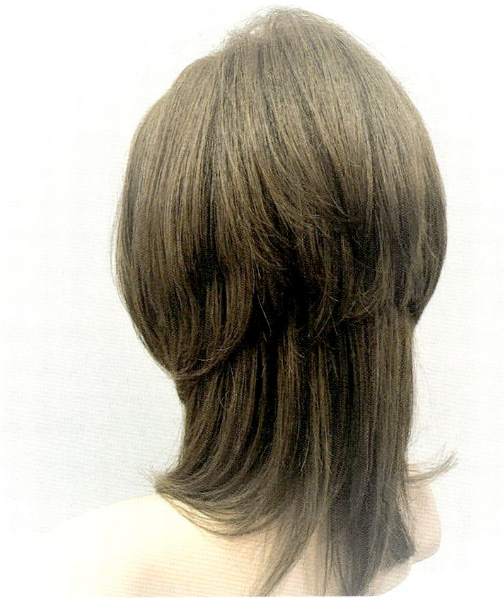

뒷모습

좌측 모습

우측 모습

1. 헤어커트 디자인 분석 및 준비하기

(1) 헤어커트 디자인 형태의 특징

좌·우 E.P 위에서 G.B.M.P까지 일직선으로 투 블록을 나누어 언더 섹션은 U라인의 레이어 형태를 오버 섹션은 전대각 라인의 보브 커트를 연출한 롱 투 블록 커트 스타일이다. 언더 섹션은 G.B.M.P 중심 90° 각도로 레이어 형태를 만들고 오버 섹션은 A라인의 원랭스 커트 형태를 만들어 탑 중심 45° 각도로 그래쥬에이션 형태를 만들어 볼륨감을 형성하여 어울림을 연출하는 개성 있는 스타일이다.

<table>
<tr><th>디자인 설계 테크닉</th><th>헤어커트 조건</th></tr>
<tr><td rowspan="2">얼굴형 : 모든 얼굴형에 어울리는 스타일이다.</td><td>가이드 길이 : N.P 길이 – 23㎝</td></tr>
<tr><td>블로킹Blocking : 3등분좌·우 Ear Point 위 ~ Golden Back Medium Point Parting</td></tr>
<tr><td rowspan="2">두상 : 제안되는 두상이 없는 모두에게 어울리는 스타일이다.</td><td>머리 위치Head Position : 똑바로</td></tr>
<tr><td>섹션Section : 호리존탈 섹션, 버티컬 섹션</td></tr>
<tr><td rowspan="2">이마 형태 : 제안되는 이마 형태가 없는 스타일이다.</td><td>슬라이스 라인Slice Line : 평행 라인, 버티컬 라인</td></tr>
<tr><td>베이스Base : 온 더 베이스, 사이드 베이스</td></tr>
<tr><td rowspan="2">목, 어깨 넓이 : 모두에게 어울리는 스타일이다.</td><td>분배Distribution : 직각 분배, 자연 분배</td></tr>
<tr><td>시술 각도Projection : 일반 시술각</td></tr>
<tr><td rowspan="2">피해야 할 체형 : 제안되는 체형이 없이 모두에게 어울리는 스타일이다.</td><td>손가락 위치Finger Position : 평행 손가락</td></tr>
<tr><td>가이드 라인Guide Line : 고정 디자인 라인</td></tr>
<tr><td rowspan="3">응용 가능 펌 : 스트레이트, C컬, S컬 웨이브</td><td>커트 테크닉Cut Technique : 블런트 커트Blunt Cut</td></tr>
<tr><td>질감 처리Textured : 틴닝Thinning</td></tr>
<tr><td>마무리 : 블로우 드라이 인컬</td></tr>
</table>

(2) 확장 도해도

커팅된 모발을 펼쳤을 때 모습을 그림으로 표현한다.

앞모습

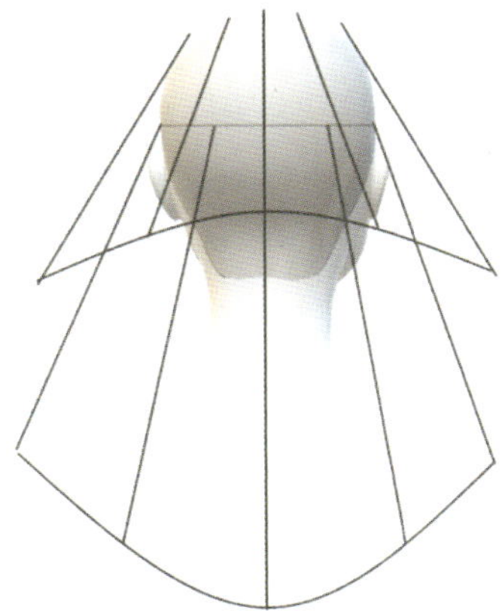

뒷모습

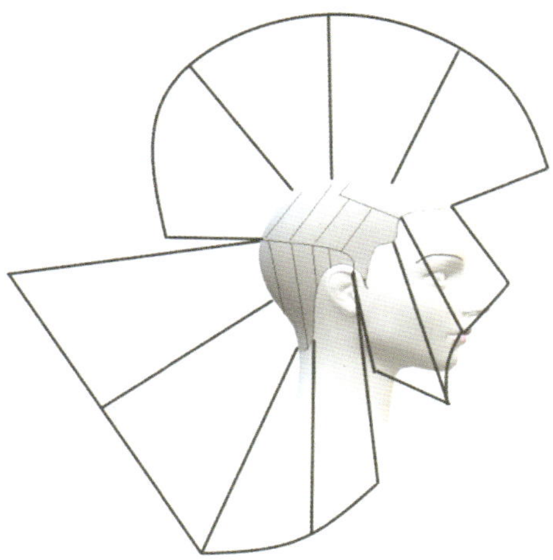

우측

좌측

2. 헤어커트 진행하기

1. Blocking

3등분 좌·우 Ear Point 위 ~ Golden Back Medium Point Parting

① 프론트 : 좌·우 눈섭 중앙~좌·우 T.E.M.P 스퀘어
좌·우 E.P 위 ~ G.B.M.P 일직선으로 연결하여 2 파트

2. 언더 섹션 Under Section – 좌·우 E.P 위 ~ G.B.M.P 호리존탈 라인 아래

완성 사진

- 가이드 N.P : 23cm
- 수직 버티컬 슬라이스
- 각도 90°
- 온 더 베이스
- 머리 위치 : 똑바로

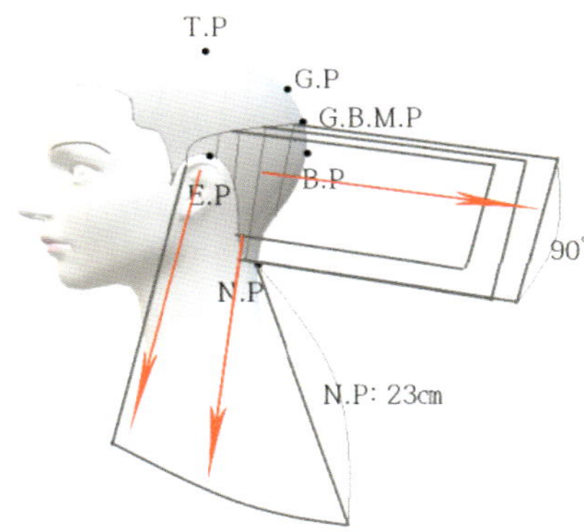

도해도

① 가이드 결정하기 위해 언더 섹션을 한 번에 잡아 U 라인으로 커팅한다.

② U 라인으로 커팅이 완성된 모습이다.

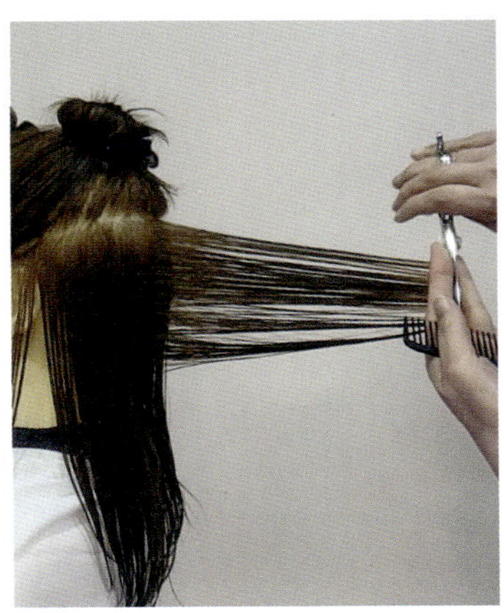

③ 센터에서 수직 버티컬 섹션 90° 각도 온 더 베이스로 커팅한다.

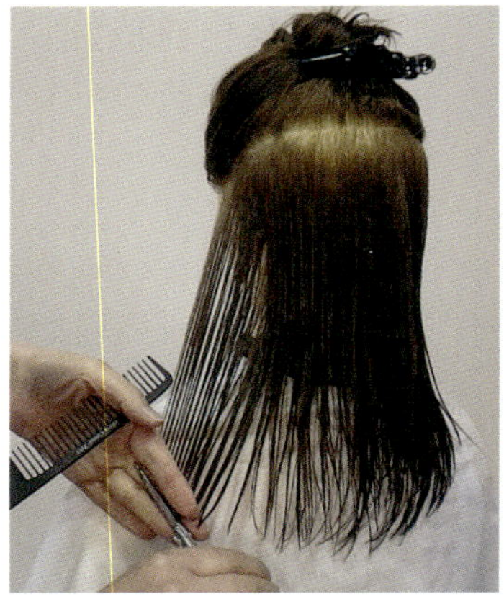

④ 마지막 판넬도 같은 방법으로 커팅하여 네이프의 가이드 라인과 연결하여 튀어 나온 모발을 제거하여 U 라인으로 연결한다.

⑤ 가로 섹션으로 90° 각도를 들어 일정하게 모발이 커팅되었는지 확인한다.

⑥ 좌측 커팅이 완성된 모습이다.

⑦ 우측 판넬도 같은 방법으로 수직 버티컬 섹션으로 90° 각도 온 더 베이스로 커팅한다.

⑧ 마지막 판넬도 같은 방법으로 커팅한다.

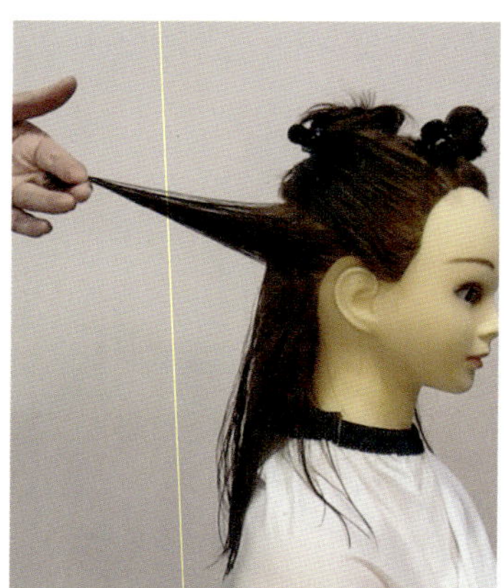

⑨ 가로 섹션으로 90° 각도가 나왔는지 체크한다.

Check Point

좌·우 E.P 위의 모발을 90° 각도 온 더 베이스 커팅하면 모발의 기장이 짧아지므로 U 라인의 가이드와 연결하여 자연스러운 U 라인을 연출한다.

3. 오버 섹션 Over Section – 좌·우 E.P 위 ~ G.B.M.P 호리존탈 라인 위

(1) 1 커팅

완성 사진

- 전대각 슬라이스 라인
- 자연 시술각
- 온 더 베이스
- 머리 위치 : 똑바로

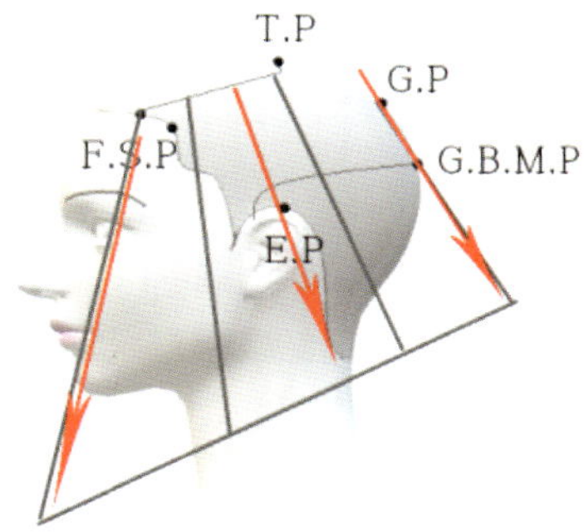

도해도

① 커팅이 완성된 언더 섹션의 모발을 고무줄을 이용해 고정한다.

② 모발을 한꺼번에 잡아 N.P 지점에서 원랭스 라인으로 커팅한다.

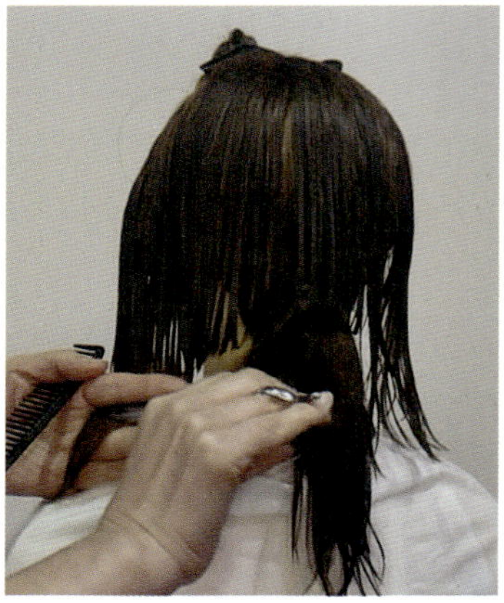

③ 가이드 모발과 연결하여 좌측으로 전대각 라인을 만들며 커팅한다.

④ 좌측 전대각 라인이 완성된 모습이다.

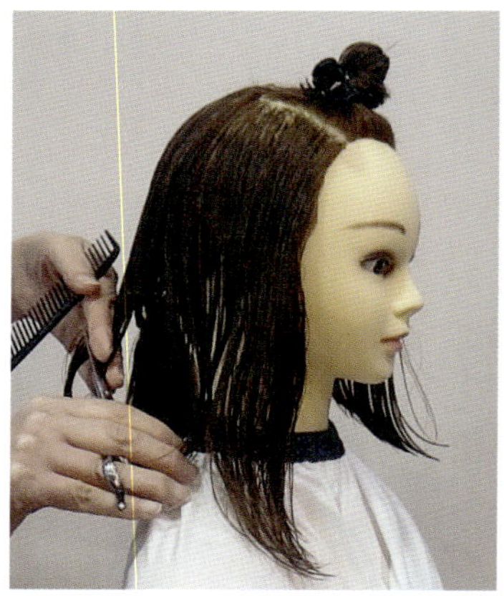

⑤ 우측 모발도 같은 방법으로 가이드 모발과 연결하여 우측으로 전대각 라인을 만들며 커팅한다.

Check Point

가이드 라인 설정 시 언더 섹션의 모발과 분리를 해서 커트해야 하며, 모발이 마르면 위로 올라간다는 것을 잊지 말고 길게 커트한다.

(2) 2 커팅

완성 사진

- 수직 버티컬 슬라이스
- 각도 45°
- 사이드 베이스
- 머리 위치 : 똑바로

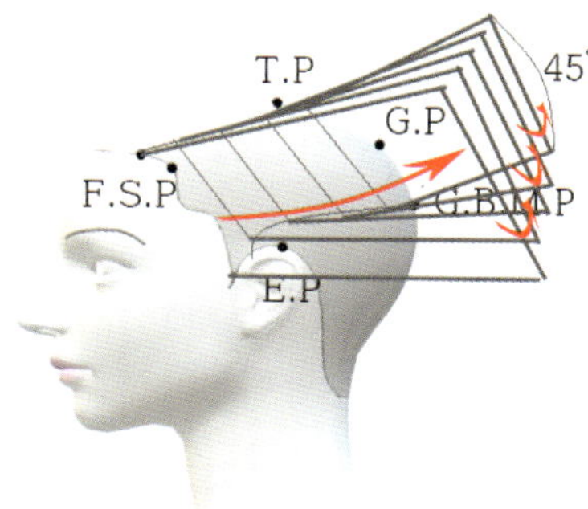

도해도

① T.P 중심 45° 각도로 커팅하여 가이드를 만든다.

② 나머지 판넬은 가이드 모발과 연결하여 45° 각도 사이드 베이스로 커팅한다.

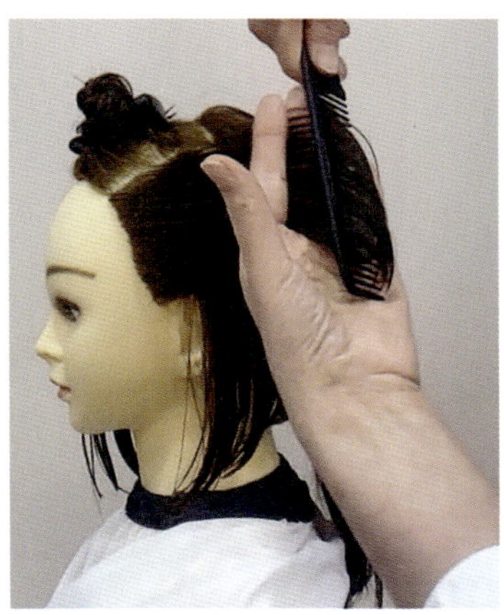

③ 사이드의 모발도 같은 방법으로 가이드 모발과 연결하여 45° 각도를 유지하며 사이드 베이스로 커팅한다.

④ 좌측 커팅이 완성된 모습이다.

⑤ 우측도 같은 방법으로 가이드 모발과 연결하여 45° 각도 사이드 베이스로 커팅한다.

⑥ 우측의 사이드 모발도 같은 방법으로 가이드 모발과 연결하여 45° 각도를 유지하며 사이드 베이스로 커팅한다.

⑦ 우측 커팅이 완성된 모습이다.

⑧ 오버 섹션의 커팅이 완성된 모습이다.

Check Point

좌·우의 가이드 길이가 일정하게 커팅이 완료되어야 한다.

4. Front Section – 좌·우 눈썹 중앙~좌·우 T.E.M.P스퀘어

- 자연 시술각
- 온 더 베이스
- 머리 위치 : 똑바로

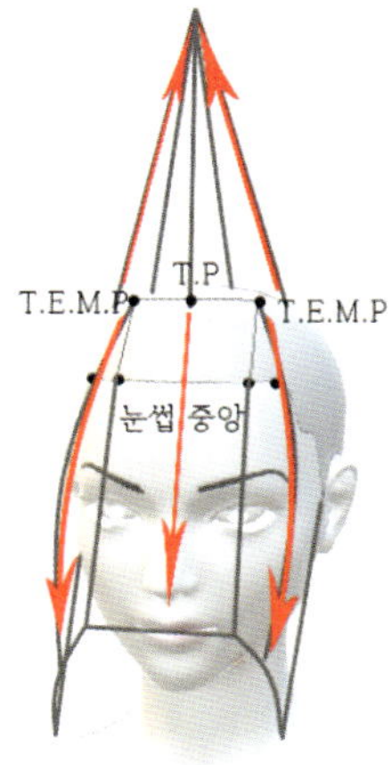

완성 사진

도해도

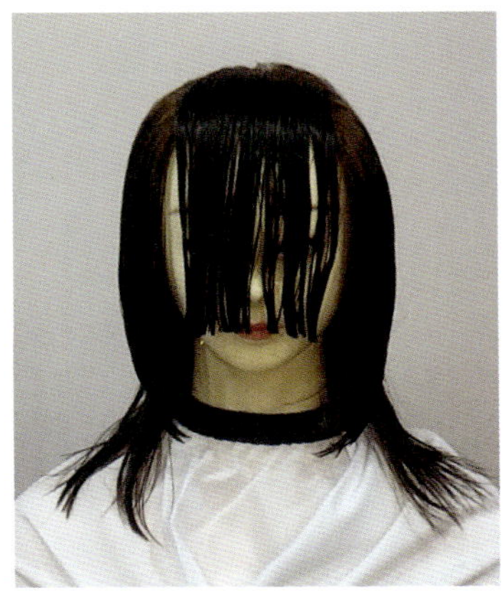

① 프론트의 모발을 센터로 모아 커팅한다.

② 커팅된 모발을 펼쳤을 때 모습이다.

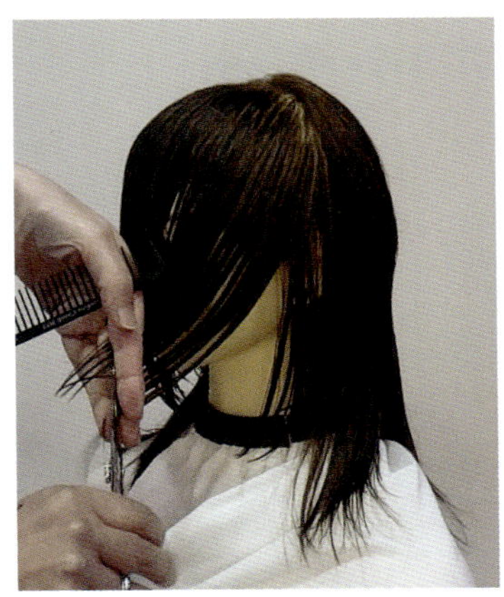

③ 프론트의 커팅된 모발과 우측 사이드 모발과 연결하여 자연스럽게 레이어 형태를 연출한다.

④ 좌측도 같은 방법으로 커팅한다.

⑤ 좌측 사이드와 연결하여 커팅된 모습이다.

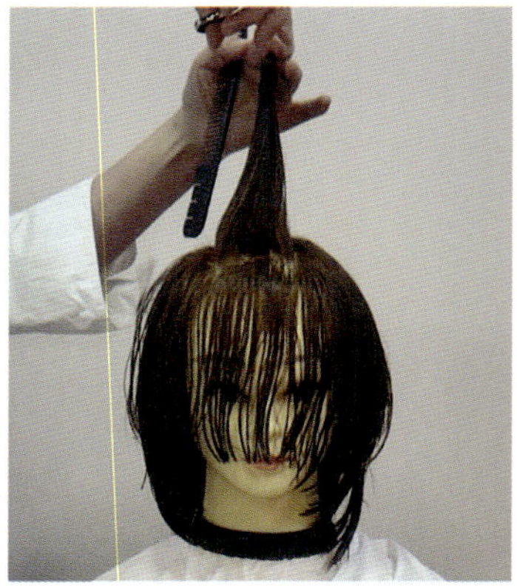

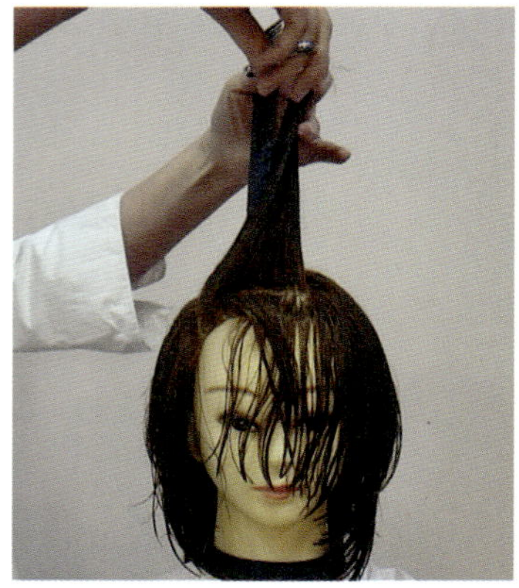

⑥ T.P 지점에서 프론트의 모발과 백의 모발을 연결하여 튀어 나온 모발을 커팅한다. 우측의 모발을 T.P로 끌어 커팅한다.

⑦ 좌측 모발도 T.P로 끌어 튀어 나온 모발을 제거한다.

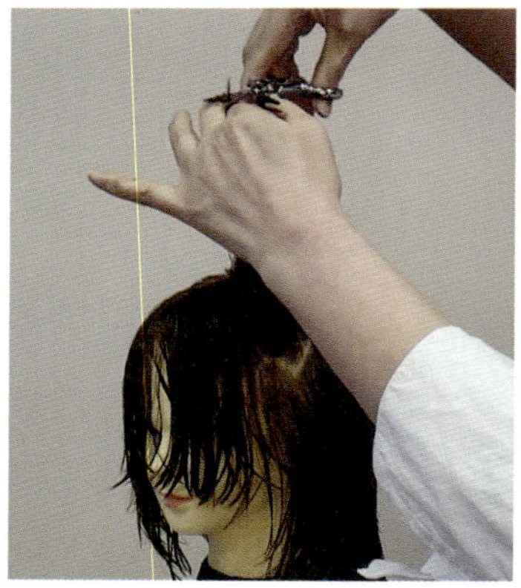

⑧ T.P를 중심으로 피봇으로 나누어 좌측 모발을 위로 들어 올려 튀어나온 모발을 제거한다.

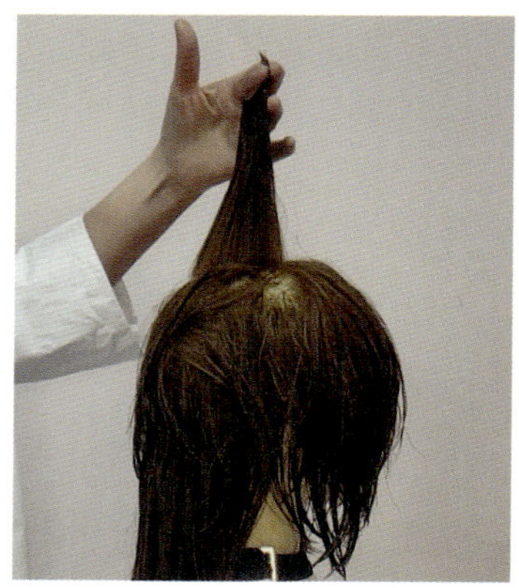

⑨ T.P를 중심으로 피봇으로 나누어 우측 모발을 위로 들어 올려 튀어나온 모발을 제거한다.

Check Point

프론트의 커팅된 모발과 우측 사이드 모발과 연결할 시 우측 사이드 모발을 끌어 올 때 일직선이 아닌 라운드를 그리며 아래로 빗질한다.

5. Textured

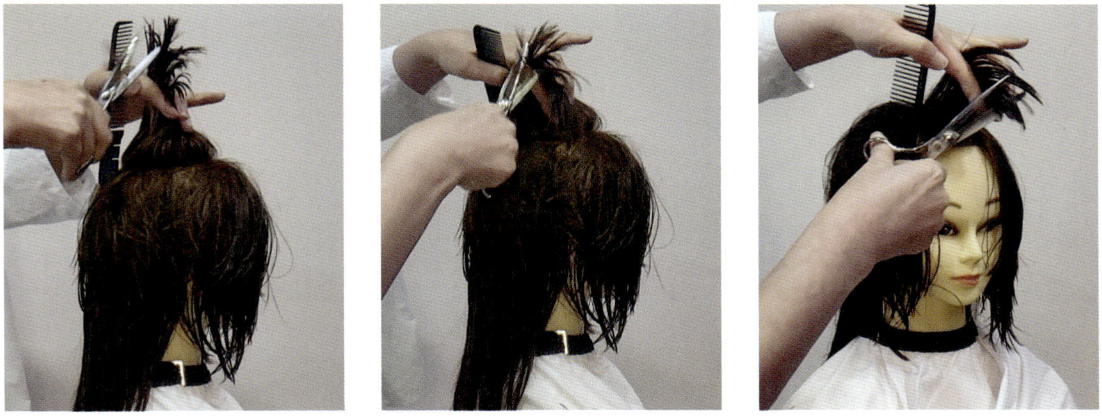

① 틴닝 가위로 라인언더 틴닝 기법으로 판넬 끝의 라인 부분에 여러 개의 그래쥬에이션 층이 형성되도록 틴닝 처리한다. 탑에서 프론트로 진행한다.

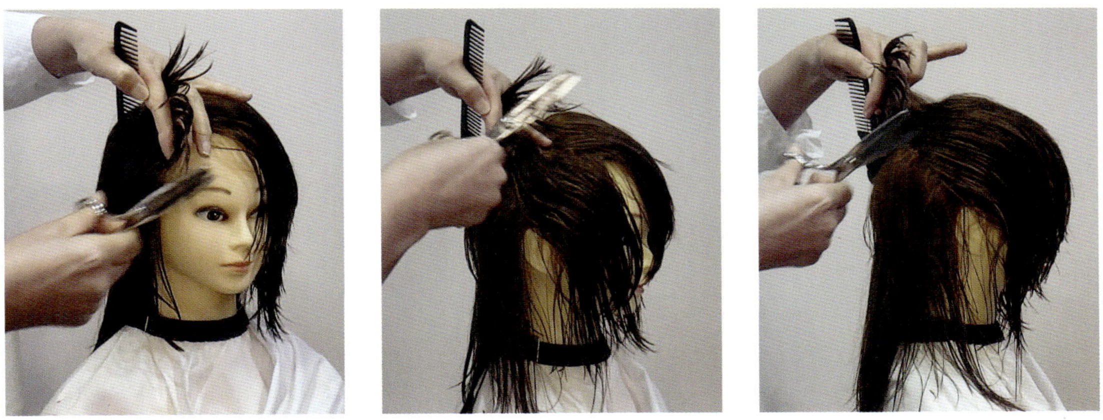

② 우측 사이드에서 백 방향으로 틴닝 가위로 라인언더 틴닝 기법으로 판넬 끝의 라인 부분에 여러 개의 그래쥬에이션 층이 형성되도록 틴닝 처리한다.

③ 좌측 사이드에서 같은 방법으로 백까지 진행한다. 틴닝 처리가 된 모발은 앞으로 빗어넘겨 무리한 질감 처리가 이루어지지 않도록 한다.

Check Point

질감 처리는 고객의 모발의 양에 따라 실행해야 한다.

6. 헤어커트 완성 사진

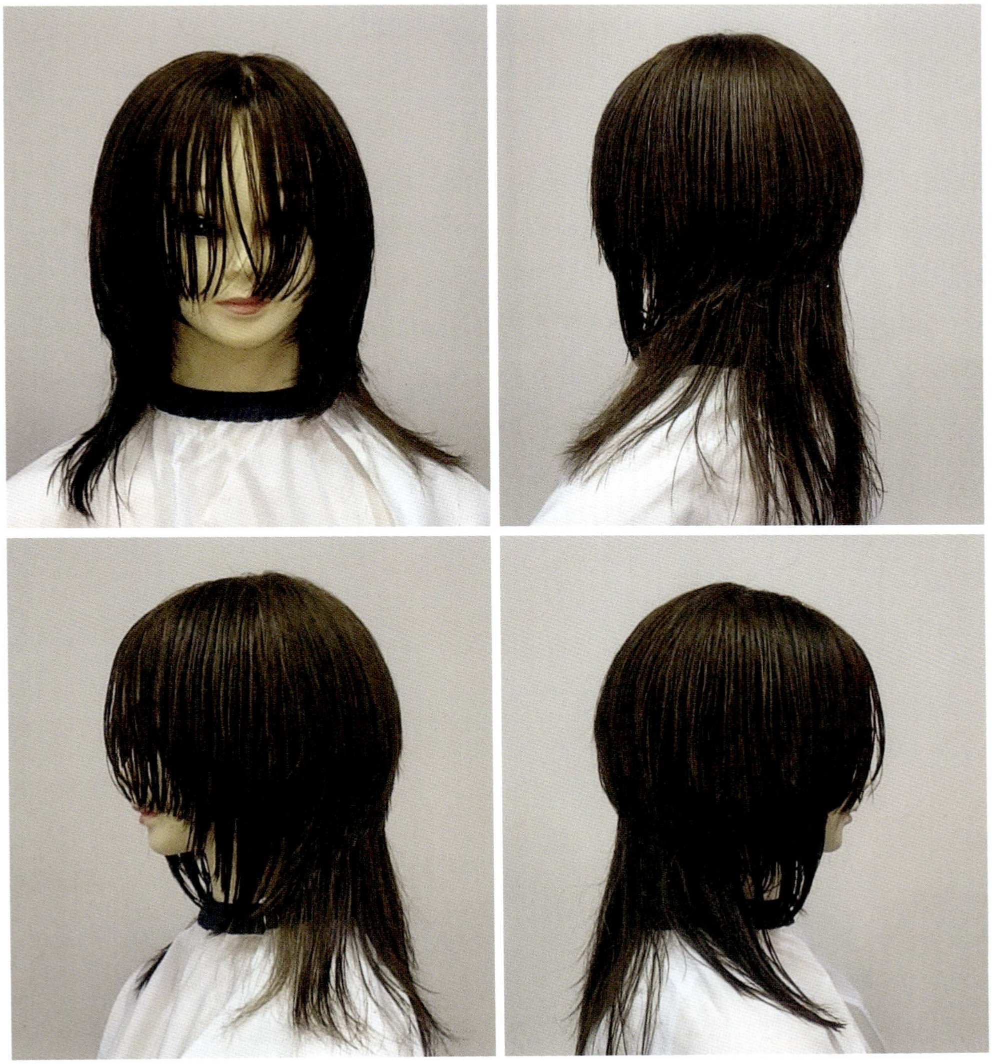

3. 헤어커트 마무리하기

[인컬 스타일링]

① **블로우 드라이** : 상위 블록은 블로우 드라이롤 1~3호를 이용하여 뿌리에 볼륨을 넣어주어 블로우 드라이롤 3~5호를 이용하여 모발 끝에 C컬 형태를 만들어 준다. 하위 블록은 블로우 드라이롤 3~5호를 이용하여 모발 끝에 C컬 형태를 만들어 준다. 헤어 광택제나 헤어 스프레이를 이용하여 스타일링을 마무리한다.

② **원형 아이론** : 상위 블록은 원형 아이론 25~30mm를 이용하여 뿌리에서부터 인컬 형태를 만들어 모발 끝에서 C컬 형태를 만들어 준다. 하위 블록은 상위 블록보다 아이론를 크게 돌려 상위의 C컬 보다 크게 만든다. 헤어 광택제나 헤어 스프레이를 이용하여 스타일링을 마무리한다.

[원 블록 땋기 스타일링]

① **블로우 드라이** : 상위 블록은 블로우 드라이롤 1~3호를 이용하여 뿌리에 볼륨을 넣어주어 모발의 끝에서 C컬 형태를 만들어 준다. 하위 블록은 세 가닥 땋기를 한다. 헤어 광택제나 헤어 스프레이를 이용하여 스타일링을 마무리한다.

② **원형 아이론** : 상위 블록은 원형 아이론 20~25mm를 이용하여 뿌리에서부터 인컬 형태를 만들어 모발 끝에서 C컬 형태를 만들어 준다. 하위 블록은 세 가닥 땋기를 한다. 헤어 광택제나 헤어 스프레이를 이용하여 스타일링을 마무리한다.

Title 05

롱 미디엄 A라인 콤비네이션 커트 Long Medium A line Combination Cut

앞모습

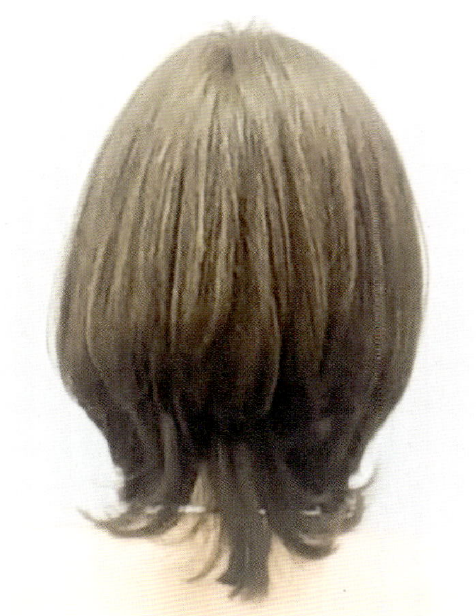

뒷모습

좌측 모습

우측 모습

1. 헤어커트 디자인 분석 및 준비하기

(1) 헤어커트 디자인 형태의 특징

A 라인 슬라이스에 의한 레이어와 그래쥬에이션 혼합형인 롱 미디엄 A 라인 콤비네이션 스타일이다. 엑스테리어는 N.P 지점 가이드를 평행 라인으로 설정하여 A 라인 슬라이스 만들어 하이 레이어 커트하여 슬림하게 나오도록 한다. 인테리어는 B.P 지점부터 전대각으로 사이드까지 그래쥬에이션 커트하여 골덴 섹션과 템플 섹션에서 볼륨이 형성되도록 연출한다. 프론트에서 페이스 라인 방향으로 슬라이드 커트하여 정면으로 보았을 때 모발이 슬림하게 떨어지도록 연출한다.

디자인 설계 테크닉	헤어커트 조건
얼굴형 : 모든 얼굴형에 어울리는 스타일이다.	가이드 길이 : N.P 길이 – 14㎝
	블로킹Blocking : 4등분Center Parting/Ear To Ear Parting
두상 : 프론트와 사이드의 함몰과 돌출이 있을 시 보정 커트가 필요하다.	머리 위치Head Position : 똑바로
	섹션Section : 전대각 섹션
이마 형태 : 제안되는 이마 형태가 없이 모두 가능하다.	슬라이스 라인Slice Line : A 라인
	베이스Base : 온 더 베이스, 사이드 베이스
목, 어깨 넓이 : 네이프에 레이어 형태로 슬림하게 보이므로 목선이 가늘고 긴 목은 피하는 것이 좋다.	분배Distribution : 자연 분배, 직각 분배, 변이 분배
	시술 각도Projection : 일반 시술각
피해야 할 체형 : 마른 체형은 더 말라 보이므로 피하는 것이 좋다.	손가락 위치Finger Position : 평행 손가락, 이동 손가락
	가이드 라인Guide Line : 고정 디자인 라인, 이동 디자인 라인
응용 가능 펌 : 일직선으로 떨어지는 스트레이트를 제외한 굵은 웨이브를 연출할 수 있는 모든 펌이 가능하다.	커트 테크닉Cut Technique : 블런트 커트Blunt Cut, 슬라이드 Slide
	질감 처리Textured : 틴닝Thinning, 슬라이드Slide
	마무리 : 블로우 드라이 인컬C컬

(2) 확장 도해도

커팅된 모발을 펼쳤을 때 모습을 그림으로 표현한다.

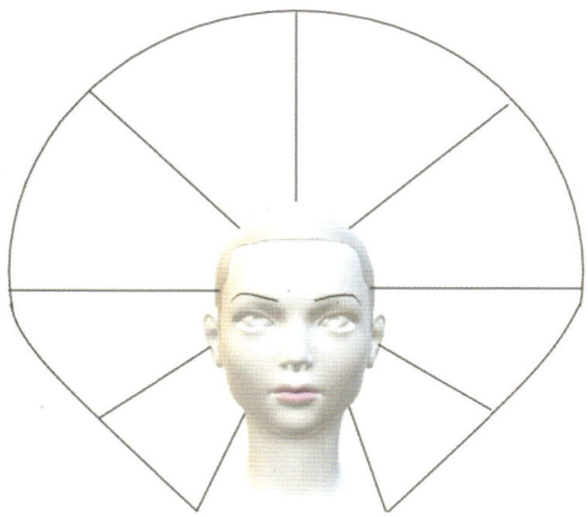

앞모습

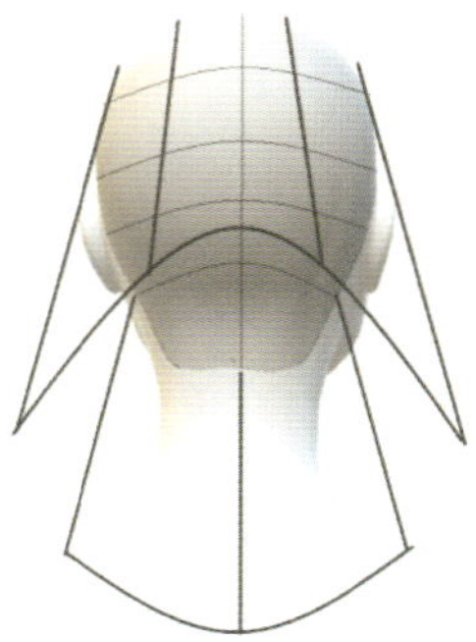

뒷모습

우측

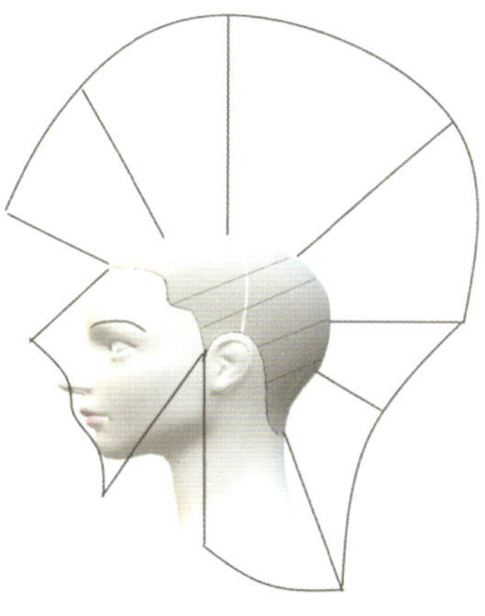

좌측

2. 헤어커트 진행하기

1. Blocking

4등분Center Parting/Ear To Ear Parting , 좌측 센터 가르마좌측 C.P~T.P

① Ear To Ear Parting으로 나눈다.
앞 : 좌측 C.P~ T.P 사선 좌·우 2파트
뒤 : N.P~T.P 정중선
좌·우 N.S.E.B.M.P~B.P 언더, 좌·우 E.T.M.P~G.P 위 오버, 아래 미들 3파트

2. Back 3파트

좌·우 N.S.E.B.M.P~B.P 언더, 좌·우 E.T.M.P~G.P 위 오버, 아래 미들

(1) 언더 섹션 좌·우 N.S.E.B.M.P~B.P 전대각 라인 아래

완성 사진

- 가이드 N.P : 14cm
- 전대각 라인 슬라이스
- 오프 더 베이스
- 각도 135°
- 머리 위치 : 고개 숙임

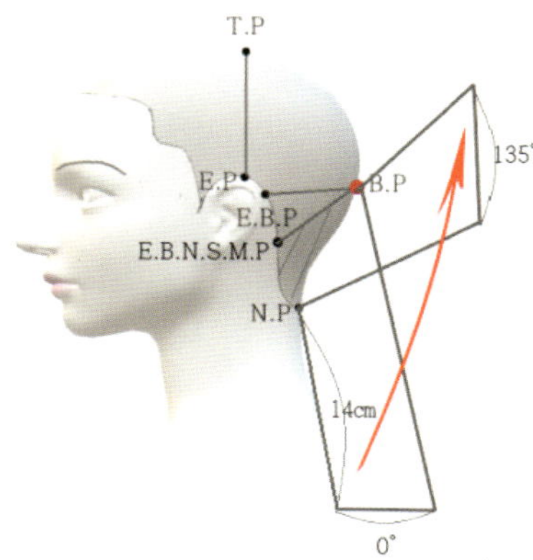

도해도

① 첫 번째 판넬을 N.P 자연 분배로 가이드를 결정하여 커팅한다.

② 가이드 모발과 좌측 모발을 연결하여 평행 라인으로 커팅한다.

③ 가이드와 모발과 우측 모발을 연결하여 평행 라인으로 커팅한다.

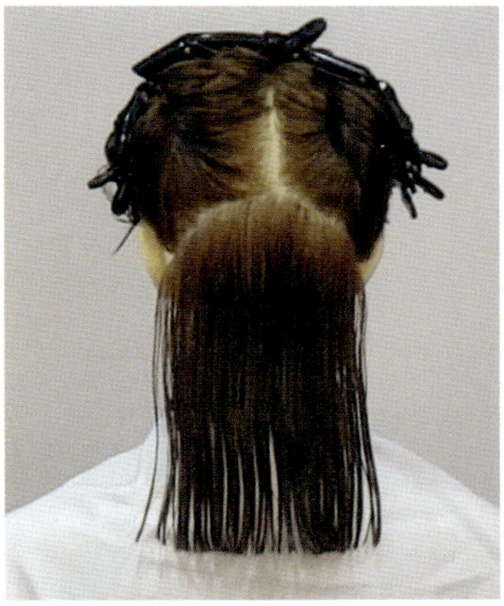

④ 고개 숙임으로 커팅 한 모습이다.

⑤ 두 번째 커팅은 센터 B.P 기준 135° 각도로 커팅한다.

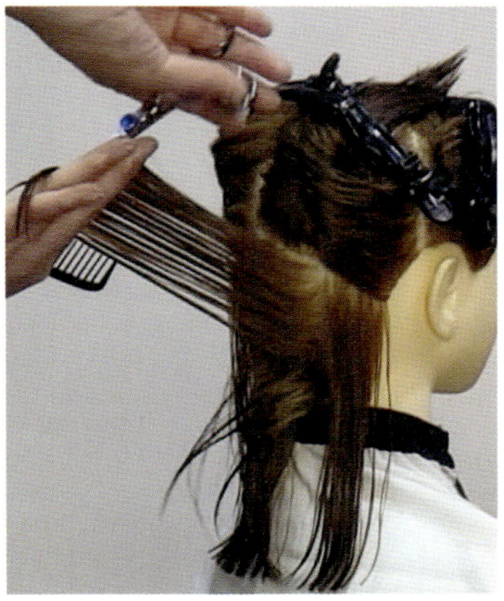

⑥ 우측의 모발도 전대각 라인 기준 135° 각도로 커팅한다.

⑦ 우측의 나머지 모발도 전대각 라인 기준 135° 각도로 커팅한다.

⑧ 좌측의 모발도 전대각 라인 기준 135° 각도로 커팅한다.

⑨ 좌측의 나머지 모발도 전대각 라인 기준 135° 각도로 커팅한다.

Check Point

전대각 가이드 라인을 기준으로 일정한 각도로 커팅하여야 자연스러운 A 라인이 형성된다.

(2) 미들 섹션 Middle section – 좌·우 E.T.M.P~G.P 전대각 라인 아래

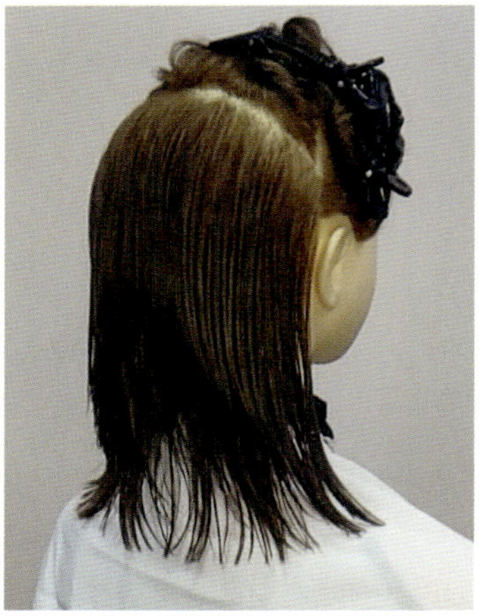

완성 사진

- 전대각 라인 슬라이스
- 각도 45°~90°
- 온 더 베이스
- 머리 위치 : 똑바로

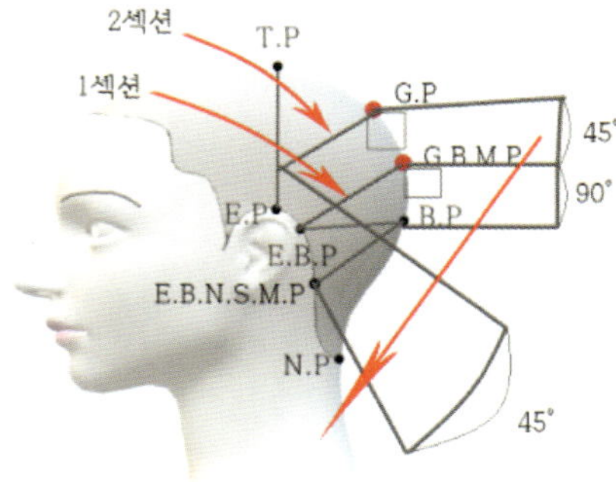

도해도

① 좌·우 E.B.P~G.B.M.P 전대각 라인으로 슬라이스 나눈다. 센터에서 90° 각도 온 더 베이스로 커팅한다.

② 좌측 나머지 모발은 센터 가이드와 연결하여 슬라이스 라인과 평행을 유지하며 커팅한다.

③ 우측 모발도 센터 가이드와 연결하여 90° 각도 온 더 베이스로 커팅한다.

④ 좌·우의 모발의 길이를 체크한다.

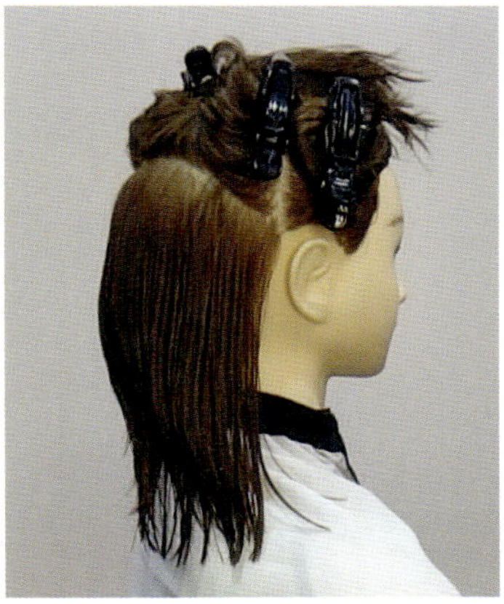

⑤ 첫 번째 판넬이 완성된 모습이다.

⑥ 좌·우 E.T.M.P~G.P 전대각 라인으로 슬라이스 나눈다. 센터에서 G.P 기준 45° 각도 온 더 베이스로 커팅한다. 우측 모발도 센터 가이드와 연결하여 45° 각도 온 더 베이스로 커팅한다.

⑦ 우측 나머지 모발도 같은 방법으로 커팅한다.

⑧ 우측 모발도 센터 가이드와 연결하여 45° 각도 온 더 베이스로 커팅한다.

Check Point

첫 번째 판넬 90°, 두 번째 판넬 45° 각도를 유지해야 한다.

(3) 오버 섹션 Over Section – 좌·우 E.T.M.P~G.P 전대각 라인 위

완성 사진

- 피봇 섹션
- 각도 45°
- 사이드 베이스
- 머리 위치 : 똑바로

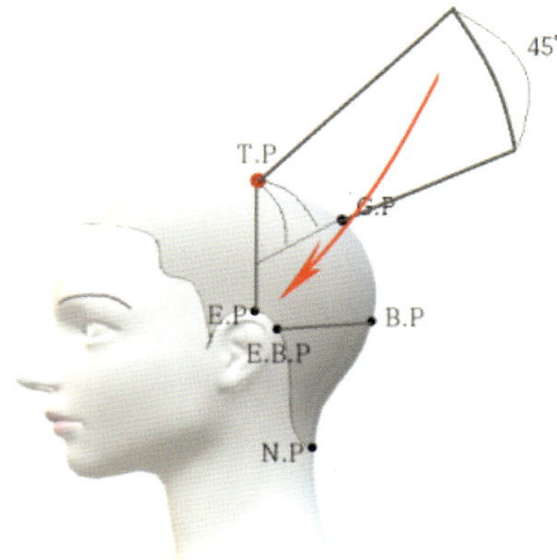

도해도

① 피봇 섹션 센터의 모발을 45° 온더 베이스로 커팅한다.

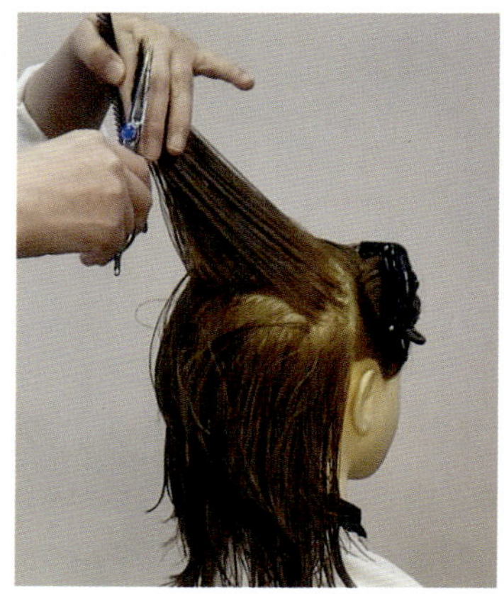

② 우측의 모발을 센터 가이드 모발로 끌어 사이드 베이스로 커팅한다. 나머지 모발도 같은 방법으로 센터의 가이드로 끌어서 커팅한다.

③ 좌측도 같은 방법으로 사이드 베이스로 커팅한다.

Check Point

첫 번째 판넬 90°, 두 번째 파넬 45° 각도를 유지해야 한다.

3. Temple Section 좌측 – 좌측 C.P~ T.P좌측 센터 가르마

완성 사진

- 전대각 라인 슬라이스
- 각도 0°~45°
- 온 더 베이스
- 머리 위치 : 똑바로

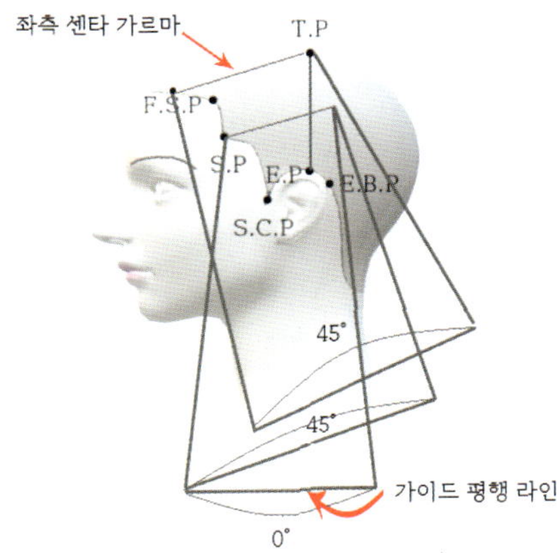

도해도

① 전대각 라인으로 슬라이스를 한 모습이다.

② 첫 번째 판넬은 평행 라인으로 커팅한다.

③ 가이드를 만든 첫 번째 판넬을 45° 각도의 온 더 베이스로 커팅한다.

④ 프론트 방향까지 45° 각도를 유지하면서 커팅한다.

⑤ 첫 번째 판넬이 완성된 모습이다.

⑥ 두 번째 판넬도 45° 각도를 유지하며 커팅한다.

⑦ 프론트까지 45° 각도를 유지하면서 커팅한다.

⑧ 45° 각도가 나왔는지 확인한다.

Check Point

백 사이드 가이드 라인과 연결할 때 각도가 올라가지 않도록 주의한다.

4. Temple Section 우측 – 좌측 C.P~ T.P 좌측 센터 가르마

완성 사진

- 전대각 라인 슬라이스
- 각도 0°~45°
- 온 더 베이스
- 머리 위치 : 똑바로

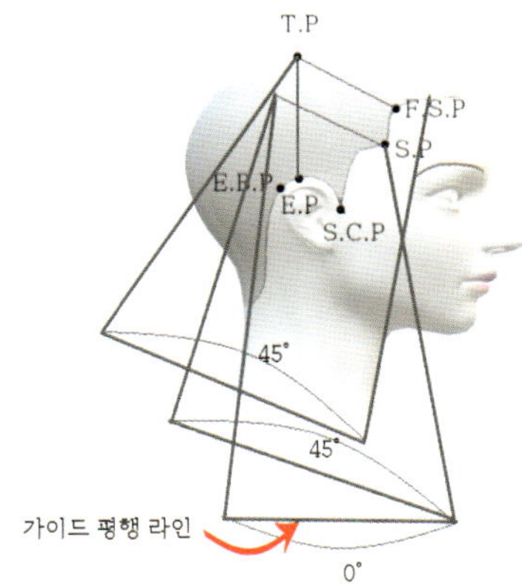

도해도

① 전대각 라인으로 슬라이스를 한 모습이다.

② 첫 번째 판넬은 평행 라인으로 커팅한다.

③ 평행 라인이 완성된 모습이다.

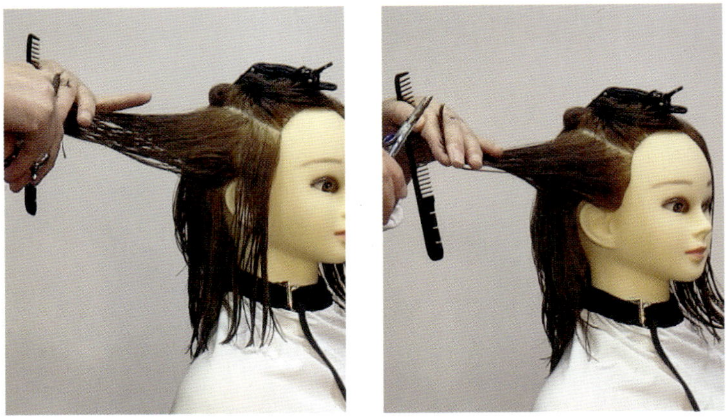

④ 가이드를 만든 첫 번째 판넬을 45° 각도의 온 더 베이스로 커팅한다.

⑤ 두 번째 판넬도 45° 각도를 유지하며 커팅한다.

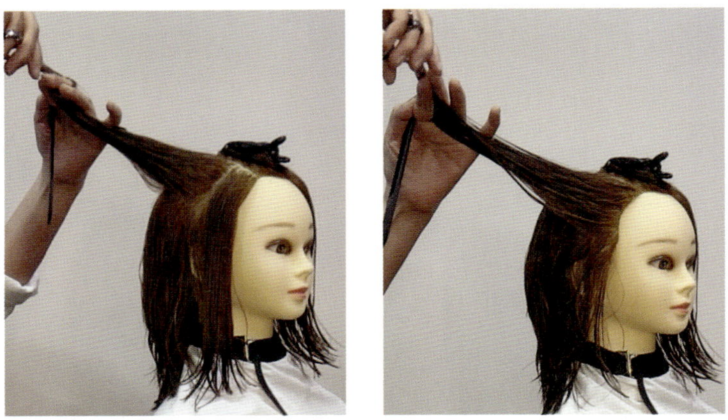

⑥ 나머지 판넬도 45° 각도를 유지하면서 커팅한다. 좌측 센터 가르마까지 같은 방법으로 커팅한다.

Check Point

양쪽의 사이드 길이가 다르지 않도록 중간에 체크하면서 커트하는 것을 잊지 않아야 한다.

5. Front Section

완성 사진

- 페이스 라인 섹션
- 각도 0°
- 자연 시술각
- 슬라이드 커팅
- 머리 위치 : 똑바로

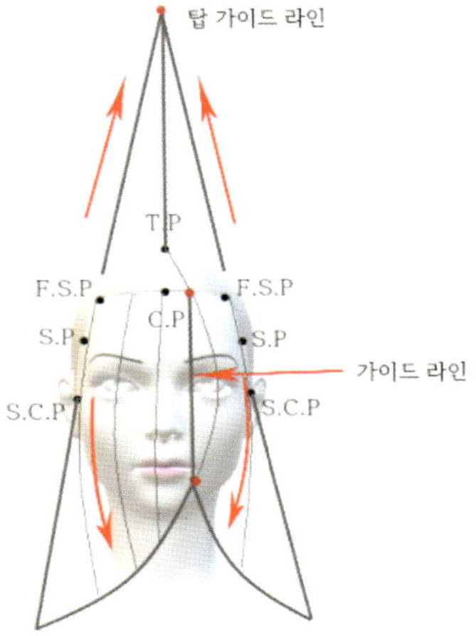

도해도

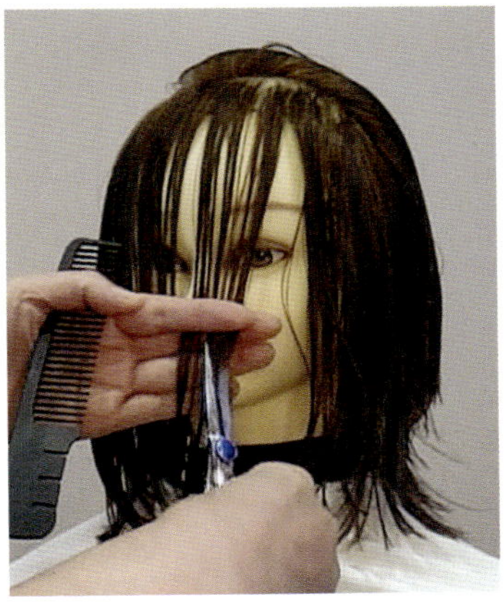
① 좌측 센터 가르마의 모발을 커팅한다.

② 가이드 모발과 좌·우의 모발을 연결하여 슬라이드 커팅한다.

③ 앞머리 가이드가 완성된 모습이다.

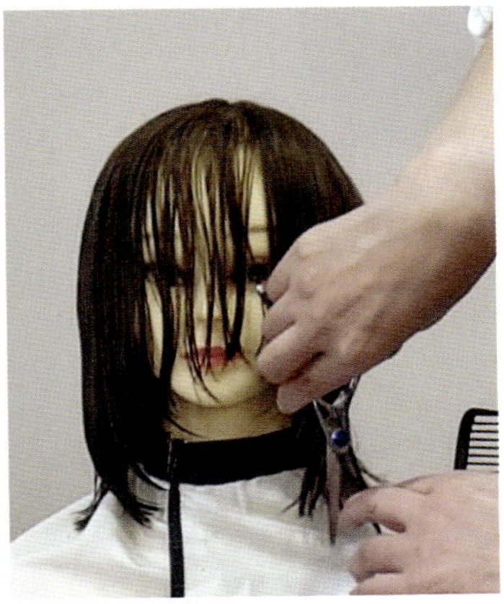
④ 탑의 모발을 가이드와 연결하여 슬라이드 커팅한다.

⑤ 탑의 모발을 T.P 지점에 직각으로 들어 올려 튀어 나온 모발을 커팅한다.

Check Point

탑의 모발을 체크할 때 T.P 지점을 중심으로 체크하여 모발이 끊어짐이 없도록 한다.

6. Textured

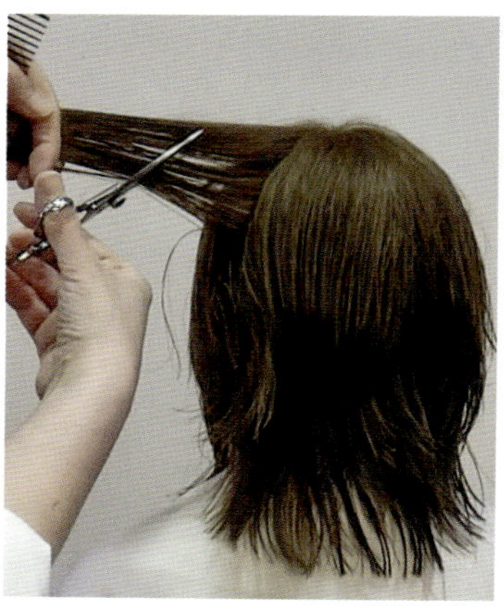

① 라인언더 틴닝 기법으로 판넬 끝의 라인 부분에 여러 개의 그래쥬에이션 층이 형성되도록 틴닝 처리한다.

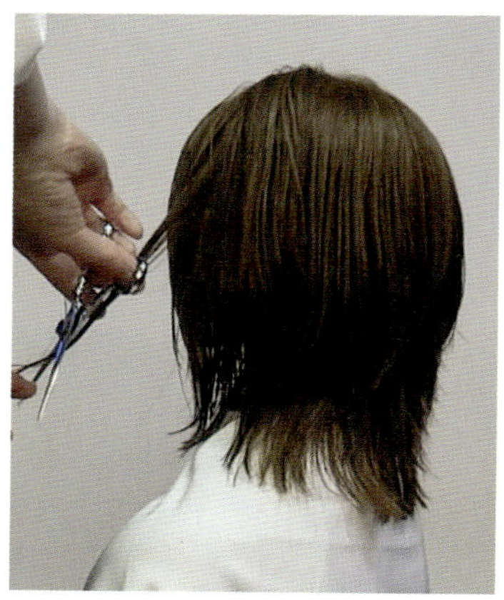

② 우측 사이드도 슬라이싱 커팅 기법을 이용하여 모발의 양을 조절하여 율동감을 연출한다.

Check Point

질감 처리는 고객의 모발의 양에 따라 실행해야 한다.

7. 헤어커트 완성 사진

3. 헤어커트 마무리하기

[C컬 스타일링]

① **블로우 드라이** : 블로우 드라이롤 1~3호를 이용하여 뿌리에 볼륨을 넣어주어 블로우 드라이롤 3~5호를 이용하여 모발 끝에 C컬 형태를 만들어 준다. 탑의 모발은 골덴 섹션의 모발을 덮어주는 느낌으로 인컬을 만든다. 헤어 광택제나 헤어 스프레이를 이용하여 스타일링을 마무리한다.

② **원형 아이론** : 원형 아이론 25~30mm를 이용하여 뿌리에서부터 인컬 형태를 만들어 모발 끝에서 C컬 형태를 만들어 준다. 탑의 모발은 골덴 섹션의 모발을 덮어주는 느낌으로 인컬을 만든다. 헤어 광택제나 헤어 스프레이를 이용하여 스타일링을 마무리한다.

Title 06

미디엄 S 라인 콤비네이션 커트 Medium S line Combination Cut

앞모습

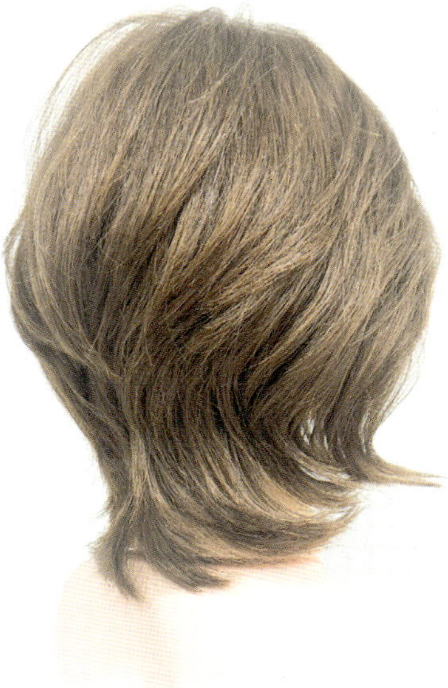

뒷모습

좌측 모습

우측 모습

1. 헤어커트 디자인 분석 및 준비하기

(1) 헤어커트 디자인 형태의 특징

수직 버티컬 섹션을 이용한 레이어, 그래쥬에이션 형태를 연출하여 자연스럽게 S 라인이 연출되는 미디엄 S 라인 콤비네이션 커트 스타일이다. 백은 수직 버티컬 섹션을 이용하여 레이어로 언더 섹션을 슬림하게 연출하고 오버 섹션은 피봇 섹션으로 B.T를 중심으로 직각 분배로 사이드 베이스로 커트하여 자연스러운 전대가 라인의 미디엄 그래쥬에이션 형태가 연출되어 백에서 볼륨감을 만들어 주었다. 사이드는 전대각 라인으로 커트하여 프론트와 연결하여 슬라이드 커팅하여 자연스러운 레이어 형태를 연출하였다.

디자인 설계 테크닉	헤어커트 조건
얼굴형 : 삼각형, 마름모, 둥근 얼굴형은 피하는 것이 좋다.	가이드 길이 : N.P 길이 – 11cm
	블로킹 Blocking : 5등분 Ear To Ear Parting/앞 3, 뒤 Horizontal Part
두상 : 탑과 사이드의 함몰이 있을 시 보정 커트가 필요하다.	머리 위치 Head Position : 똑바로
	섹션 Section : 호리존탈 섹션, 수직 버티컬 섹션
이마 형태 : 이마가 좁고 함몰이 있으면 피하는 것이 좋다.	슬라이스 라인 Slice Line : 평행 라인, 전대각 라인
	베이스 Base : 온 더 베이스
목, 어깨 넓이 : 짧은 목과 좁은 어깨는 피하는 것이 좋다.	분배 Distribution : 자연 분배, 직각 분배, 변이 분배
	시술 각도 Projection : 일반 시술각
피해야 할 체형 : 키가 작고 뚱뚱한 체형은 피하는 것이 좋다.	손가락 위치 Finger Position : 평행 손가락
	가이드 라인 Guide Line : 고정 디자인 라인
응용 가능 펌 : 스트레이트, C컬 웨이브, S컬 웨이브	커트 테크닉 Cut Technique : 블런트 커트 Blunt Cut, 슬라이드 Slide
	질감 처리 Textured : 포인팅 커트 Pointing Cut, 슬라이싱 Slicing
	마무리 : 블로우 드라이 인컬

(2) 확장 도해도

커팅된 모발을 펼쳤을 때 모습을 그림으로 표현한다.

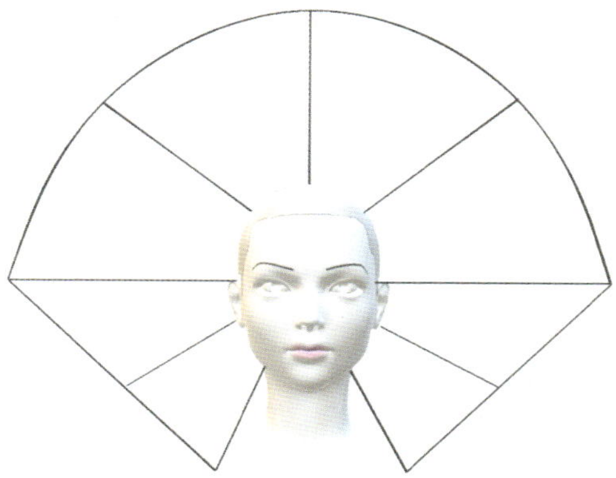

앞모습

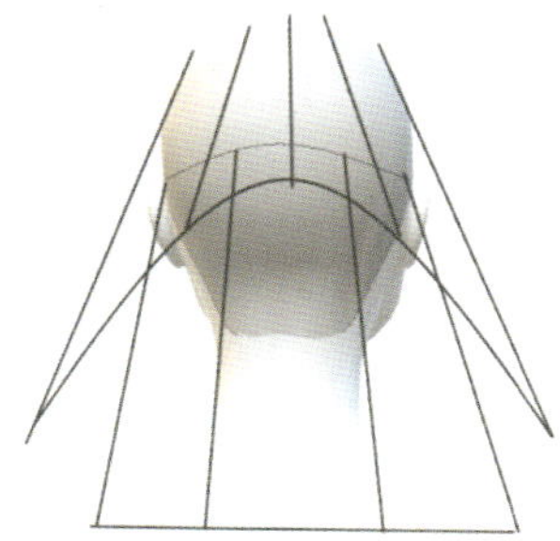

뒷모습

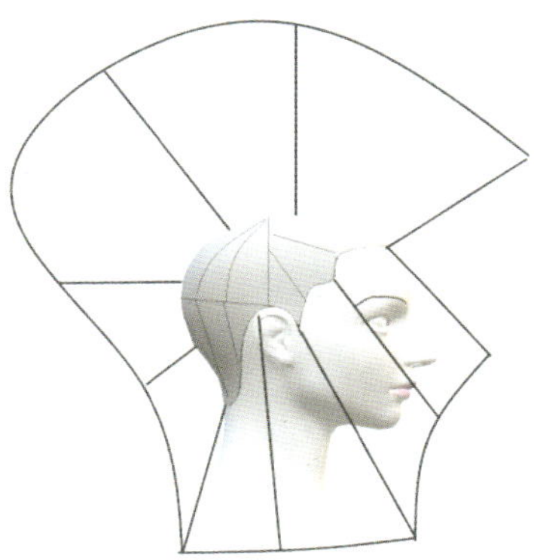

우측

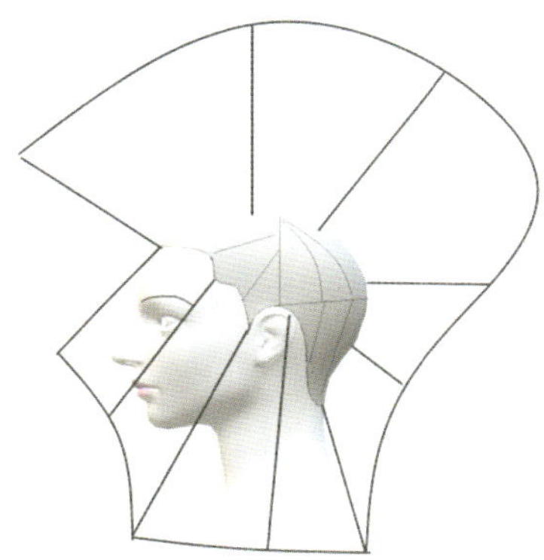

좌측

2. 헤어커트 진행하기

1. Blocking

5등분 Ear To Ear Parting/앞 3, 뒤 Horizontal Part

① Ear To Ear Parting으로 나눈다.
앞 : 좌·우 F.S.P~T.E.M.P 나누어 좌·우 사이드, 프론트 3 파트
뒤 : 좌·우 E.P~B.P 2 파트

2. 언더 섹션 Under Section – 좌·우 E.P~B.P 호리존탈 라인 아래

(1) 1 커팅

완성 사진

- 가이드N.P : 11㎝
- 호리존탈 라인 커팅
- 자연 분배
- 머리 위치 : 똑바로

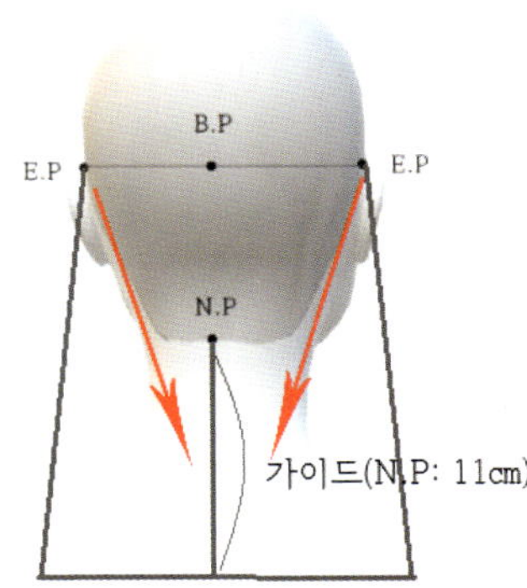

도해도

① N.P에 양쪽의 모발을 끌어모아 자연 시술각으로 커팅하여 호리존탈 라인으로 가이드를 만든다.

(2) 2 커팅

완성 사진

- 수직 버티컬 섹션
- 온 더 베이스
- 90° 각도
- 머리 위치 : 똑바로

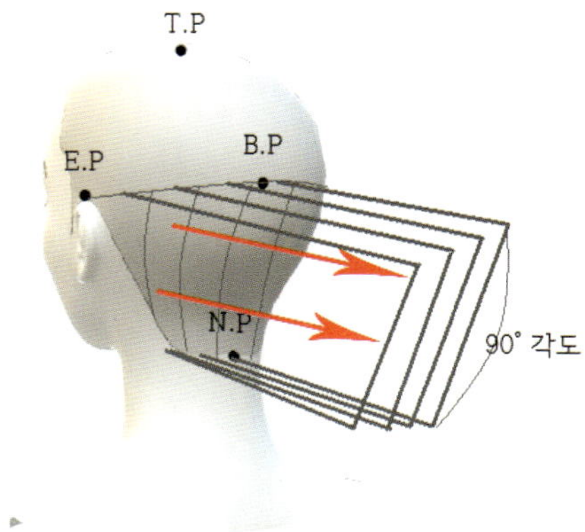

도해도

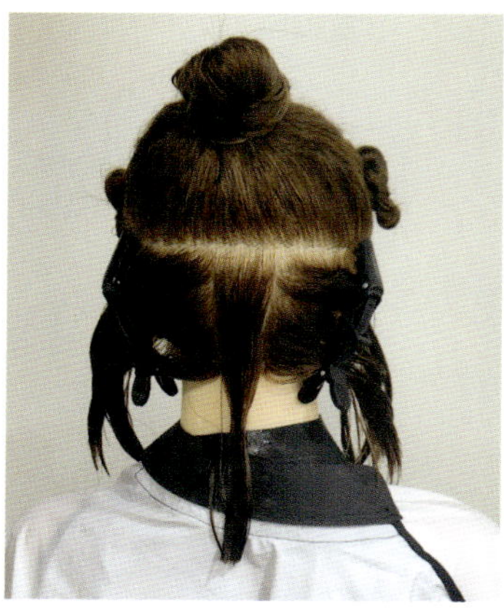

① B.P 센터를 중심으로 버티컬로 섹션을 나눈 모습이다.

② 첫 번째 판넬 모발을 버티컬 섹션과 평행이 되도록 하여 90° 각도 온 더 베이스로 커팅한다.

③ 우측의 나머지 판넬도 같은 방법으로 90° 각도 온 더 베이스로 커팅한다.

④ 수평 체크했을 때 모발의 길이가 같아야 한다.

⑤ 레이어 커트가 완성된 모습이다.

⑥ 우측과 같은 방법의 버티컬 섹션으로 90° 각도 온 더 베이스로 커팅한다.

Check Point

네이프를 슬림하게 표현하기 위해서는 버티컬 섹션과 평행이 되어야 자연스러운 레이어 형태가 나온다.

3. 오버 섹션Over Section – 좌·우 E.P~B.P 호리존탈 라인 위

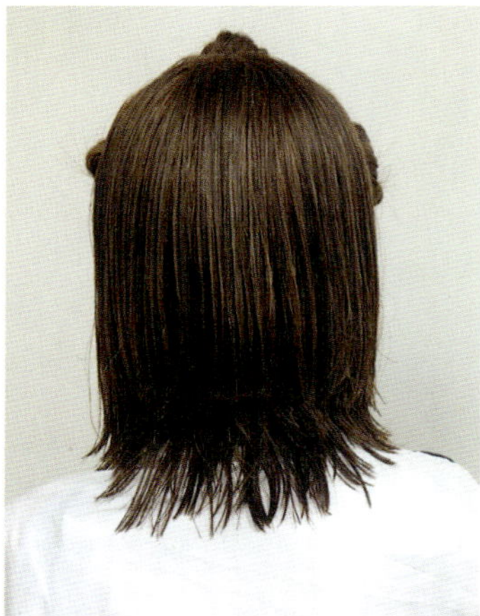

완성 사진

- 피봇 섹션
- 각도 45°
- 온 더 베이스
- B.P 고정 디자인
  직각 분배
- 머리 위치 : 똑바로

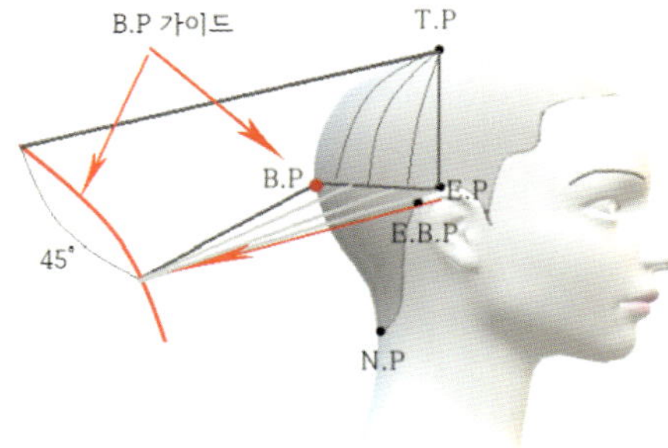

도해도

① T.P 센터를 중심으로 피봇 섹션을 나눈 모습이다.

② B.P 가이드 모발을 중심으로 피봇 섹션으로 45° 각도로 커팅한다.

③ 우측의 전대각 라인이 형성된 모습이다.

④ 우측 나머지 판넬들도 같은 방법으로 커팅한다.

⑤ 우측의 마지막 판넬도 45° 각도를 유지하며 커팅한다.

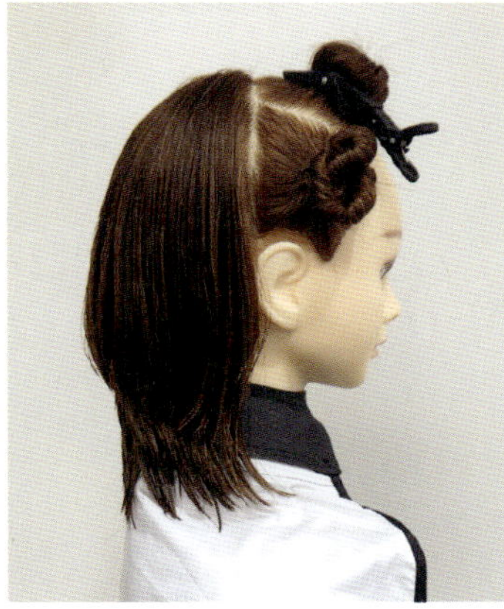

⑥ 우측의 전대각 라인이 형성된 모습이다.

⑦ B.P 가이드 모발을 중심으로 피봇 섹션으로 45° 각도로 커팅한다.

⑧ 좌측도 우측과 같은 방법으로 나머지 판넬들을 가이드 모발과 연결하여 피봇 섹션으로 45° 각도 온 더 베이스로 커팅한다.

⑨ 언더 섹션과 연결하여 45° 각도가 유지되었는지 체크한다.

Check Point

언더 섹션의 센터 가이드를 중심으로 미디엄 그래쥬에이션 형태를 만들어야 백에서 볼륨이 생긴다.

4. Back Textured

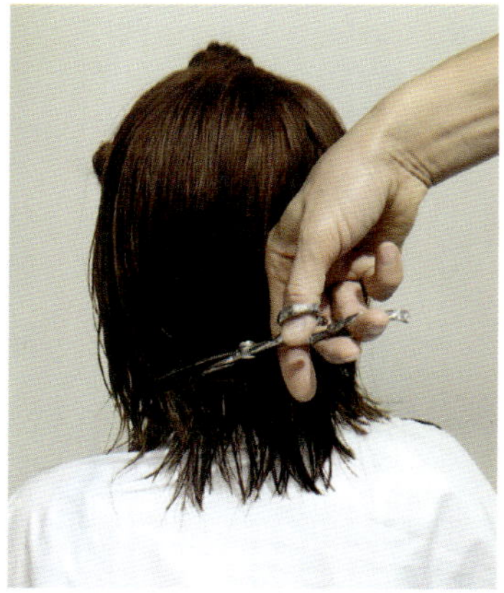

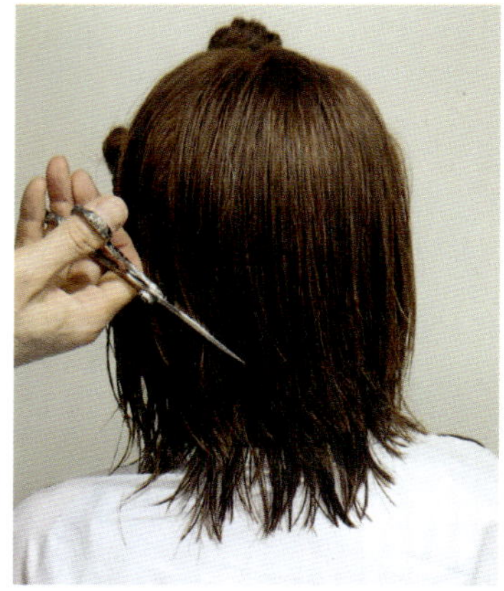

① 포인팅 커트와 슬라이싱 커팅을 이용하여 모발의 양을 조절하여 율동감을 연출한다.

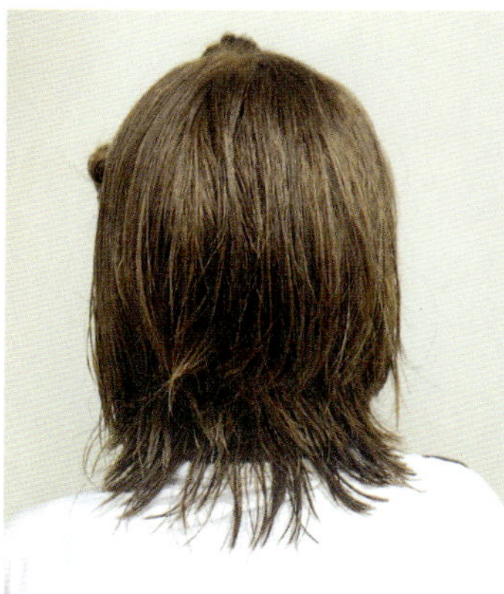

② 후두부의 질감 처리가 완성된 모습이다.

Check Point

질감 처리는 고객의 모발의 양에 따라 실행해야 한다.

5. Temple Section 우측 – 우측 F.S.P~T.E.M.P 호리존탈 라인 아래

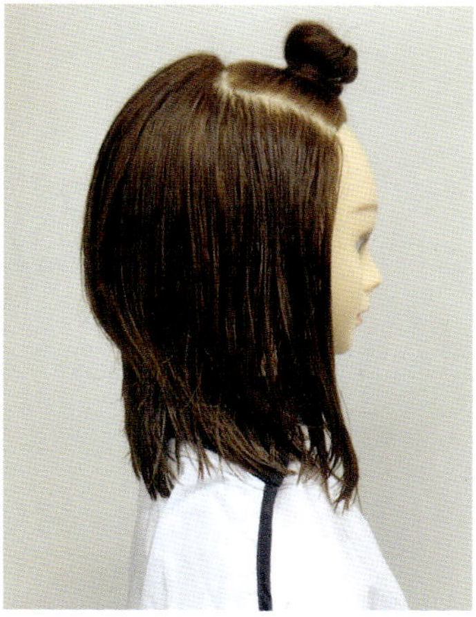

완성 사진

- 전대각 라인 슬라이스
- 각도 0°~45°
- 온 더 베이스

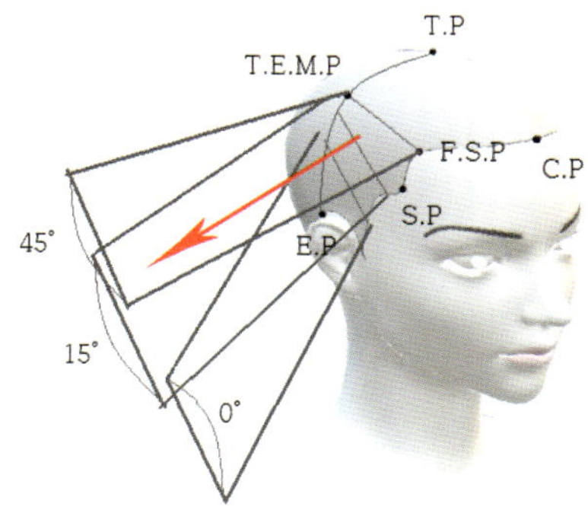

도해도

① 백의 가이드 모발과 연결하고 전대각 라인으로 커팅하여 가이드 라인을 만들어 준다.

② 두 번째 판넬도 가이드 라인에서 15° 각도로 모발을 들어 커팅한다.

③ 세 번째 판넬도 가이드 라인에서 45° 각도로 모발을 들어 커팅한다.

Check Point

가이드 라인을 만들 때는 백의 가이드 라인과 꼭 연결해서 커팅해야 한다.

6. Temple Section 좌측 – 좌측 F.S.P~T.E.M.P 호리존탈 라인 아래

완성 사진

- 전대각 라인 슬라이스
- 각도 0°~45°
- 온 더 베이스

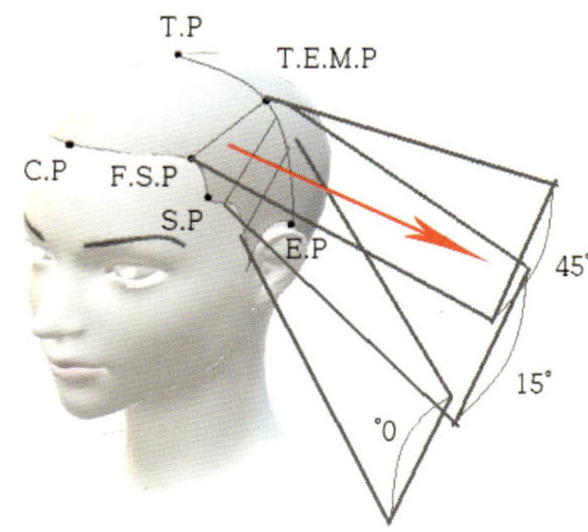

도해도

① 백의 가이드 모발과 연결하여 전대각 라인으로 커팅하여 가이드 라인을 만들어 준다.

② 두 번째 판넬도 가이드 라인에서 15° 각도로 모발을 들어 커팅한다.

③ 세 번째 판넬도 가이드 라인에서 45° 각도로 모발을 들어 커팅한다

Check Point

양쪽의 사이드 길이가 다르지 않도록 중간에 체크하면서 커트하는 것을 잊지 않아야 한다.

7. Temple Textured

① 슬라이싱 커팅 기법을 이용하여 모발의 양을 조절하여 율동감을 연출한다.

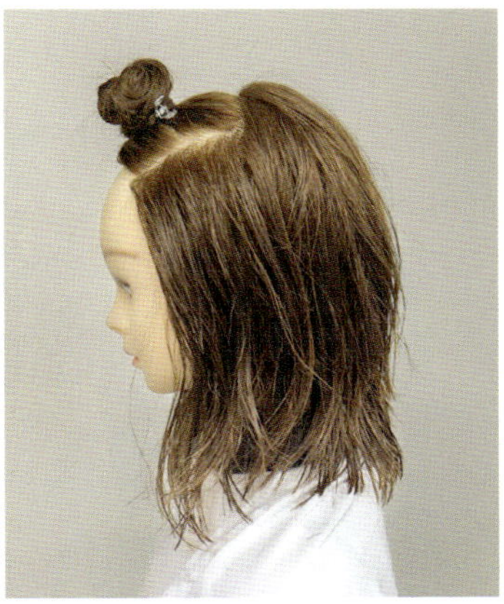

② 좌측의 질감 처리가 완성된 모습이다.

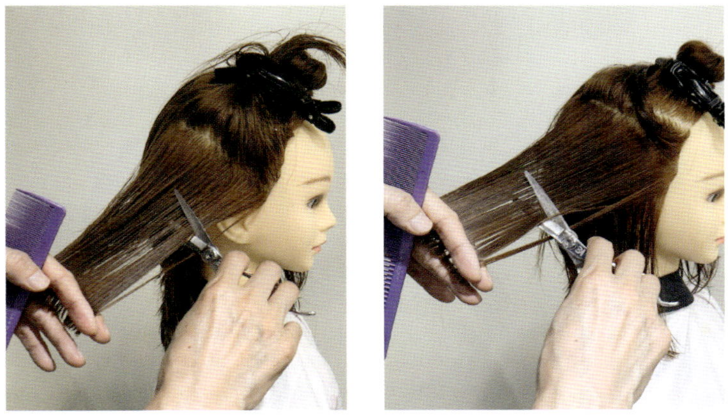

③ 우측 사이드도 슬라이싱 커팅 기법을 이용하여 모발의 양을 조절하여 율동감을 연출한다.

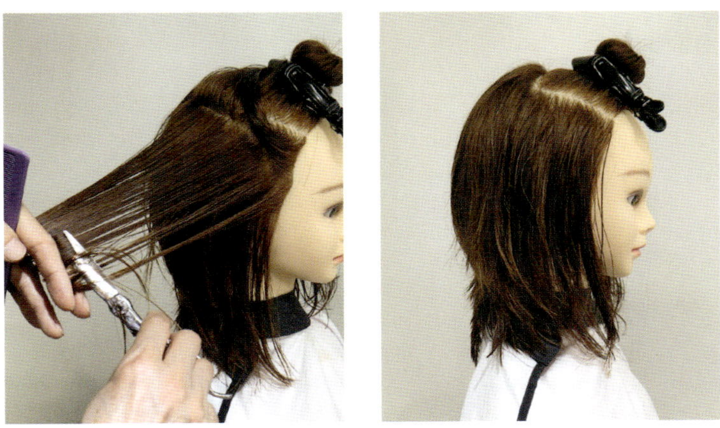

④ 우측의 질감 처리가 완성된 모습이다.

Check Point

질감 처리는 고객의 모발의 양에 따라 실행해야 한다.

8. Front Section – 좌·우 F.S.P~T.E.M.P 스퀘어 라인

완성 사진

- 페이스 라인 섹션
- 각도 0°
- 자연 시술각
- 슬라이드 커팅
- 머리 위치 : 똑바로

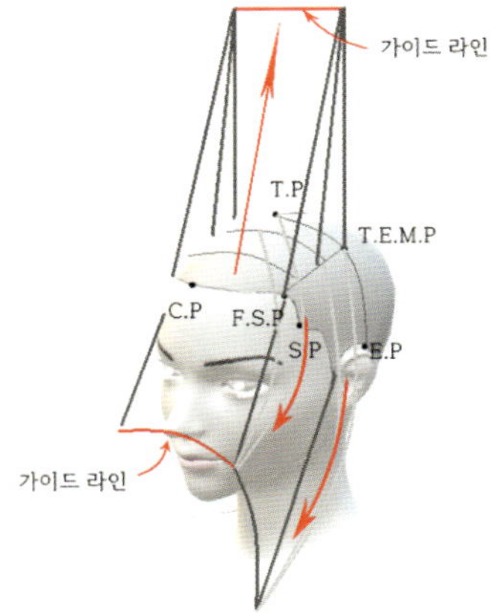

도해도

① 페이스 라인 섹션과 평행으로 모발을 펼친다.

② 펼친 모발을 C.P에서 트위스트 한다.

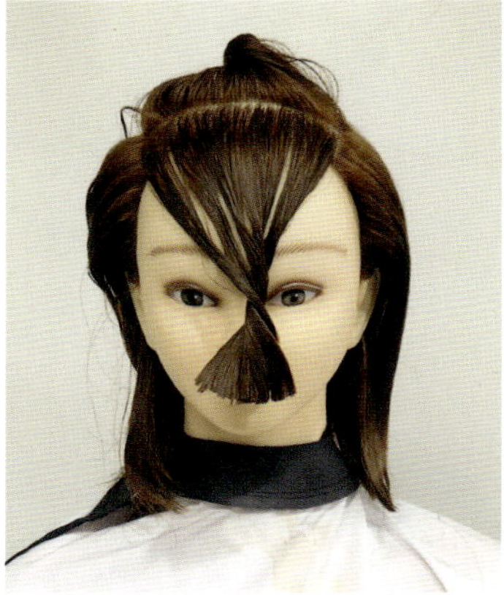

③ 트위스트로 커팅한 모습이다.

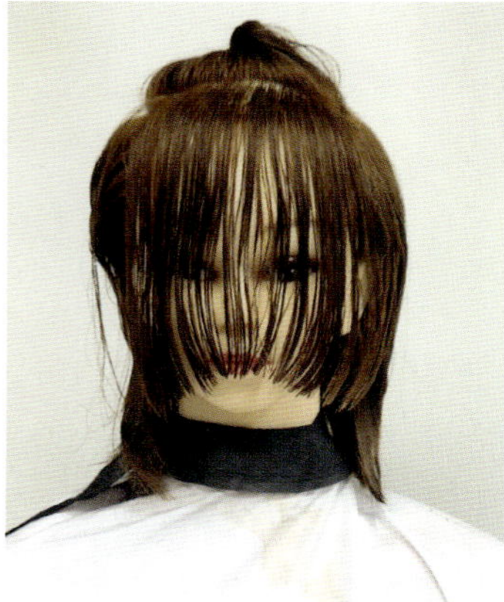

④ 트위스트로 커팅한 모발을 펼친 모습이다.

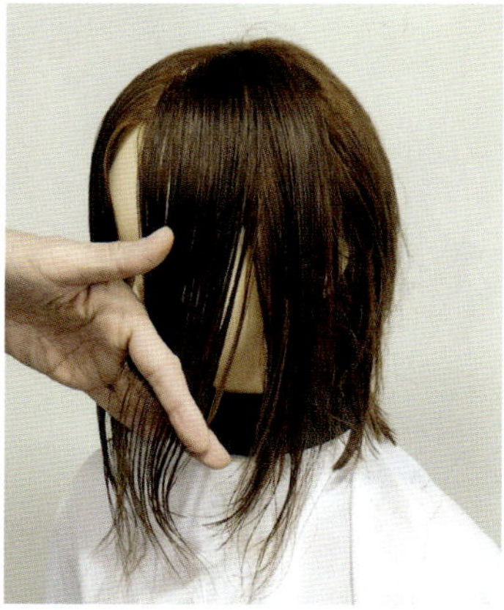

⑤ 프론트의 가이드 모발과 사이드의 모발을 연결하여 슬라이드 커팅하여 가이드 라인을 만든다.

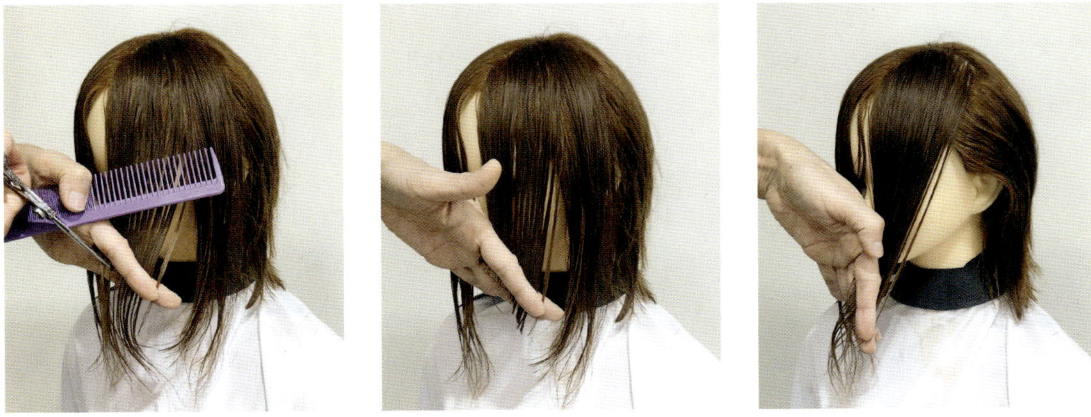

⑥ 탑의 모발을 끌어 가이드 라인과 연결하여 슬라이드 커팅한다.

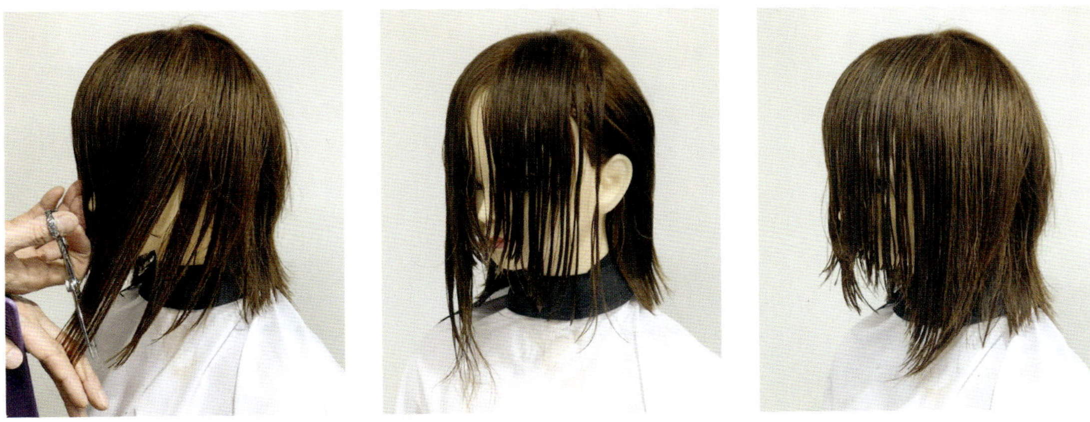

⑦ 좌측의 슬라이드 커트가 완성된 모습이다.

⑧ 좌측과 같은 방법으로 슬라이드 커팅한다.

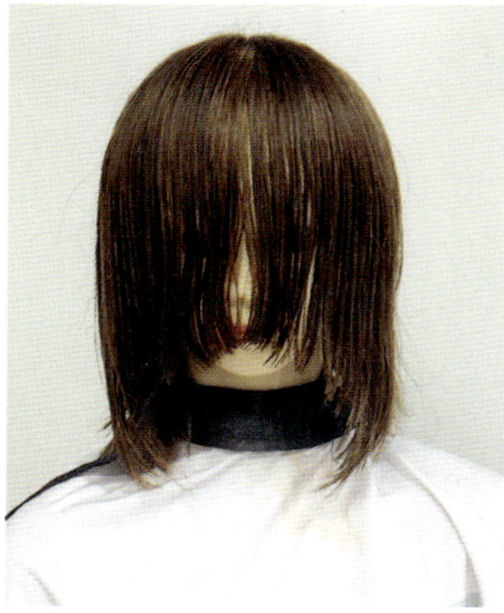

⑨ 프론트의 커팅이 완성된 모습이다.

⑩ T.P에서 모발을 직각으로 들어 올려 튀어나온 모발을 커팅한다. 좌측 및 우측의 모발을 T.P로 끌어올려 튀어나온 모발을 커팅한다.

⑪ 좌측 우측의 모발을 T.P로 끌어 튀어나온 모발을 커팅한다.

⑫ 프론트의 모발을 T.P 라인의 모발과 연결하여 체크한다.

⑬ 슬라이싱 기법으로 모발의 양을 조절하여 불규칙한 움직임을 표현한다.

Check Point

탑의 모발을 체크할 때 T.P 지점을 중심으로 체크하여 모발이 끊어짐이 없도록 한다.

9. 헤어커트 완성 사진

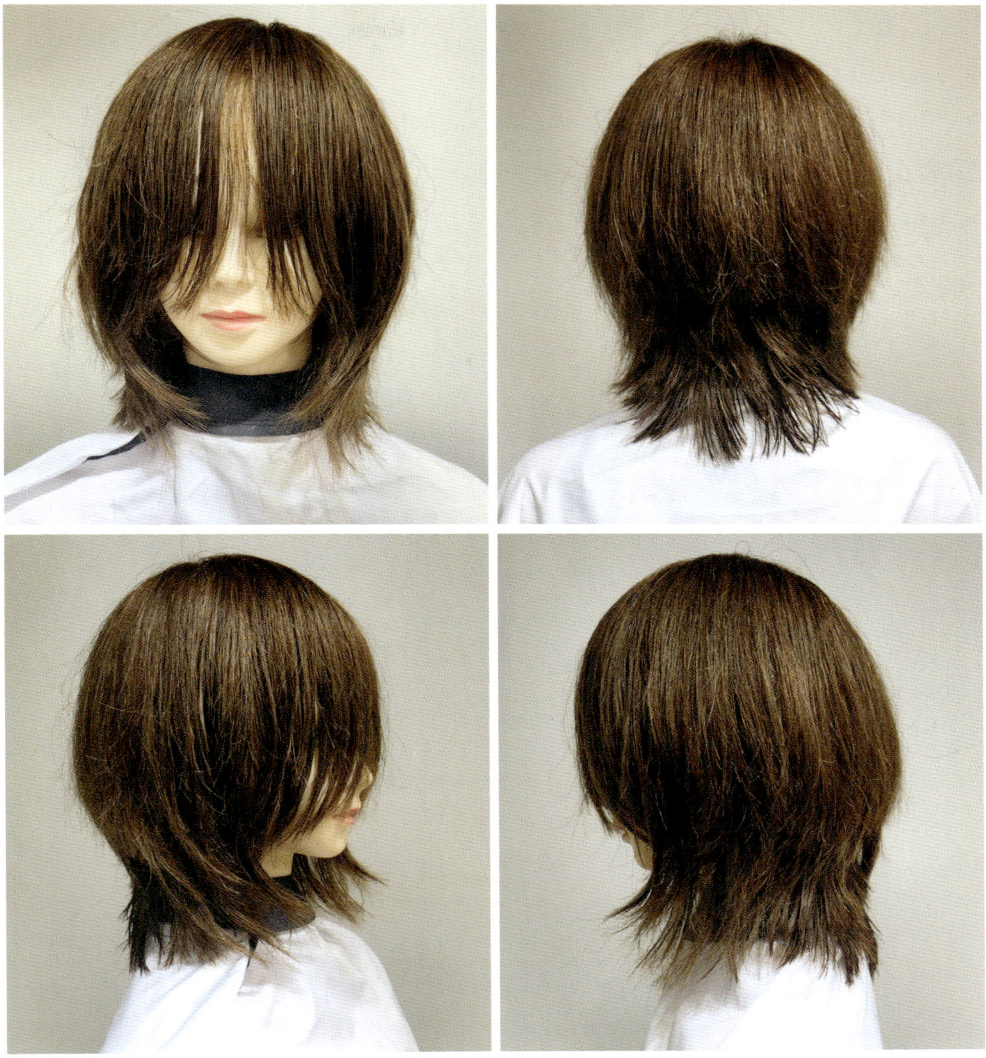

3. 헤어커트 마무리하기

[인·아웃컬 스타일링]

블로우 드라이롤 1~3호 또는 원형 아이론 20~25mm를 이용하여 뿌리에 볼륨을 넣어 인컬을 만들어 모발 끝에서 아웃c컬 형태를 만들어 준다. 프론트 모발은 얼굴 반대 방향으로 인컬을 한다. 헤어 광택제나 헤어 스프레이를 이용하여 스타일링을 마무리한다.

Title 07

미디엄 A 라인 보브 커트 Medium A line Bob Cut

앞모습

뒷모습

좌측 모습

우측 모습

1. 헤어커트 디자인 분석 및 준비하기

(1) 헤어커트 디자인 형태의 특징

원랭스, 로우 그래쥬에이션에 의한 미디엄 A 라인 보브 커트 스타일이다. B.P를 기점으로 2파트로 나누어 언더 섹션은 B.P 중심 A 라인으로 섹션을 나누어 전대각 라인으로 수평 스퀘어 라인의 원랭스 형태를 만들어 무게감을 준다. 오버 섹션 1 커팅은 G.P 중심 전대각 라인 그래쥬에이션, 2 커팅 피봇 섹션으로 수직 스퀘어 라인으로 커팅하여 떨어지는 모발이 자연스럽게 그래쥬에이션 형태가 연출되어 탑과 후두부에 볼륨을 만들어 준다.

디자인 설계 테크닉	헤어커트 조건
얼굴형 : 장방형, 삼각형 얼굴형은 피하는 것이 좋다.	가이드 길이 : N.P 길이 – 4㎝
	블로킹Blocking : 4등분Ear To Ear Parting /앞 Center Part, 뒤 Horizontal Part
두상 : 프론트 함몰과 네이프 돌출형은 보정 커트가 필요하다.	머리 위치Head Position : 똑바로, 고개 숙임
	섹션Section : 전대각 섹션, 피봇 섹션
이마 형태 : 이마 함몰과 돌출형은 피하는 것이 좋다.	슬라이스 라인Slice Line : 전대각 라인, 피봇 라인
	베이스Base : 온 더 베이스
목, 어깨 넓이 : 네이프 라인 스퀘어 라인이므로 목이 짧고 어깨가 넓은 사람은 피한다.	분배Distribution : 자연 분배, 방향 분배
	시술 각도Projection : 자연 시술각, 일반 시술각
피해야 할 체형 : 모두에게 잘 어울리는 스타일이다.	손가락 위치Finger Position : 평행 손가락
	가이드 라인Guide Line : 고정 디자인 라인
응용 가능 펌 : 스트레이트, 웨이브 모든 펌이 가능하다.	커트 테크닉Cut Technique : 블런트 커트Blunt Cut
	질감 처리Textured : 포인팅 커트Pointing Cut, 슬라이싱Slicing
	마무리 : 블로우 드라이 인컬C컬

(2) 확장 도해도

커팅된 모발을 펼쳤을 때 모습을 그림으로 표현한다.

앞모습

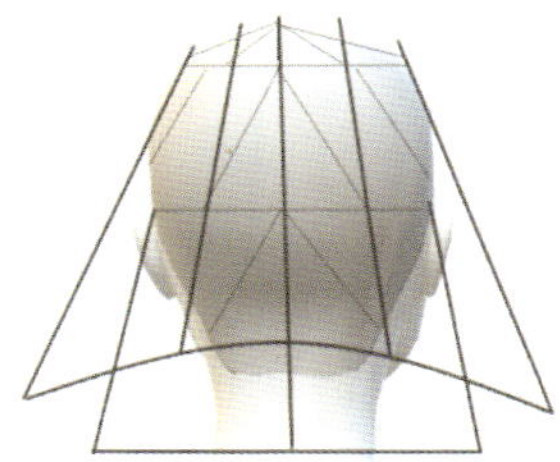

뒷모습

우측

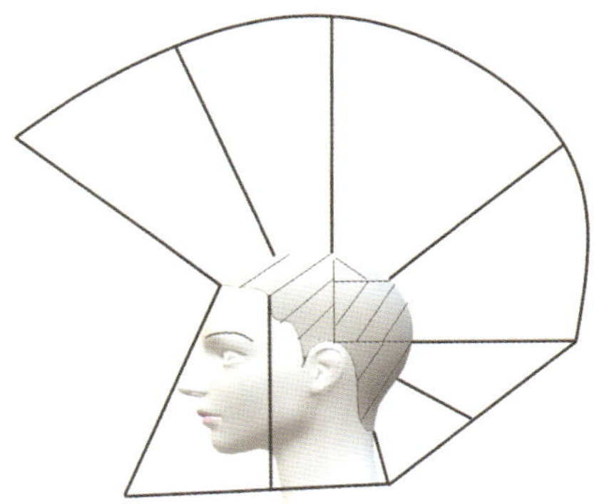

좌측

2. 헤어커트 진행하기

1. Blocking

4등분 Ear To Ear Parting/앞 Center Part, 뒤 Horizontal Part

① Ear To Ear Parting으로 나눈다.
앞 : C.P~T.P 나누어 2 파트, 뒤 : 양쪽 E.P~B.P 2 파트

2. 언더 섹션 Under Section – 좌·우 E.P~B.P 호리존탈 라인 아래

완성 사진

- 가이드 N.P : 4cm
- 호리존탈 커팅
- 전대각 라인 슬라이스
- 머리 위치 : 고개 숙임

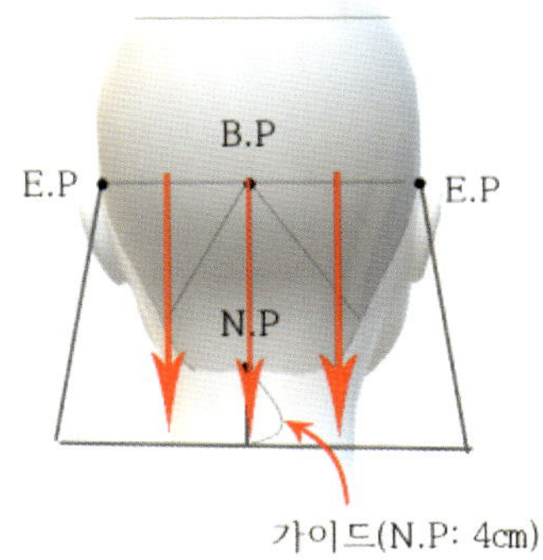

도해도

① B.P~좌·우N.C.P 연결하여 A 라인으로 판넬을 나눈 모습이다.

② 네이프 센터의 모발을 N.P로 모아 커팅하여 가이드를 만든다.

③ 네이프 센터의 커팅이 된 모습이다.

④ 우측의 판넬의 모발을 센터 가이드와 연결하여 커팅한다.

⑤ 커팅된 우측 모발을 고르게 빗질하여 튀어나온 머리를 정리한다.

⑥ 우측 커팅이 완성된 모습이다.

⑦ 좌측도 같은 방법으로 센터의 가이드와 연결하여 커팅한다.

⑧ 커팅된 좌측 모발을 고르게 빗질하여 튀어나온 머리를 정리한다.

Check Point

머리 위치를 고개 숙임 상태에서 전대각 라인으로 커팅하여 고개를 똑바로 하면 평행 라인이 연출된다.

3. 오버 섹션 Over Section – 좌·우 E.P~B.P 호리존탈 라인 위

(1) 1 커팅

완성 사진

- 전대각 라인 슬라이스
- 각도 45°
- 온 더 베이스
- 머리 위치 : 똑바로

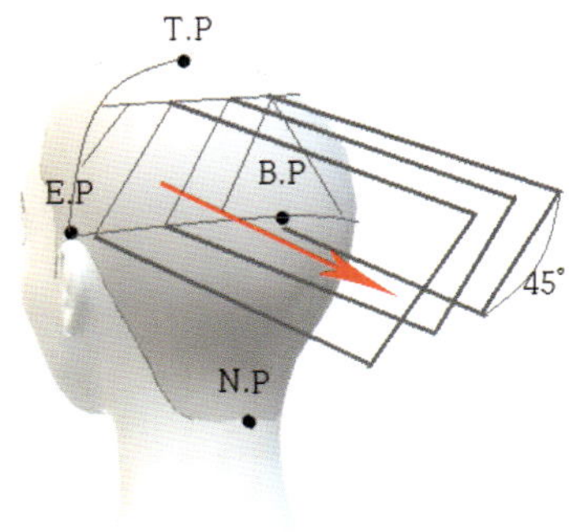

도해도

① G.P 중심에서 A 라인으로 판넬을 나눈 모습이다.

② 네이프 가이드와 연결하여 45° 각도를 확인하여 커팅하고 가이드를 만든다.

③ 센터 판넬이 완성된 모습이다.

④ 우측 판넬도 전대각 라인과 평행으로 손가락 위치를 하여 가이드 라인과 연결하여 온 더 베이스로 커팅한다.

⑤ 나머지 판넬도 전대각 라인과 평행으로 손가락 위치를 하여 가이드 라인과 연결하여 온 더 베이스로 커팅한다.

⑥ 마지막 코너 진 판넬까지 같은 방법으로 커팅한다.

⑦ 우측 전대각 라인 커팅이 완성된 모습이다.

⑧ 우측과 같은 방법으로 전대각 라인으로 슬라이스를 나누어 전대각 라인과 평행으로 손가락 위치를 하여 가이드 라인과 연결하여 온 더 베이스로 커팅한다.

⑨ 전대각 라인으로 커팅한다.

Check Point

전대각 라인의 슬라이스 모발의 양을 일정하게 하여 커팅하여야 떨어지는 모발의 층이 일정하게 나온다.

(2) 2 커팅

완성 사진

- 피봇 섹션
- 각도 0°
- 온 더 베이스
- 머리 위치 : 똑바로

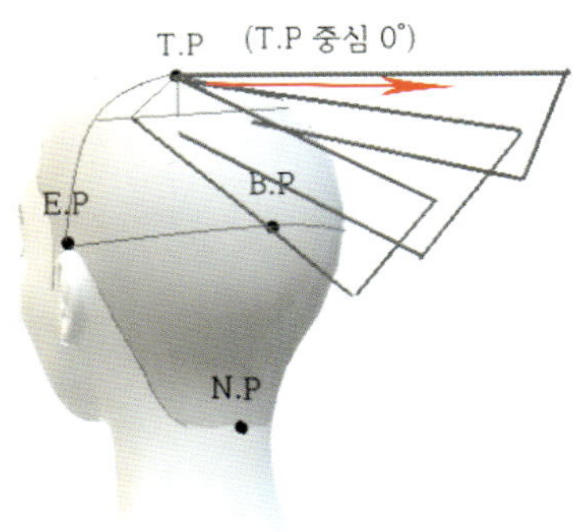

도해도

① T.P 중심으로 피봇 섹션으로 나눈 모습이다.

② G.P 가이드 모발과 연결하여 T.P 중심 0° 각도로 커팅하여 가이드를 만든다.

③ T.P 가이드와 연결하여 우측의 판넬을 커팅한다.

④ 우측의 마지막 판넬도 T.P 중심 0° 각도로 커팅한다.

⑤ 전대각 라인으로 완성된 모습이다.

⑥ 좌측도 우측과 같은 방법으로 T.P 가이드와 연결하여 T.P 중심 0° 각도로 커팅한다.

⑦ 좌측의 마지막 판넬도 T.P 중심 0° 각도로 커팅한다.

Check Point

각도를 만들 때 어디를 중심으로 하느냐에 따라 모발의 길이가 달라진다. T.P 중심의 0°라는 것을 잊지 말아야 한다.

4. Temple Section 좌측 – 좌측 C.P~T.P센터 가르마

완성 사진

- 전대각 라인 슬라이스
- 각도 0°~15°
- 온 더 베이스

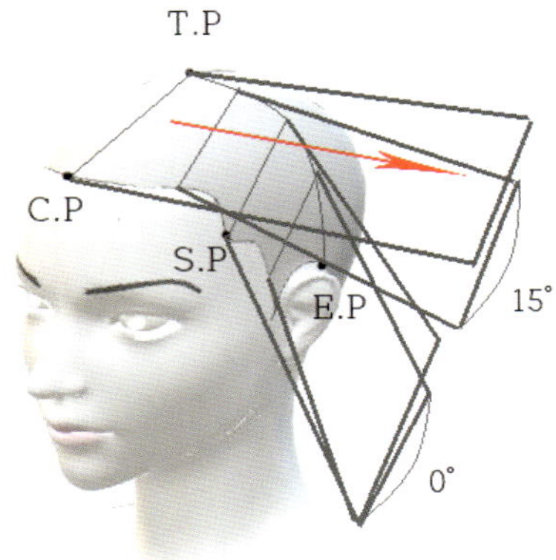

도해도

① 백의 가이드 모발과 연결하여 전대각 슬라이스 라인과 평행이 0° 각도의 온 더 베이스로 첫 번째 판넬을 커팅한다.

② 두 번째 판넬은 전대각 슬라이스 라인으로 15° 각도의 온 더 베이스 커팅한다.

③ 나머지 판넬도 가이드 모발과 연결하여 전대각 라인으로 커팅한다.

Check Point

전대각 라인 슬라이스와 손가락 위치가 평행을 유지해야 정확한 전대각 라인이 연출된다.

④ 센터의 길어진 모발을 원랭스 라인으로 커팅한다.

5. Temple Section 우측 – 우측 C.P~T.P 센터 가르마

완성 사진

- 전대각 라인 슬라이스
- 각도 0°~15°
- 온 더 베이스

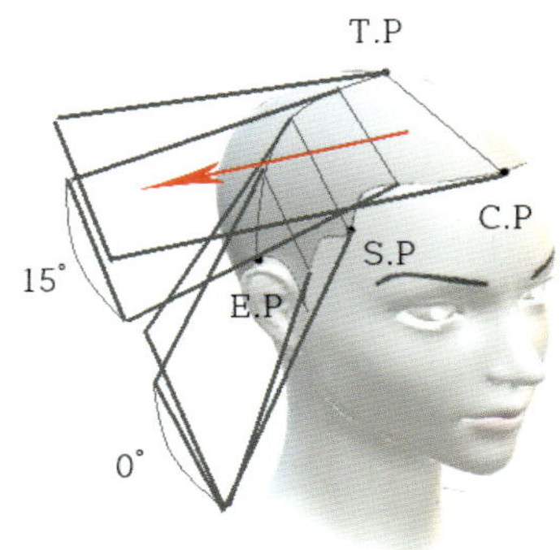

도해도

① 백의 가이드 모발과 연결하여 전대각 슬라이스 라인과 평행이 0° 각도의 온 더 베이스로 첫 번째 판넬을 커팅한다.

② 두 번째 판넬은 전대각 슬라이스 라인으로 15° 각도의 온 더 베이스 커팅한다.

③ 나머지 판넬도 가이드 모발과 연결하여 전대각 라인으로 커팅한다.

④ 센터의 길어진 모발을 원랭스 라인으로 커팅한다.

Check Point

양쪽의 사이드 길이가 다르지 않도록 중간에 체크하면서 커트하는 것을 잊지 않아야 한다.

6. Textured

① 포인팅 커팅과 엔드 테이퍼하여 백의 모발 끝을 가볍게 하였으며 슬라이싱 커팅 기법으로 머리의 확장감과 율동감을 넣어주었다.

② 프론트 머리의 확장감을 만들어 주기 위해 슬라이싱 커팅으로 질감 처리한다.

Check Point

질감 처리는 고객의 모발의 양에 따라 실행해야 한다.

7. 헤어커트 완성 사진

3. 헤어커트 마무리하기

[인컬 스타일링]

블로우 드라이롤 1~3호 또는 원형 아이론 20~25mm를 이용하여 뿌리에 볼륨을 넣어주면서 모발 끝으로 갈수록 롤을 돌려주어 인컬 형태를 만들어 준다. 헤어 광택제나 헤어 스프레이를 이용하여 스타일링을 마무리한다.

[C컬, S컬 입체감 스타일링]

좌측 사이드 가르마로 인컬 드라이가 완성된 모발에 손가락과 빗을 이용하여 모발의 겉면을 뽑는 방식으로 뒷면은 C컬, 우측 프론트는 S컬을 만들어 밋밋한 인컬 드라이에 입체감을 넣어준다. 헤어 광택제나 헤어 스프레이를 이용하여 스타일링을 마무리한다.

Title 08

미디엄 A 라인 그래쥬에이션 보브 Medium A line Graduation Bob Cut

앞모습

뒷모습

좌측 모습

우측 모습

1. 헤어커트 디자인 분석 및 준비하기

(1) 헤어커트 디자인 형태의 특징

프론트를 제외한 모든 슬라이스를 A 라인으로 하여 45° 이하의 각도가 나오는 그래쥬에이션 형태를 연출한 미디엄 A 라인 그래쥬에이션 보브 커트 스타일이다. 가이드를 원랭스 라인으로 설정하여 B.P 중심으로 45° 각도의 미디엄 그래쥬에이션 커트하여 볼륨감을 만들어 주고, 엑스테리어는 B.P 중심의 45° 각도를 G.P 지점까지 유지하고 T.P 지점에서는 G.P 지점을 중심으로 15° 각도로 커팅하여 백에 볼륨을 극대화 시켰다. 프론트에서 라운드 뱅으로 커팅하여 사이드와 연결하여 페이스 라인 방향으로 슬라이스 커트하여 정면으로 보았을 때 모발이 슬림하게 떨어지도록 연출한다.

디자인 설계 테크닉	헤어커트 조건
얼굴형 : 삼각형 얼굴은 피하는 것이 좋다.	가이드 길이 : N.P 길이 − 6㎝
	블로킹Blocking : 5등분Ear To Ear Parting/앞 3, 뒤 2
두상 : 탑의 함몰이 있을 경우 보정 커트가 필요하다.	머리 위치Head Position : 똑바로, 고개 숙임
	섹션Section : 전대각 섹션
이마 형태 : 짧은 이마 형태는 피하는 것이 좋다.	슬라이스 라인Slice Line : A 라인
	베이스Base : 온 더 베이스
목, 어깨 넓이 : 원랭스 라인에 모발의 길이가 목을 덮기 때문에 목이 짧은 형태는 피하는 것이 좋다.	분배Distribution : 자연 분배, 직각 분배, 변이 분배
	시술 각도Projection : 일반 시술각
피해야 할 체형 : 키가 작고 뚱뚱한 체형은 피하는 것이 좋다.	손가락 위치Finger Position : 평행 손가락
	가이드 라인Guide Line : 고정 디자인 라인
응용 가능 펌 : 스트레이트, 인컬, 아웃컬, 굵은 웨이브 연출이 가능하다.	커트 테크닉Cut Technique : 블런트 커트Blunt Cut, 슬라이드Slide
	질감 처리Textured : 틴닝Thinning, 슬라이싱Slicing
	마무리 : 블로우 드라이 인컬아웃컬, S컬

(2) 확장 도해도

커팅된 모발을 펼쳤을 때 모습을 그림으로 표현한다.

앞모습

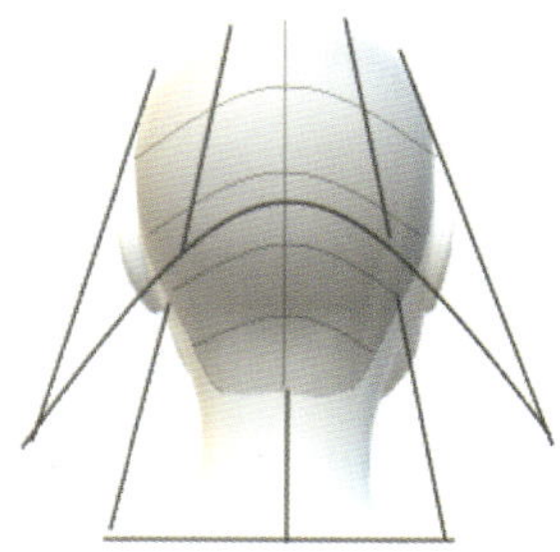

뒷모습

우측

좌측

2. 헤어커트 진행하기

1. Blocking

5등분 Ear To Ear Parting/앞 3, 뒤 2

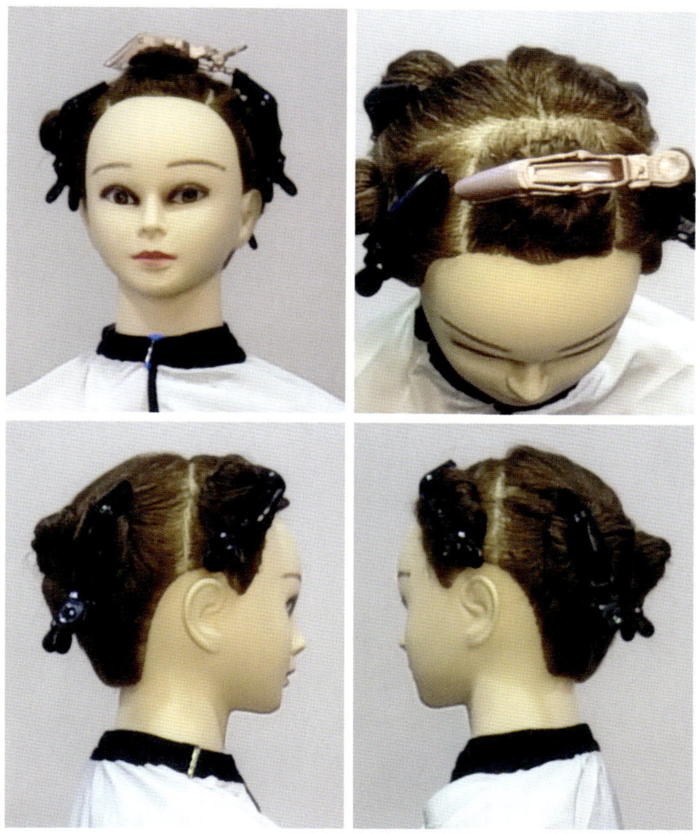

① Ear To Ear Parting으로 나눈다.
앞 : 좌·우 F.S.P~T.E.M.P 나누어 좌·우 사이드, 프론트 3 파트
뒤 : N.P~T.P 정중선좌·우 E.P~B.P 아래 언더, 위 오버 2 파트

2. Back 2 파트 – N.P~T.P 정중선 좌·우 E.P~B.P 아래 언더, 위 오버 2 파트

(1) 언더 섹션 Under Section – 좌·우 E.P~B.P 전대각 라인 아래

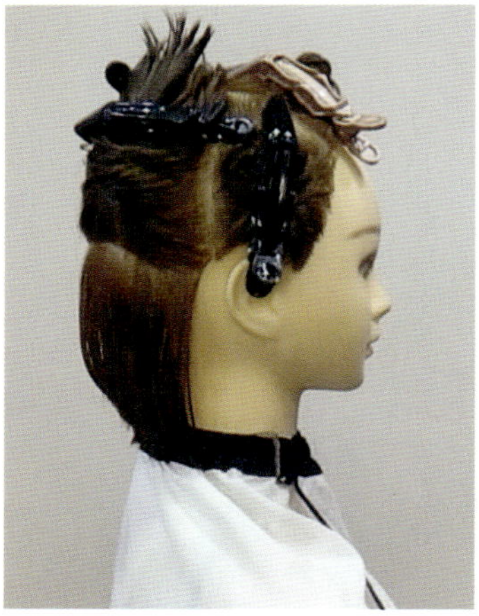

완성 사진

- 가이드 N.P : 6cm
- 전대각 라인 슬라이스
- 오프 더 베이스
- B.P 중심 각도 45°
- 머리 위치 : 고개 숙임

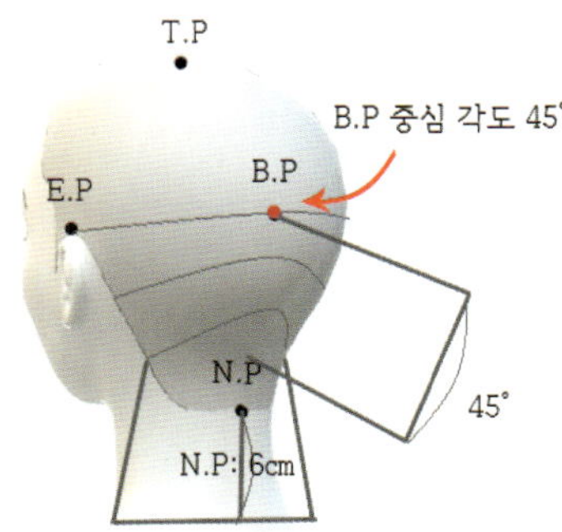

도해도

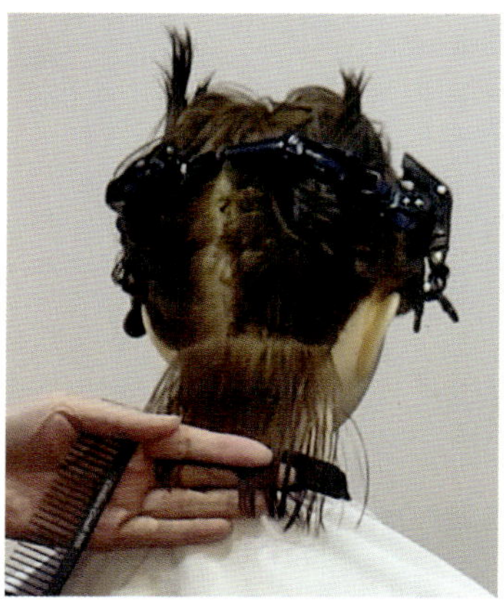

① 첫 번째 판넬을 N.P 자연 분배로 가이드를 결정하여 커팅한다.

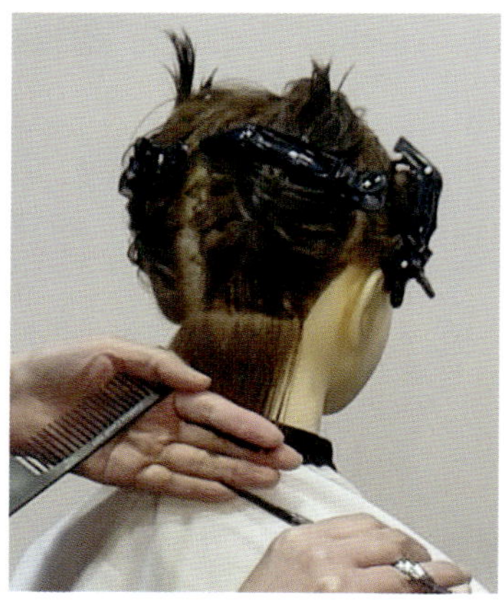

② 가이드와 모발과 우측 모발을 연결하여 평행 라인으로 커팅한다.

③ 가이드와 모발과 좌측 모발을 연결하여 평행 라인으로 커팅한다.

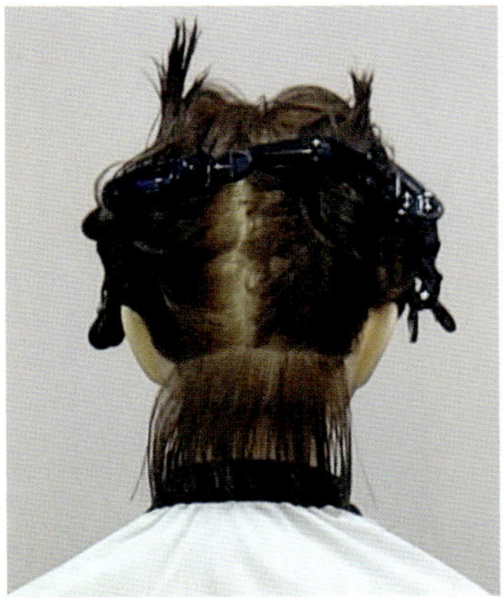

④ 고개 숙임으로 원랭스 라인 커팅이 완성된 모습이다.

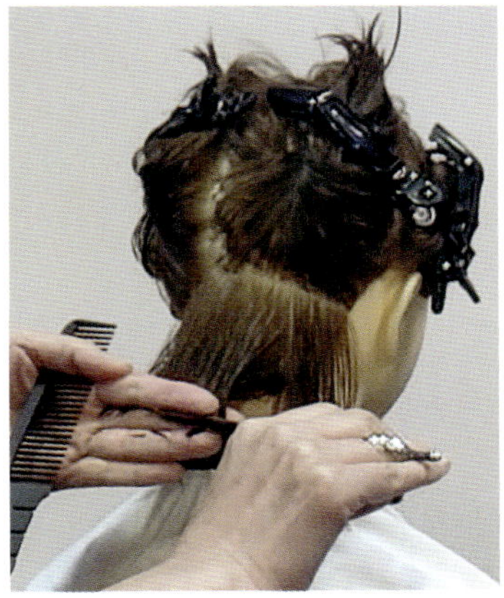

⑤ 두 번째 판넬은 센터 기준 45° 각도로 커팅한다.

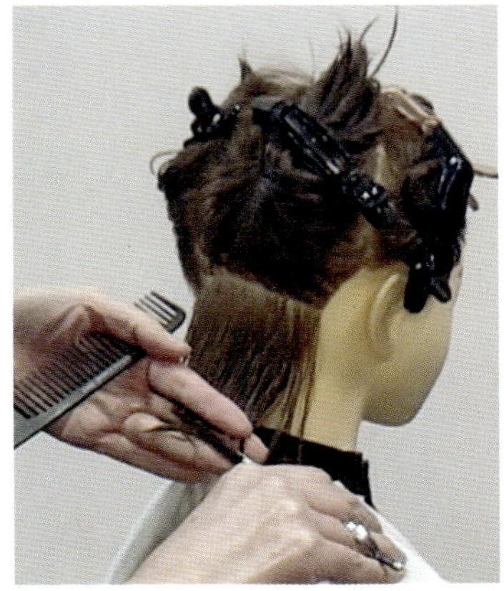

⑥ 센터 가이드와 연결하여 우측 모발을 전대각 라인 기준 45° 각도로 커팅한다.

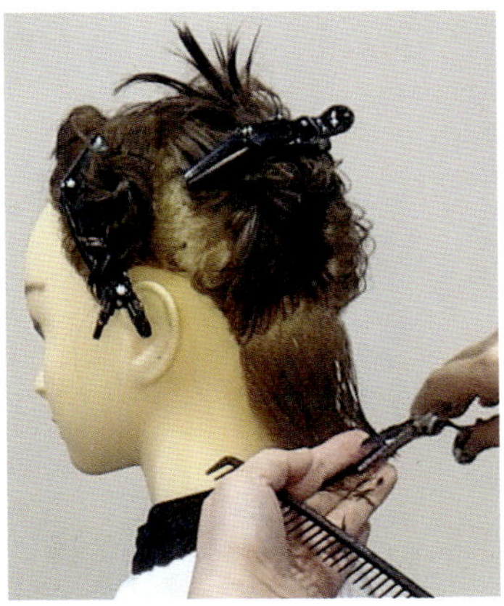

⑦ 센터 가이드와 연결하여 좌측 모발을 전대각 라인 기준 45° 각도로 커팅한다.

⑧ 세 번째 판넬은 센터 기준 45° 각도로 커팅한다.

⑨ 센터 가이드와 연결하여 좌측 모발을 전대각 라인 기준 45° 각도로 커팅한다.

⑩ 나머지 모발도 같은 방법으로 커팅한다.

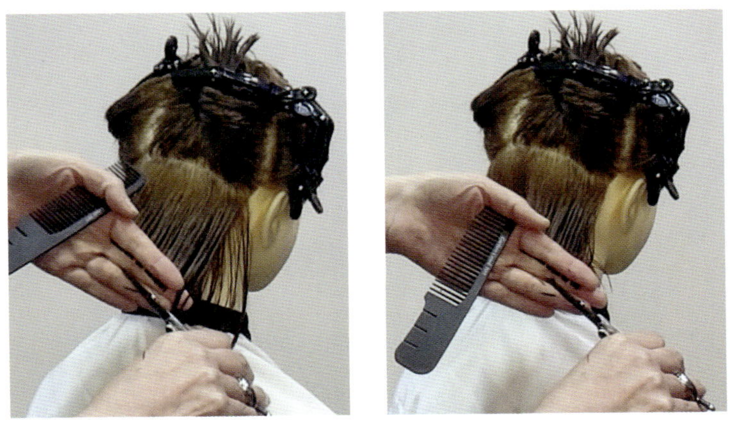

⑪ 센터 가이드와 연결하여 우측 모발을 전대각 라인 기준 45° 각도로 커팅한다.

Check Point

전대각 가이드 라인을 기준으로 일정한 각도로 커팅하여야 자연스러운 A 라인이 형성된다.

⑫ 고개 숙임으로 그래쥬에이션 커팅이 완성된 모습이다.

(2) 오버 섹션 Over Section – 좌·우 E.P~G.P 전대각 라인 위

완성 사진

- 전대각 슬라이스 라인
- B.P 중심 각도 45°
- 온 더 베이스
- G.P 중심 각도 15°
- 피봇 섹션
- 머리 위치 : 똑바로

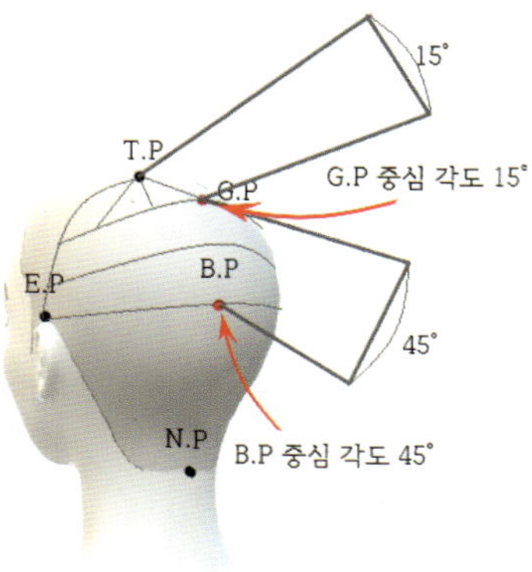

도해도

① 첫 번째 판넬을 B.P 센터 기준 45° 각도로 커팅한다.

② 가이드와 모발과 우측 모발을 연결하여 전대각 슬라이스 라인과 평행으로 커팅한다.

③ 가이드와 모발과 좌측 모발을 연결하여 전대각 슬라이스 라인과 평행으로 커팅한다.

④ 두 번째 판넬을 B.P 센터 기준 45° 각도로 커팅한다.

⑤ 가이드와 모발과 좌측 모발을 연결하여 전대각 슬라이스 라인과 평행으로 커팅한다.

⑥ 가이드와 모발과 우측 모발을 연결하여 전대각 슬라이스 라인과 평행으로 커팅한다.

⑦ 세 번째 판넬을 B.P 센터 기준 45° 각도로 커팅한다.

⑧ 가이드와 모발과 우측 모발을 연결하여 전대각 슬라이스 라인과 평행으로 커팅한다.

⑨ 가이드와 모발과 좌측 모발을 연결하여 전대각 슬라이스 라인과 평행으로 커팅한다.

⑩ 나머지 모발도 같은 방법으로 커팅한다.

⑪ 피봇 섹션으로 나누어 T.P 센터의 모발을 G.P 센터 기준 45° 각도로 커팅한다. 좌측도 같은 방법으로 커팅한다.

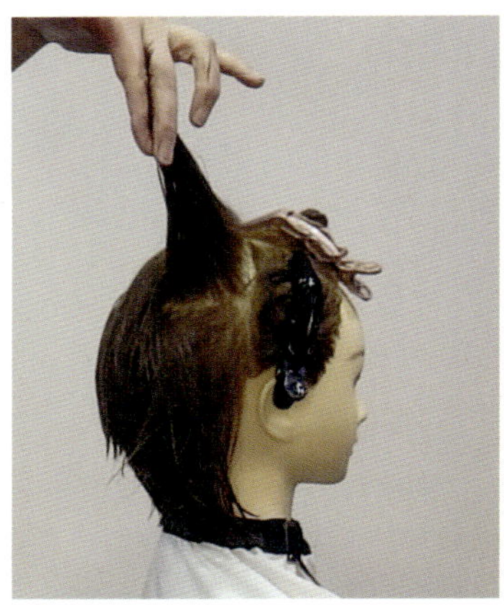

⑫ 나머지 모발도 같은 방법으로 커팅한다.

⑬ 우측의 모발도 G.P 센터 기준 45° 각도를 유지하며 같은 방법으로 커팅한다.

Check Point

T.P에서 피봇 섹션으로 나누어 커팅할 시 G.P 기준의 45° 각도를 유지하여 커팅하여야 백에 볼륨이 생긴다.

3. Temple Section 우측 – 우측 F.S.P~T.E.M.P 전대각 라인 아래

완성 사진

- 전대각 라인 슬라이스
- 각도 0°~15°
- 온 더 베이스
- 머리 위치 : 똑바로

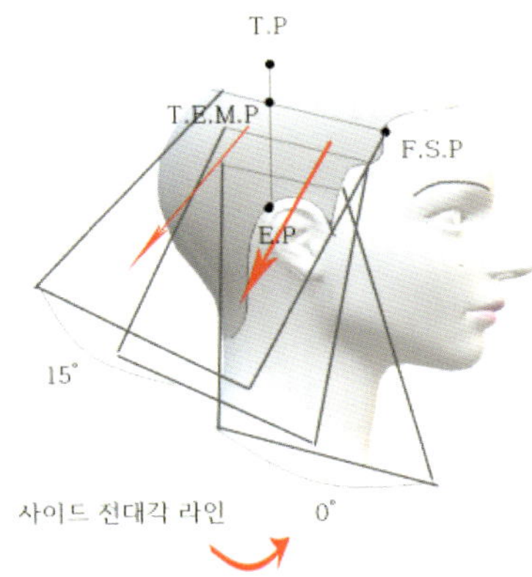

도해도

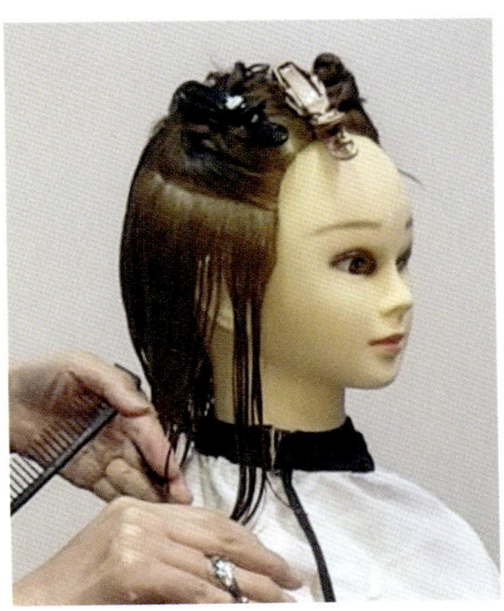

① 첫 번째 판넬을 백 사이드의 가이드와 연결하여 전대각 라인으로 슬라이스를 나눈다. E.B.P의 모발과 연결하여 커팅한다.

② 두 번째 판넬을 15° 각도의 온 더 베이스로 커팅한다.

③ 나머지 판넬도 같은 방법으로 15° 각도를 유지하며 커팅한다.

Check Point

전대각 슬라이스 라인을 나눌 때 백 사이드에 연결하여 슬라이드를 나누어야 백과 사이드 중간 지점에 경계가 생기지 않고 자연스러운 전대각 라인의 커팅이 된다.

4. Temple Section 좌측 – 좌측 F.S.P~T.E.M.P 전대각 라인 아래

완성 사진

- 전대각 라인 슬라이스
- 각도 0°~15°
- 온 더 베이스
- 머리 위치 : 똑바로

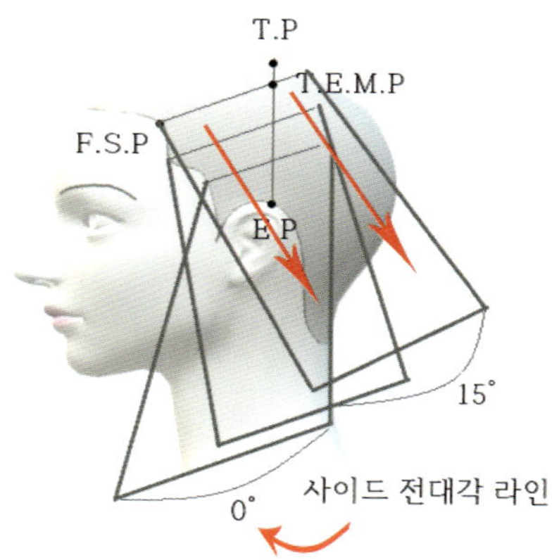

도해도

① 첫 번째 판넬을 백 사이드의 가이드와 연결하여 전대각 라인으로 슬라이스를 나눈다. E.B.P의 모발과 연결하여 커팅한다.

② 두 번째 판넬을 15° 각도의 온 더 베이스로 커팅한다.

Check Point

양쪽의 사이드 길이가 다르지 않도록 중간에 체크하면서 커트하는 것을 잊지 않아야 한다.

③ 나머지 판넬도 같은 방법으로 15° 각도를 유지하며 커팅한다.

5. Front Section – 좌·우 F.S.P~T.E.M.P 전대각 라인 위

완성 사진

- 페이스 라인 섹션
- 각도 0°
- 자연 시술각
- 슬라이드 커팅
- 머리 위치 : 똑바로

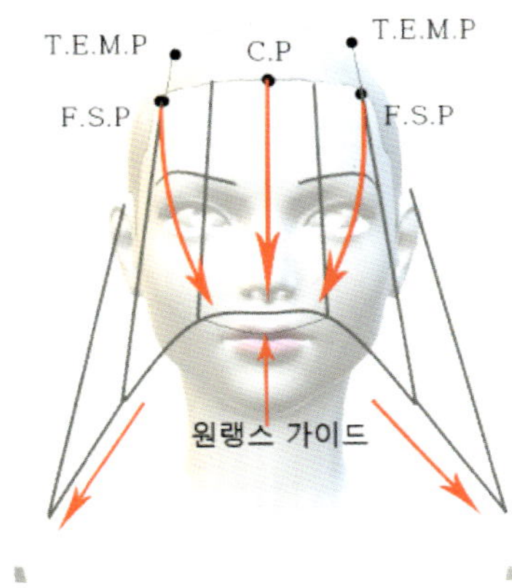

도해도

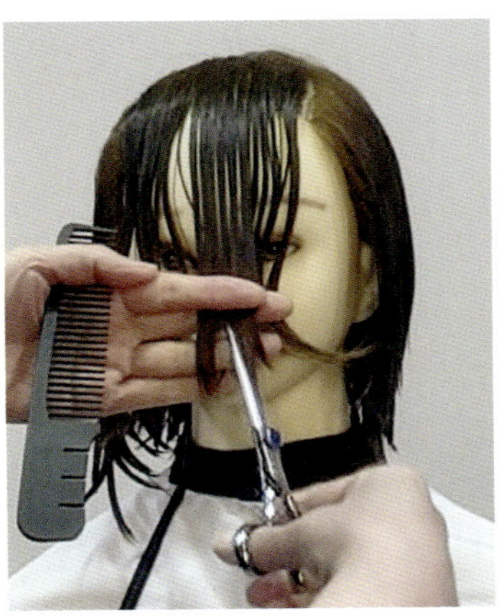

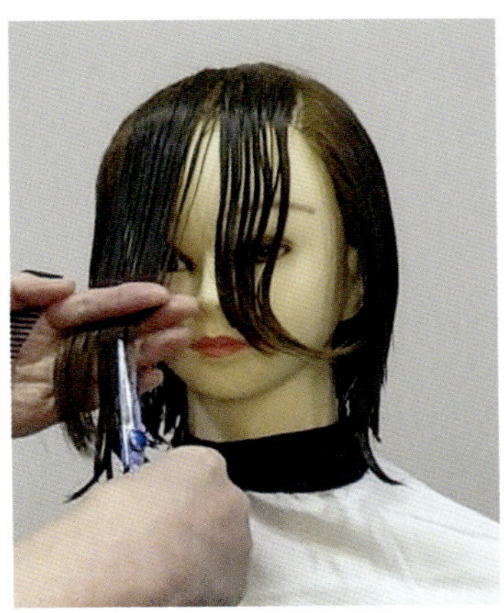

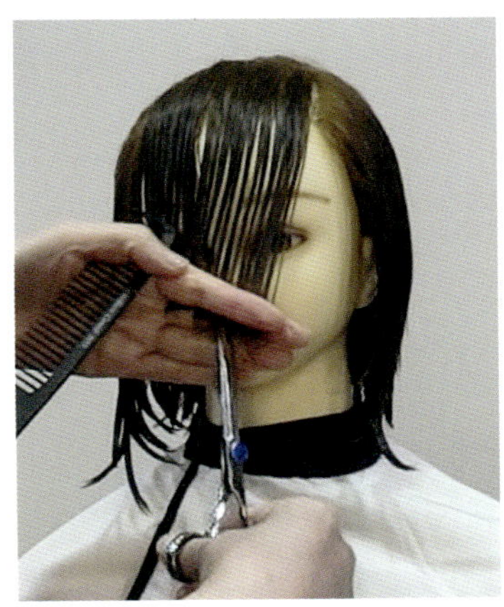

① 센터의 모발을 커팅하여 가이드를 만든다.

② 좌·우의 모발을 가이드 모발 방향으로 끌어 커팅하여 좌·우의 모발이 가이드 모발보다 길어지게 커팅한다.

③ 라운드 뱅이 완성된 모습이다.

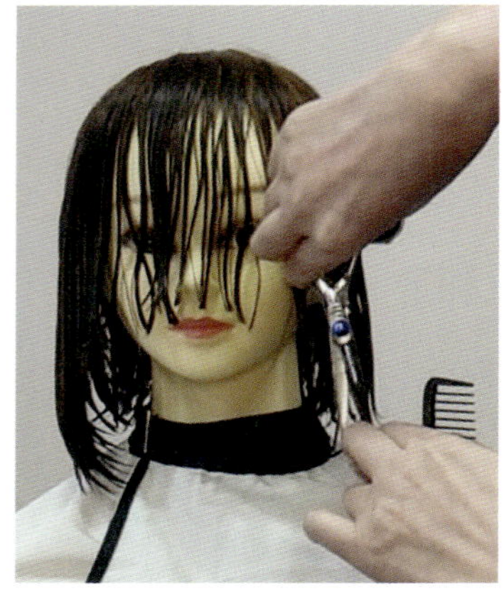

④ 사이드의 모발을 가이드와 연결하여 슬라이드 커팅하여 앞머리와 사이드의 모발이 끊어지지 않도록 한다.

Check Point

앞머리와 사이드 연결 시 탑의 모발을 끌어와 커팅하면 층이 과도하게 생겨서 레이어 형태가 연출된다. 그러므로 페이스 라인을 따라 슬라이드 커팅을 한다.

6. Textured

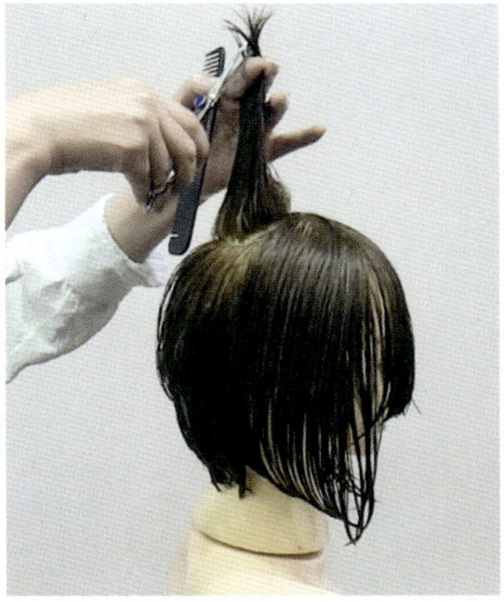
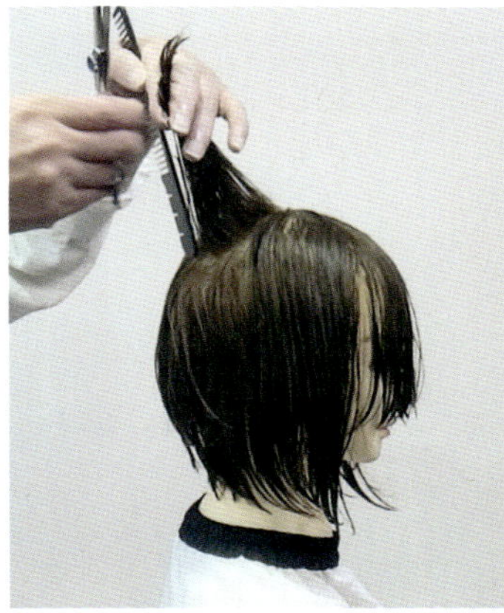

① 탑의 모발을 직각으로 들어 올려 라인언더 틴닝 기법으로 판넬 끝의 라인 부분에 여러 개의 그래쥬에이션 층이 형성되도록 틴닝 처리한다.

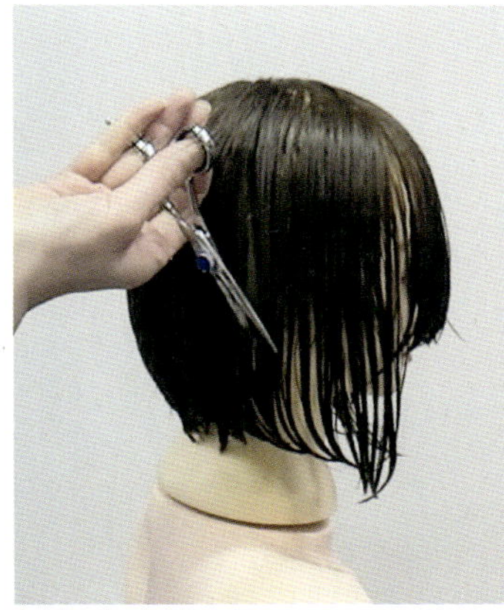

② 슬라이싱 커팅 기법을 이용하여 모발의 양을 조절하여 율동감을 연출한다.

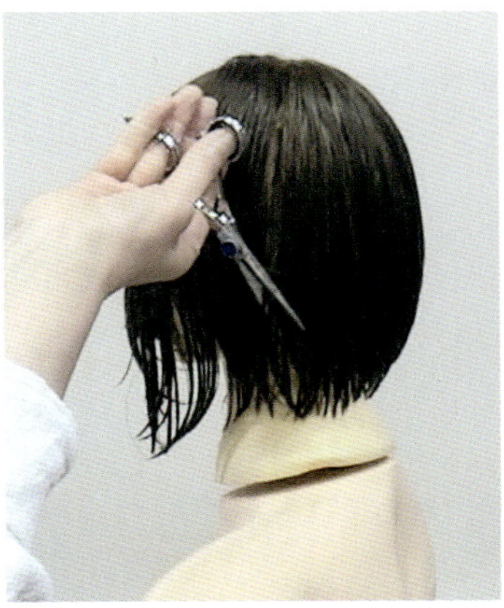
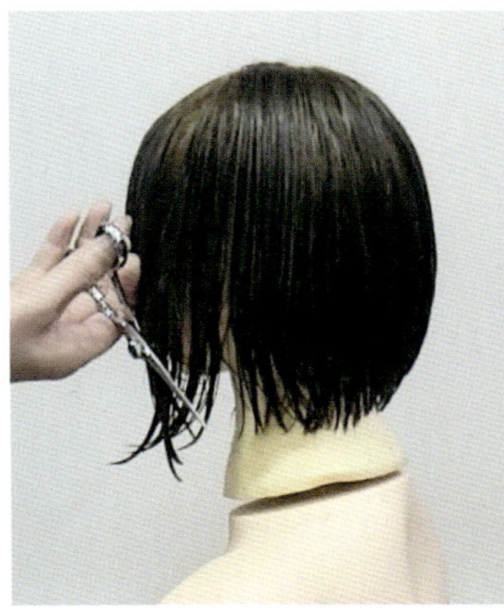
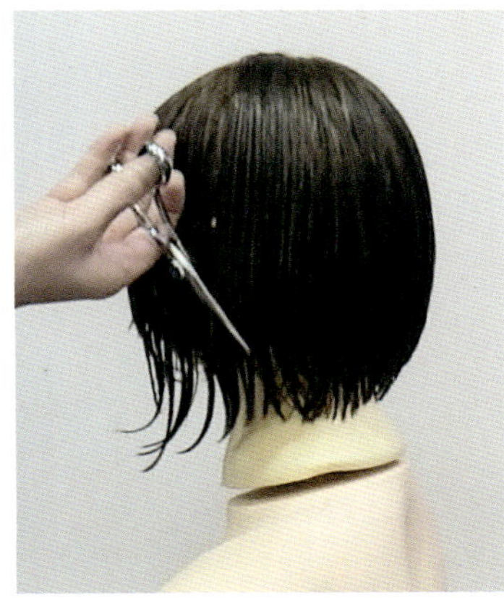

③ 좌측 사이드도 슬라이싱 커팅 기법을 이용하여 모발의 양의 조절하여 율동감을 연출한다.

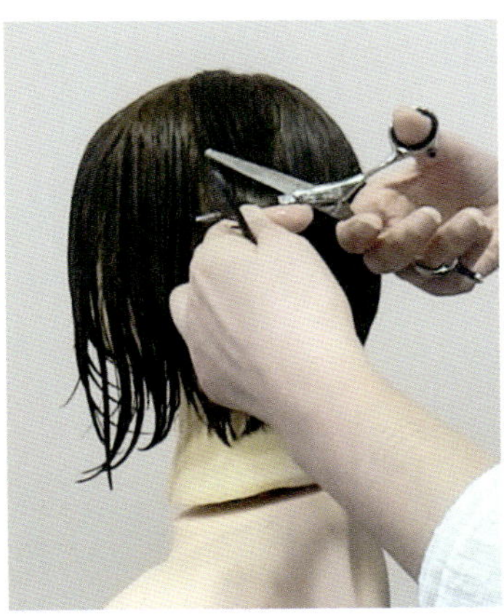
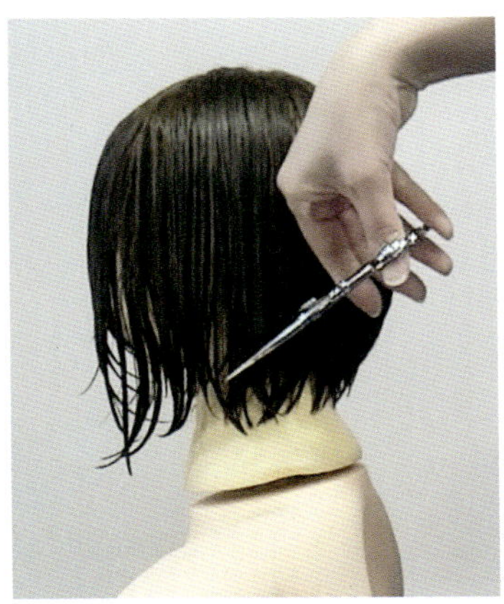

④ 모량을 체크하면서 네이프까지 슬라이싱 커팅 기법을 이용하여 율동감과 확장성을 준다.

Check Point

질감 처리는 고객의 모발의 양에 따라 실행해야 한다.

7. 헤어커트 완성 사진

3. 헤어커트 마무리하기

[인컬 스타일링]

블로우 드라이롤 1~3호 또는 원형 아이론 20~25mm를 이용하여 뿌리에 볼륨을 넣어주면서 모발 끝으로 갈수록 롤을 돌려주어 인컬 형태를 만들어 준다. 헤어 광택제나 헤어 스프레이를 이용하여 스타일링을 마무리한다.

[J컬 C컬 웨이브 스타일링]

블로우 드라이롤 1~3호 또는 원형 아이론 20~25mm를 이용하여 뿌리에 볼륨을 넣어주면서 모발 끝으로 갈수록 롤을 돌려주어 얼굴 방향으로 백은 J컬, 사이드는 C컬 웨이브를 만들어 준다. 프론트는 얼굴 반대 방향으로 J컬 웨이브를 만들어 준다. 헤어 광택제나 헤어 스프레이를 이용하여 스타일링을 마무리한다.

Title 09

미디엄 스퀘어 레이어 보브 커트 Medium Square Layer Bob Cut

앞모습

뒷모습

좌측 모습

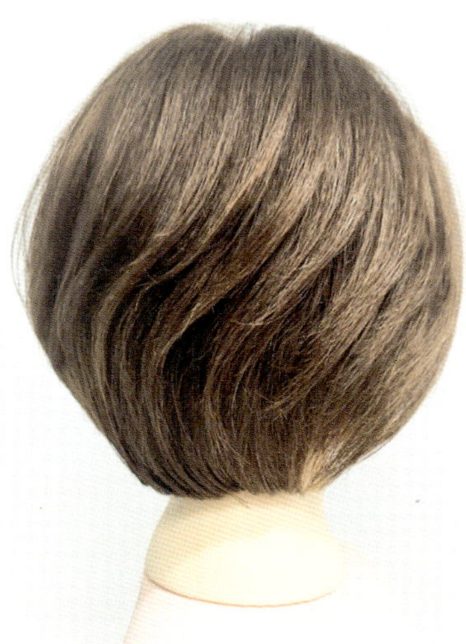
우측 모습

1. 헤어커트 디자인 분석 및 준비하기

(1) 헤어커트 디자인 형태의 특징

2 파트 커트로 수직, 수평 스퀘어 라인의 레이어 보브 스타일이다. G.B.M.P를 기점으로 2 파트로 나누어 언더 섹션은 수평 스퀘어 라인의 원랭스 형태를 만들어 슬라이싱 기법으로 머리 표면을 따라 가위를 벌리고 미끄러져 가듯 커트하여 무거운 형태의 원랭스 커트에 율동감을 준다. 오버 섹션은 피봇 섹션으로 수직 스퀘어 라인으로 커팅하여 떨어지는 모발이 자연스럽게 레이어 형태가 연출되어 탑과 후두부에 볼륨을 만들어 준다.

<table>
<tr><th>디자인 설계 테크닉</th><th>헤어커트 조건</th></tr>
<tr><td rowspan="2">얼굴형 : 장방형, 삼각형 얼굴형은 피하는 것이 좋다.</td><td>가이드 길이 : N.P 길이 − 5㎝</td></tr>
<tr><td>블로킹Blocking : 2등분좌·우 Side Point ~ Golden Back Medium Point Parting</td></tr>
<tr><td rowspan="2">두상 : 프론트 함몰과 네이프 돌출형은 피하는 것이 좋다.</td><td>머리 위치Head Position : 똑바로, 고개 숙임</td></tr>
<tr><td>섹션Section : 수평 섹션, 피봇 섹션</td></tr>
<tr><td rowspan="2">이마 형태 : 제안되는 이마 형태가 없이 모두 가능하다.</td><td>슬라이스 라인Slice Line : 수평 라인, 피봇 라인</td></tr>
<tr><td>베이스Base : 온 더 베이스</td></tr>
<tr><td rowspan="2">목, 어깨 넓이 : 네이프 라인 스퀘어 라인이므로 목이 짧고 어깨가 넓은 사람은 피한다.</td><td>분배Distribution : 자연 분배, 방향 분배</td></tr>
<tr><td>시술 각도Projection : 자연 시술각, 일반 시술각</td></tr>
<tr><td rowspan="2">피해야 할 체형 : 모두에게 잘 어울리는 스타일이다.</td><td>손가락 위치Finger Position : 평행 손가락</td></tr>
<tr><td>가이드 라인Guide Line : 고정 디자인 라인</td></tr>
<tr><td rowspan="3">응용 가능 펌 : 스트레이트, 웨이브 모든 펌이 가능하다.</td><td>커트 테크닉Cut Technique : 블런트 커트Blunt Cut</td></tr>
<tr><td>질감 처리Textured : 포인팅 커트Pointing Cut , 슬라이싱Slicing</td></tr>
<tr><td>마무리 : 블로우 드라이 인컬C컬</td></tr>
</table>

(2) 확장 도해도

커팅된 모발을 펼쳤을 때 모습을 그림으로 표현한다.

앞모습

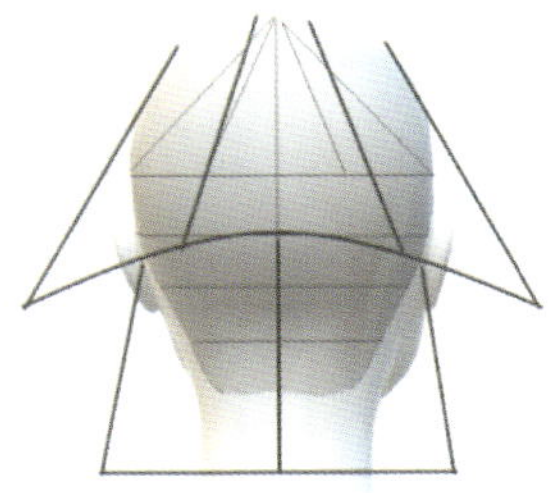

뒷모습

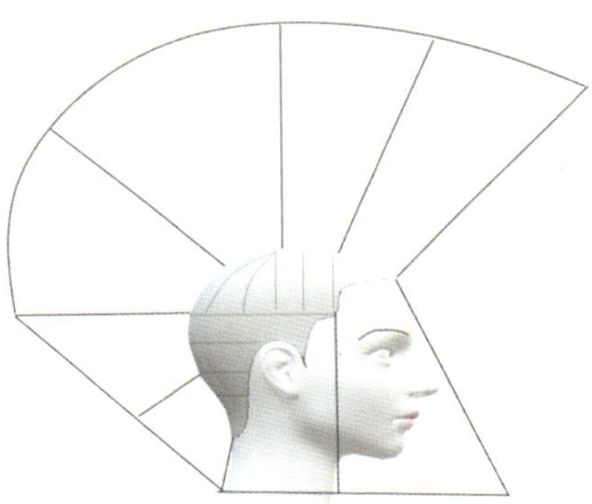

우측

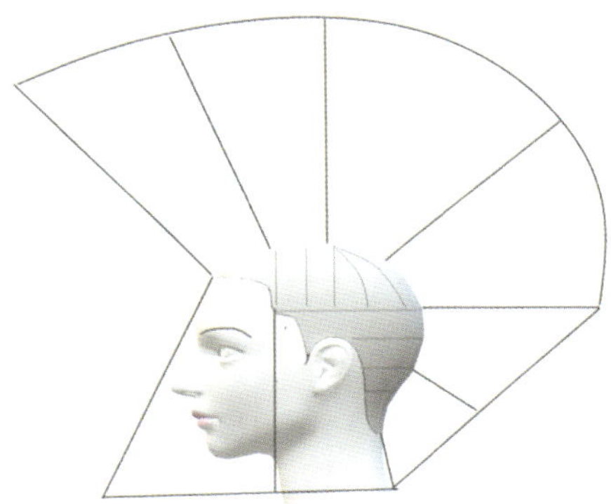

좌측

2. 헤어커트 진행하기

1. Blocking

2등분 좌·우 Side Point ~ Golden Back Medium Point Parting

① 좌·우 S.P ~ G.B.M.P를 수평으로 연결한다.

2. 언더 섹션 Under Section – 좌·우 S.P~G.B.M.P 호리존탈 라인 아래

완성 사진

- 가이드 N.P : 5㎝
- 호리존탈 슬라이스 라인
- 자연 분배
- 머리 위치 : 고개 숙임

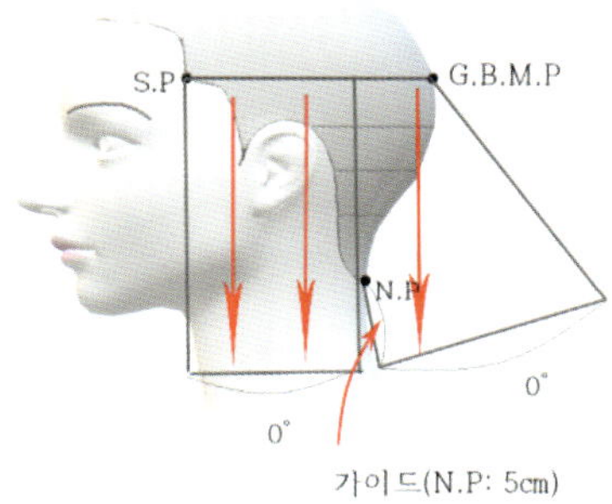

도해도

① 1 판넬 : N.P 자연 분배로 가이드를 결정하여 커팅한다. 평행 라인으로 커팅한다.

② 고개 숙임으로 커팅한 모습이다.

Check Point

고개 숙임으로 평행 라인 커팅하여 고개를 들면 완만한 곡선의 라운드 라인이 생길 수 있으므로 고개를 숙여 가이드를 만들 때 완만한 곡선의 컨케이브 형태로 가이드를 만드는 것이 좋다.

③ 가이드의 모발과 일정한 길이로 일직선으로 커팅한다.

④ 2 판넬의 완성된 모습이다.

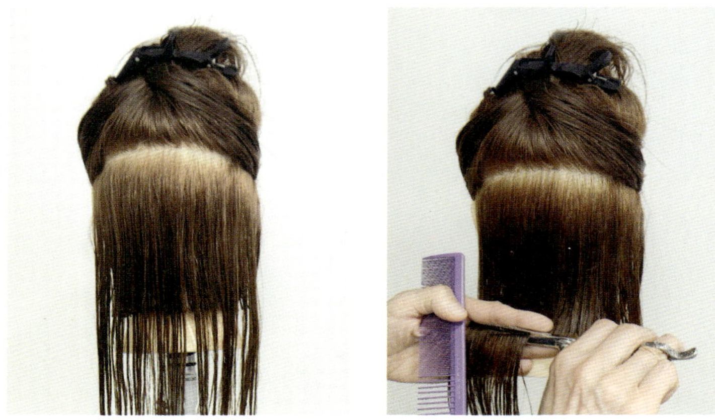

⑤ 같은 방법으로 수평 스퀘어 라인이 나오도록 커팅한다.

⑥ 3 판넬의 완성된 모습이다.

⑦ 마지막 판넬을 내렸을 때의 모습이다.

⑧ 좌측 사이드도 같은 방법으로 평행으로 커팅한다.

⑨ 좌측 사이드가 완성된 모습이다. ⑩ 우측도 같은 방법으로 커팅한다.

Check Point

섹션을 나누지 않고 1 섹션으로 원랭스 라인의 커트를 해도 되나 1~4 섹션을 나누어 커트를 하면 모발의 단차 없이 세밀한 작업이 이루어진다.

3. 언더 섹션 Under Section Textured

① 슬라이싱 기법으로 머리 표면을 따라 가위를 벌리고 미끄러져 가듯 커트하여 무거운 형태의 원랭스 커트에 율동감을 준다.

② 언덕 섹션의 질감 처리가 완성된 모습이다.

Check Point

질감 처리는 고객의 모발의 양에 따라 실행해야 한다.

4. 오버 섹션 Over Section – 좌·우 S.P~G.B.M.P 호리존탈 라인 위

(1) 1 커팅

완성 사진

- 커트하기 용이하도록 T.P를 중심으로 프론트 섹션을 나눈다.
- T.P를 중심으로 피봇 섹션
- 방향 분배
- 온 더 베이스
- 머리 위치 : 똑바로

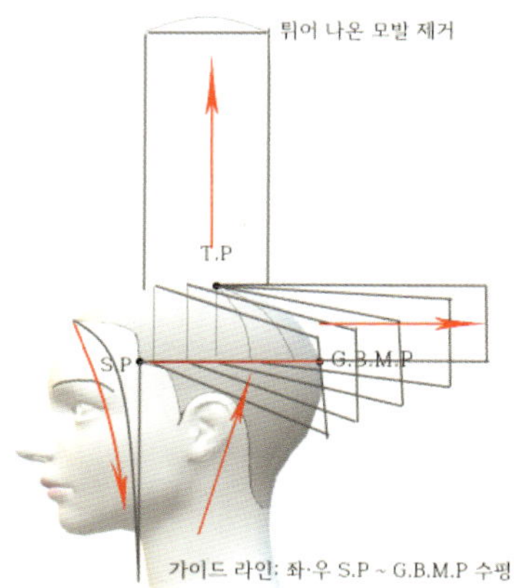

도해도

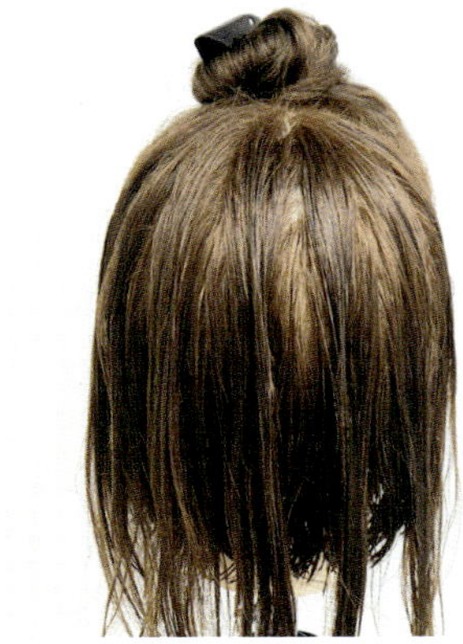

① T.P를 중심으로 6 판넬의 피봇으로 나눈다.

② 센터 판넬을 G.B.M.P의 가이드와 연결하여 온 더 베이스로 수직 스퀘어 라인 커팅한다.

③ 좌측 판넬도 같은 방법으로 G.B.M.P의 가이드와 연결하여 온 더 베이스로 수직 스퀘어 라인 커팅한다.

④ 우측 판넬도 같은 방법으로 커팅한다.

Check Point

언더 섹션의 가이드 길이와 연결해야 하며 스퀘어 라인의 중심 또한 언더 섹션의 가이드 라인으로 해야한다.

(2) 2 커팅

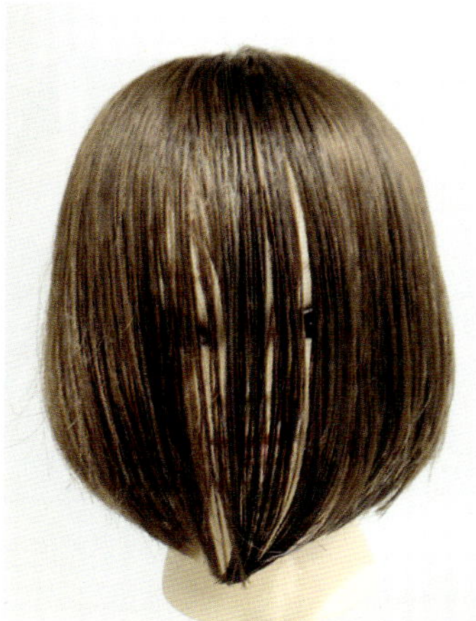

완성 사진

- 방향 분배
- 온 더 베이스
- 머리 위치 : 똑바로

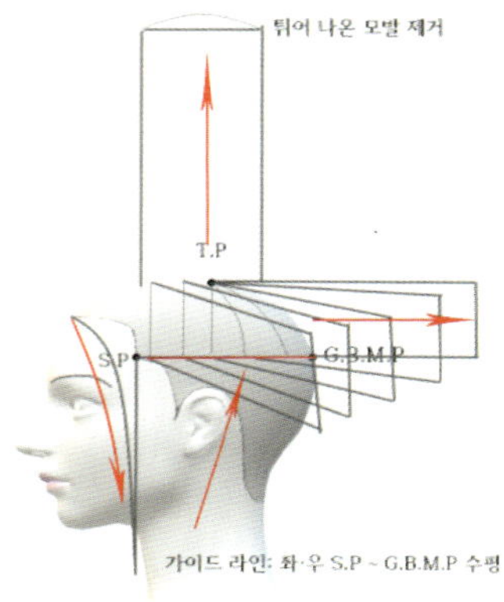

도해도

① 3개의 판넬로 나누어 사이드의 언더 섹션의 가이드 중심 온 더 베이스로 스퀘어 커팅한다.

② 우측이 완성된 모습이다.

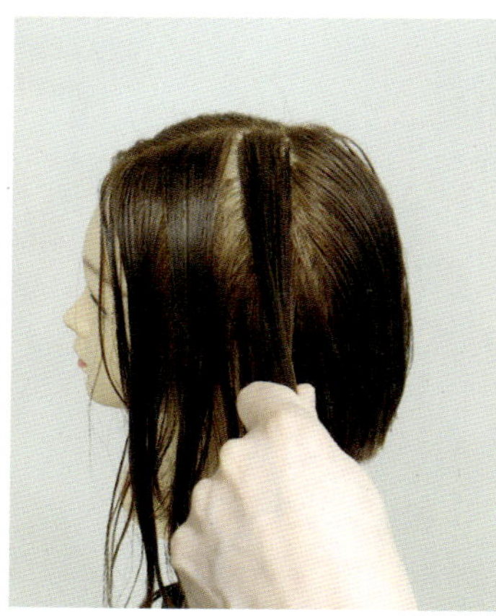

③ 3 판넬을 나누어 좌측 사이드의 언더 섹션의 가이드 중심 온 더 베이스로 스퀘어 커팅한다.

④ 3 판넬을 나누어 좌측 사이드의 언더 섹션의 가이드 중심 온 더 베이스로 스퀘어 커팅한다.

⑤ 좌측 프론트의 모발을 우측으로 빗어 넘겨 가이드와 연결하여 튀어나온 부분을 커팅한다.

⑥ 우측 프론트 모발을 좌측으로 빗어 넘겨 가이드와 연결하여 튀어나온 부분을 커팅한다.

⑦ 탑과 프론트의 모발을 앞으로 빗질하면 센터의 길이가 길어져야 한다.

⑧ 탑에서 모발을 일직선으로 들어올려 튀어 나온 모발을 제거한다.

Check Point

프론트의 모발을 앞으로 빗어서 커팅을 하면 길이가 짧아지므로 가르마와 상관없이 페이스라인 따라 좌우로 빗질을 하여 체크하여야 한다.

5. 오버 섹션 Over Section Textured

① 엔드 테이퍼 End taper 모발의 1/3 이내의 모발의 끝을 질감 처리하여 볼륨감과 입체감을 연출한다.

② 엔드 테이퍼가 완성된 모발의 모습이다.

Check Point

질감 처리는 고객의 모량에 따라 달라져야 한다.

6. 헤어커트 완성 사진

3. 헤어커트 마무리하기

[인컬 스타일링]

블로우 드라이롤 1~3호 또는 원형 아이론 20~25mm를 이용하여 뿌리에 볼륨을 넣어주면서 모발 끝으로 갈수록 롤을 돌려주어 인컬 형태를 만들어 준다. 헤어 광택제나 헤어 스프레이를 이용하여 스타일링을 마무리한다.

[C컬 입체감 스타일링]

인컬 드라이가 완성된 모발에 손가락과 빗을 이용하여 모발의 겉면을 뽑는 방식으로 C컬 만들어 밋밋한 인컬 드라이에 입체감을 넣어준다. 헤어 광택제나 헤어 스프레이를 이용하여 스타일링을 마무리한다.

Title 10

미디엄 U 라인 보브 커트 Medium U line Bob Cut

앞모습

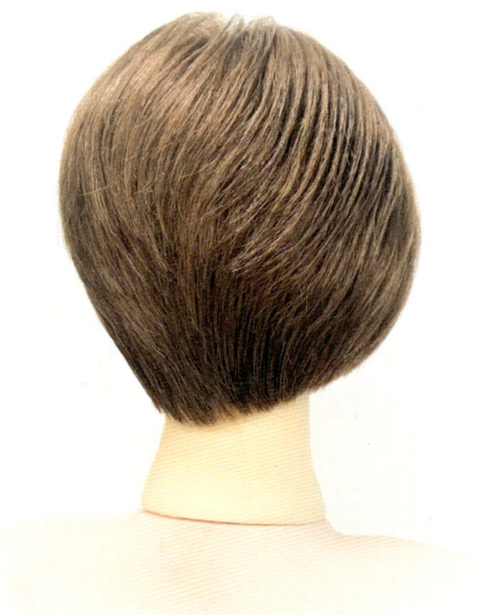

뒷모습

좌측 모습

우측 모습

1. 헤어커트 디자인 분석 및 준비하기

(1) 헤어커트 디자인 형태의 특징

좌·우 Front Side Point ~ Back Point Convex Parting의 후대각 라인으로 그래쥬에이션 형태를 연출하는 미디엄 U 라인 보브 커트 스타일이다. 후대각 라인의 파팅에서 고개 숙임으로 머리 위치를 하여 원랭스 라인의 언더 섹션 가이드를 만들어 버티컬 섹션으로 재 커팅하여 레이어 형태를 연출하고, 언더 섹션의 가이드를 중심으로 버티컬 섹션으로 45° 각도로 커트하여 볼륨을 만들어 주고 탑에서 두상 곡면을 따라 90° 각도로 커팅하여 볼륨을 극대화시켜 주는 그래쥬에이션 형태가 만들어진다.

디자인 설계 테크닉	헤어커트 조건
얼굴형 : 사각형, 장방형, 마름모, 삼각형 얼굴형은 피하는 것이 좋다.	가이드 길이 : N.P 길이 – 4cm
	블로킹Blocking : 3등분좌·우 Front Side Point ~Back Point Convex Parting/위 2, 아래 1
두상 : 프론트, 사이드의 함몰이 있을 시 보정 커트가 필요하다.	머리 위치Head Position : 똑바로, 고개 숙임
	섹션Section : 후대각 섹션, 수직 버티컬 섹션
이마 형태 : 좁은 이마는 피하는 것이 좋다.	슬라이스 라인Slice Line : 후대각 라인, 수직 버티컬 라인
	베이스Base : 온 더 베이스
목, 어깨 넓이 : 긴 목과 넓은 어깨는 피하는 것이 좋다.	분배Distribution : 자연 분배, 직각 분배
	시술 각도Projection : 일반 시술각
피해야 할 체형 : 모든 체형에 어울리는 스타일이다.	손가락 위치Finger Position : 평행 손가락
	가이드 라인Guide Line : 고정 디자인 라인
응용 가능 펌 : 스트레이트, C컬 웨이브	커트 테크닉Cut Technique : 블런트 커트Blunt Cut
	질감 처리Textured : 포인팅 커트Pointing Cut, 슬라이드Slide
	마무리 : 블로우 드라이 인컬

(2) 확장 도해도

커팅된 모발을 펼쳤을 때 모습을 그림으로 표현한다.

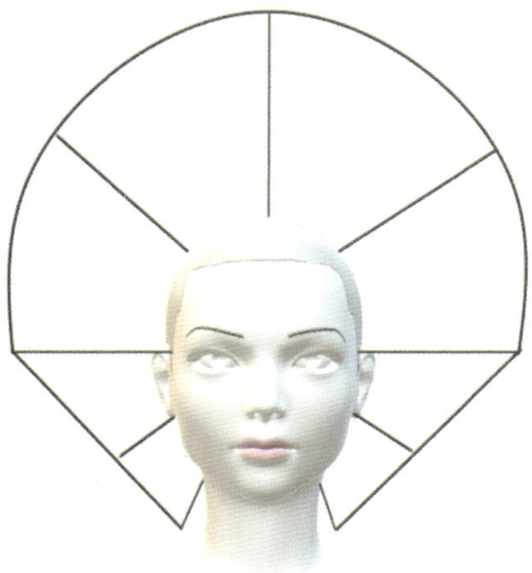

앞모습

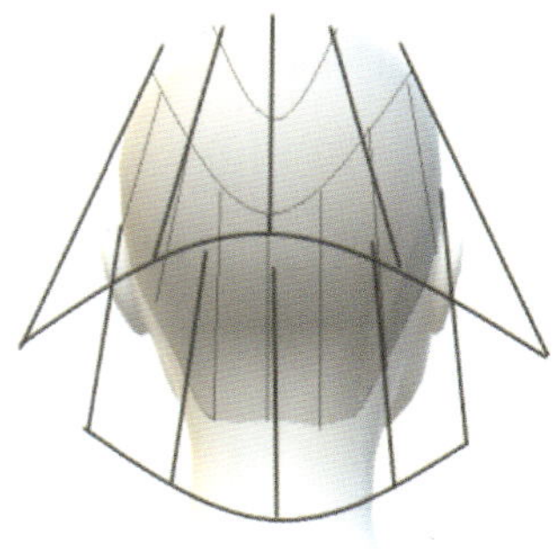

뒷모습

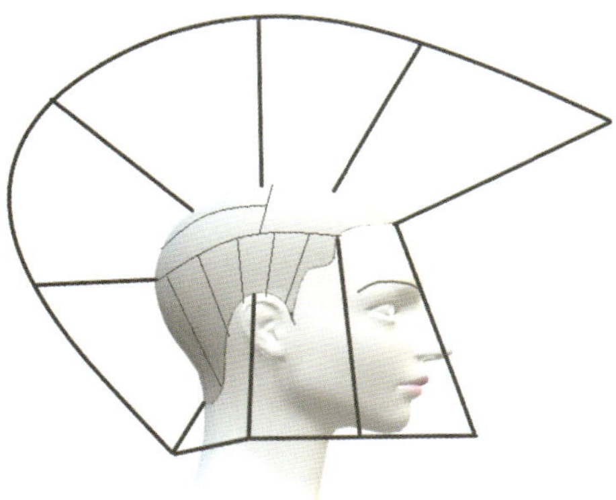

우측

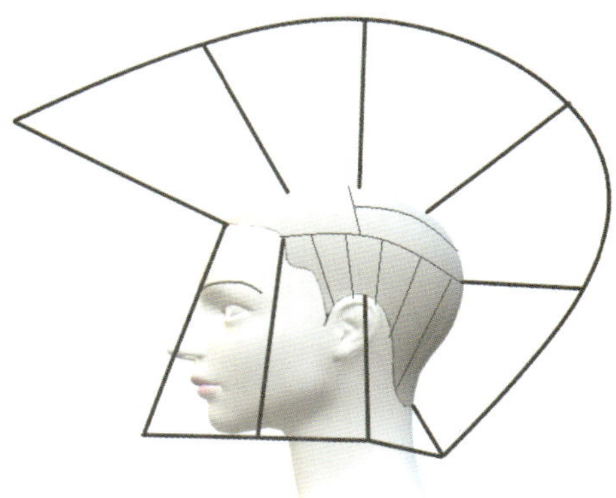

좌측

2. 헤어커트 진행하기

1. Blocking

3등분 Front Side Point ~ Back Point Convex Parting/위 2, 아래 1

① 좌·우 Front Side Point ~ Back Point Convex Parting으로 나눈다.
위 : 좌·우 T.E.M.P~B.P 나누어 아래 오버 섹션, 위 프론트 2등분
아래 : 언더 섹션 1등분

2. 언더 섹션 Under Section – F.S.P~B.P 후대각 라인 아래

(1) 1 커팅

완성 사진

- 가이드N.P : 4cm
- 호리존탈 라인 커팅
- 자연 분배
- 머리 위치 : 고개 숙임

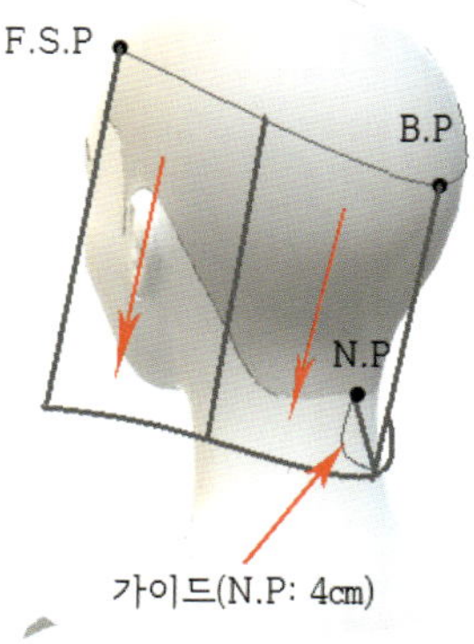

도해도

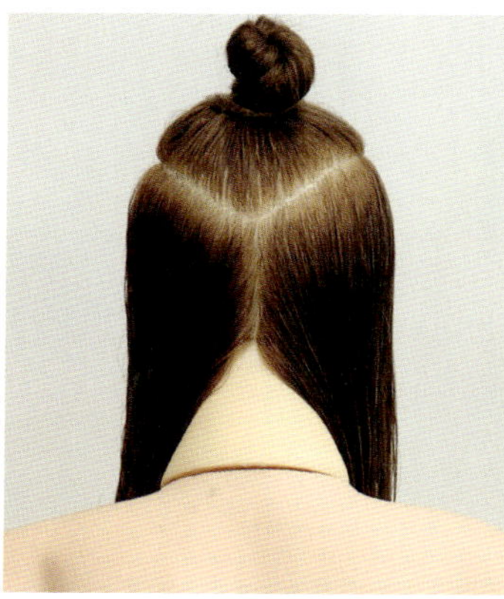

① 백 센터에서 모발을 반으로 나누어 앞쪽으로 곱게 빗질을 한다.

② 가이드를 만들 호리존탈 라인을 체크한다.

③ 호리존탈 라인으로 자연 시술각으로 커팅한다.

④ E.P까지 자연 시술각으로 커팅한다.

⑤ 우측 커팅이 완성된 모습이다.

⑥ 우측 사이드까지 연결하여 커팅한다.

⑦ 좌측도 같은 방법으로 커팅한다.

⑧ 사이드까지 같은 방법으로 호리존탈 라인으로 자연 시술각으로 커팅한다.

⑨ 좌·우 호리존탈 라인으로 커팅이 완성된 모습이다.

Check Point

머리 위치를 고객숙임으로 호리존탈 라인으로 커팅해야 자연스러운 후대각 라인이 형성된다. 모발이 떨어지는 방향으로 곱게 빗질을 해서 커팅한다. 또한 좌우의 모발을 동일하게 커팅하여야 한다.

(2) 2 커팅

- 수직 버티컬 라인 슬라이스
- 각도 90°
- 온 더 베이스
- 머리 위치 : 똑바로

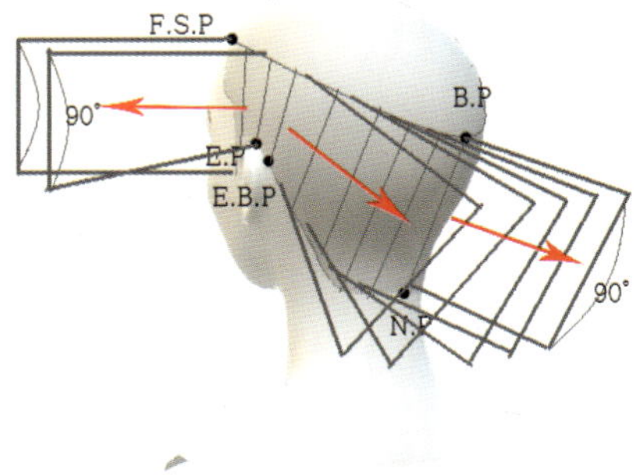

완성 사진

도해도

① B.P 센터를 중심으로 버티컬로 섹션을 나눈 모습이다.

② 모발을 버티컬 섹션과 평행이 되도록 하여 90° 각도 온 더 베이스로 가이드를 만든다.

③ 우측의 나머지 판넬도 센터의 가이드를 중심으로 E.B.P 지점까지 90° 각도로 커팅한다.

④ E.P 지점에서부터 얼굴 방향까지 모발을 버티컬 섹션과 평행이 되도록 하여 90° 각도로 커팅한다.

⑤ 가로 섹션으로 90° 각도로 들어 튀어나온 모발을 제거한다.

⑥ 우측 커팅이 완성된 모습이다.

⑦ 우측과 같은 방법으로 좌측의 가이드를 만든다.

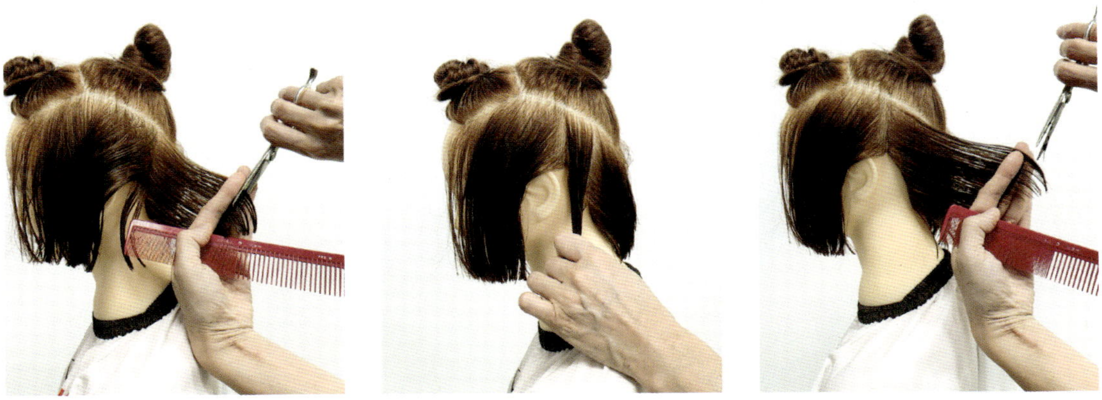

⑧ 좌측도 같은 방법으로 판넬을 나누어 버티컬 섹션과 평행이 되도록 하여 90° 각도 온 더 베이스로 가이드를 만든다.

⑨ E.P 지점에서부터 얼굴 방향까지 모발을 버티컬 섹션과 평행이 되도록 하여 90° 각도로 커팅한다.

Check Point

언더 섹션의 원랭스 라인의 가이드 모발. 즉 햄 라인에서 떨어지는 모발을 커팅하면 스타일의 변화가 생길 수 있다.

⑩ 좌측 커팅이 완성된 모습이다.

3. 오버 섹션 Over Section – F.S.P~B.P 후대각 라인 위

완성 사진

- 후대각 라인 슬라이스
- 각도 45°
- 온 더 베이스

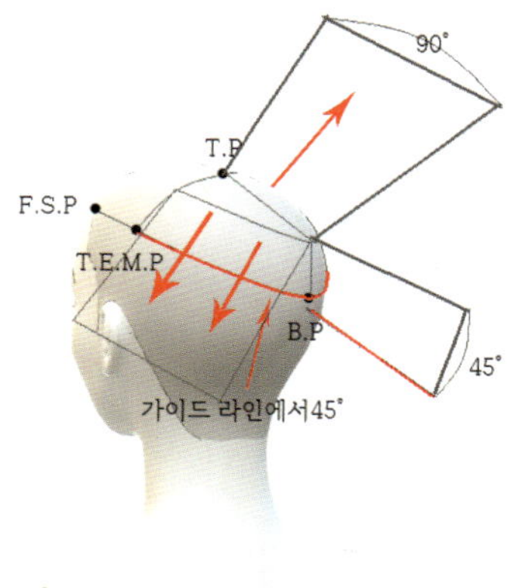

도해도

① 후대각 라인 슬라이스를 한다.

② 언더 섹션의 가이드 모발과 연결하여 후대각 라인의 슬라이스와 평행이 되도록 하여 45° 각도의 온 더 베이스로 커팅한다.

③ 첫 번째 판넬이 완성된 모습이다.

④ 가이드 모발과 연결하여 수직 버티컬 라인의 슬라이스와 평행이 되도록 45° 각도의 온 더 베이스로 커팅한다.

⑤ 가이드 모발과 연결하여 좌·우로 모발을 끌어 45° 각도의 온 더 베이스로 커팅한다.

⑥ T.P를 중심으로 탑으로 모발을 직각으로 들어 올려 튀어나온 모발을 제거한다.

⑦ 피봇으로 두상 곡면을 따라 제거한다.

Check Point

가이드를 잃으면 투 블럭 커트가 될 수 있으므로 가이드와 연결하여 커팅한다.

4. Back Textured

① 포인팅 커트로 엔드 테이핑하여 모발 끝의 양을 조절하여 율동감을 연출한다.

② 슬라이싱 커팅 기법으로 모발의 양을 조절하여 불규칙한 움직임을 표현한다.

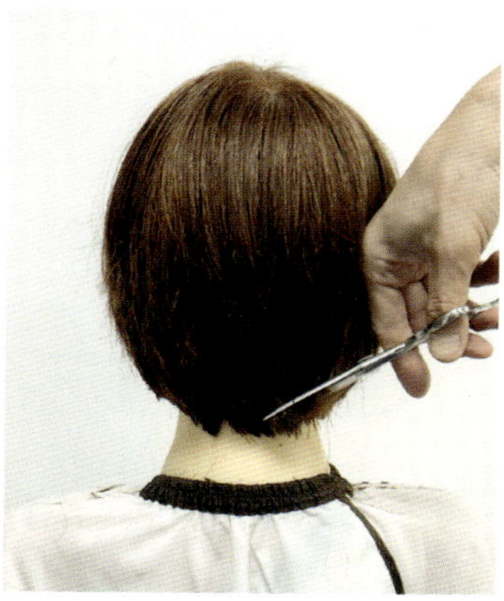

Check Point

질감 처리는 고객의 모발의 양에 따라 실행해야 한다.

5. Front Section – 좌·우 F.S.P~T.E.M.P 스퀘어 라인

완성 사진

- 수직 버티컬 섹션
- 각도 0°~90°
- 온 더 베이스
- 머리 위치 : 똑바로

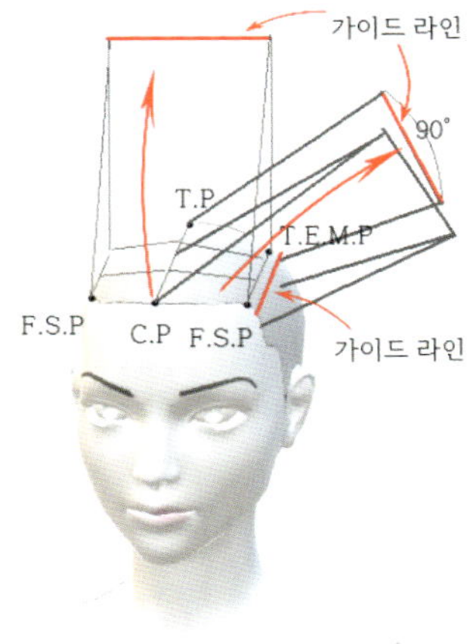

도해도

① T.P를 중심으로 모발이 떨어지는 방향으로 펼쳐 빗질하여 좌·우 가이드 라인과 일정하게 원랭스 라인으로 커팅한다.

② 얼굴 방향으로 빗질하여 자연 시술각으로 원랭스 라인으로 커팅한다.

③ 수직 버티컬 섹션으로 언더 섹션의 가이드 모발을 중심으로 90° 각도의 온 더 베이스 커팅한다.

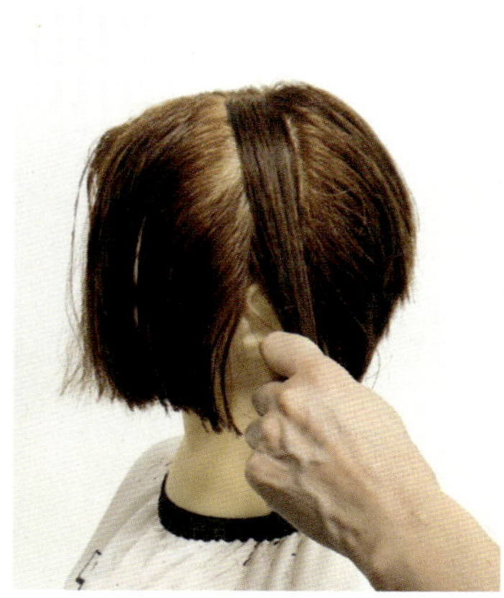

④ 나머지 판넬도 수직 버티컬 섹션으로 언더 섹션의 가이드 모발과 연결하여 90° 각도로 커팅한다. 앞머리가 짧아지지 않도록 주의하면서 같은 방법으로 커팅한다.

⑤ 좌측의 판넬을 나눈 모습이다.

⑥ 우측과 같은 방법으로 언더 섹션의 가이드 모발을 중심으로 90° 각도로 커팅한다.

Check Point

수직 버티컬 섹션으로 언더 섹션의 가이드 모발을 중심으로 90° 각도로 커트하면 탑은 45° 각도가 나온다.

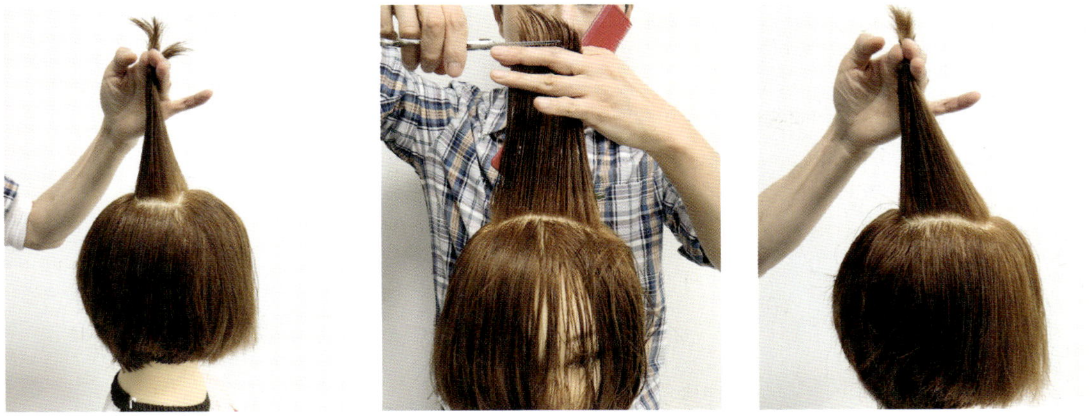

⑦ T.P를 중심으로 탑으로 모발을 직각으로 들어올려 튀어 나온 모발을 제거한다.

⑧ 센터 가르마를 나누어 탑을 중심으로 두상 곡면 90° 각도로 모발을 들어 올려 튀어나온 모발을 제거한다.

⑨ 프론트의 모발을 탑 쪽으로 끌어서 모발을 제거한다.

⑩ 좌측도 같은 방법으로 커팅한다.

Check Point

센터의 모발을 커팅할 시 탑 방향으로 모발을 끌어서 커팅하여야 센터의 모발이 짧아지지 않는다.

⑪ 프론트의 모발을 탑 쪽으로 끌어서 모발을 제거한다.

6. Front Textured

① 슬라이싱 커팅 기법을 이용하여 모발의 양의 조절하여 율동감을 연출한다.

Check Point

질감 처리는 고객의 모발의 양에 따라 실행해야 한다.

7. 헤어커트 완성 사진

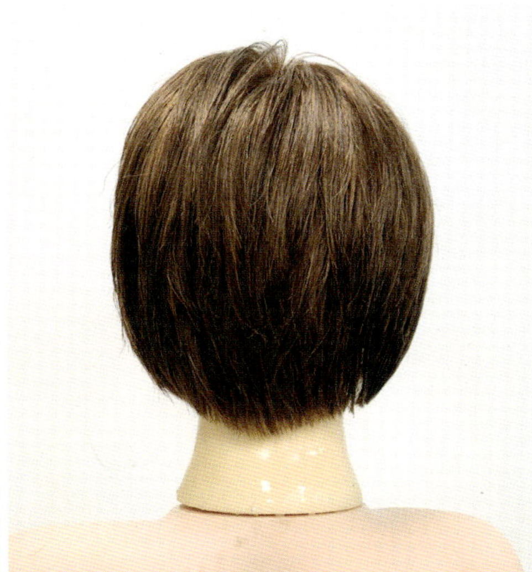

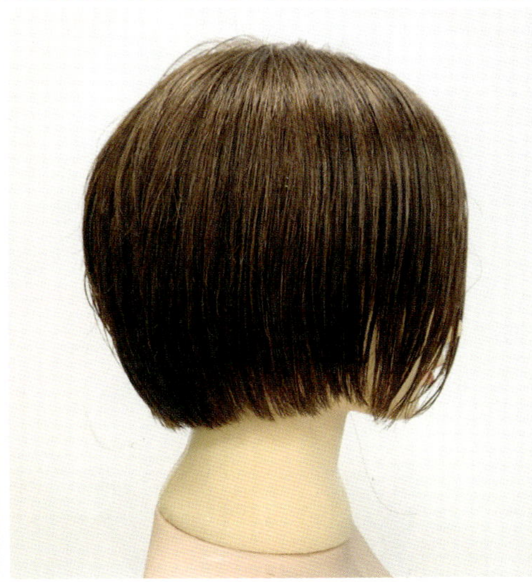

3. 헤어커트 마무리하기

[인컬 스타일링]

블로우 드라이롤 1~3호 또는 원형 아이론 20~25mm를 이용하여 뿌리에 볼륨을 넣어주면서 모발 끝으로 갈수록 롤을 돌려주어 인컬 형태를 만들어 준다. 헤어 광택제나 헤어 스프레이를 이용하여 스타일링을 마무리한다.

Title 11

미디엄 숏 그래쥬에이션 보브 커트 Medium Short Graduation Bob Cut

앞모습

뒷모습

좌측 모습

우측 모습

1. 헤어커트 디자인 분석 및 준비하기

(1) 헤어커트 디자인 형태의 특징

네이프에서 사이드까지 원랭스 라인을 유지하면서 15°~45° 각도의 그래쥬에이션 형태를 연출한 미디엄 숏 그래쥬에이션 보브 커트 스타일이다. 가이드를 원랭스 라인으로 설정하여 네이프 햄 라인의 원랭스 라인은 유지하여 45° 각도의 미디엄 그래쥬에이션 커트하여 볼륨감을 만들어 주고, 미들과 오버에서 15° 각도로 각도를 줄여 무게감을 주었다. 탑과 프론트의 모발을 연결 커트하여 탑에 볼륨을 주었다. 프론트와 사이드를 슬라이드 커트로 연결하여 레이어를 연출하여 사이드의 모발을 내리면 커트처럼 보이고 귀 뒤로 넘기면 커트처럼 보이는 커트이다.

디자인 설계 테크닉	헤어커트 조건
얼굴형 : 둥근형, 삼각형, 얼굴형을 제외한 모두가 어울리는 스타일이다.	가이드 길이 : N.P 길이 – 2mm
	블로킹Blocking : 6등분Ear To Ear Parting/앞 3, 뒤 3
두상 : 제안되는 두상 형태가 없이 모두 가능하다.	머리 위치Head Position : 똑바로, 고개 숙임
	섹션Section : 호리존탈 섹션, 버티컬 섹션
이마 형태 : 이마가 좁은 경우 피하는 것이 좋다.	슬라이스 라인Slice Line : 평행 라인, 수직 커티컬 라인
	베이스Base : 온 더 베이스
목, 어깨 넓이 : 긴 목과 넓은 어깨는 피하는 것이 좋다.	분배Distribution : 자연 분배, 직각 분배
	시술 각도Projection : 일반 시술각
피해야 할 체형 : 모든 체형에 어울리는 스타일이다.	손가락 위치Finger Position : 평행 손가락
	가이드 라인Guide Line : 고정 디자인 라인
응용 가능 펌 : 스트레이트, 인컬C컬	커트 테크닉Cut Technique : 블런트 커트Blunt Cut, 슬라이드Slide
	질감 처리Textured : 틴닝Thinning, 슬라이싱Slicing
	마무리 : 블로우 드라이 인컬

(2) 확장 도해도

커팅된 모발을 펼쳤을 때 모습을 그림으로 표현한다.

앞모습

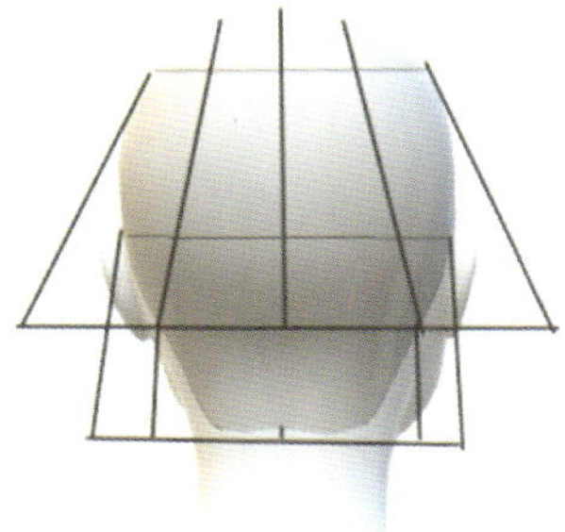

뒷모습

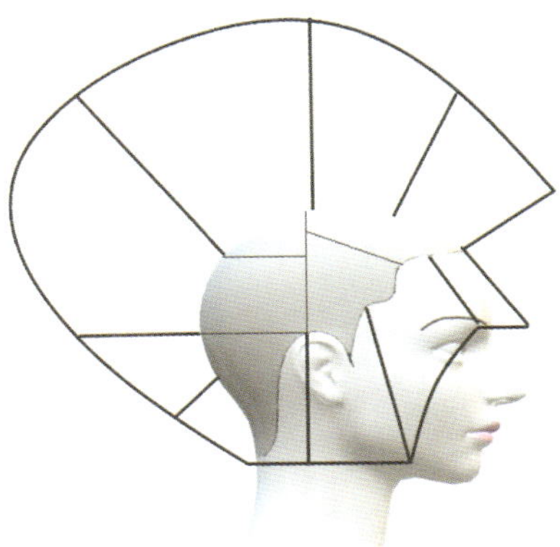

우측

좌측

2. 헤어커트 진행하기

1. Blocking

6등분 Ear To Ear Parting/앞 3, 뒤 3

① Ear To Ear Parting으로 나눈다.
앞 : 좌·우 눈썹 중앙~좌·우 T.P 3 파트
뒤 : 좌·우 E.P~B.P 언더, 좌·우 T.E.M.P~G.P 위 오버, 아래 미들 3 파트

2. 언더 섹션 Under Section – 좌·우 E.P~B.P 호리존탈 라인 아래

(1) 1 커팅

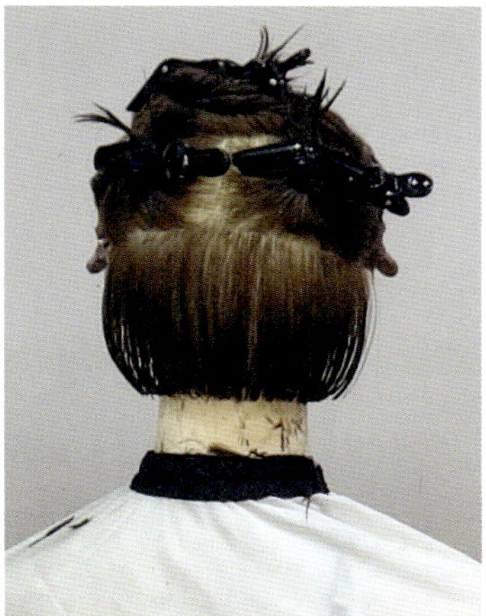

완성 사진

- 가이드 N.P : 2mm
- 호리존탈 라인
- 0° 각도
- 자연 시술각
- 머리 위치 : 고개 숙임

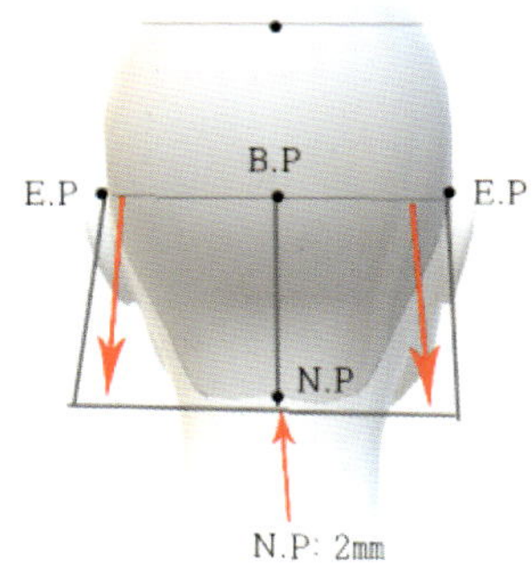

도해도

① 언더 섹션의 모발을 자연 시술각 N.P 2mm 커팅한다. 빗을 호리존탈 섹션과 평행으로 모발 위에 세워서 커팅한다.

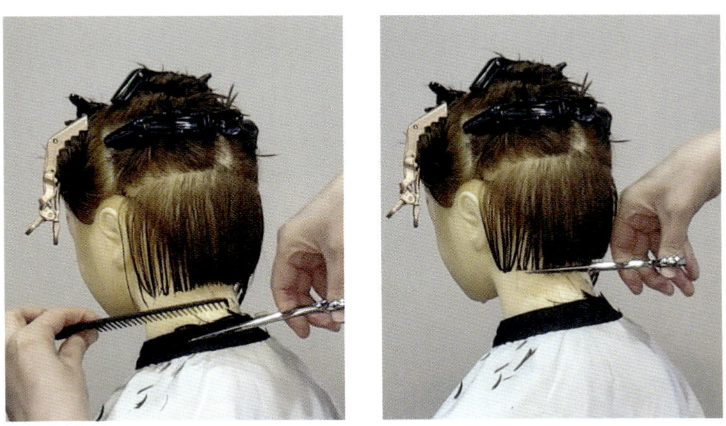

② 좌측의 코너에 튀어나온 모발을 제거하여 원랭스 라인을 만든다.

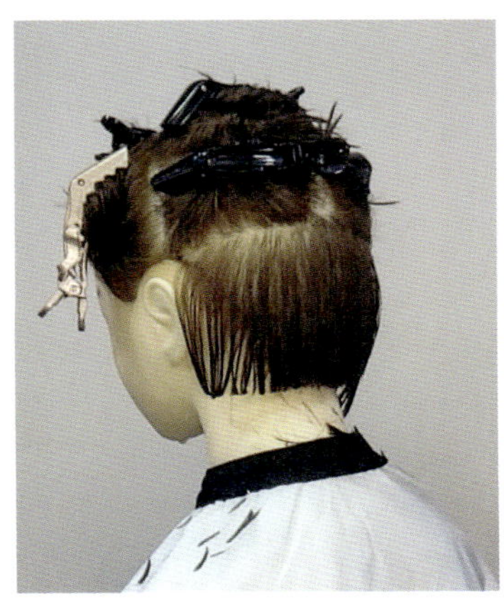

③ 좌측의 커팅이 완성된 모습이다.

④ 우측 모발도 원랭스 라인으로 커팅한다.

Check Point

네이프 원랭스 라인 좌·우 모발의 길이가 일정하여야 한다.

(2) 2 커팅

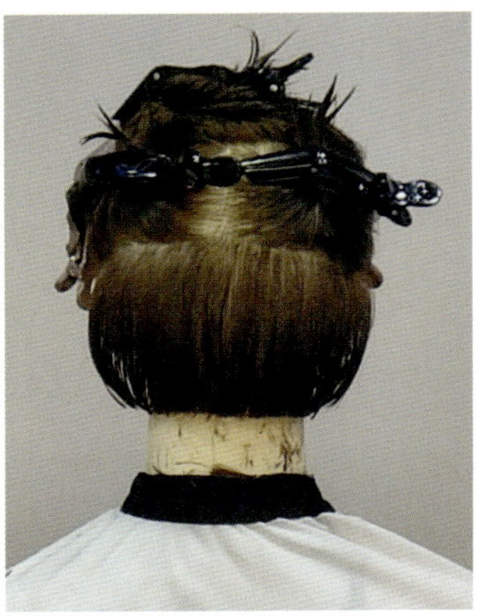

완성 사진

- 수직 버티컬 슬라이스
- 45° 각도
- 온 더 베이스
- 머리 위치 : 똑바로

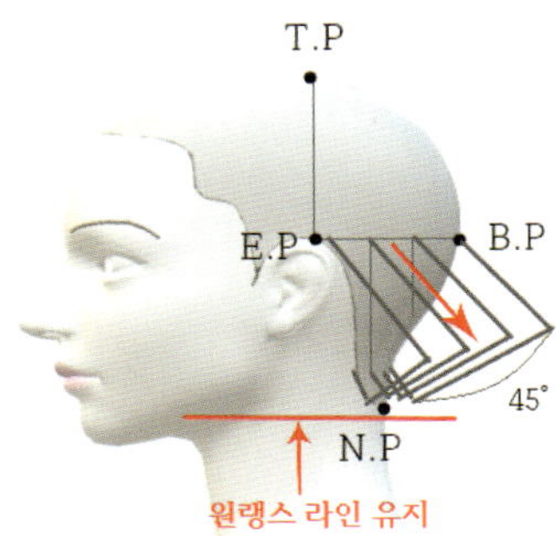

도해도

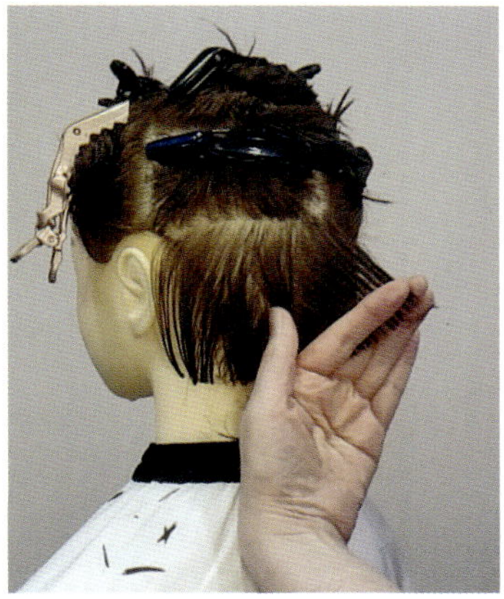

① 원랭스 라인으로 커팅된 언더의 모발을 수직 버티컬 슬라이스 45° 각도 온 더 베이스로 커팅한다. 좌측의 남은 모발도 같은 방법으로 커팅한다.

② 좌측의 커팅이 완성된 모습이다.

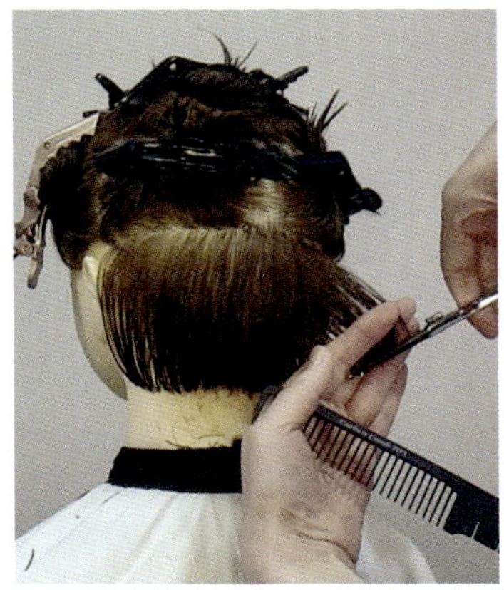

③ 우측도 같은 방법으로 45° 각도로 커팅한다.

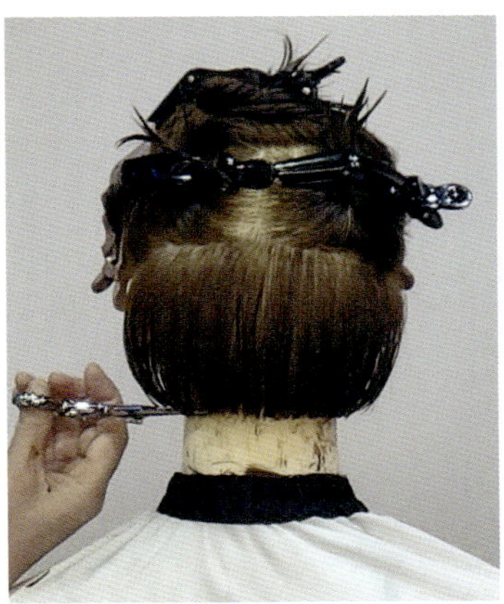

④ 커팅이 완성된 후 튀어나온 모발을 제거한다.

Check Point

네이프 햄 라인의 모발은 커팅하지 않아야 원랭스 라인이 유지된다.

3. 미들 섹션 Middle section – 좌·우 T.E.M.P~G.P 호리존탈 라인 아래

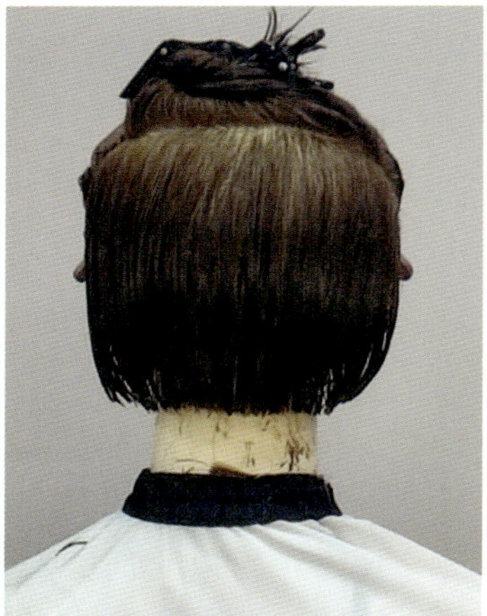

완성 사진

- 수직 버티컬 슬라이스
- 15° 각도
- 온 더 베이스
- 머리 위치 : 똑바로

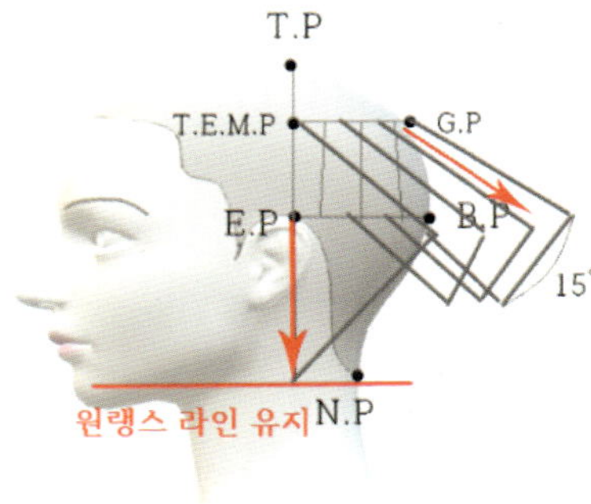

도해도

① 언더 섹션의 가이드 모발과 연결하여 수직 버티컬 슬라이스 15° 각도 온 더 베이스로 커팅한다.

② 좌측의 나머지 판넬도 같은 방법으로 15° 각도를 유지하며 온 더 베이스 커팅한다.

③ 좌측의 마지막 판넬의 모발은 원랭스 라인이 유지되도록 길게 커팅한다.

④ 좌측의 커팅이 완성된 모습이다.

⑤ 우측도 같은 방법으로 가이드와 연결하여 15° 각도를 유지하며 커팅한다.

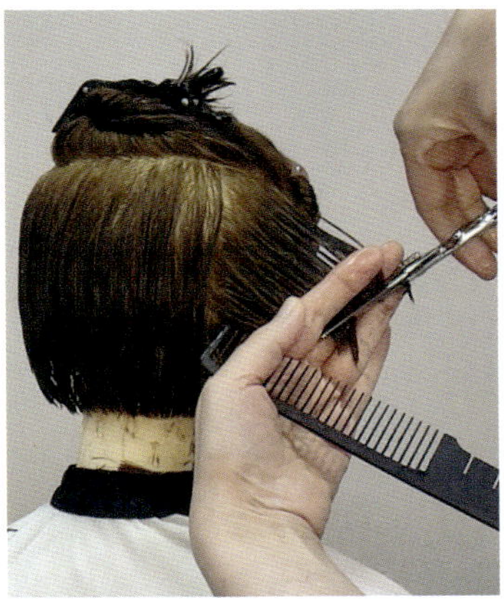

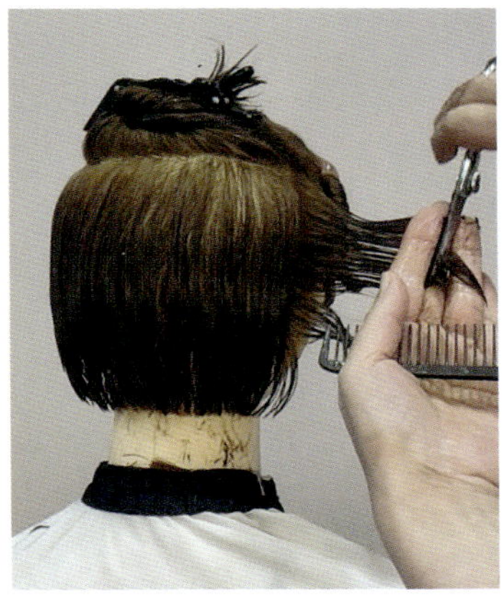

⑥ 우측의 나머지 판넬도 가이드와 연결하여 15° 각도의 온 더 베이스로 커팅한다. 마지막 판넬은 좌측과 같은 방법 원랭스 라인이 유지되도록 길게 커팅한다.

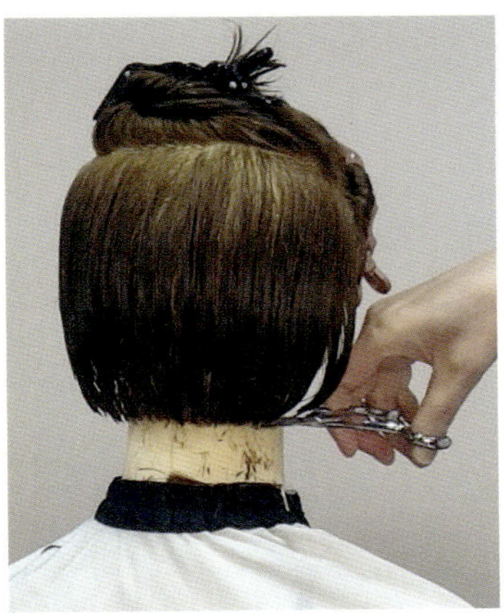

Check Point

언더 섹션에 커팅된 좌·우 **E.B.P** 라인과 네이프 햄 라인의 모발은 커팅하지 않아야 원랭스 라인이 유지된다.

4. 오버 섹션 Over Section – 좌·우 T.E.M.P~G.P 호리존탈 라인 위

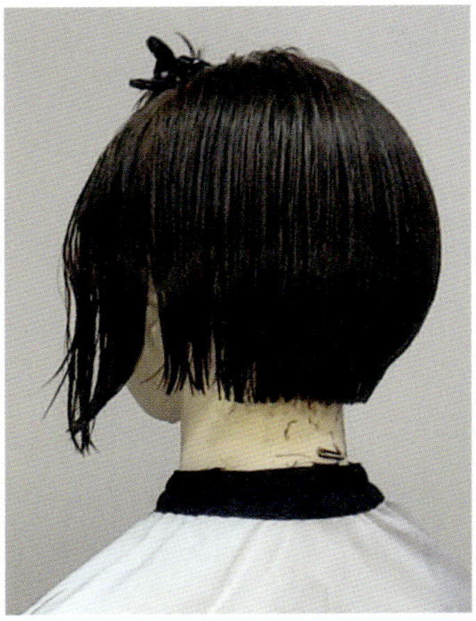

완성 사진

- 피봇 슬라이스 라인
- 각도 15°
- 온 더 베이스
- 머리 위치 : 똑바로

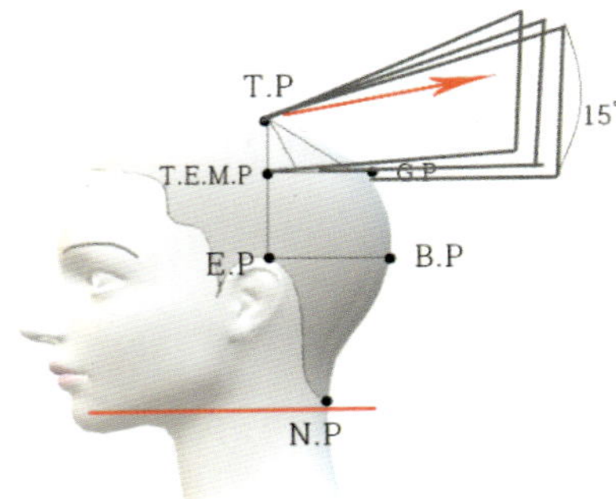

도해도

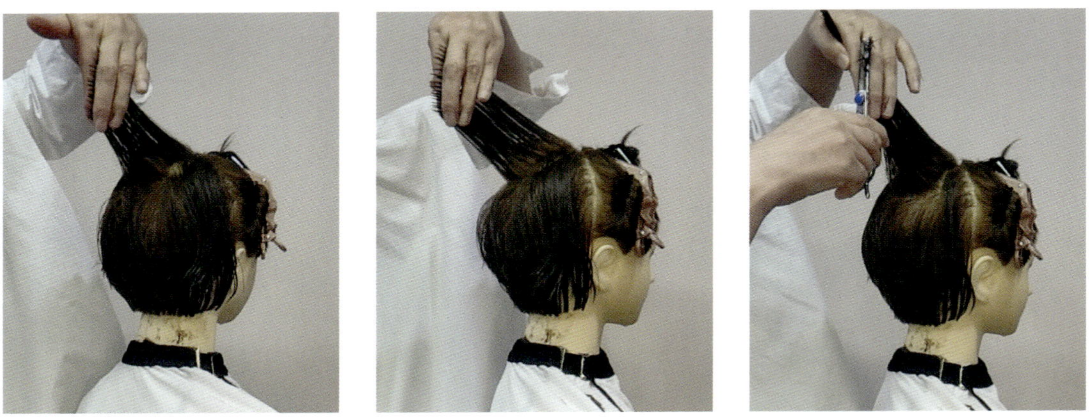

① T.P 센터를 중심으로 피봇 섹션으로 나누어 미들 섹션의 가이드 모발과 연결하여 T.P 중심 15° 각도로 온 더 베이스로 커팅한다.

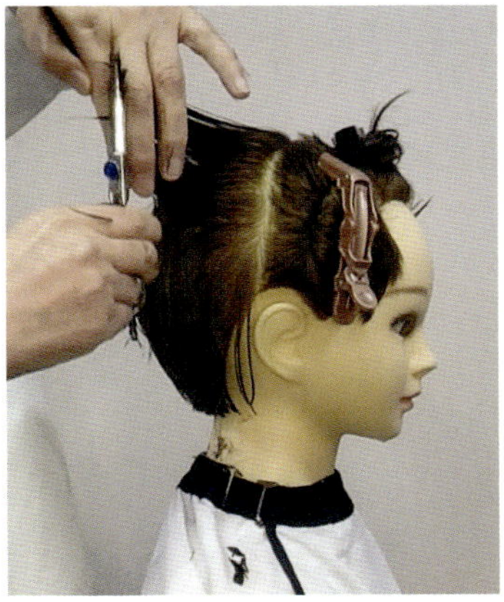

② 우측의 마지막 판넬도 같은 방법으로 커팅한다.

③ 우측 커팅이 완성된 모습이다.

④ 좌측도 같은 방법으로 미들 섹션의 가이드 모발과 연결하여 T.P 중심 15° 각도로 온 더 베이스로 커팅한다.

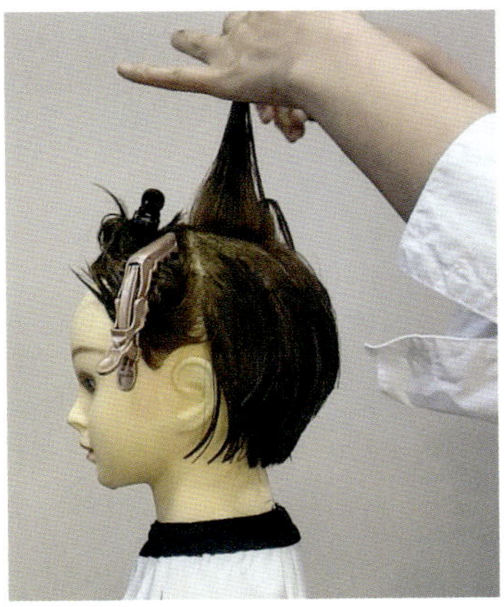

⑤ 탑으로 모발을 끌어 튀어나온 모발을 제거한다.

Check Point

T.P 중심에서 15° 각도로 커팅하여 자연스럽게 그래쥬에이션 형태를 만든다.

5. Temple Section **좌측** – 좌측 눈썹 중앙~좌측 T.P 전대각 라인 아래

완성 사진

- 호리존탈 슬라이스 라인
- 각도 15°
- 온 더 베이스
- 머리 위치 : 똑바로

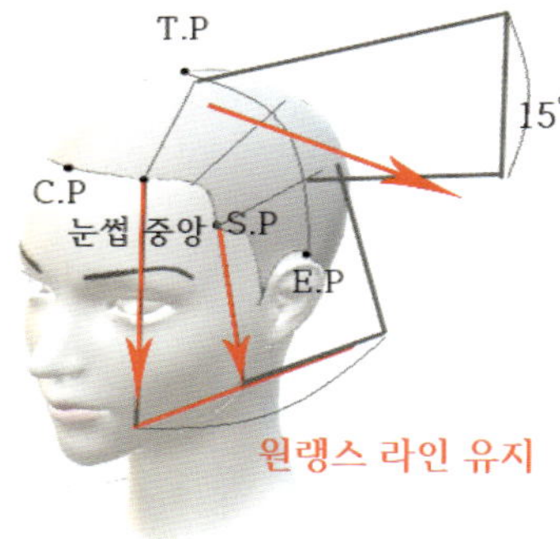

도해도

① 첫 번째 판넬을 백 네이프 모발과 연결하여 원랭스 라인으로 커팅한다.

② 원랭스 라인이 만들어진 모습이다.

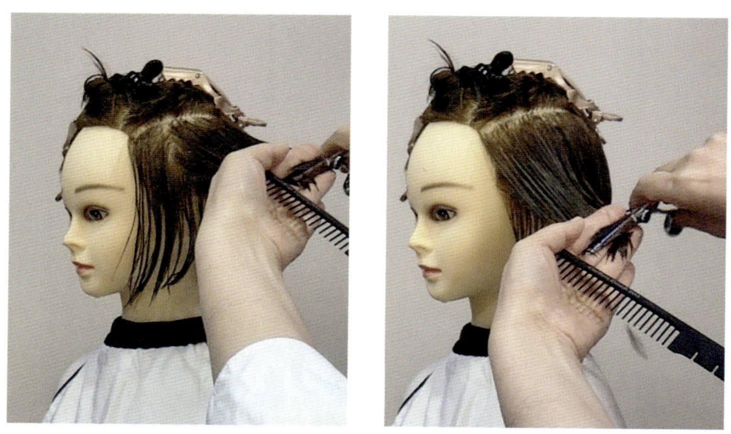

③ 두 번째 판넬은 가이드와 연결하여 15° 각도로 커팅한다. 얼굴 방향의 모발이 짧아지지 않도록 주의하면서 커팅한다.

④ 두 번째 판넬이 완성된 모습이다.

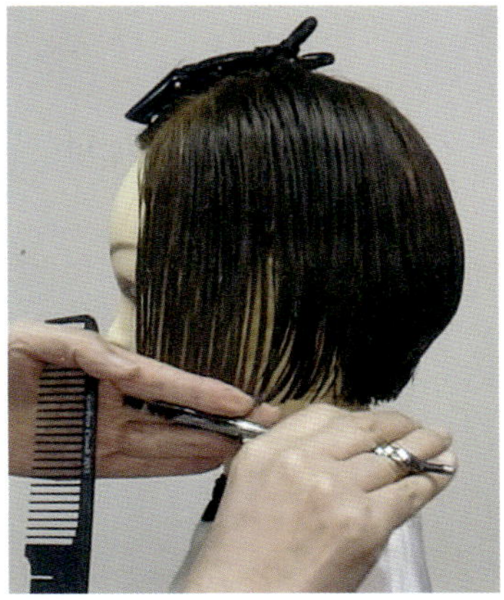

⑤ 마지막 판넬도 같은 방법으로 커팅하여 얼굴 방향으로 길어진 모발을 네이프와 같은 길이로 커팅한다.

⑥ 수직으로 15° 각도를 체크하여 튀어나온 모발을 제거한다.

Check Point

얼굴 방향의 모발을 길게 커팅하여 나중에 원랭스 라인으로 커팅하는 것이 원랭스 라인을 유지하기 용이하다.

6. Temple Section 우측 – 우측 눈썹 중앙~좌측 T.P 전대각 라인 아래

완성 사진

- 호리존탈 슬라이스 라인
- 각도 15°
- 온 더 베이스
- 머리 위치 : 똑바로

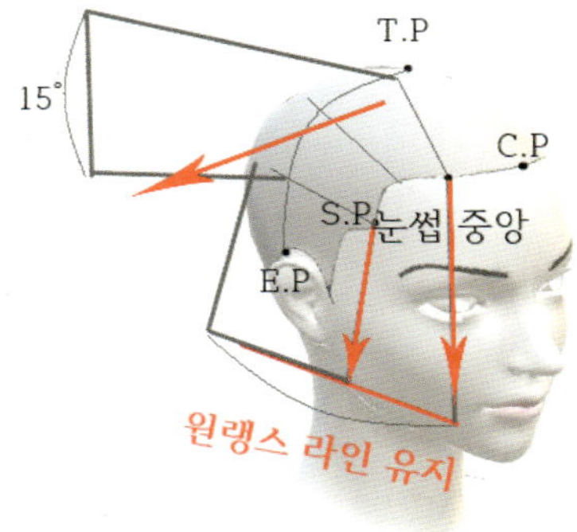

도해도

① 좌측의 원랭스 라인과 동일하게 커팅하기 위해 우측의 모발을 한꺼번에 내려 커팅한다.

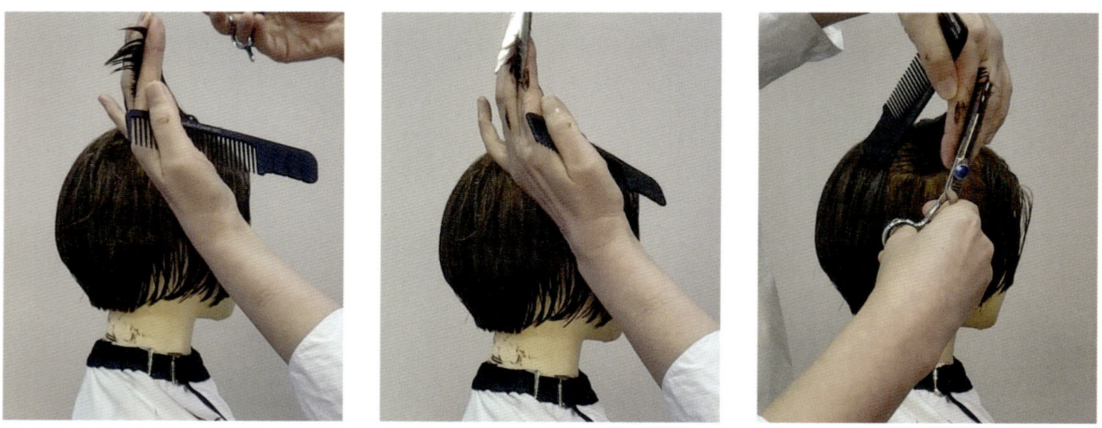

② 수직 버티컬 슬라이스로 백 사이드와 연결하여 15° 각도 온 더 베이스로 커팅한다.

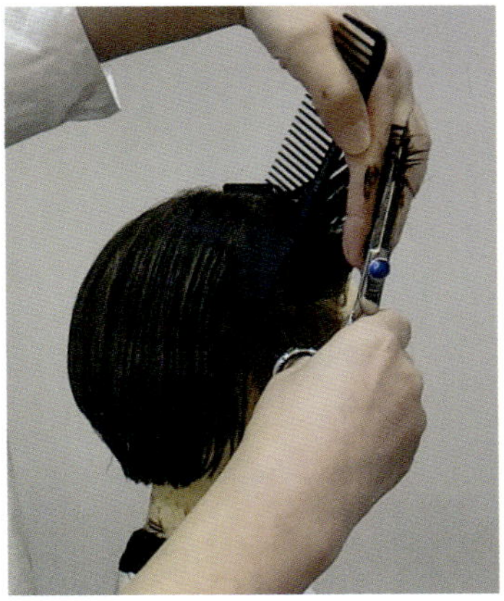

Check Point

원랭스 라인을 유지하면서 좌·우의 사이드 길이가 다르지 않도록 중간에 체크하면서 커트하는 것을 잊지 않아야 한다.

7. Front Section – 좌·우 눈썹 중앙~T.P 전대각 라인 위

완성 사진

- 자연 시술각
- 슬라이드 커트
- 머리 위치 : 똑바로

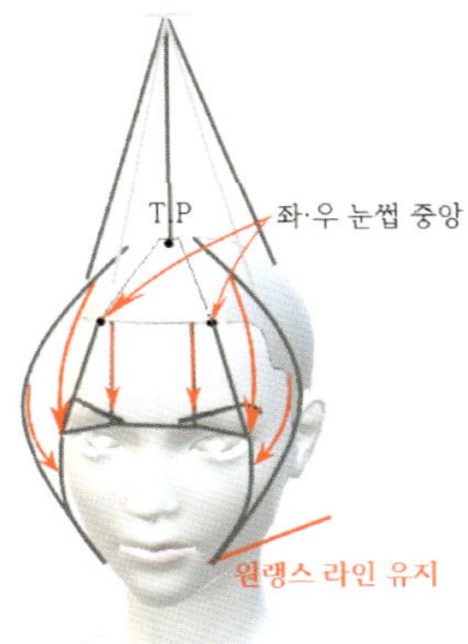

도해도

① 프론트 모발 3/5을 눈썹 밑에 일자로 커팅하여 가이드를 만든다.

② 일자로 커팅된 모습이다.

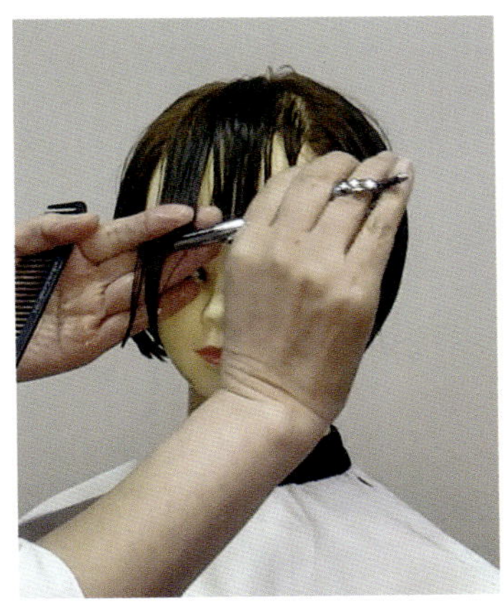

③ 우측에 남겨진 모발을 가이드와 연결하여 우측 방향이 길게 커팅한다.

④ 우측 앞머리 커팅이 완성된 모습이다.

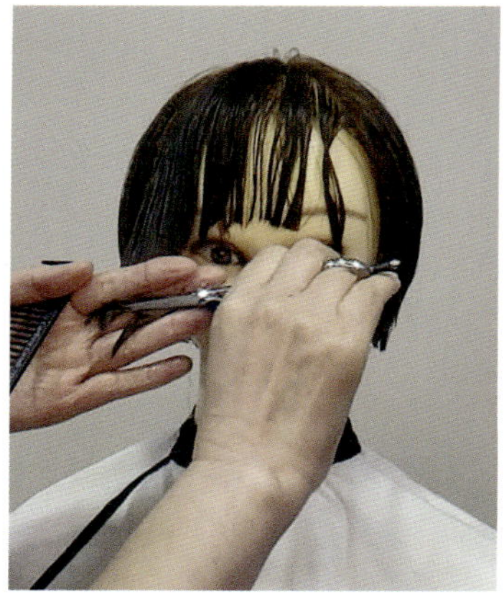

⑤ 우측의 가이드와 사이드의 모발을 연결하여 슬라이드 커팅한다.

⑥ 슬라이드 커팅이 완성된 모습이다.

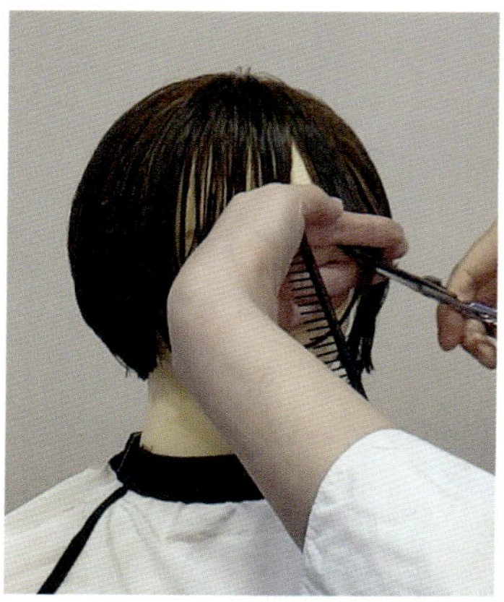

⑦ 좌측에 남겨진 모발을 가이드와 연결하여 좌측 방향이 길게 커팅한다.

⑧ 좌측 앞머리 커팅이 완성된 모습이다.

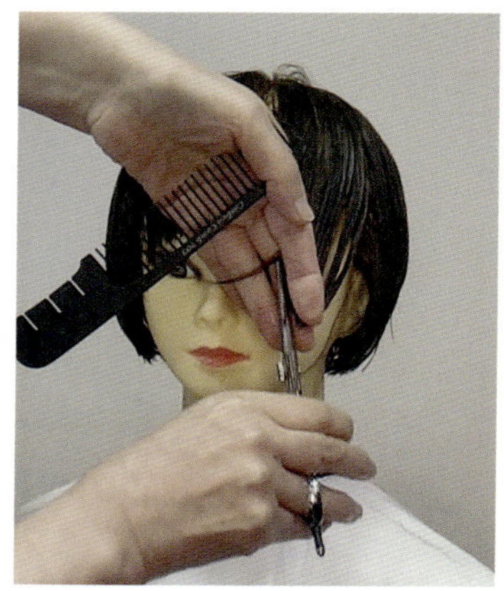

⑨ 좌측의 가이드와 사이드의 모발을 연결하여 슬라이드 커팅한다.

⑩ 슬라이드 커팅이 완성된 모습이다.

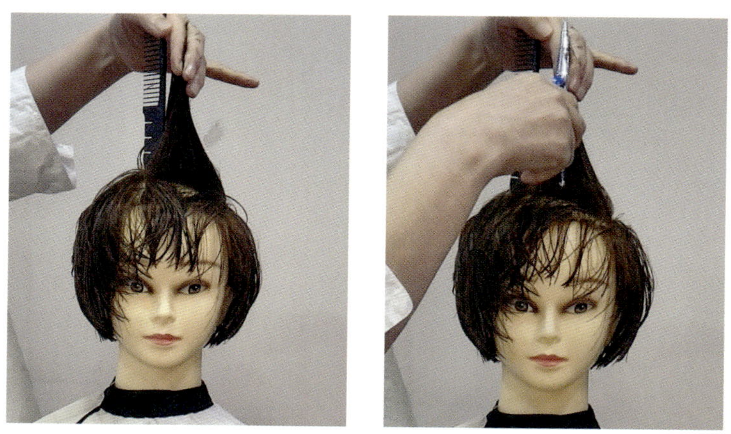

⑪ 탑의 좌·우 모발을 중앙으로 끌어 튀어 나온 모발을 제거한다.

Check Point

슬라이드 커팅 시 끊어짐이 없이 연속성을 가져야 하며, 원랭스 라인을 무리하게 커팅하면 원랭스 가이드 라인의 변형이 생길 수 있다.

8. Textured

① 틴닝 가위로 라인언더 틴닝 기법으로 판넬 끝의 라인 부분에 여러 개의 그래쥬에이션 층이 형성되도록 틴닝 처리한다. 우측의 프론트에서 사이드로 진행한다.

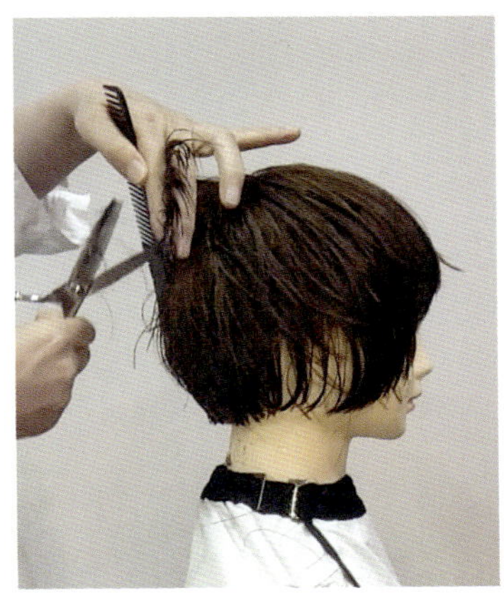

② 같은 방법으로 백까지 진행한다. 틴닝 처리가 된 모발은 앞으로 빗어넘겨 무리한 질감 처리가 이루어지지 않도록 한다.

③ 네이프 틴닝 가위로 엔드 테이핑하여 모발 끝의 양을 조절하여 율동감을 연출한다.

④ 좌측도 같은 방법으로 프론트부터 틴닝 가위로 라인언더 틴닝 기법으로 판넬 끝의 라인 부분에 여러 개의 그래쥬에이션 층이 형성되도록 틴닝 처리한다.

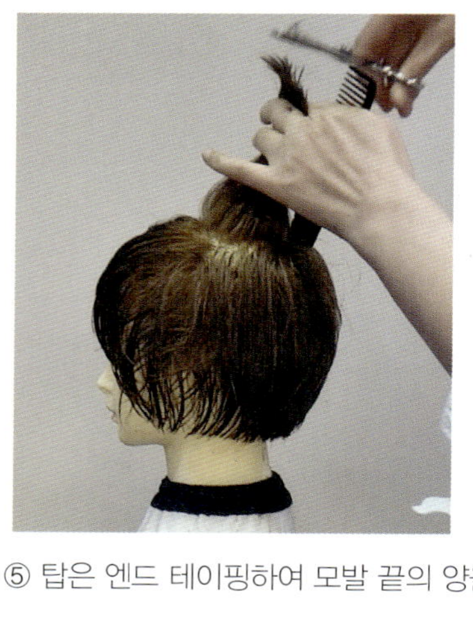

Check Point

질감 처리는 고객의 모발의 양에 따라 실행해야 한다.

⑤ 탑은 엔드 테이핑하여 모발 끝의 양을 조절하여 율동감을 연출한다.

9. 헤어커트 완성 사진

3. 헤어커트 마무리하기

[인컬 스타일링]

블로우 드라이롤 1~3호 또는 원형 아이론 20~25mm를 이용하여 뿌리에 볼륨을 넣어주면서 모발 끝으로 갈수록 롤을 돌려주어 인컬 형태를 만들어 준다. 헤어 광택제나 헤어 스프레이를 이용하여 스타일링을 마무리한다.

[귀 뒤로 넘긴 스타일링]

인컬 드라이가 완성된 모발에 페이스 라인의 모발을 남겨두고 사이드의 모발을 귀 뒤로 넘겨준다. 헤어 광택제나 헤어 스프레이를 이용하여 스타일링을 마무리한다.

Title 12

미디움 레이어 콤비네이션 커트 Medium Layer Combination Cut

앞모습

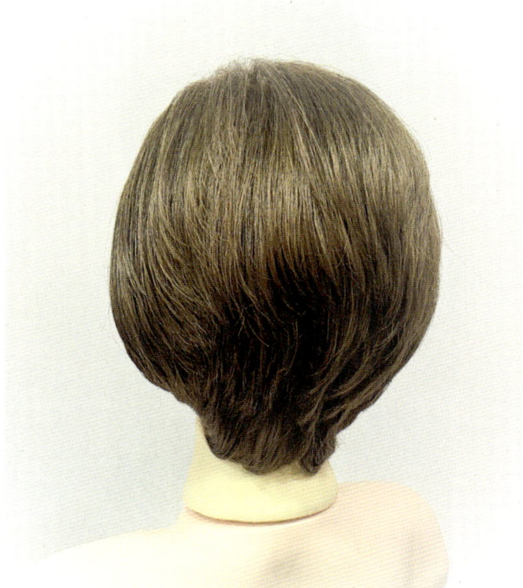

뒷모습

좌측 모습

우측 모습

1. 헤어커트 디자인 분석 및 준비하기

(1) 헤어커트 디자인 형태의 특징

U 라인에서 미들 섹션 45° 각도의 그래쥬에이션으로 무게감을 주고, 그 외는 90° 각도의 레이어 형태를 연출하는 미디움 레이어 콤비네이션 커트 스타일이다. U 라인 가이드에서 90° 각도로 커팅하여 레이어 형태를 만들고 미들 섹션에서 45° 각도 사이드 베이스로 커팅하여 전대각 라인의 그래쥬에이션 형태를 만든다. 오버 섹션에서 T.P 중심 90°로 커팅하여 떨어지는 모발이 하이 그래쥬에이션 형태가 나오는 전체적으로는 레이어 형태가 연출된다.

<table>
<tr><th>디자인 설계 테크닉</th><th>헤어커트 조건</th></tr>
<tr><td rowspan="2">얼굴형 : 장방형 얼굴형을 제외한 모두가 어울리는 스타일이다.</td><td>가이드 길이 : N.P 길이 – 6cm</td></tr>
<tr><td>블로킹Blocking : 6등분Ear To Ear Parting/앞 3, 뒤 3</td></tr>
<tr><td rowspan="2">두상 : 제안되는 두상 형태가 없이 모두 가능하다.</td><td>머리 위치Head Position : 똑바로</td></tr>
<tr><td>섹션Section : 호리존탈 섹션, 버티컬 섹션</td></tr>
<tr><td rowspan="2">이마 형태 : 이마가 좁은 경우 피하는 것이 좋다.</td><td>슬라이스 라인Slice Line : 평행 라인, 수직 버티컬 라인</td></tr>
<tr><td>베이스Base : 온 더 베이스, 사이드 베이스</td></tr>
<tr><td rowspan="2">목, 어깨 넓이 : 짧은 목과 좁은 어깨는 피하는 것이 좋다.</td><td>분배Distribution : 자연 분배, 직각 분배</td></tr>
<tr><td>시술 각도Projection : 일반 시술각</td></tr>
<tr><td rowspan="2">피해야 할 체형 : 모든 체형에 어울리는 스타일이다.</td><td>손가락 위치Finger Position : 평행 손가락</td></tr>
<tr><td>가이드 라인Guide Line : 고정 디자인 라인</td></tr>
<tr><td rowspan="3">응용 가능 펌 : 스트레이트, 인컬C컬</td><td>커트 테크닉Cut Technique : 블런트 커트Blunt Cut, 슬라이드Slide</td></tr>
<tr><td>질감 처리Textured : 틴닝Thinning</td></tr>
<tr><td>마무리 : 블로우 드라이 인컬</td></tr>
</table>

(2) 확장 도해도

커팅된 모발을 펼쳤을 때 모습을 그림으로 표현한다.

앞모습

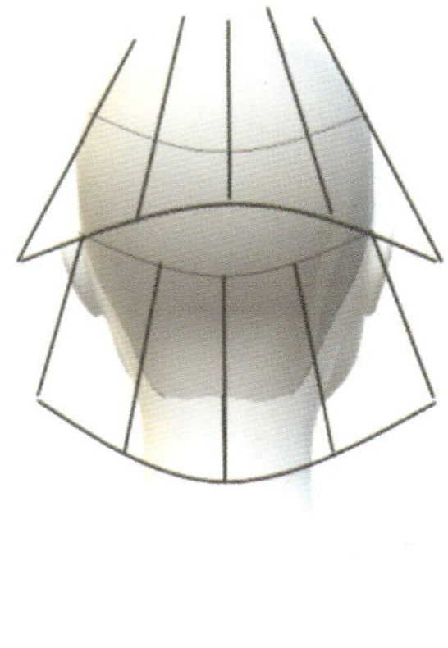

뒷모습

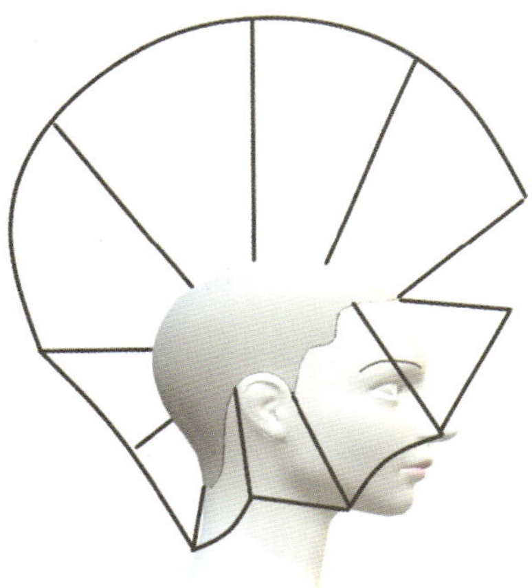

우측

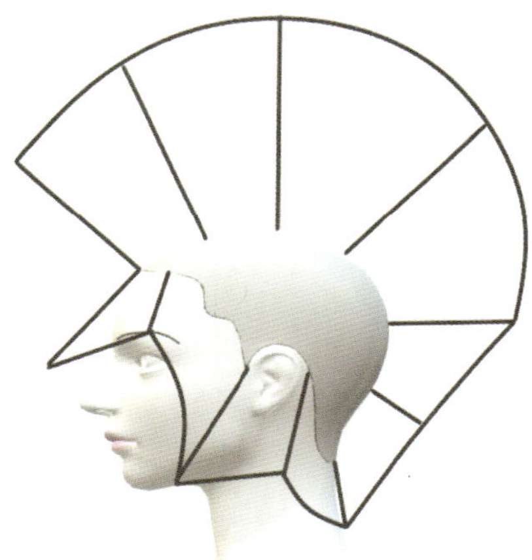

좌측

2. 헤어커트 진행하기

1. Blocking

6등분 Ear To Ear Parting/앞 3, 뒤 3

① Ear To Ear Parting으로 나눈다.
앞 : 좌·우 눈썹 중앙~좌·우 T.P 3 파트
뒤 : 좌·우 E.B.P~G.B.M.P 언더, 좌·우 T.E.M.P~G.B.M.P 위 오버, 아래 미들 3 파트

2. 언더 섹션 Under Section – 좌·우 E.B.P~G.B.M.P 후대각 라인 아래

(1) 1 커팅

완성 사진

- 가이드 N.P : 6㎝
- U 라인
- 0° 각도
- 자연 시술각
- 머리 위치 : 똑바로

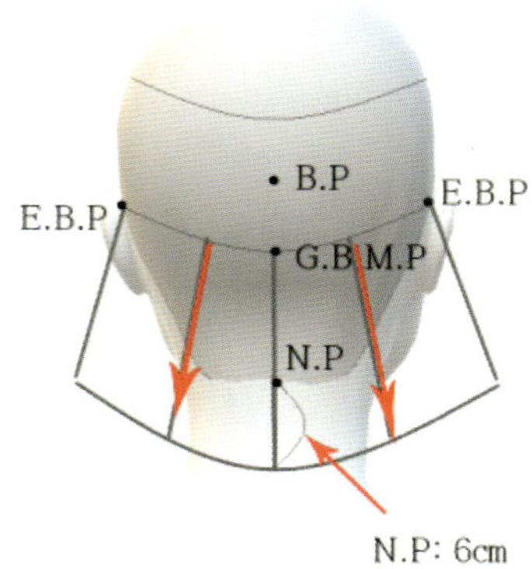

도해도

① 언더 섹션의 모발을 자연 시술각으로 빗어 내려 N.P 6㎝ U 라인으로 커팅한다.

② 좌측 커팅이 완성된 모습이다.

③ 우측도 같은 방법으로 커팅한다.

Check Point

네이프 U 라인의 좌·우 모발의 길이가 일정하여야 한다.

(2) 2 커팅

완성 사진

- 수직 버티컬 슬라이스
- 90° 각도
- 온 더 베이스
- 머리 위치 : 똑바로

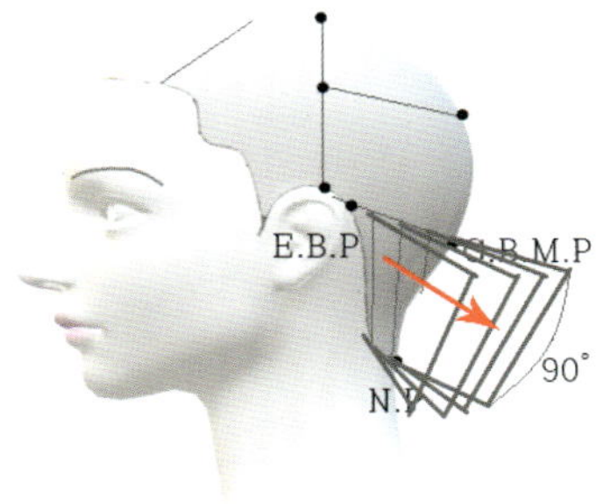

도해도

① 원랭스 라인으로 커팅된 언더의 모발을 수직 버티컬 슬라이스 90° 각도 온 더 베이스로 커팅한다. 좌측의 남은 판넬도 같은 방법으로 커팅한다.

② 좌측의 마지막 판넬도 같은 방법으로 커팅한다.

③ 가로 섹션으로 90° 각도가 정확하게 나왔는지 확인한다.

④ 좌측의 커팅이 완성된 모습이다.

⑤ 우측 판넬도 같은 방법으로 모발을 수직 버티컬 슬라이스 90° 각도 온 더 베이스로 커팅한다. 좌측의 남은 판넬도 같은 방법으로 커팅한다.

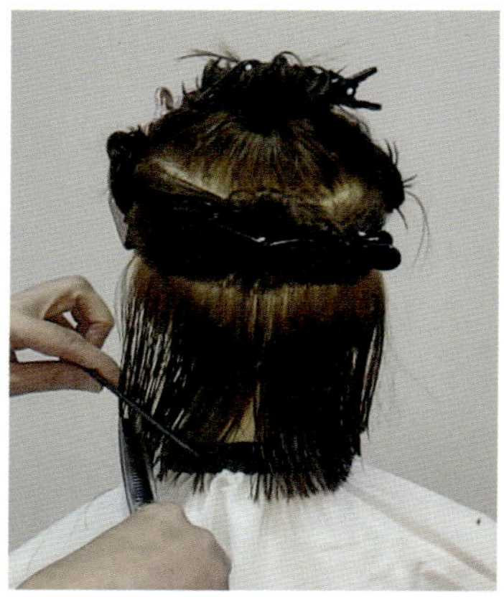

⑥ 가로 섹션 90° 각도가 정확하게 나왔는지 확인한다.

⑦ 틴닝 가위를 이용하여 모량의 양을 조절한다.

Check Point

완만한 곡선의 U 라인을 유지한다.

3. 미들 섹션 Middle section – 좌·우 T.E.M.P~G.B.M.P 후대각 라인 아래

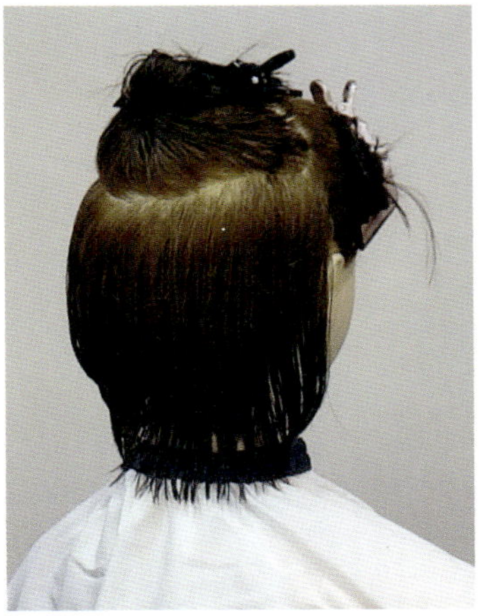

완성 사진

- 수직 버티컬 슬라이스
- 45° 각도
- 사이드 베이스
- 머리 위치 : 똑바로

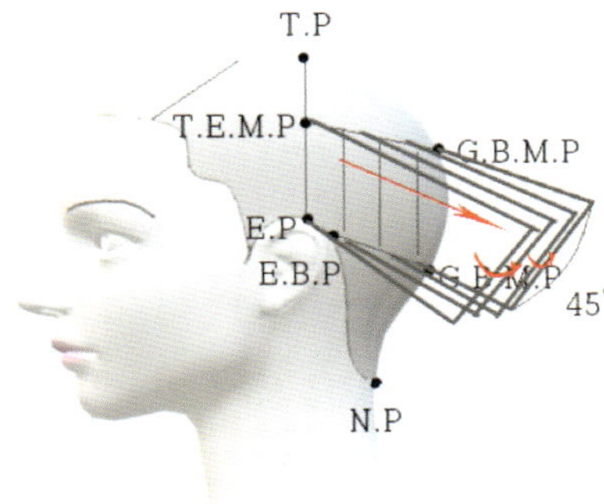

도해도

① 언더 섹션의 가이드 판넬과 연결하여 수직 버티컬 슬라이스 45° 각도 사이드 베이스로 커팅한다.

② 좌측의 마지막 판넬을 사이드 베이스로 커팅한다.

③ 좌측의 커팅이 완성된 모습이다.

④ 우측도 같은 방법으로 가이드와 연결하여 45° 각도를 유지하며 커팅한다.

⑤ 우측의 나머지 판넬도 가이드와 연결하여 45° 각도의 사이드 베이스로 커팅한다.

Check Point

사이드 베이스로 커팅하면 자연스럽게 전대각 라인이 형성된다.

4. 오버 섹션 Over Section – 좌·우 T.E.M.P~G.B.M.P 후대각 라인 위

완성 사진

- 수직 버티컬 슬라이스
- 각도 90°
- 온 더 베이스
- 머리 위치 : 똑바로

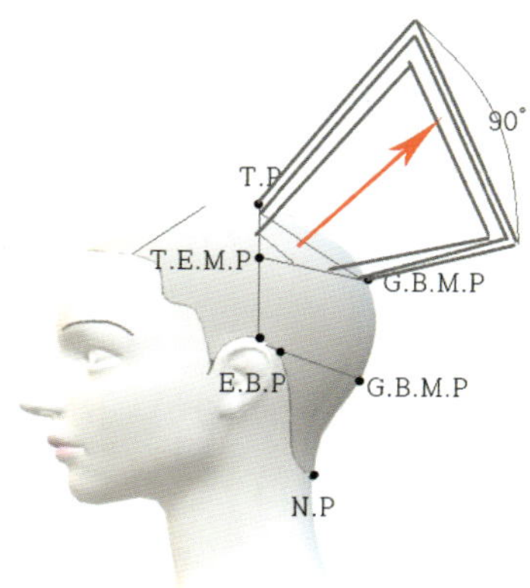

도해도

① 미들 섹션의 가이드 모발과 연결하여 센터 판넬을 수직 버티컬 섹션 90° 각도로 온 더 베이스로 커팅한다. 나머지 판넬도 같은 방법으로 커팅한다.

② 좌측의 마지막 판넬도 같은 방법으로 커팅한다.

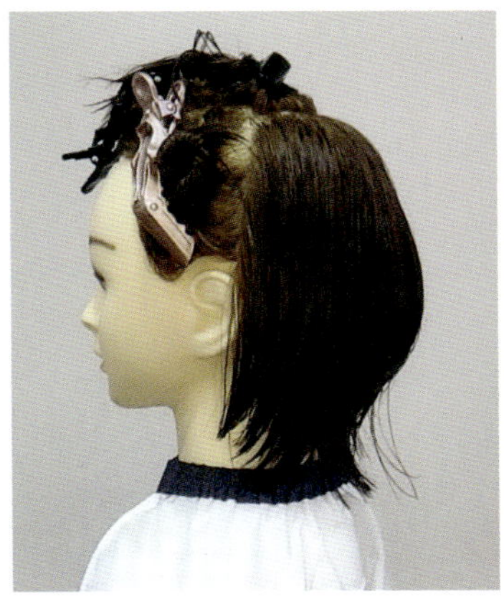

③ 좌측 커팅이 완성된 모습이다.

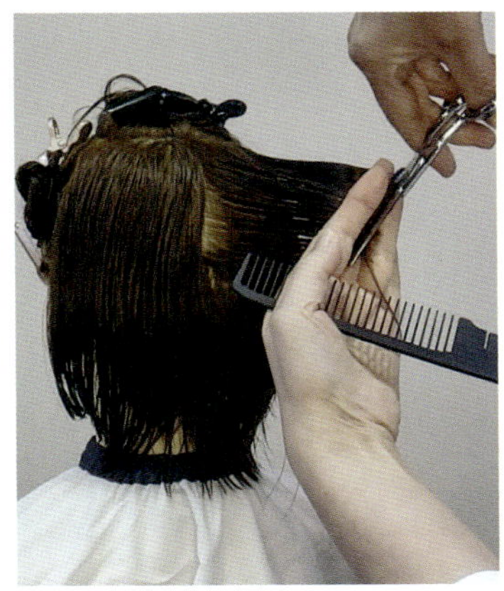

④ 우측도 같은 방법으로 미들 섹션의 가이드 모발과 연결하여 90° 각도 온 더 베이스로 커팅한다.

⑤ 우측도 같은 방법으로 미들 섹션의 가이드 모발과 연결하여 90° 각도를 유지하며 온 더 베이스로 커팅한다.

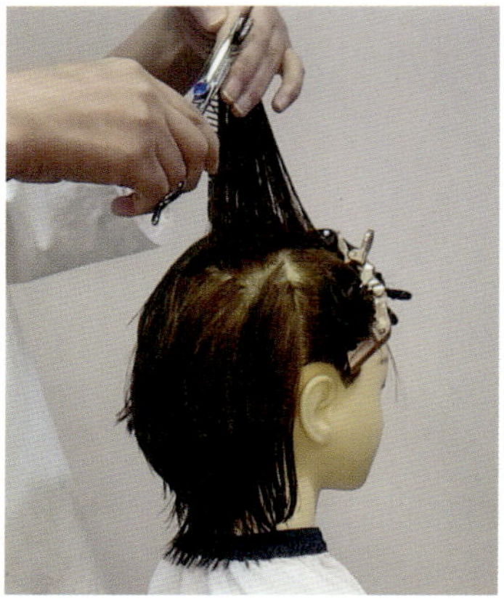
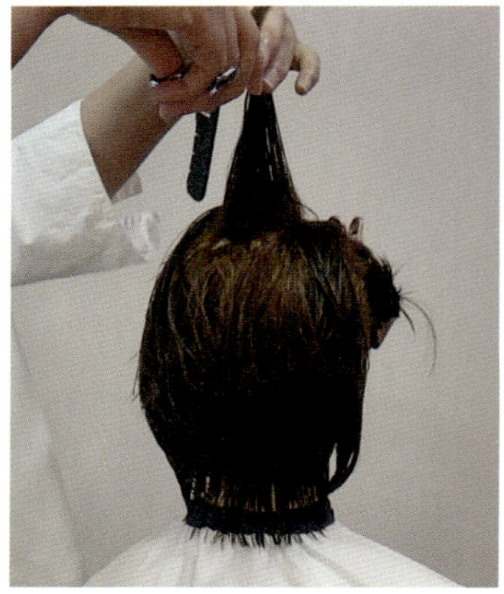
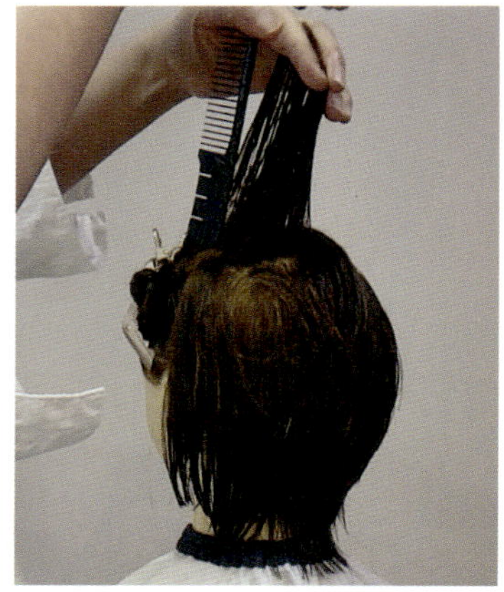

⑥ 남겨진 탑의 모발을 3등분으로 나누어 T.P 중심 90° 각도로 커팅한다.

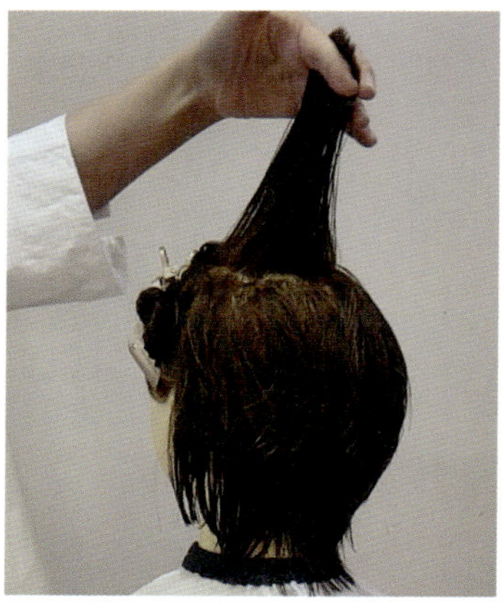

⑦ T.P 중심 90° 각도로 커팅된 모습이다.

Check Point

T.P 중심에서 90° 각도로 커팅하여 탑의 모발을 자연스럽게 하이 그래쥬에이션 형태를 만든다.

5. Temple Section 좌측 – 좌측 눈썹 중앙~좌측 T.P 전대각 라인 아래

완성 사진

- 수직 버티컬 슬라이스
- 각도 90°
- 온 더 베이스
- 머리 위치 : 똑바로

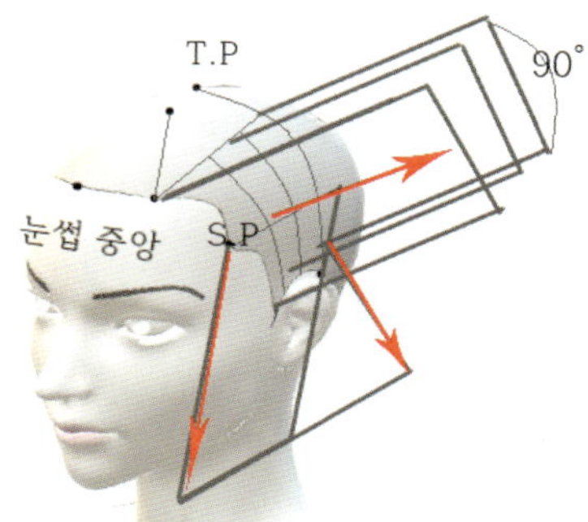

도해도

① 첫 번째 판넬을 백 네이프 모발과 연결하여 원랭스 라인으로 커팅한다.

② 원랭스 라인이 만들어진 모습이다.

③ F.S.P~T.E.M.P 연결하여 슬라이스 나누어 백 사이드 가이드 모발과 연결하여 90° 각도로 커팅한다.

④ 프론트의 마지막 판넬도 90° 각도를 유지하며 커팅한다.

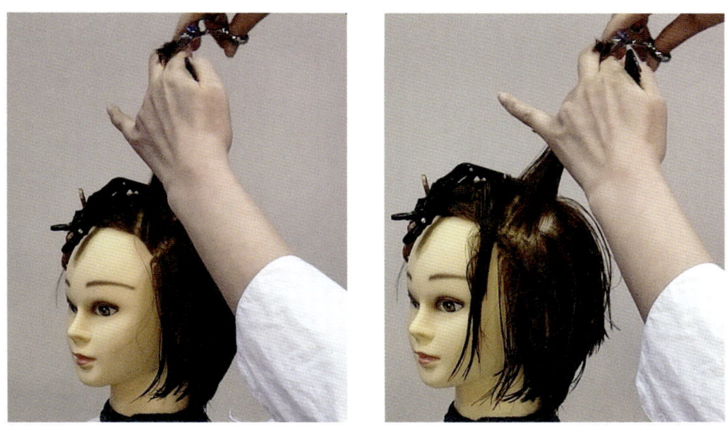

⑤ F.S.P 모발과 탑의 모발을 연결하여 90° 각도로 들어 올려 튀어 나온 모발을 커팅한다.

Check Point

두상 곡면 90° 각도가 아니라 판넬 중심의 90° 각도로 들어 올려 커팅한다.

6. Temple Section 우측 – 우측 눈썹 중앙~우측 T.P 전대각 라인 아래

완성 사진

- 수직 버티컬 슬라이스
- 각도 90°
- 온 더 베이스
- 머리 위치 : 똑바로

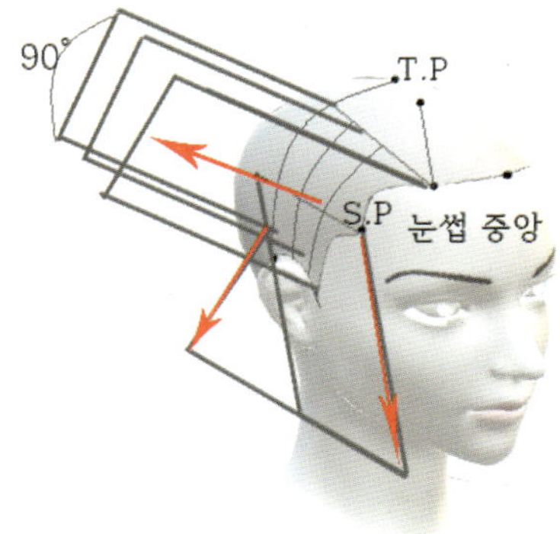

도해도

① 첫 번째 판넬을 E.B.P 모발과 연결하여 원랭스 라인으로 커팅한다.

② 원랭스 라인이 만들어진 모습이다.

③ F.S.P~T.E.M.P를 연결하여 슬라이스 나누어 백 사이드 가이드 모발과 연결하여 90° 각도로 커팅한다.

Check Point

원랭스 라인을 유지하면서 좌·우의 사이드 길이가 다르지 않도록 중간에 체크하면서 커트하는 것을 잊지 않아야 한다.

④ F.S.P 모발과 탑의 모발을 연결하여 90° 각도로 들어 올려 튀어 나온 모발을 커팅한다.

7. Front Section – 좌·우 눈썹 중앙~좌·우 T.P 전대각 라인 위

완성 사진

- 자연 시술각
- 슬라이드 커트
- 머리 위치 : 똑바로

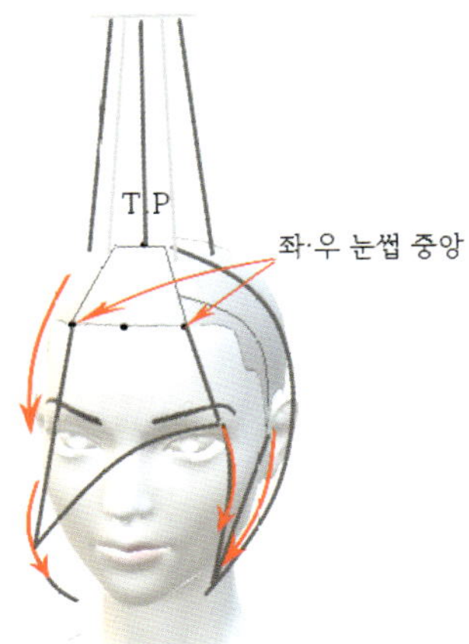

도해도

① 좌측 눈썹 중앙의 모발을 눈 위에서 커팅하여 가이드를 만든다.

② 우측 모발을 좌측의 가이드 모발 쪽으로 끌어 가이드 모발과 연결하여 커팅한다.

③ 사선으로 앞머리 커팅이 완성된 모습이다.

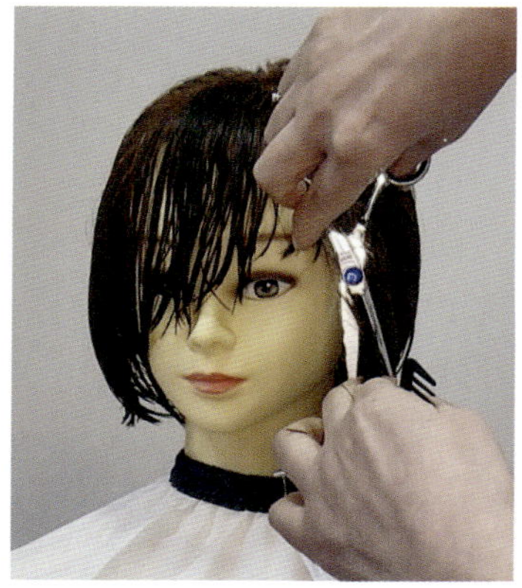

④ 좌측 앞머리 가이드 라인과 연결하여 좌측 페이스 슬라이스를 나눈다. 앞머리 가이드 모발과 사이드의 모발을 연결하여 슬라이드 커팅한다.

⑤ 탑의 모발을 라운드 형태로 빗질하여 내린다.

⑥ 페이스 라인 가이드 모발과 연결하여 튀어 나온 모발을 제거한다.

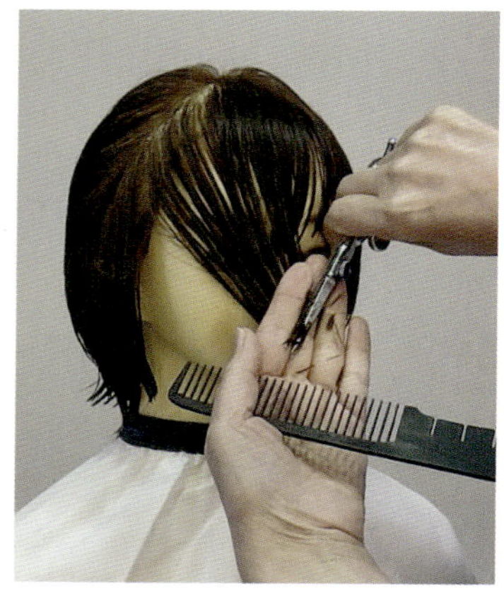

⑦ 우측 앞머리 가이드 라인과 연결하여 우측 페이스 슬라이스를 나눈다. 앞머리 가이드 모발과 사이드의 모발을 연결하여 슬라이드 커팅한다.

⑧ 우측 슬라이드 커팅이 완성된 모습이다.

⑨ 우측 탑의 모발을 라운드 형태로 빗질하여 내린다.

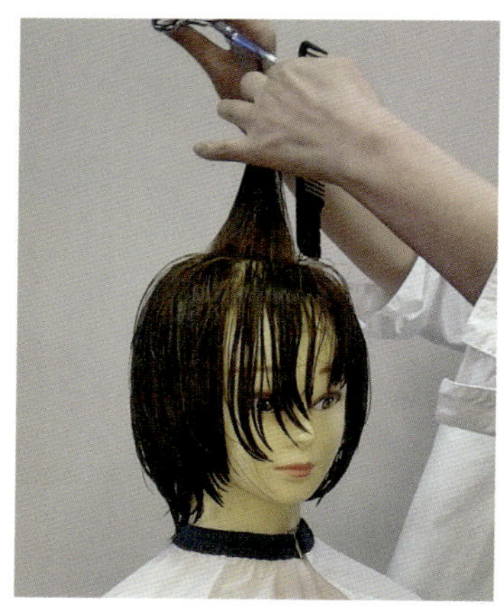

⑩ 탑의 모발을 프론트 모발과 연결하여 튀어 나온 모발을 제거한다.

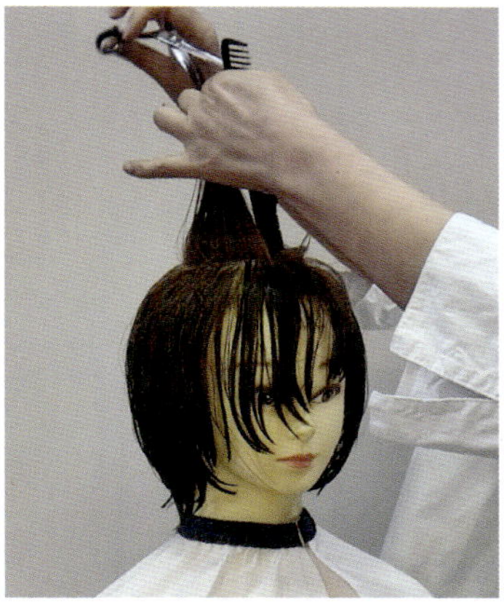

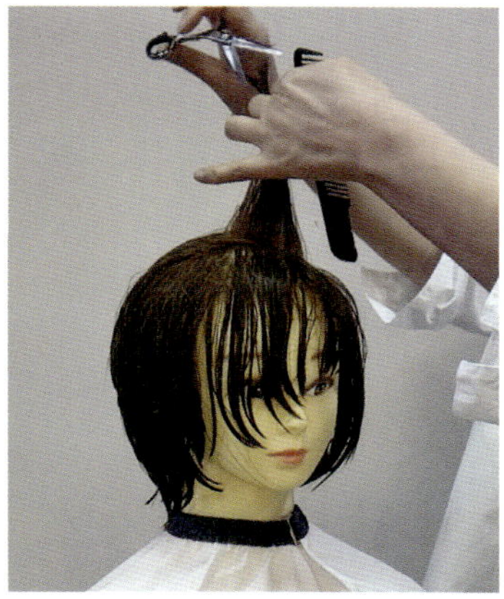

Check Point

슬라이드 커팅 시 끊어짐이 없이 연속성을 가져야 한다.

⑪ 탑의 좌·우 모발을 중앙으로 끌어 튀어 나온 모발을 제거한다.

8. Textured

① 틴닝 가위로 라인언더 틴닝 기법으로 판넬 끝의 라인 부분에 여러 개의 그래쥬에이션 층이 형성되도록 틴닝 처리한다. 우측의 프론트에서 사이드로 진행한다.

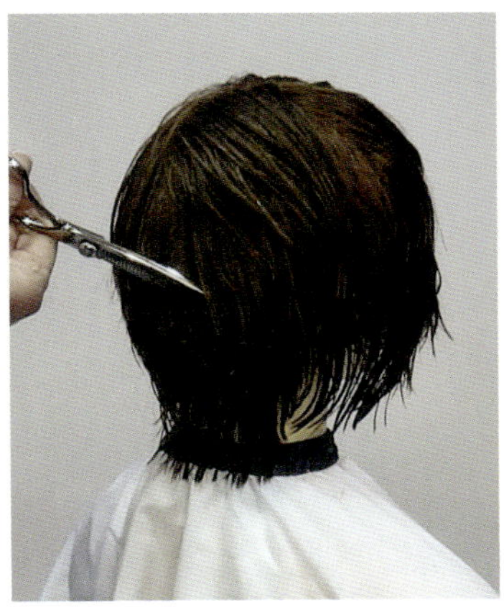

② 같은 방법으로 백까지 진행한다. 틴닝 처리가 된 모발은 앞으로 빗어넘겨 무리한 질감 처리가 이루어지지 않도록 한다.

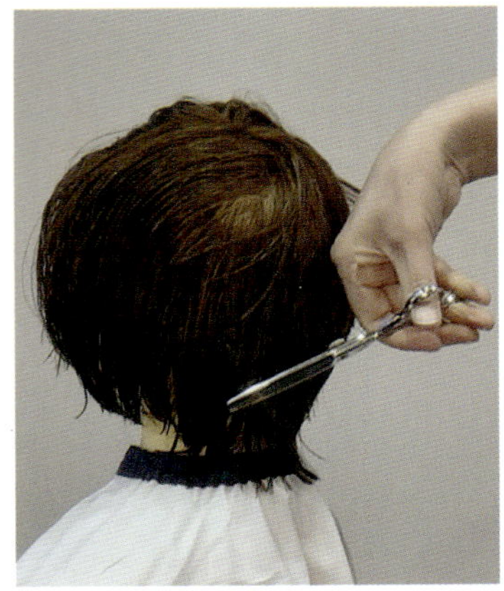

③ 좌측도 같은 방법으로 프론트부터 틴닝 가위로 라인언더 틴닝 기법으로 판넬 끝의 라인 부분에 여러 개의 그래쥬에이션 층이 형성되도록 틴닝 처리한다.

Check Point

질감 처리는 고객의 모발의 양에 따라 실행해야 한다.

9. 헤어커트 완성 사진

3. 헤어커트 마무리하기

[인컬 스타일링]

블로우 드라이롤 1~3호 또는 원형 아이론 20~25mm를 이용하여 뿌리에 볼륨을 넣어주면서 모발 끝으로 갈수록 롤을 돌려주어 인컬 형태를 만들어 준다. 헤어 광택제나 헤어 스프레이를 이용하여 스타일링을 마무리한다.

[귀 뒤로 넘긴 스타일링]

사이드 가르마로 인컬 드라이가 완성된 모발에 페이스 라인의 모발을 남겨두고 사이드의 모발을 귀 뒤로 넘겨준다. 헤어 광택제나 헤어 스프레이를 이용하여 스타일링을 마무리한다.

Title 13

미디엄 숏 하이 그래쥬에이션 커트 Medium Short High Graduation Cut

앞모습

뒷모습

좌측 모습

우측 모습

(2) 확장 도해도

커팅된 모발을 펼쳤을 때 모습을 그림으로 표현한다.

앞모습

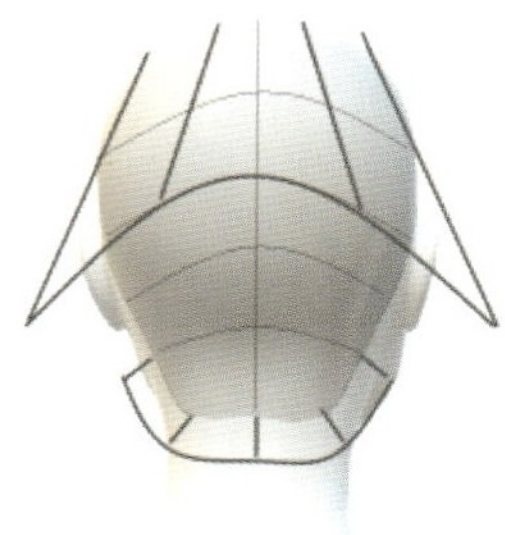

뒷모습

우측

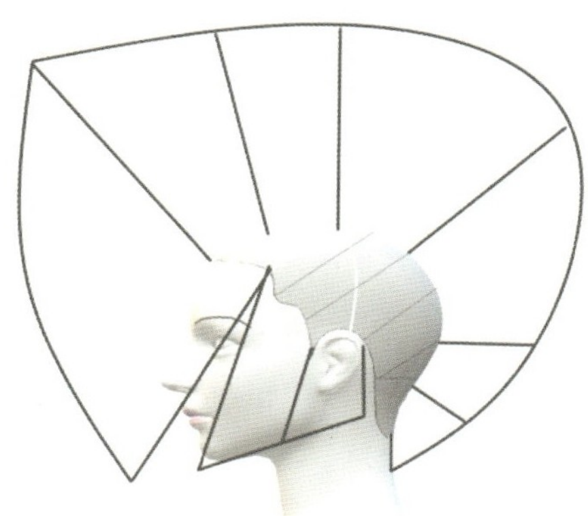

좌측

2. 헤어커트 진행하기

1. Blocking

6등분 Ear To Ear Parting/앞 3, 뒤 3

① Ear To Ear Parting으로 나눈다.
앞 : 좌·우 F.S.P~T.E.M.P 나누어 좌·우 사이드, 프론트 3 파트
뒤 : N.P~T.P 정중선
좌·우 E.B.P~B.P 언더, 좌·우 E.T.M.P~G.P 위 오버, 아래 미들 3 파트

2. Back 3 파트

–좌·우 E.B.P~B.P 언더, 좌·우 E.T.M.P~G.P 위 오버, 아래 미들 3 파트

(1) 언더 섹션 Under Section – 좌·우 E.B.P~B.P 전대각 라인 아래

완성 사진

- 가이드 N.P : 4cm
- 전대각 라인 슬라이스
- 온 더 베이스
- 각도 90°
- 머리 위치 : 똑바로

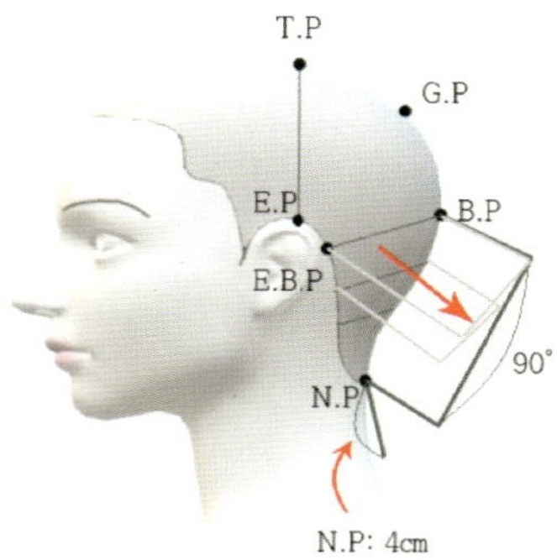

도해도

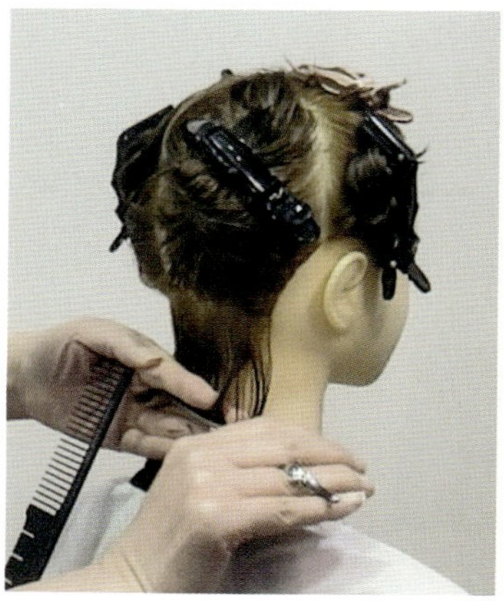

① 첫 번째 판넬을 N.P 자연 분배로 가이드를 결정하여 커팅한다.

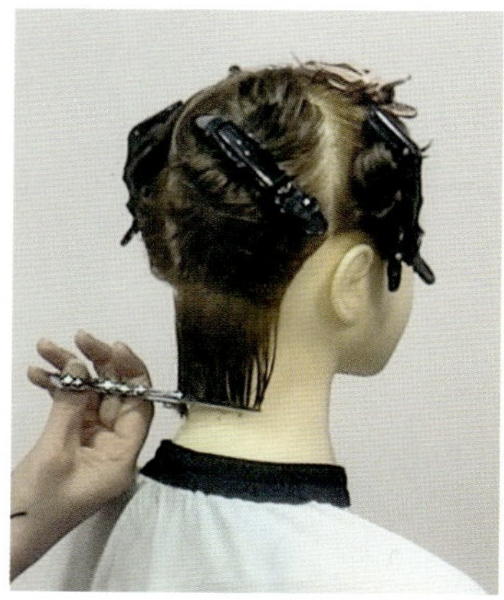

② 가이드 모발과 우측 모발을 연결하여 평행 라인으로 커팅한다.

③ 가이드 모발과 좌측 모발을 연결하여 평행 라인으로 커팅한다.

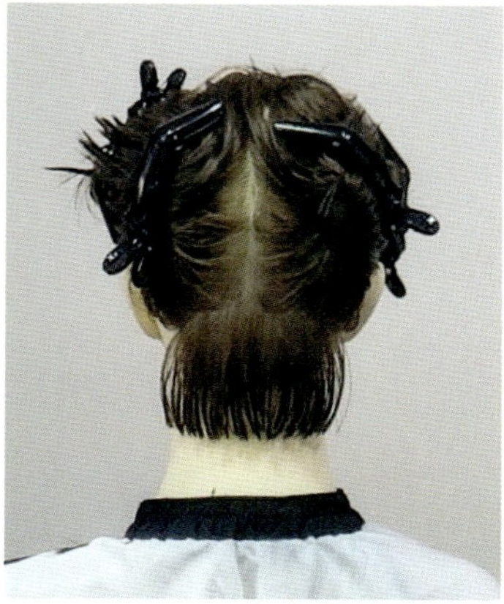

④ 커팅이 완성된 모습이다.

⑤ 두 번째 판넬은 전대각 라인으로 슬라이스를 나누어 센터 기준 90° 각도로 커팅한다.

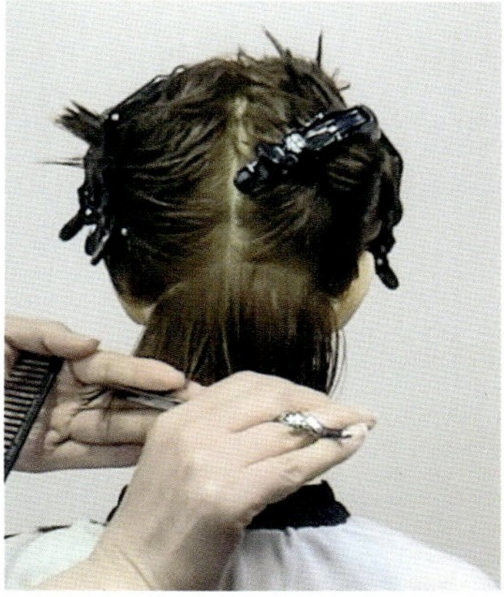

⑥ 가이드 모발과 좌측 모발을 연결하여 커팅한다.

⑦ 좌측의 나머지 모발도 전대각 라인 기준 90° 각도로 커팅한다.

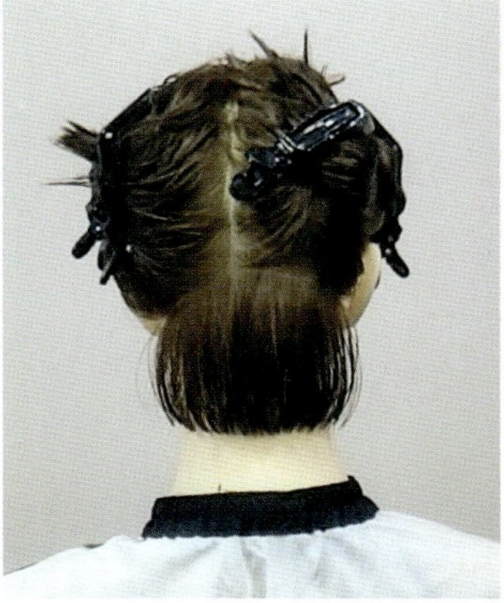

⑧ 두 번째 커팅이 완성된 모습이다.

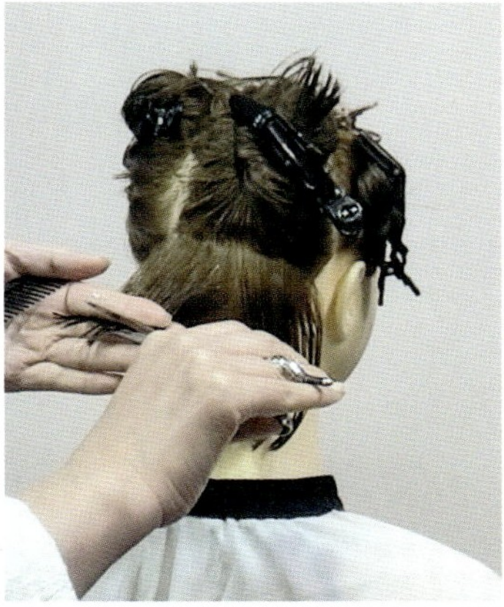

⑨ 세 번째 판넬은 전대각 라인 기준 90° 각도로 커팅한다.

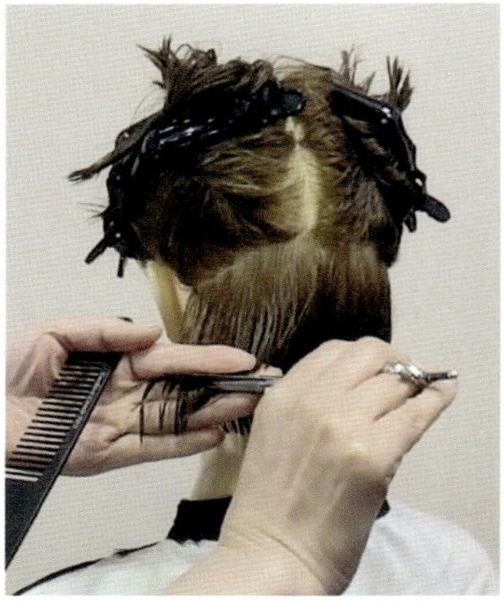

⑩ 좌·우의 나머지 모발도 전대각 라인 기준 90° 각도로 커팅한다.

⑪ 90° 각도가 나왔는지 확인한다.

Check Point

전대각 가이드 라인을 기준으로 일정한 각도로 커팅하여야 자연스러운 A 라인이 형성된다.

(2) 미들 섹션 Middle section – 좌·우 E.T.M.P~G.P 전대각 라인 아래

완성 사진

- 전대각 라인 슬라이스
- 각도 45°
- 온 더 베이스
- 머리 위치 : 똑바로

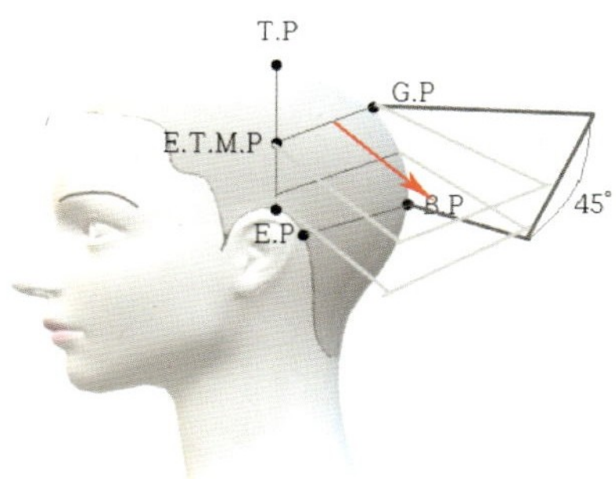

도해도

① 좌·우 E.P~G.B.M.P 전대각 라인으로 슬라이스 나눈다. 센터에서 45° 각도 온 더 베이스로 커팅한다.

② 가이드 모발과 연결하여 우측 모발을 슬라이스 라인과 평행을 유지하며 45° 각도로 커팅한다.

③ 우측 커팅이 완성된 모습이다.

④ 가이드 모발과 연결하여 좌측 모발을 슬라이스 라인과 평행을 유지하며 45° 각도로 커팅한다.

⑤ 45° 각도가 나왔는지 확인한다.

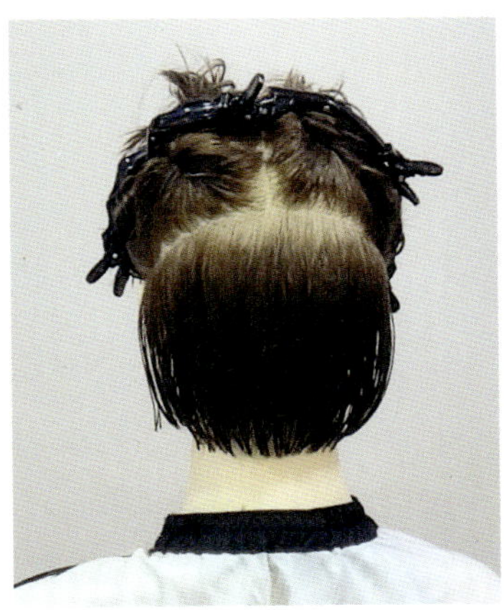

⑥ 첫 번째 판넬이 완성된 모습이다.

⑦ 좌·우 E.T.M.P~G.P 전대각 라인으로 슬라이스 나눈다. 센터에서 45° 각도 온 더 베이스로 커팅한다. 가이드 모발과 연결하여 우측 모발을 슬라이스 라인과 평행을 유지하며 45° 각도로 커팅한다.

⑧ 두 번째 판넬 우측 커팅이 완성된 모습이다.

⑨ 좌측 모발도 센터 가이드와 연결하여 45° 각도 온 더 베이스로 커팅한다.

⑩ 두 번째 판넬 좌측 커팅이 완성된 모습이다.

Check Point

전대각 가이드 라인을 기준으로 일정한 각도로 커팅하여야 자연스러운 A 라인이 형성된다.

(3) 오버 섹션 Over Section – 좌·우 E.T.M.P~G.P 전대각 라인 위

완성 사진

- 피봇 섹션
- G.P 중심 각도 45°
- 사이드 베이스
- 머리 위치 : 똑바로

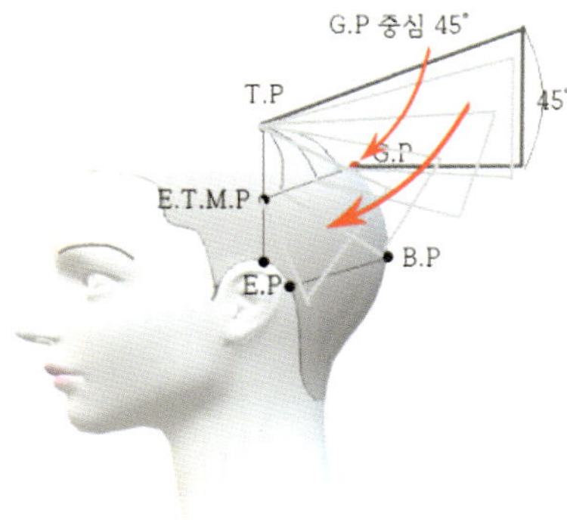

도해도

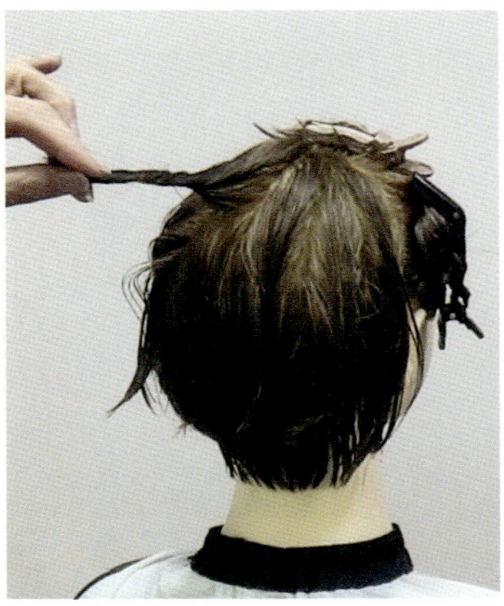

① 피봇 섹션으로 나눈 모습이다. 센터의 모발을 45° 온 더 베이스로 커팅한다.

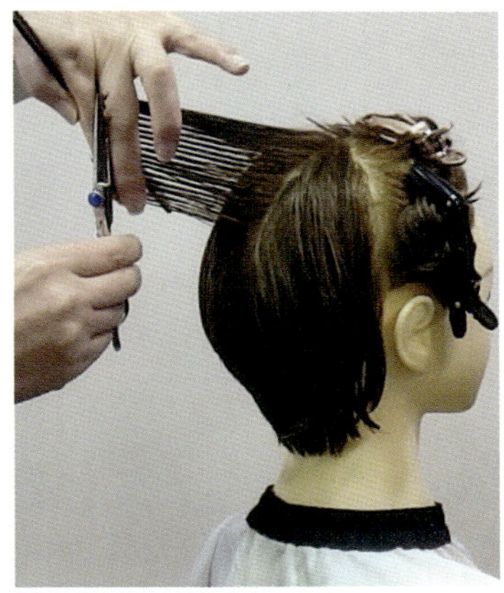

② 센터의 모발을 G.P 지점 중심 45° 각도로 온 더 베이스로 커팅한다. 우측의 모발도 같은 방법으로 커팅한다.

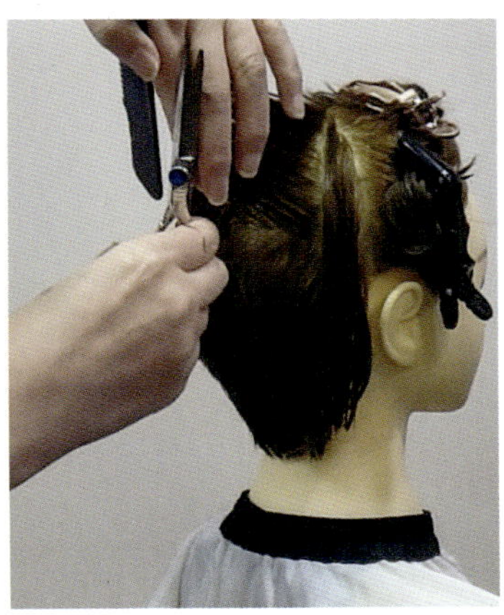

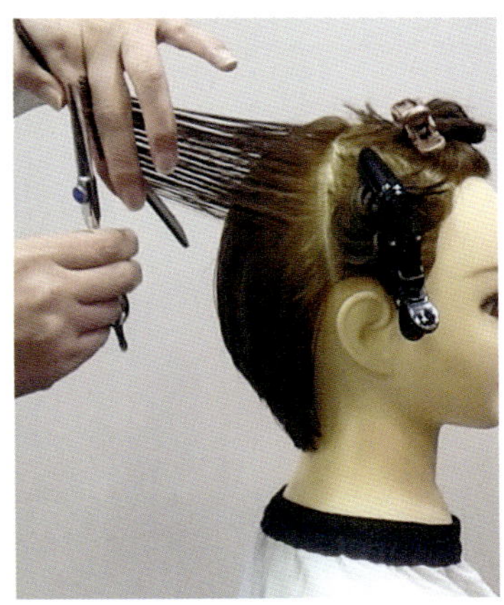

③ 우측 나머지 모발도 같은 방법으로 G.P 지점 중심 45° 각도로 온 더 베이스로 커팅한다.

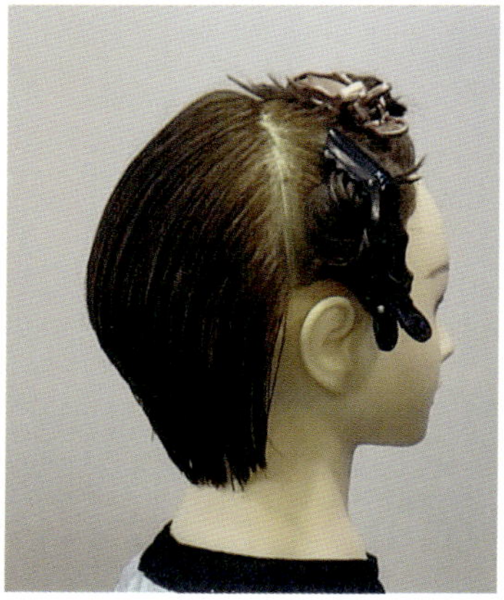

④ 우측 커팅이 완성된 모습이다.

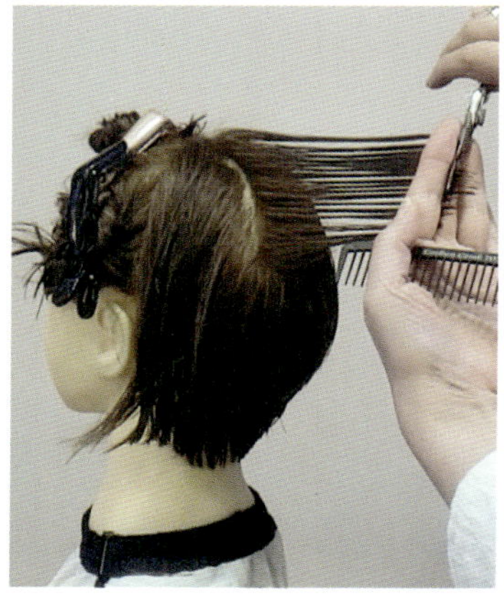

⑤ 좌측 모발도 같은 방법으로 G.P 지점 중심 45° 각도로 온 더 베이스로 커팅한다.

⑥ 좌측의 나머지 모발도 같은 방법으로 커팅한다.

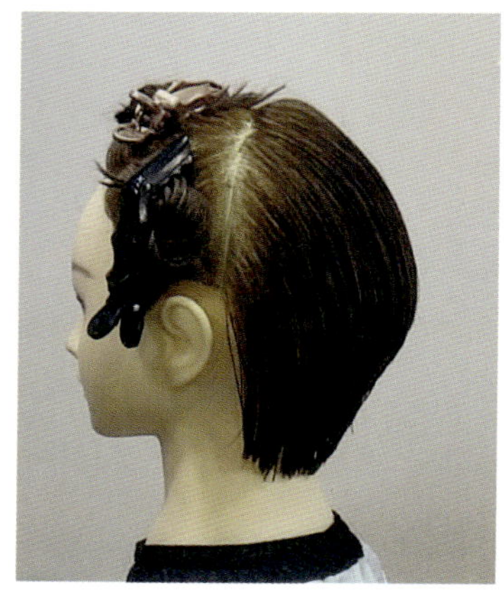

⑦ 좌측 커팅이 완성된 모습이다.

Check Point

피봇 섹션으로 모발을 나누어 G.P 지점 중심 45° 각도로 커팅하여 자연스럽게 그래쥬에이션 형태가 나오도록 한다.

3. Back Textured

① 라인언더 틴닝 기법으로 센터에서 좌측 방향으로 판넬 끝의 라인 부분에 여러 개의 그래쥬에이션 층이 형성되도록 틴닝 처리한다.

② 라인언더 틴닝 기법으로 센터에서 우측 방향으로 판넬 끝의 라인 부분에 여러 개의 그래쥬에이션 층이 형성되도록 틴닝 처리한다.

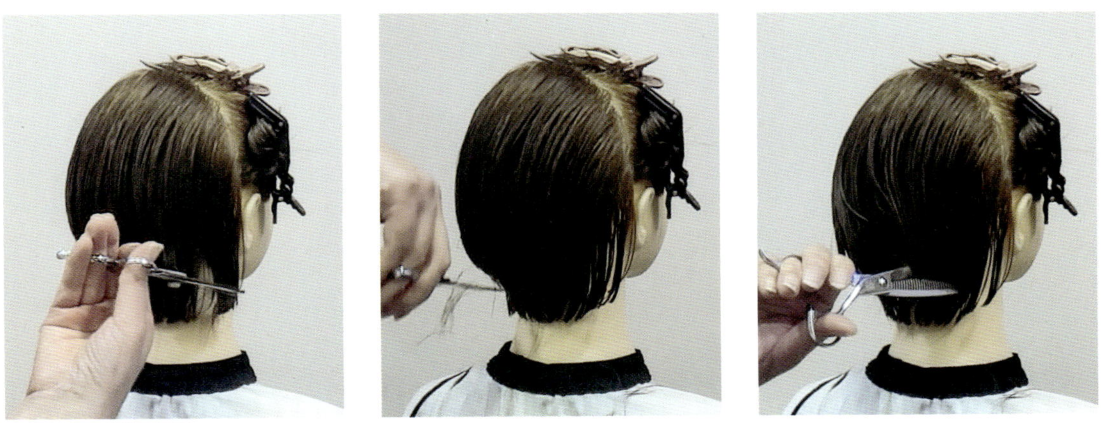

③ 틴닝 커팅 기법을 이용하여 모발의 양을 조절하여 율동감과 확장감을 준다.

4. Temple Section 좌측 – 좌측 F.S.P~T.E.M.P 전대각 라인 아래

완성 사진

- 전대각 라인 슬라이스
- 각도 0°~45°
- 온 더 베이스
- 머리 위치 : 똑바로

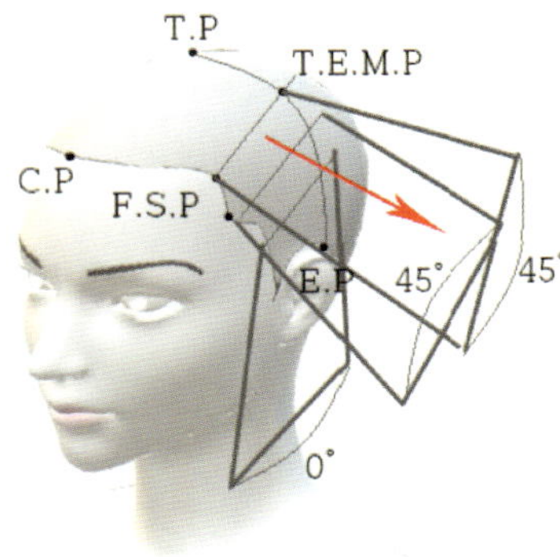

도해도

① 첫 번째 판넬을 전대각 라인으로 슬라이스를 나누어 백 사이드 가이드와 연결하여 커팅한다.

② 첫 번째 판넬 커팅이 완성된 모습이다.

③ 두 번째 판넬은 백 사이드 가이드와 연결하여 45° 각도로 커팅한다.

④ 두 번째 판넬이 완성된 모습이다.

Check Point
백 사이드 가이드 라인과 연결할 때 각도가 올라가지 않도록 주의한다.

⑤ 세 번째 판넬도 같은 방법으로 백 사이드 가이드와 연결하여 45° 각도를 유지하면서 커팅한다.

5. Temple Section 우측 – 우측 F.S.P~T.E.M.P 전대각 라인 아래

완성 사진

- 전대각 라인 슬라이스
- 각도 0°~45°
- 온 더 베이스
- 머리 위치 : 똑바로

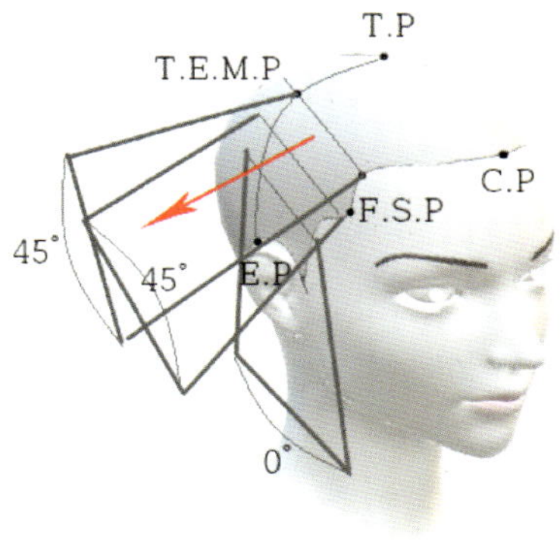

도해도

① 첫 번째 판넬을 전대각 라인으로 슬라이스를 나누어 백 사이드 가이드와 연결하여 커팅한다.

② 첫 번째 판넬 커팅이 완성된 모습이다.

③ 두 번째 판넬은 백 사이드 가이드와 연결하여 45° 각도로 커팅한다.

④ 세 번째 판넬도 같은 방법으로 백 사이드 가이드와 연결하여 45° 각도를 유지하면서 커팅한다.

Check Point

양쪽의 사이드 길이가 다르지 않도록 중간에 체크하면서 커트하는 것을 잊지 않아야 한다.

6. Front Section – 좌·우 F.S.P~좌·우 T.E.M.P 전대각 라인 위

완성 사진

- 페이스 라인 섹션
- T.P 중심 각도 0°
- 직각 시술각
- 머리 위치 : 똑바로

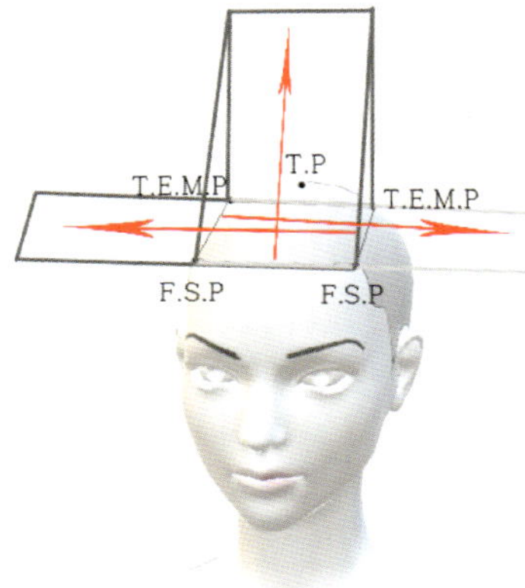

도해도

① 프론트의 모발을 한꺼번에 잡아 우측 방향으로 끌어 탑의 가이드 모발과 연결하여 T.P 중심 각도 0°로 커팅한다.

② 프론트의 모발을 좌측으로 끌어 튀어나온 모발을 커팅한다.

③ T.P 중심으로 모발을 끌어 탑의 가이드 모발과 연결하여 튀어나온 모발을 커팅한다.

Check Point

탑의 모발을 체크할 때 T.P 지점을 중심으로 체크하여 모발이 끊어짐이 없도록 한다.

7. Textured

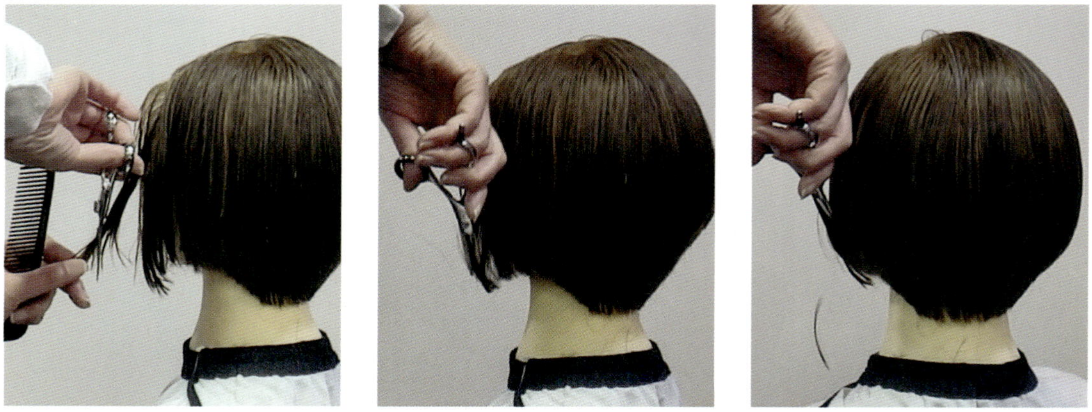

① 좌측 사이드의 모발을 슬라이싱 커팅 기법을 이용하여 모발의 양을 조절하여 율동감을 연출한다.

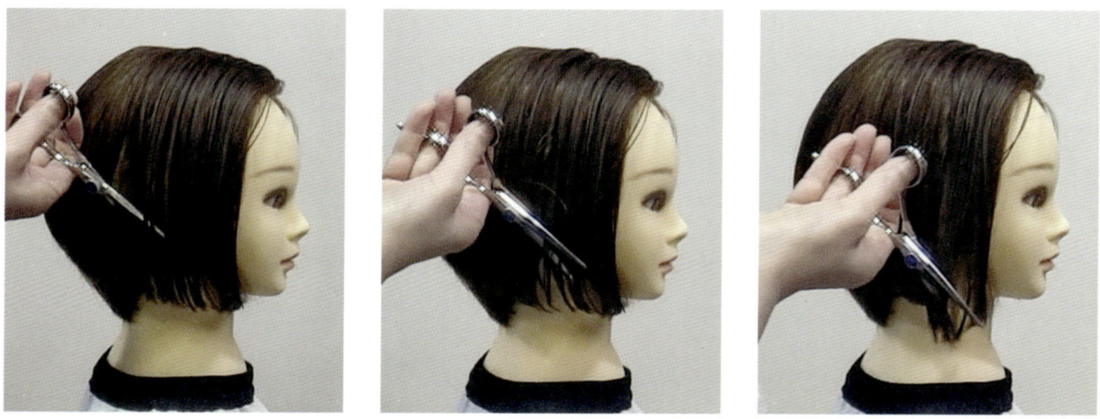

② 우측 사이드도 슬라이싱 커팅 기법을 이용하여 모발의 양을 조절하여 율동감과 확장성을 준다.

Check Point

질감 처리는 고객의 모발의 양에 따라 실행해야 한다.

8. 헤어커트 완성 사진

3. 헤어커트 마무리하기

[인컬 스타일링]

블로우 드라이롤 1~3호 또는 원형 아이론 20~25mm를 이용하여 뿌리에 볼륨을 넣어주면서 모발 끝으로 갈수록 롤을 돌려주어 인컬 형태를 만들어 준다. 헤어 광택제나 헤어 스프레이를 이용하여 스타일링을 마무리한다.

[귀 뒤로 넘긴 스타일링]

사이드 가르마로 인컬 드라이가 완성된 모발을 귀 뒤로 넘겨준다. 헤어 광택제나 헤어 스프레이를 이용하여 스타일링을 마무리한다.

Title 14

숏 미디엄 콤비네이션 커트 Short Medium Combination Cut

앞모습

뒷모습

좌측 모습

우측 모습

1. 헤어커트 디자인 분석 및 준비하기

(1) 헤어커트 디자인 형태의 특징

좌·우의 커트 기법이 확연히 다른 원랭스, 그래쥬에이션, 레이어 형태의 어울림이 있는 숏 미디엄 콤비네이션 커트 스타일이다. 센터 사선 가르마를 중심으로 우측은 미디엄 기장의 전대각 라인의 원랭스 커트를 좌측은 숏 레이어 형태를 만들어 좌측에서 우측으로 흐르는 프론트 라인을 따라 슬라이스 기법으로 자연스럽게 연결하였다. 또한 언더 섹션에서 45° 각도의 그래쥬에이션으로 시작해서 미들 섹션과 오버 섹션까지 각도를 떨어트려 로우 그래쥬에이션을 연출하여 백에서 자연스럽게 볼륨을 연출한다.

디자인 설계 테크닉	헤어커트 조건
얼굴형 : 삼각형 얼굴형을 제외한 모두가 어울리는 스타일이다.	가이드 길이 : N.P 길이 – 3cm
	블로킹 Blocking : 5등분 Ear To Ear Parting/앞 2, 뒤 3
두상 : 프론트와 사이드의 함몰과 돌출이 있을 시 보정 커트가 필요하다.	머리 위치 Head Position : 똑바로, 고개 숙임
	섹션 Section : 호리존탈 섹션, 버티컬 섹션
이마 형태 : 돌출 또는 함몰이 있을 경우 피하는 것이 좋다.	슬라이스 라인 Slice Line : 평행 라인, 전대각 라인
	베이스 Base : 온 더 베이스
목, 어깨 넓이 : 짧은 목과 넓은 어깨는 피하는 것이 좋다.	분배 Distribution : 자연 분배, 직각 분배
	시술 각도 Projection : 일반 시술각
피해야 할 체형 : 모든 체형에 모두 어울리는 스타일이다.	손가락 위치 Finger Position : 평행 손가락
	가이드 라인 Guide Line : 고정 디자인 라인
응용 가능 펌 : 스트레이트, C컬 웨이브	커트 테크닉 Cut Technique : 블런트 커트 Blunt Cut, 포인팅 커트 Pointing Cut, 슬라이드 커트 Slide Cut
	질감 처리 Textured : 포인팅 커트 Pointing Cut, 슬라이싱 Slicing
	마무리 : 블로우 드라이 인컬

(2) 확장 도해도

커팅된 모발을 펼쳤을 때 모습을 그림으로 표현한다.

앞모습

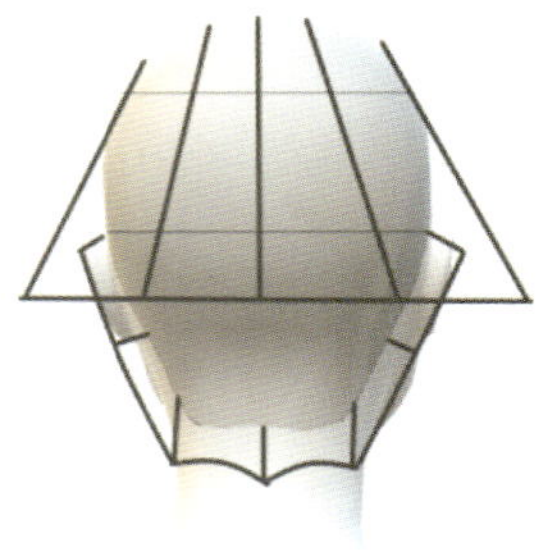

뒷모습

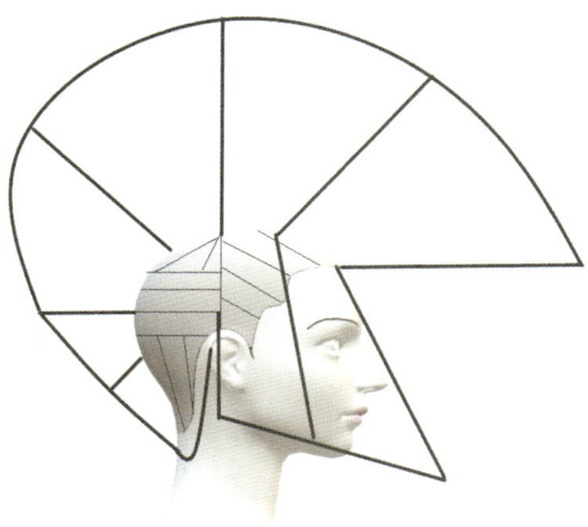

우측

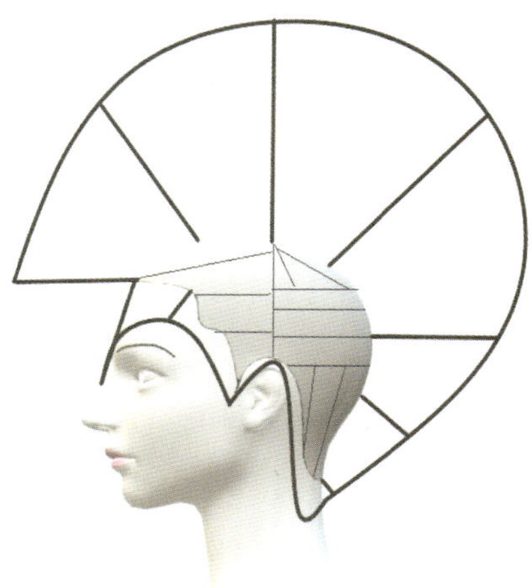

좌측

2. 헤어커트 진행하기

1. Blocking

5등분Ear To Ear Parting/앞 2, 뒤 3

① Ear To Ear Parting으로 나눈다.
앞 : C.P~좌측 T.P 센터 사선 가르마, 2 파트
뒤 : 좌·우 E.B.P~B.P 언더, T.E.M.P~G.P 위를 오버, 아래 미들 3 파트

2. 언더 섹션 Under Section – 좌·우 E.B.P~B.P 호리존탈 라인 아래

완성 사진

- 가이드 N.P : 3cm
- 수직 버티컬 슬라이스
- 45° 각도
- 온 더 베이스
- 조각 커팅
- 머리 위치 : 고개 숙임

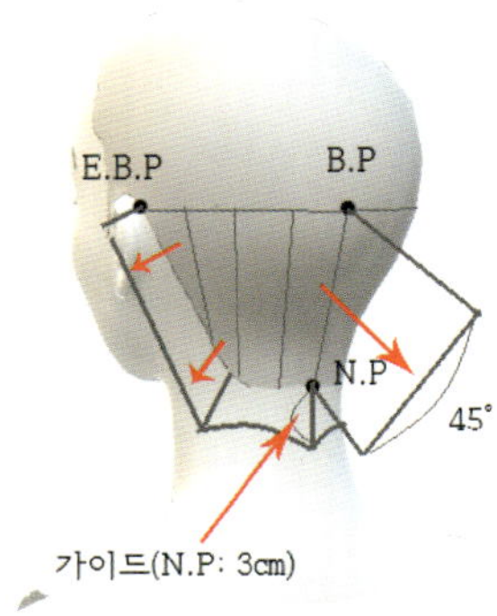

도해도

① B.P 센터를 중심으로 버티컬로 섹션을 나눈 모습이다.

② B.P 지점에서 버티컬 섹션으로 45° 각도 온 더 베이스로 커팅한다.

③ 똑같은 방법으로 B.P 지점 45° 각도로 커팅한다.

④ E.B.P 지점까지 버티컬 섹션으로 45° 각도로 커팅한다.

⑤ E.B.P~N.C.P 연결하여 45° 각도로 커팅한다.

⑥ 우측 커팅이 완성된 모습이다.

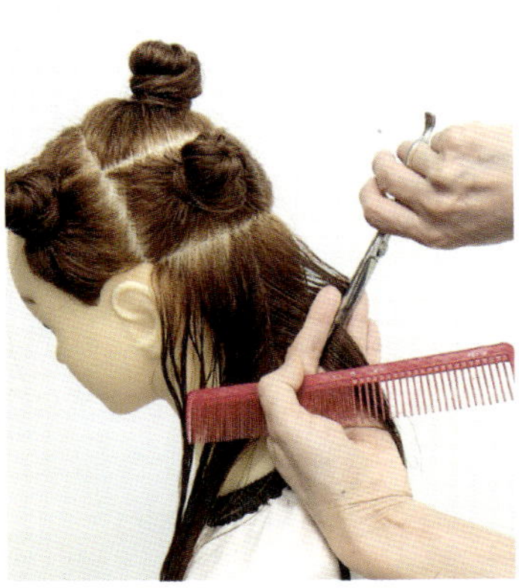

⑦ 좌측 판넬도 같은 방법으로 B.P 지점에서 버티컬 섹션으로 45° 각도 온 더 베이스로 커팅한다.

⑧ E.B.P~N.C.P 연결한 4 판넬의 모발을 45° 각도로 커팅한다.

⑨ 언더 섹션의 45° 각도의 커팅이 완성된 모습이다.

⑩ 언더 섹션의 45° 각도의 커팅이 완성된 모습이다.

⑪ 좌측 네이프 햄 라인을 사진과 같이 N.P 중심으로 라운드 모양의 후대각으로 조각을 내듯 커팅한다.

Check Point

네이프 햄 라인의 모발에서 조각 커팅 시 좌·우 모발의 길이가 일정하여야 한다.

⑫ 우측 네이프 햄 라인을 사진과 같이 N.P 중심으로 라운드 모양의 후대각으로 조각을 내듯 커팅한다.

3. 미들 섹션 Middle section – 좌·우 T.E.M.P~G.P 호리존탈 라인 아래

완성 사진

- 호리존탈 라인 슬라이스
- 각도 15°
- 온 더 베이스
- 포인팅 커트
- 머리 위치 : 고개 숙임

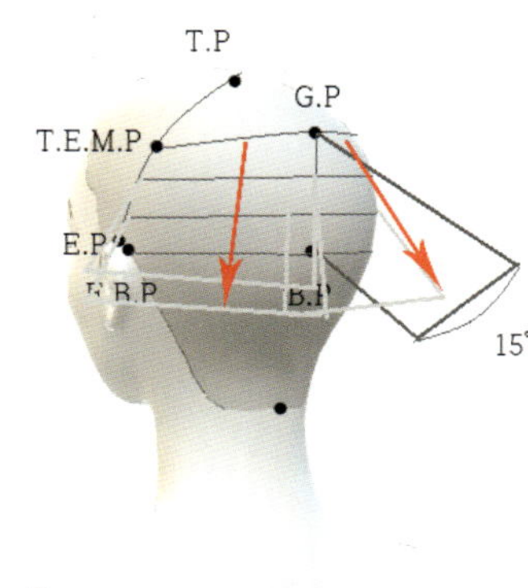

도해도

① 고개 숙임으로 언더 섹션의 가이드 모발과 연결하여 호리존탈 슬라이스와 평행이 되도록 하여 15° 각도의 온 더 베이스로 커팅한다.

② 커팅된 판넬을 포인팅 커팅으로 모발 끝을 자연스럽게 연출한다.

③ 포인팅 커팅이 완성된 모습이다.

④ 가이드와 연결하여 15° 각도의 포인팅 커팅한다.

⑤ 두 번째 판넬도 가이드와 연결하여 15° 각도의 온 더 베이스로 포인팅 커팅한다.

⑥ 세 번째 판넬도 같은 방법으로 가이드와 연결하여 15° 각도의 온 더 베이스로 포인팅 커팅한다.

Check Point

포인팅 커팅 기법을 이용하여 모발 단면을 자연스럽게 하여야 원랭스 라인의 선이 보이지 않는다.

4. 오버 섹션 Over Section – 좌·우 T.E.M.P~G.P 호리존탈 라인 위

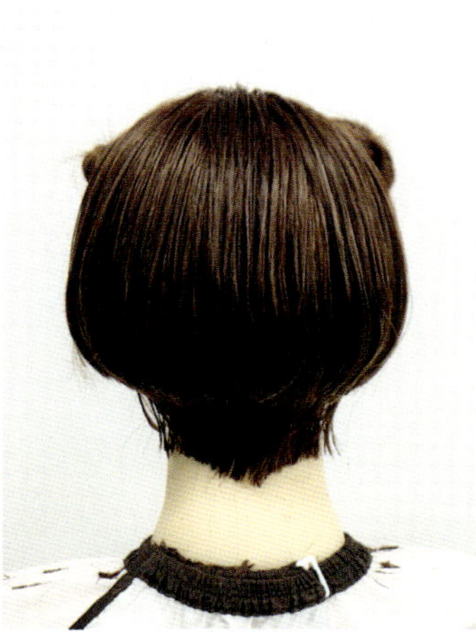

완성 사진

- 피봇 슬라이스 라인
- 각도 0°
- 온 더 베이스
- 머리 위치 : 똑바로

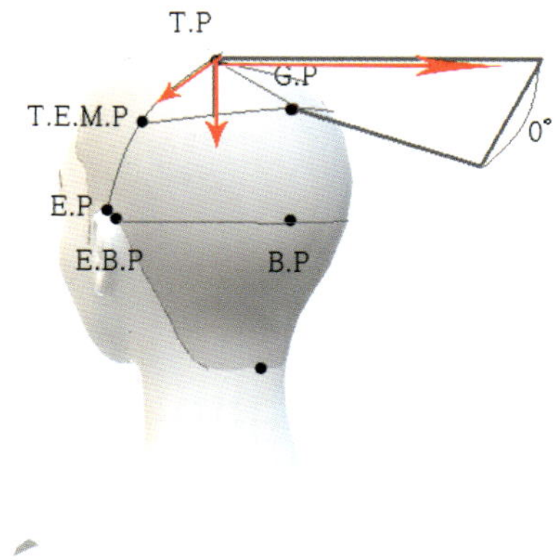

도해도

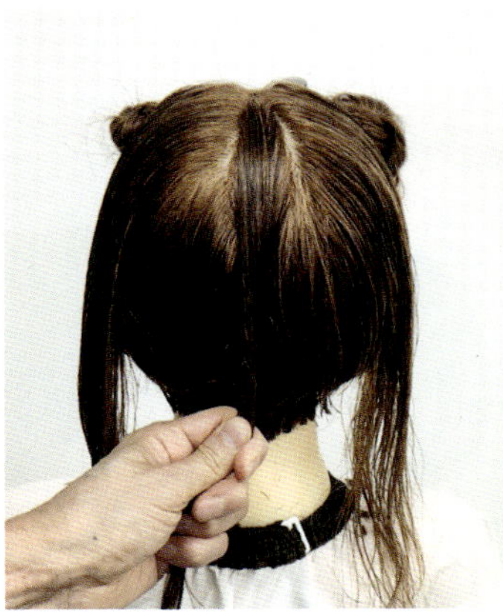

① T.P 센터를 중심으로 피봇 섹션으로 나눈 모습이다.

② 미들 섹션의 가이드 모발과 연결하여 T.P 중심 0° 각도로 온 더 베이스로 커팅한다.

③ 우측의 마지막 판넬도 같은 방법으로 커팅한다.

④ 좌측도 같은 방법으로 미들 섹션의 가이드 모발과 연결하여 T.P 중심 0° 각도로 온 더 베이스로 커팅한다.

⑤ 좌측의 마지막 판넬도 같은 방법으로 커팅한다.

Check Point

T.P 중심에서 0° 각도로 커팅하여 원랭스 라인을 만든다.

5. Back Textured

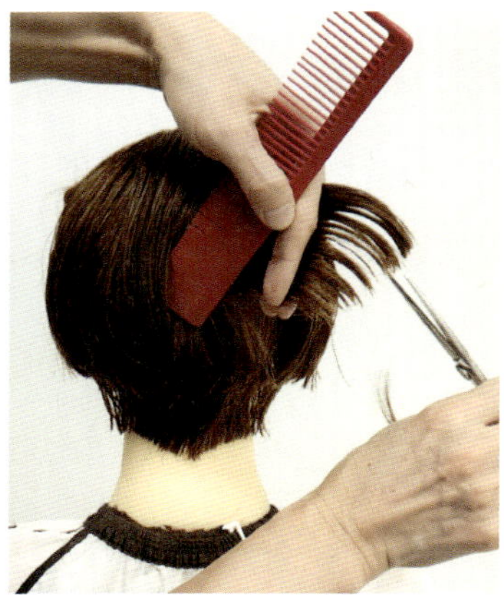

① 포인팅 커트로 앤드 테이핑하여 모발 끝의 양을 조절하여 율동감을 연출한다. 슬라이싱 커팅 기법으로 모발의 양을 조절하여 불규칙한 움직임을 표현한다.

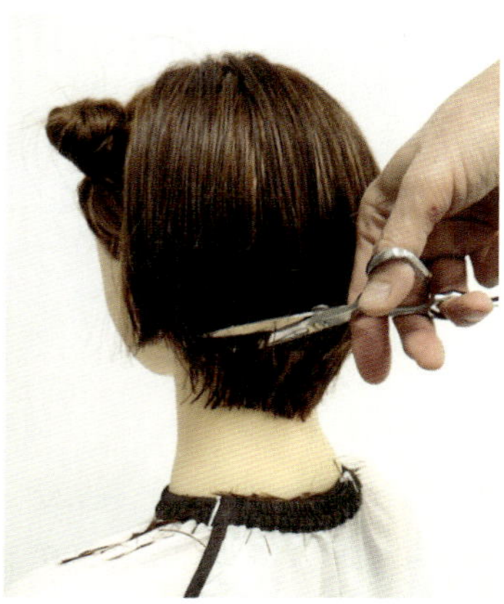

Check Point

질감 처리는 고객의 모발의 양에 따라 실행해야 한다.

6. Temple Section 우측 – C.P~좌측 T.P 센터 사선 가르마

- 전대각 슬라이스 라인
- 각도 0°
- 온 더 베이스
- 머리 위치 : 똑바로

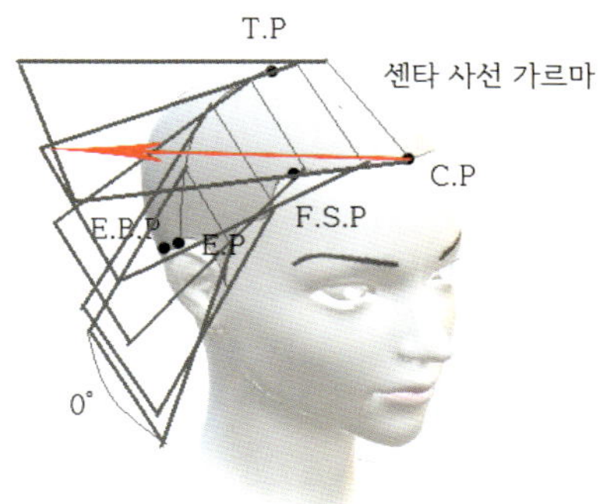

완성 사진

도해도

① E.B.P 라인의 가이드 모발과 연결하여 전대각 슬라이스 라인과 손가락의 위치를 평행으로 하여 자연 시술각으로 원랭스 라인으로 커팅한다.

② F.S.P 위치의 판넬에서 백의 가이드 모발과 연결하여 전대각 라인으로 커팅한다.

③ 센터 사선 가르마까지 백의 가이드 모발과 연결하여 커팅한다.

Check Point

F.S.P 위치의 판넬 위에서부터 전대각 라인으로 커팅 시 센터의 모발이 짧아지지 않도록 유의해서 커팅한다.

7. Temple Section 좌측 – C.P~좌측 T.P 센터 사선 가르마

(1) 1 커팅

완성 사진

- 가이드 귀 중간
- 페이스 라인 슬라이스
- 자연 시술각
- 온 더 베이스
- 머리 위치 : 똑바로

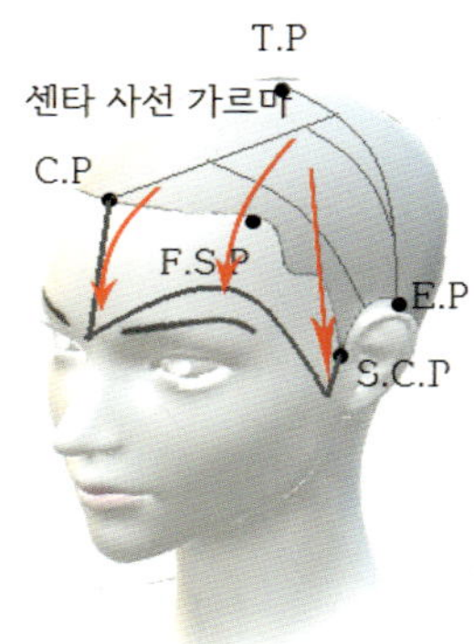

도해도

① 이어 라인을 만들어 주기 위해 90° 각도의 온 더 베이스 커팅한다. 이어 라인을 따라 선을 만들어 준다.

② 페이스 라인을 따라 섹션을 나누어 S.C.P와 연결한다.

③ 페이스 라인을 따라 자연 시술각으로 커팅한다.

④ C.P 모발을 우측 F.S.P 지점으로 끌어 커팅한다.

⑤ 이어와 페이스의 가이드 라인이 완성된 모습이다.

⑥ 페이스 라인의 모발을 가이드의 모발과 연결하여 자연 시술각으로 커팅한다.

⑦ 가이드 모발과 연결하여 C.P 모발을 우측 F.S.P 지점으로 끌어 커팅한다.

⑧ 나머지 모발도 얼굴 방향으로 끌어 가이드 모발과 연결하여 커팅한다.

⑨ 가이드 모발과 연결하여 C.P 모발을 우측 F.S.P 지점으로 끌어 커팅한다.

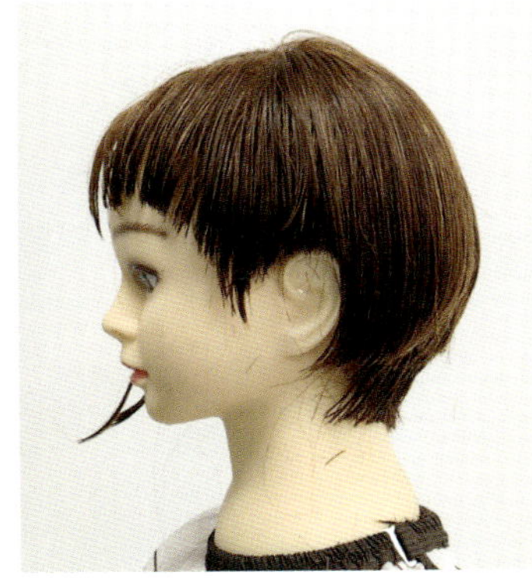

⑩ 좌측 커팅이 완성된 모습이다.

Check Point

프론트와 좌측까지 자연스러운 라운드 형태가 만들어져야 한다.

(2) 2 커팅

완성 사진

- 호리존탈 라인 슬라이스
- 각도 90°
- 온 더 베이스
- 머리 위치 : 똑바로

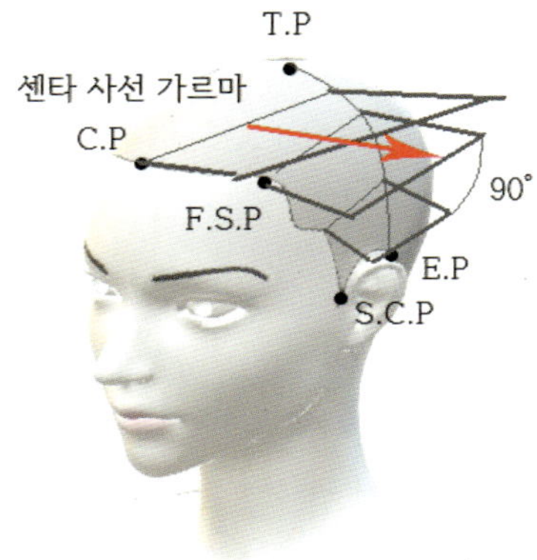

도해도

① 호리존탈 라인으로 90° 각도로 온 더 베이스로 커팅한다. 센터 사선 가르마까지 커팅한다.

Check Point

백의 모발과 연결하지 않고 단독으로 커팅하여야 한다.

(3) 3 커팅

완성 사진

- 페이스 라인 정리하기
- 슬라이드 커트
- 머리 위치 : 똑바로

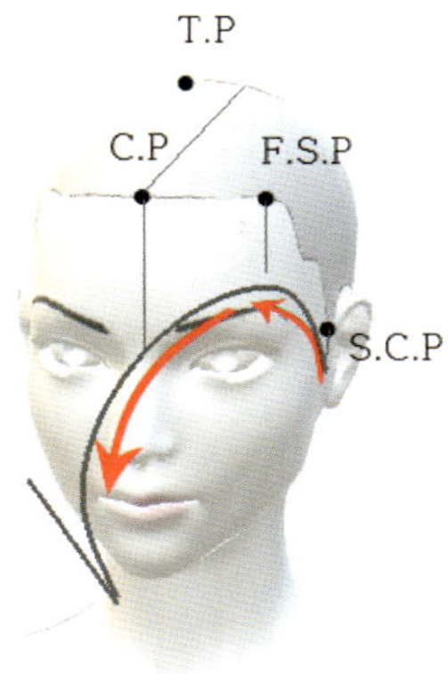

도해도

① 자연 분배로 빗질하여 좌측에서 시작하여 우측으로 슬라이드 커팅한다. 가장자리 모발을 중심으로 커팅한다.

Check Point

슬라이드 커팅 시 끊어짐이 없이 연속성을 가져야 하며, 우측의 원랭스 라인을 무리하게 커팅하면 원랭스 가이드 라인의 변형이 생길 수 있다.

8. Front Textured

① 슬라이싱 커팅 기법으로 모발의 양을 조절하여 불규칙한 움직임과 율동감을 표현한다.

Check Point

질감 처리는 고객의 모발의 양에 따라 실행해야 한다.

9. 헤어커트 완성 사진

3. 헤어커트 마무리하기

[인컬 스타일링]

블로우 드라이를 1~3호 또는 원형 아이론 20~25mm를 이용하여 프론트를 제외하고 뿌리에 볼륨을 넣어주면서 모발 끝으로 갈수록 롤을 돌려주어 인컬 형태를 만들어 준다. 프론트와 좌측 사이드는 스트레이트로 커트선이 보이도록 드라이한다. 헤어 광택제나 헤어 스프레이를 이용하여 스타일링을 마무리한다.

[C컬 입체감 스타일링]

인컬 드라이가 완성된 모발에 손가락과 빗을 이용하여 모발의 겉면을 뽑는 방식으로 C컬을 만들어 밋밋한 인컬 드라이에 입체감을 넣어준다. 헤어 광택제나 헤어 스프레이를 이용하여 스타일링을 마무리한다.

Title 15

숏 크로스 오버 콤비네이션 커트 Short Cross Over Combination Cut

앞모습

뒷모습

좌측 모습

우측 모습

1. 헤어커트 디자인 분석 및 준비하기

(1) 헤어커트 디자인 형태의 특징

후대각 라인과 전대각 라인에 의한 그래쥬에이션과 레이어 형태의 콤비네이션을 연출하는 숏 크로스 오버 콤비네이션 스타일이다. 백의 후대각 섹션에 의한 온 더 베이스로 교차 커트하여 후두부 센터의 길이가 자연스럽게 길어지는 효과가 나면서 볼륨감을 만들어 주고, 사이드는 전대각 라인에서 로우와 미디엄 각도의 그래쥬에이션으로 호리존탈 라인에서 하이 그래쥬에이션의 커팅하여 사이드에서 자연스럽게 볼륨이 형성되는 효과가 나타난다. 프론트를 사이드와 연결하여 앞머리의 경계가 없는 것이 특징이다.

디자인 설계 테크닉	헤어커트 조건
얼굴형 : 모든 얼굴형에 어울리는 스타일이다.	가이드 길이 : N.P 길이 – 3cm
	블로킹 Blocking : 4등분 Ear To Ear Parting/앞 Center Part, 뒤 Horizontal Part
두상 : 네이프의 돌출이 있을 시 보정 커트가 필요하다.	머리 위치 Head Position : 똑바로, 고개 숙임
	섹션 Section : 호리존탈 섹션, 후대각 섹션
이마 형태 : 제안되는 이마 형태가 없이 모두 가능하다.	슬라이스 라인 Slice Line : 평행 라인, 후대각 라인
	베이스 Base : 온 더 베이스
목, 어깨 넓이 : 긴 목과 넓은 어깨는 피하는 것이 좋다.	분배 Distribution : 자연 분배, 직각 분배
	시술 각도 Projection : 일반 시술각
피해야 할 체형 : 마른 체형은 피하는 것이 좋다.	손가락 위치 Finger Position : 평행 손가락
	가이드 라인 Guide Line : 고정 디자인 라인
응용 가능 펌 : 스트레이트, C컬 웨이브	커트 테크닉 Cut Technique : 블런트 커트 Blunt Cut
	질감 처리 Textured : 포인팅 커트 Pointing Cut, 슬라이싱 Slicing
	마무리 : 블로우 드라이 인컬

(2) 확장 도해도

커팅된 모발을 펼쳤을 때 모습을 그림으로 표현한다.

앞모습

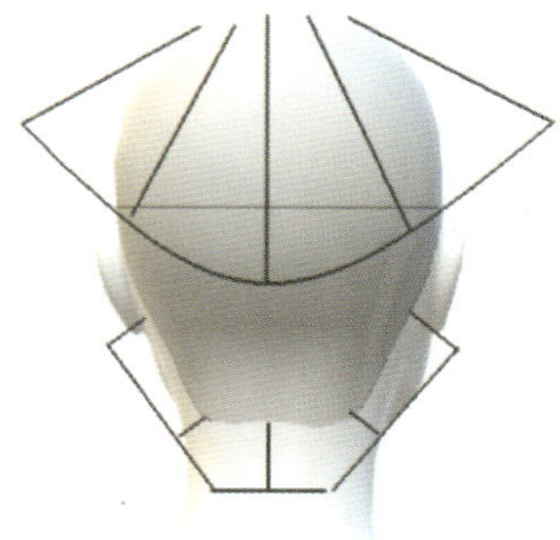

뒷모습

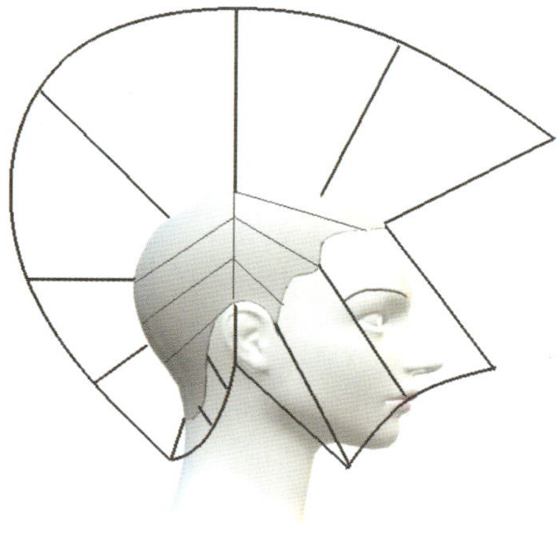

우측

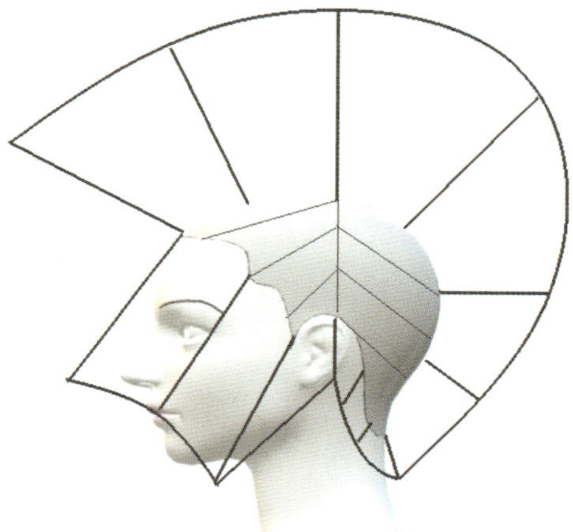

좌측

2. 헤어커트 진행하기

1. Blocking

4등분 Ear To Ear Parting/앞 Center Part, 뒤 Horizontal Part

① Ear To Ear Parting으로 나눈다.
앞 : C.P~T.P로 나누어 2 파트, 뒤 : 양쪽 E.P~B.P 2 파트

2. 언더 섹션 Under Section – 좌·우 E.P~B.P 호리존탈 라인 아래

(1) 1 커팅

완성 사진

- 가이드N.P : 3cm
- U라인 커팅
- 자연 분배
- 머리 위치 : 고개 숙임

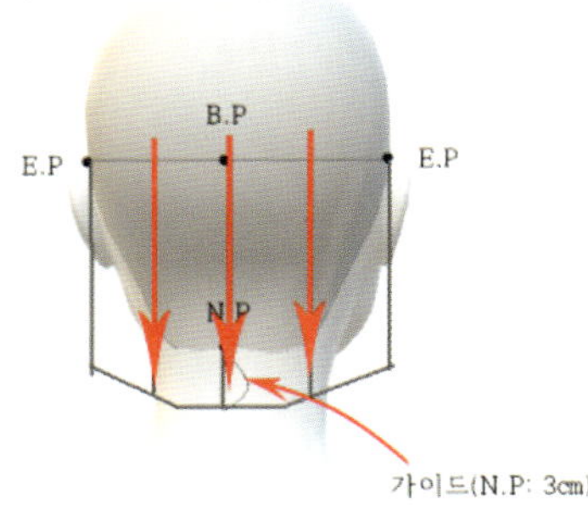

도해도

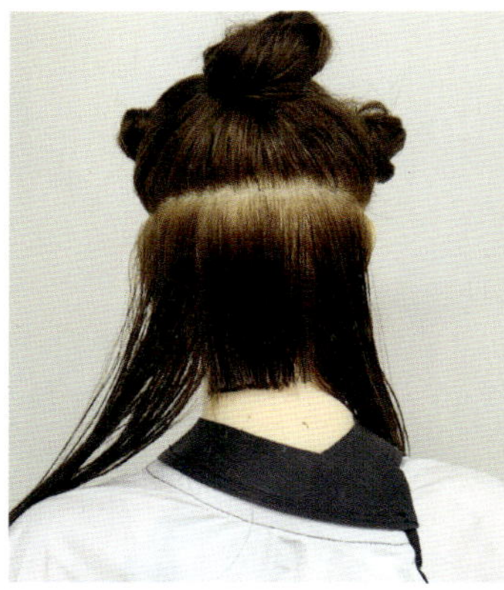

① N.P 자연 시술각 호리존탈 라인으로 가이드를 설정하여 커팅한다.

② 우측 모발을 가이드와 연결하여 후대각 라인 자연 시술각으로 커팅한다.

③ 우측 커팅이 완성된 모습이다.

④ 좌측 모발을 가이드와 연결하여 후대각 라인 자연 시술각으로 커팅한다.

⑤ 1 커팅이 완성된 모습이다.

(2) 2 커팅

완성 사진

- 후대각 라인의 슬라이스
- 90° 각도
- 온 더 베이스
- B.P 센터 교차 커팅
- 머리 위치 : 고개 숙임

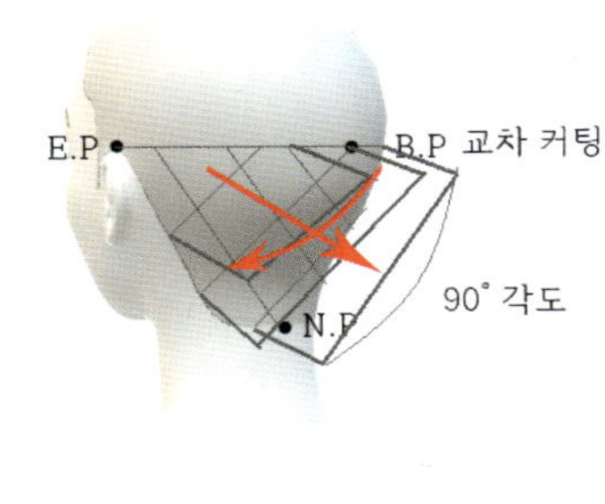

도해도

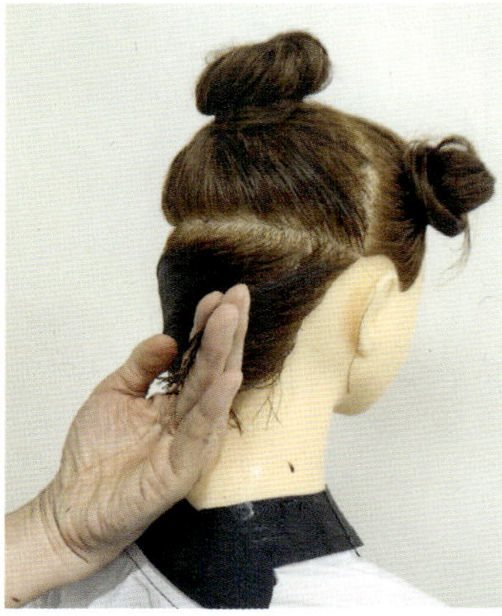

① 우측 모발을 N.P 햄 라인의 모발과 연결하여 후대각 슬라이스 라인과 평행이 되도록 모발을 우측 방향으로 끌어 90˚ 각도의 온 더 베이스로 커팅한다.

② 마지막 판넬도 같은 방법으로 커팅한다.

③ 좌측 모발을 N.P 햄 라인의 모발과 연결하여 후대각 슬라이스 라인과 평행이 되도록 모발을 좌측 방향으로 끌어 90˚ 각도의 온 더 베이스로 커팅한다.

④ 마지막 판넬도 같은 방법으로 커팅한다.

Check Point

후대각 라인으로 슬라이스를 하면 자연스럽게 교차 커트가 된다. 네이프 햄 라인을 슬림하게 연출하기 위해서는 N.P의 햄 라인의 모발을 가이드로 90˚ 각도의 커팅이 이루어져야 한다.

3. 언더 섹션 Under Section Textured

① 네이프를 슬림하게 연출하기 위해 슬라이싱 커팅으로 모발의 양을 조절한다.

Check Point

질감 처리는 고객의 모발의 양에 따라 실행해야 한다.

4. 오버 섹션 Over Section – 좌·우 E.P~B.P 호리존탈 라인 위

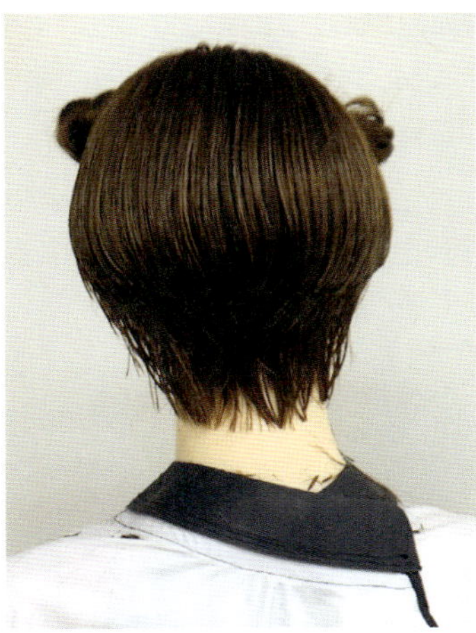

완성 사진

- 후대각 라인 슬라이스
- 각도 15°
- 온 더 베이스
- 교차 커팅
- 머리 위치 : 똑바로

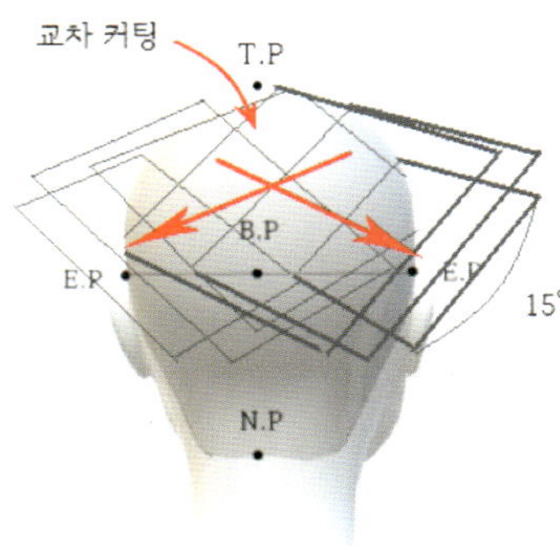

도해도

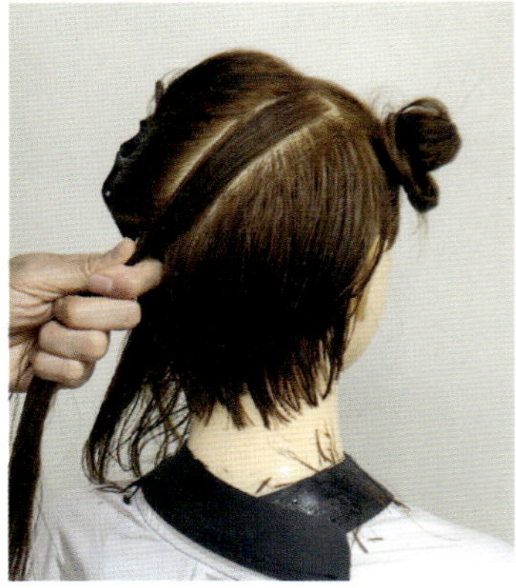

① 우측 모발을 B.P 라인의 가이드와 연결하여 후대각 슬라이스 라인과 평행이 되도록 모발을 우측 방향으로 끌어 15° 각도의 온 더 베이스로 커팅한다. 나머지 판넬도 같은 방법으로 커팅한다.

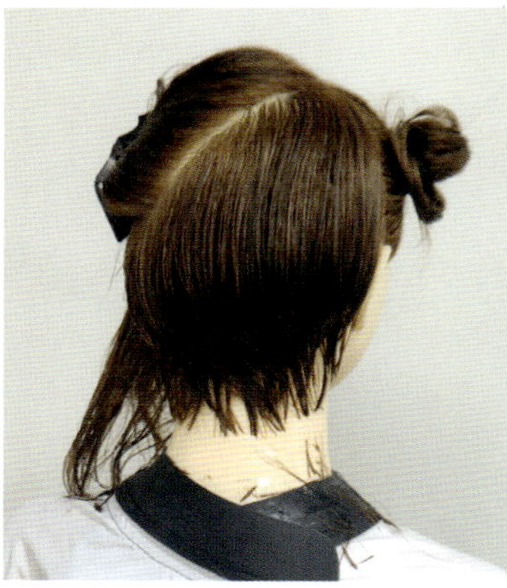

② 우측 커팅이 완성된 모습이다.

③ 좌측 모발을 B.P 라인의 가이드와 연결하여 후대각 슬라이스 라인과 평행이 되도록 모발을 좌측 방향으로 15° 각도의 온 더 베이스로 커팅한다.

④ 마지막 판넬도 같은 방법으로 커팅한다.

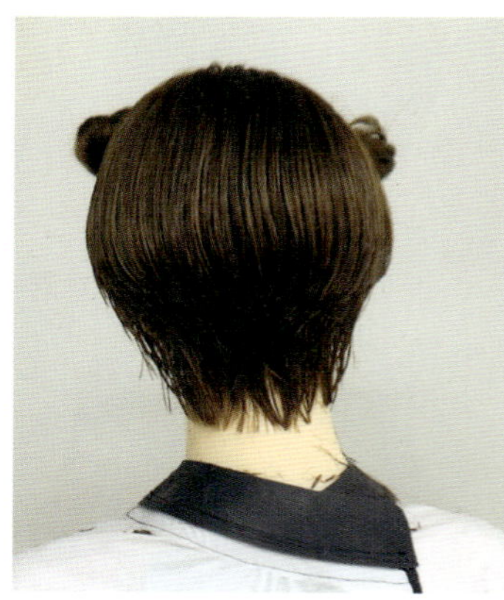

⑤ 오버 섹션 커팅이 완성된 모습이다.

Check Point

후대각 라인의 슬라이스와 평행이 되도록 모발을 잡고 커팅하여야 후두부 센터가 길어지는 효과가 있다. 또한 후두부 정중선의 모발을 좌우로 교차하면서 커팅하는 것을 잊지 말아야 한다.

5. Temple Section 좌측 – 좌측 C.P~T.P 센터 가르마

완성 사진

- 전대각 라인 슬라이스
- 호리존탈 라인 슬라이스
- 각도 15°~90°
- 온 더 베이스

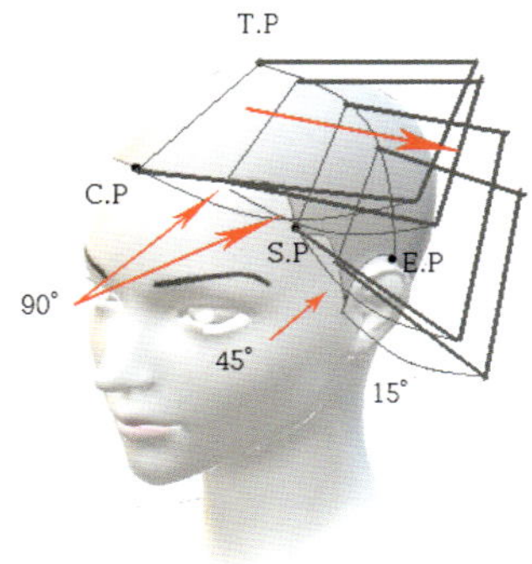

도해도

① 백의 가이드 모발과 연결하여 전대각 슬라이스 라인과 평행이 되도록 모발을 백 방향으로 끌어 15° 각도의 온 더 베이스 커팅한다.

② 첫 번째 판넬이 완성된 모습이다.

③ 두 번째 판넬도 전대각 슬라이스 라인으로 45° 각도의 온 더 베이스 커팅한다.

④ 세 번째 판넬부터 호리존탈 슬라이스 라인으로 90° 각도로 커팅한다.

Check Point

슬라이스 라인의 변화를 체크하면서 커팅이 실행되어야 자연스러운 레이어 형태가 나오는 전대각 라인이 연출된다.

⑤ 센터의 판넬까지 같은 방법으로 커팅한다.

6. Temple Section 우측 – 우측 C.P~T.P 센터 가르마

완성 사진

- 전대각 라인 슬라이스
- 호리존탈 라인 슬라이스
- 각도 15°~90°
- 온 더 베이스

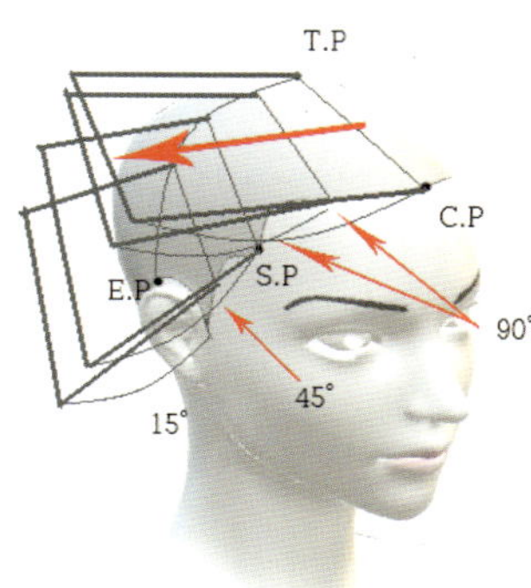

도해도

① 우측과 같은 방법으로 백의 가이드 모발과 연결하여 전대각 슬라이스 라인과 평행이 되도록 모발을 백 방향으로 끌어 15° 각도의 온 더 베이스 커팅한다.

② 두 번째 판넬도 가이드 모발과 연결하여 전대각 슬라이스 라인으로 45° 각도로 커팅한다.

③ 나머지 판넬은 백의 가이드 모발과 연결하여 호리존탈 슬라이스 라인과 평행이 되도록 하여 90° 각도의 온 더 베이스 커팅한다.

Check Point

양쪽의 사이드 길이가 다르지 않도록 중간에 체크하면서 커트하는 것을 잊지 않아야 한다.

7. Front Section – 페이스 라인 섹션

완성 사진

- 각도 0°~45°
- 온 더 베이스
- 머리 위치 : 똑바로

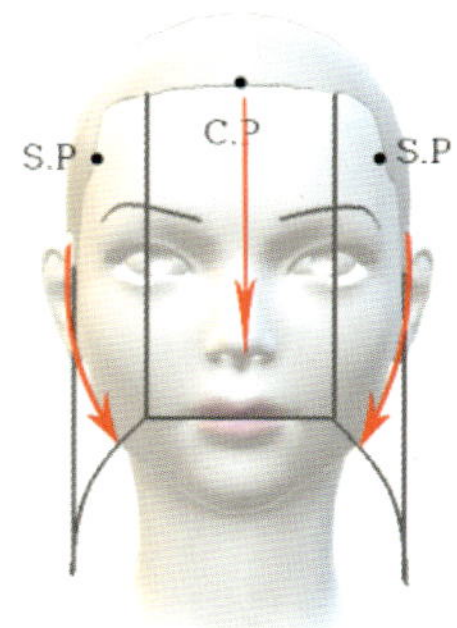

도해도

① C.P 모발을 입술에 맞추어 커팅하여 가이드 라인을 만든다. 좌측 모발과 우측 모발을 C.P 가이드와 연결하여 온 더 베이스 자연 시술각으로 커팅하여 페이스 라인의 가이드 라인을 만든다.

② 페이스 라인의 가이드가 만들어진 모습이다.

③ 두 번째 판넬은 가이드 모발과 연결하여 15° 각도로 온 더 베이스로 커팅한다. 우측 모발을 센터와 연결하여 온 더 베이스 자연 시술각으로 커팅한다.

④ 우측 모발과 센터와 연결하여 커팅한다.

⑤ 세 번째 판넬은 가이드 모발과 연결하여 45° 각도로 온 더 베이스로 커팅한다.

⑥ 센터 탑의 모발을 직각으로 모발을 들어 올려 튀어나온 모발을 커팅한다.

⑦ 우측 탑의 모발을 직각으로 모발을 들어 올려 튀어나온 모발을 커팅한다.

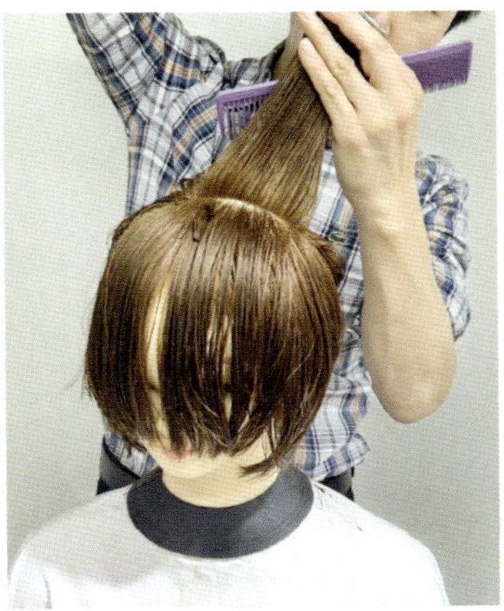

⑧ 좌측 탑의 모발을 직각으로 모발을 들어 올려 튀어나온 모발을 커팅한다.

Check Point

센터의 모발과 좌우의 대칭의 모발 길이가 다르지 않도록 주의해서 커팅한다.

8. Textured

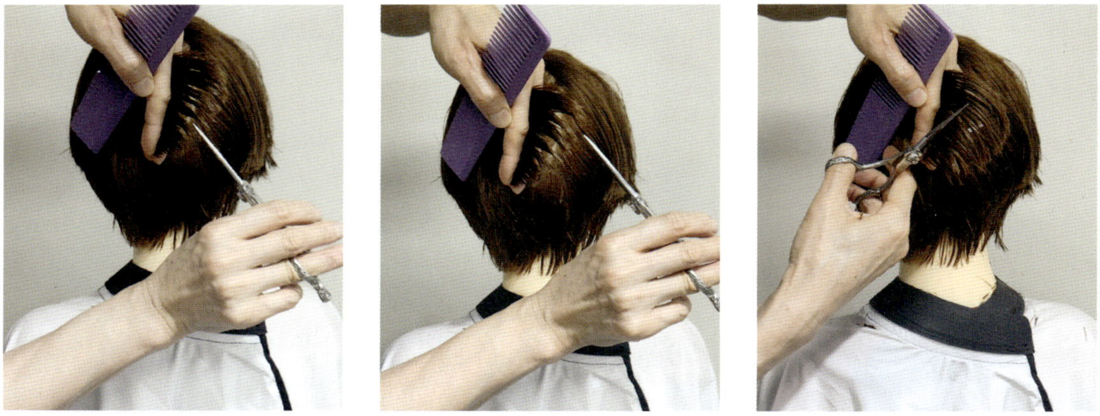

① 포인팅 커팅 방법으로 앤드 테이퍼하여 백의 모발 끝을 가볍게 한다.

② 프론트 머리의 확장감을 만들어 주기 위해 슬라이싱 커팅으로 질감 처리한다.

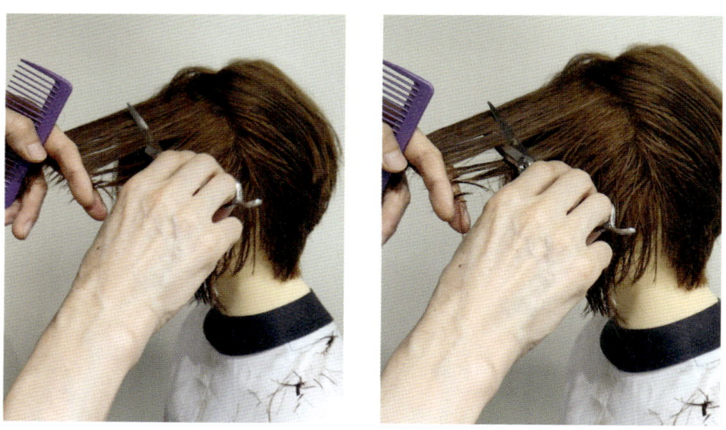

Check Point

질감 처리는 고객의 모발의 양에 따라 실행해야 한다.

9. 헤어커트 완성 사진

3. 헤어커트 마무리하기

[인컬 스타일링]

블로우 드라이롤 1~3호 또는 원형 아이론 20~25mm를 이용하여 뿌리에 볼륨을 넣어주면서 모발 끝으로 갈수록 롤을 돌려주어 인컬 형태를 만들어 준다. 헤어 광택제나 헤어 스프레이를 이용하여 스타일링을 마무리한다.

[귀를 넘긴 스타일링]

인컬 드라이가 완성된 모발에 귀 뒤쪽으로 빗질하여 귀가 보이도록 스타일링 한다. 헤어 광택제나 헤어 스프레이를 이용하여 스타일링을 마무리한다.

Title 16

숏 머쉬룸 커트 Short Mushroom Cut

앞모습

뒷모습

좌측 모습

우측 모습

1. 헤어커트 디자인 분석 및 준비하기

(1) 헤어커트 디자인 형태의 특징

E.P~B.N.M.P 후대각 라인 중심으로 아래는 그래쥬에이션 위로는 후대각 원랭스 라인을 연출하여 버섯 모양을 연출한 숏 머쉬룸 커트 스타일이다. 언더 섹션은 후대각 라인의 가이드를 만들어 45° 각도의 그래쥬에이션 형태를 연출한다.

오버 섹션에서 후대각 라인의 원랭스 형태를 만들어 일반 시술각 0° 각도로 커팅하여 로우 그래쥬에이션 형태를 연출하여 머쉬룸 형태에서 자연스럽게 층이 있는 스타일을 연출한다.

디자인 설계 테크닉	헤어커트 조건
얼굴형 : 둥근형, 삼각형 얼굴형을 제외한 모두가 어울리는 스타일이다.	가이드 길이 : N.P 길이 – 1cm
	블로킹 Blocking : 3등분 Ear To Ear Parting/앞, 뒤 2
두상 : 탑과 백의 함몰 두상은 보정 커트가 필요하다.	머리 위치 Head Position : 고개 숙임, 똑바로
	섹션 Section : 후대각 섹션, 버티컬 섹션
이마 형태 : 제안되는 형태가 없이 모든 이마 형태에 좋다.	슬라이스 라인 Slice Line : 후대각 라인, 수직 버티컬 라인
	베이스 Base : 온 더 베이스
목, 어깨 넓이 : 제안되는 목과 어깨 없이 모두에게 어울리는 스타일이다.	분배 Distribution : 자연 분배, 직각 분배
	시술 각도 Projection : 일반 시술각
피해야 할 체형 : 모든 체형에 어울리는 스타일이다.	손가락 위치 Finger Position : 평행 손가락
	가이드 라인 Guide Line : 고정 디자인 라인
응용 가능 펌 : 스트레이트, 인컬 C컬	커트 테크닉 Cut Technique : 블런트 커트 Blunt Cut
	질감 처리 Textured : 틴닝 Thinning
	마무리 : 블로우 드라이 인컬

(2) 확장 도해도

커팅된 모발을 펼쳤을 때 모습을 그림으로 표현한다.

앞모습

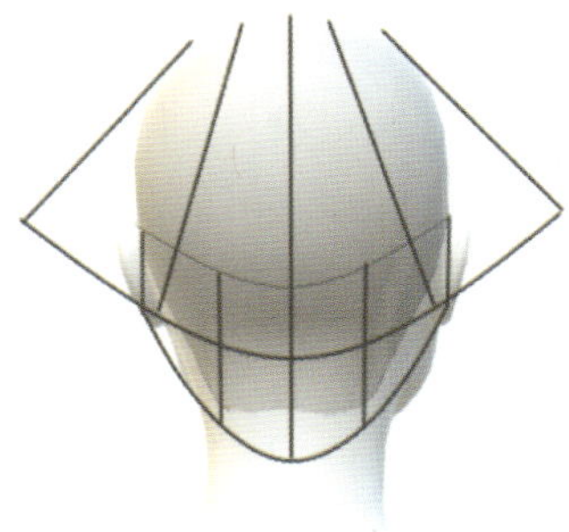

뒷모습

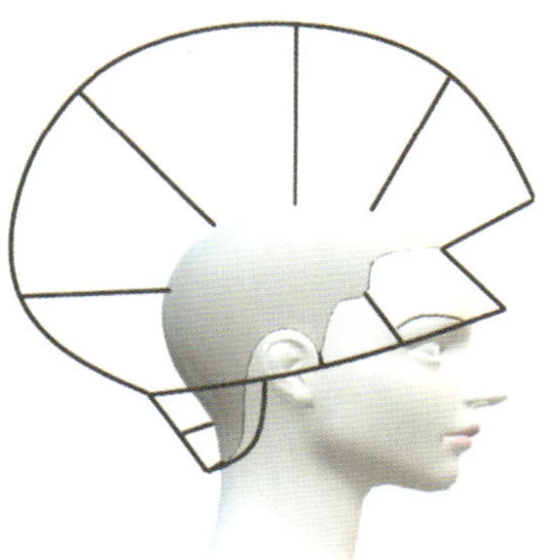

우측

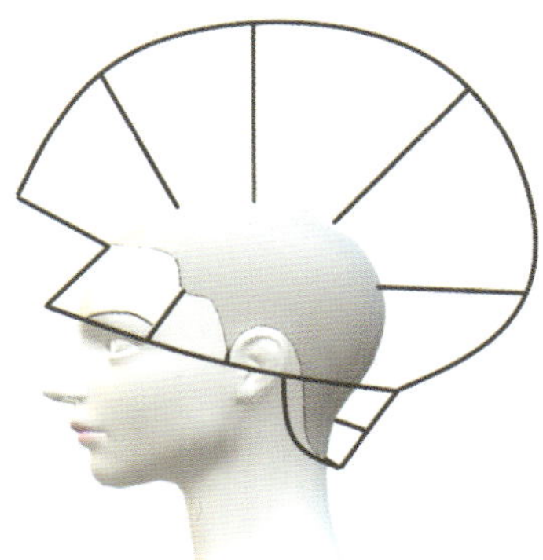

좌측

2. 헤어커트 진행하기

1. Blocking

3등분 Ear To Ear Parting/앞, 뒤 2

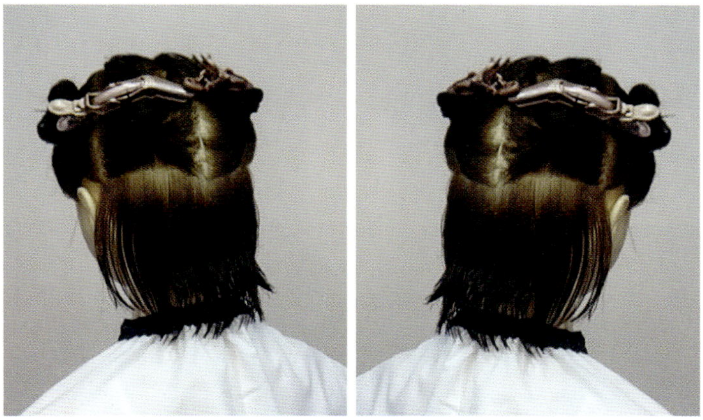

① Ear To Ear Parting으로 나눈다.
뒤 : 좌·우 E.P~B.N.M.P 아래 언더, 위 오버 2 파트

2. 언더 섹션 Under Section – 좌·우 E.P~B.N.M.P 후대각 라인 아래

(1) 1 커팅

완성 사진

- 가이드 N.P : 1cm
- U 라인
- 0° 각도
- 자연 시술각
- 머리 위치 : 고개 숙임

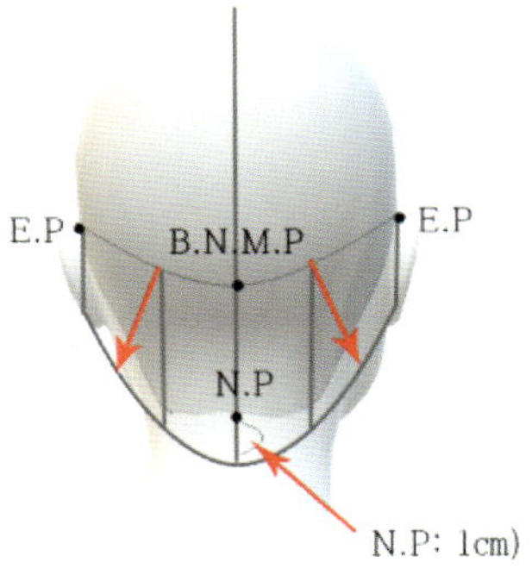

도해도

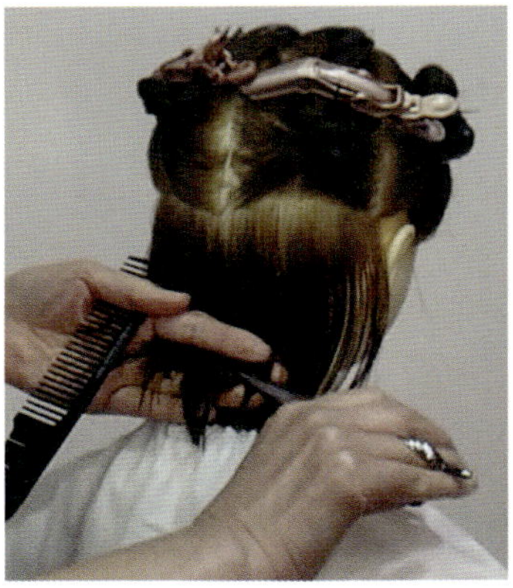

① 언더 섹션의 모발을 자연 시술각으로 빗어 내려 N.P 1㎝ U 라인으로 커팅한다.

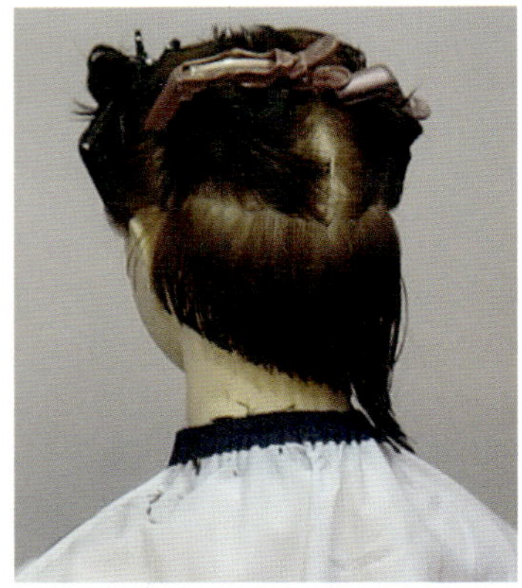

② 좌측 커팅이 완성된 모습이다.

③ 우측도 같은 방법으로 커팅한다.

Check Point

네이프 U 라인의 좌·우 모발의 길이가 일정하여야 한다

(2) 2 커팅

완성 사진

- 수직 버티컬 슬라이스
- 45° 각도
- 온 더 베이스
- 머리 위치 : 고개 숙임

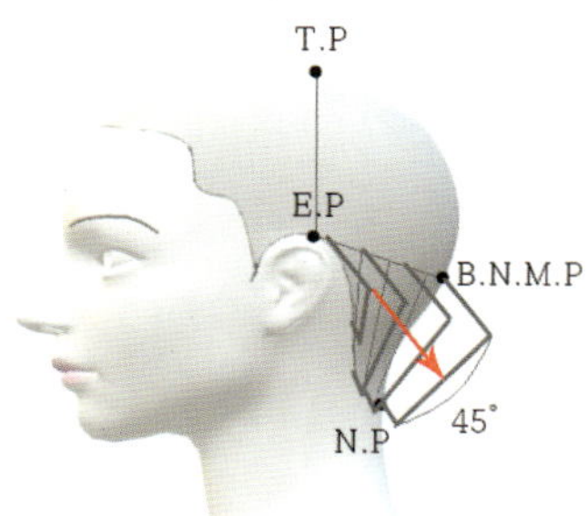

도해도

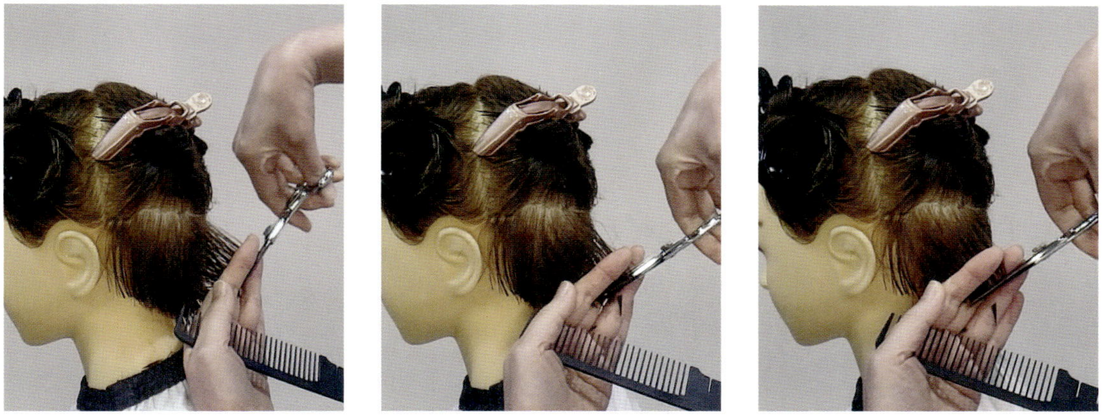

① 원랭스 라인으로 커팅된 언더의 모발을 수직 버티컬 슬라이스 45° 각도 온 더 베이스로 커팅한다. 좌측의 남은 판넬도 같은 방법으로 커팅한다.

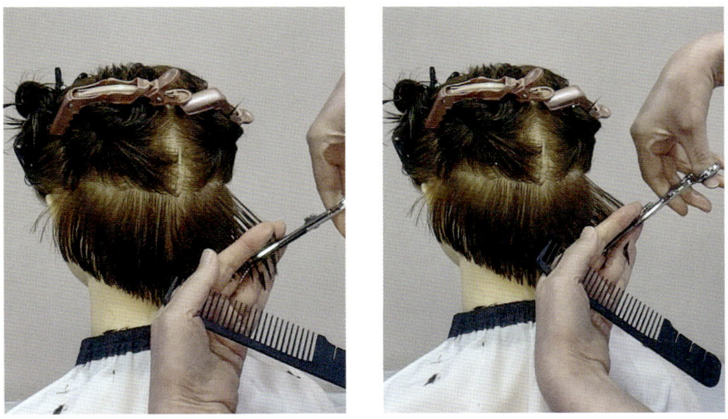

② 우측의 판넬도 같은 방법으로 수직 버티컬 슬라이스 45° 각도 온 더 베이스로 커팅한다.

③ 45° 각도로 커팅이 완성된 모습이다.

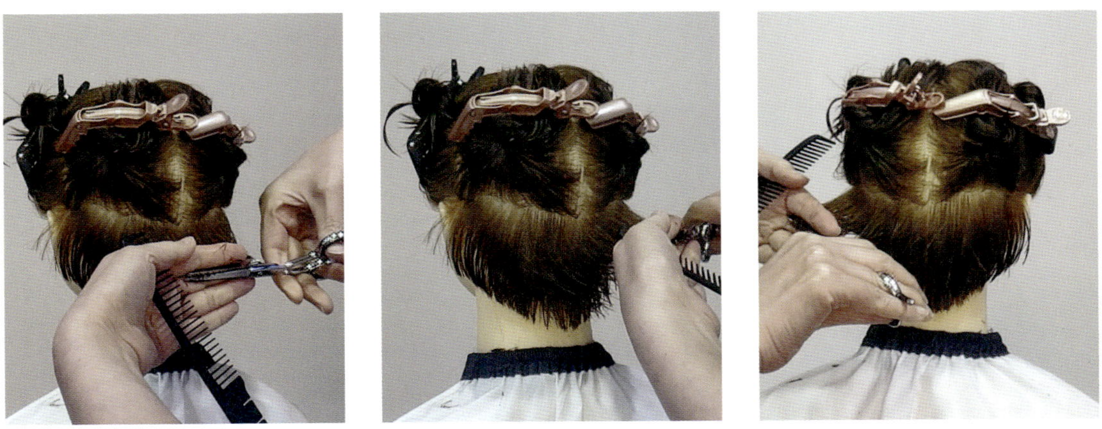

④ U 라인으로 일정하게 커팅된 것을 가로 섹션으로 체크한다.

Check Point

머쉬룸의 가이드가 만들어질 가이드 라인이므로 완만한 곡선의 U 라인이 유지되었는지 꼭 확인한다.

3. 오버 섹션 Over Section – 좌·우 E.P~B.N.M.P 후대각 라인 위

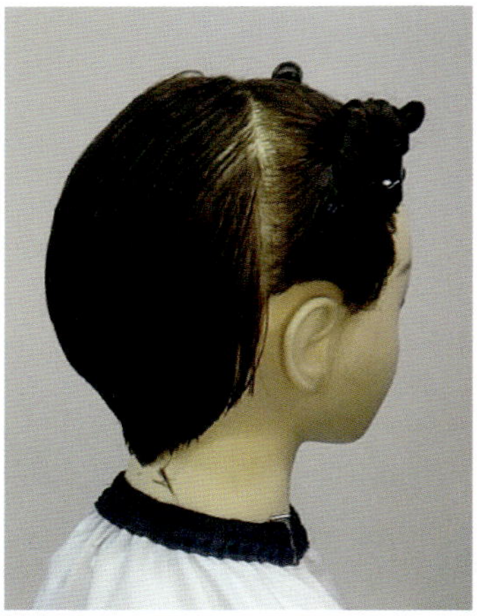

완성 사진

- 후대각 라인 슬라이스
- 0° 각도
- 온 더 베이스
- 일반 시술각
- 머리 위치 : 똑바로

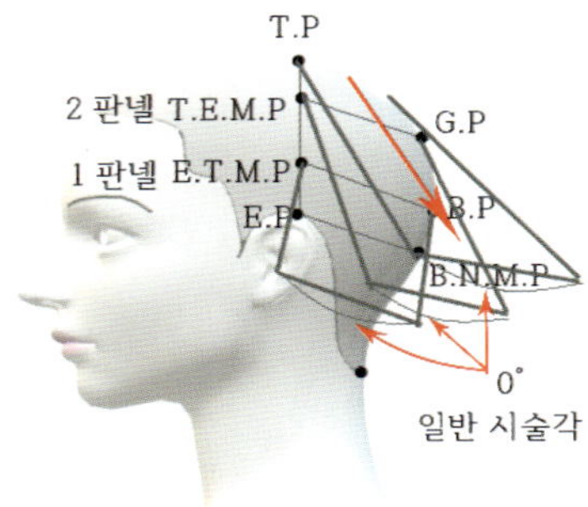

도해도

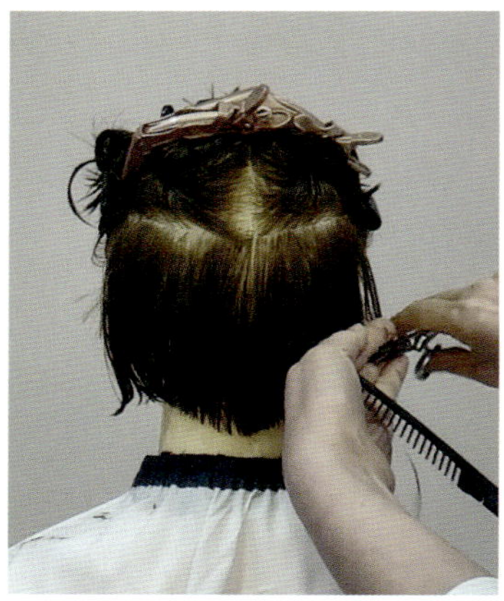

① E.T.M.P~B.P 연결하여 첫 번째 판넬을 후대각 슬라이스 라인으로 나눈다. 언더 섹션의 가이드 판넬과 연결하여 후대각 원랭스 라인 일반 시술각 0° 각도 온 더 베이스로 커팅한다.

② 우측 원랭스 커트가 완성된 모습이다.

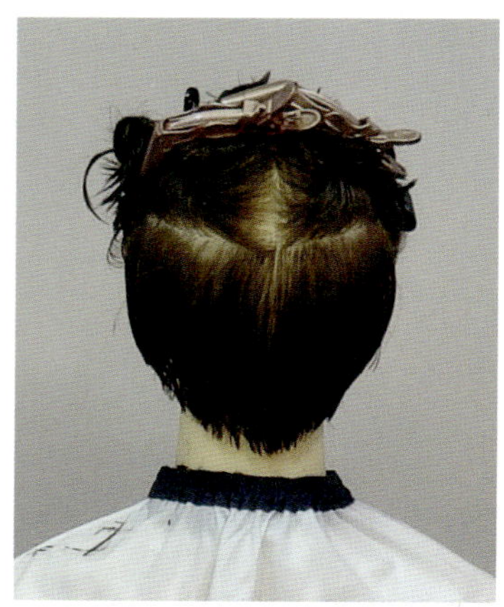

③ 좌측도 같은 방법으로 언더 섹션의 가이드 판넬과 연결하여 후대각 원랭스 라인 온 더 베이스로 커팅한다.

④ 첫 번째 판넬이 완성된 모습이다.

⑤ T.E.M.P~G.P 연결하여 두 번째 판넬을 후대각 슬라이스 라인으로 나눈다. 가이드 판넬과 연결하여 후대각 원랭스 라인 일반 시술각 0° 각도 온 더 베이스로 커팅한다.

⑥ 두 번째 판넬 우측 커팅이 완성된 모습이다.

⑦ 좌측도 같은 방법으로 후대각 원랭스 라인을 유지하며 커팅한다.

⑧ 두 번째 판넬 커팅이 완성된 모습이다.

⑨ 세 번째 판넬도 가이드와 연결하여 원랭스 라인 일반 시술각 0° 각도로 커팅한다.

⑩ 우측 커팅이 완성된 모습이다.

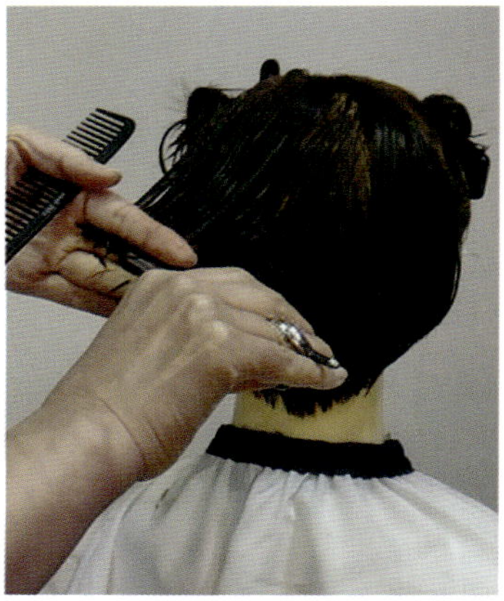

⑪ 좌측도 같은 방법으로 후대각 원랭스 라인을 유지하며 커팅한다.

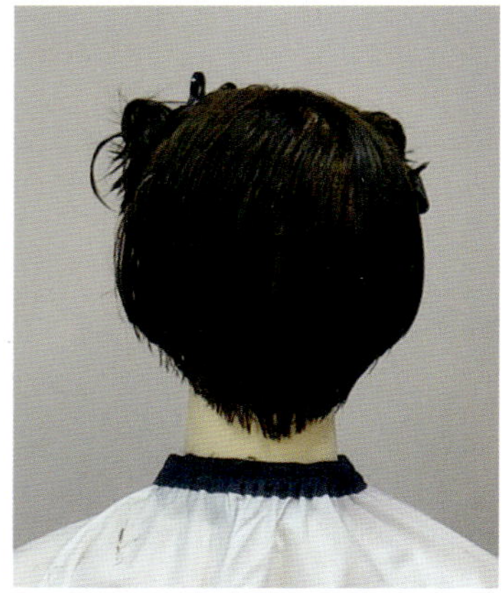

⑫ 커팅이 완성된 모습이다.

Check Point

자연 시술각이 아니라 일반 시술각 0° 각도라는 점을 잊지 말아야 한다.

4. Front Section

완성 사진

- 피봇 섹션 슬라이스
- 각도 0°
- 온 더 베이스
- 머리 위치 : 똑바로

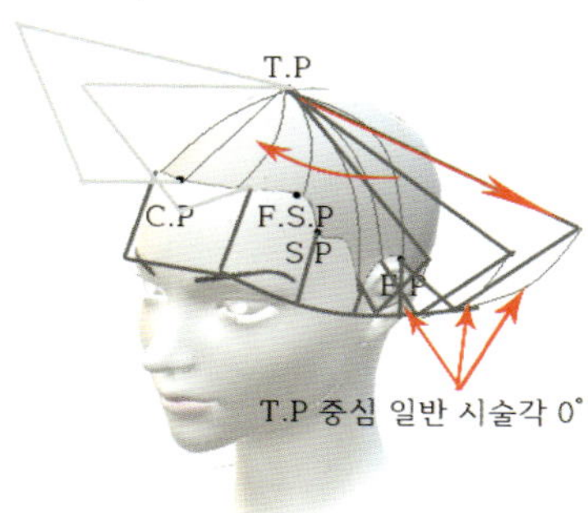

도해도

① C.P에서 눈썹을 덮는 길이로 일직선으로 커팅하여 우측의 모발과 연결하여 둥근 형태로 만들어 커팅한다.

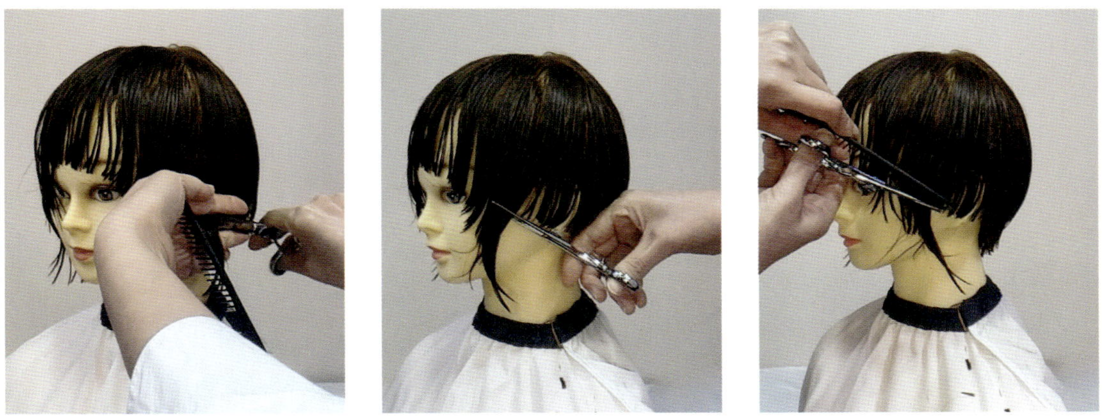

② 좌측의 백 사이드 모발 가이드와 연결하여 라운드 형태로 연결하여 커팅한다.

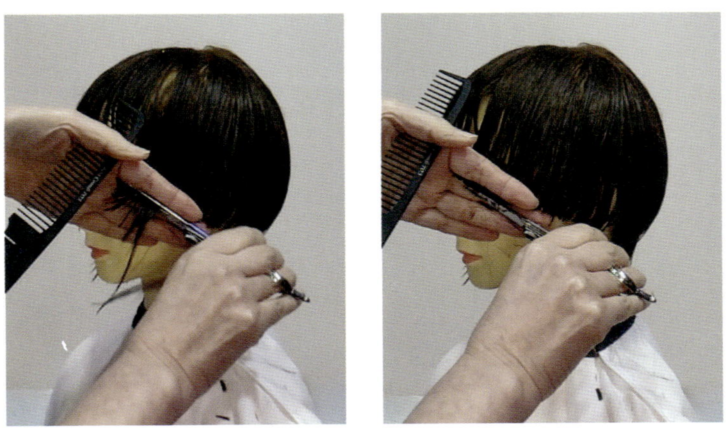

③ 프론트의 모발과 연결하여 자연스러운 라운드 형태로 연결하여 커팅한다.

④ 좌측의 라운드 형태가 완성된 모습이다.

⑤ 수직 버티컬 슬라이스로 백 사이드의 모발과 연결하여 T.P 중심 일반 시술각 0° 각도로 커팅한다. 프론트 방향까지 같은 방법으로 커팅한다.

⑥ 좌측 프론트 모발까지 같은 방법으로 커팅한다.

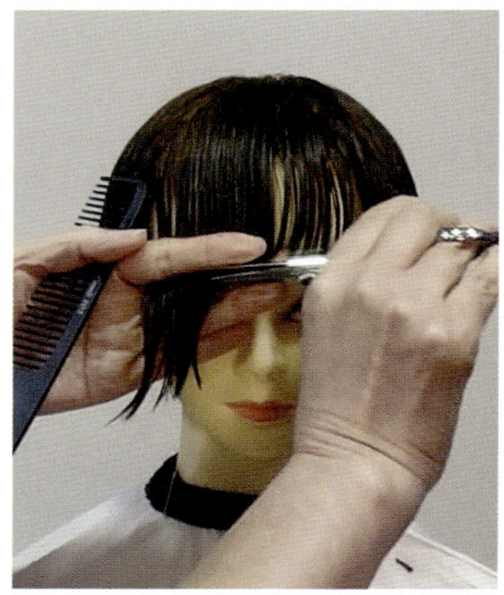

⑦ 우측 백 사이드 모발과 연결하여 라운드 형태로 커팅한다.

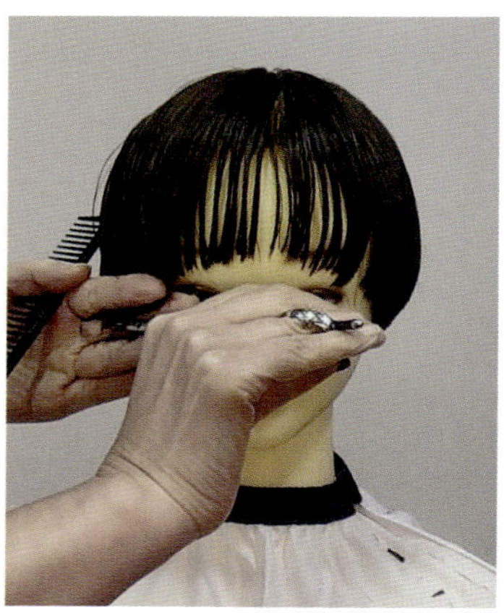

⑧ 우측 프론트까지 연결하여 라운드 형태로 커팅한다.

⑨ 우측의 라운드 형태가 완성된 모습이다.

⑩ 수직 버티컬 슬라이스로 백 사이드의 모발과 연결하여 T.P 중심 일반 시술각 0° 각도로 커팅한다. 프론트 방향까지 같은 방법으로 커팅한다.

⑪ 우측 프론트 모발까지 같은 방법으로 커팅한다.

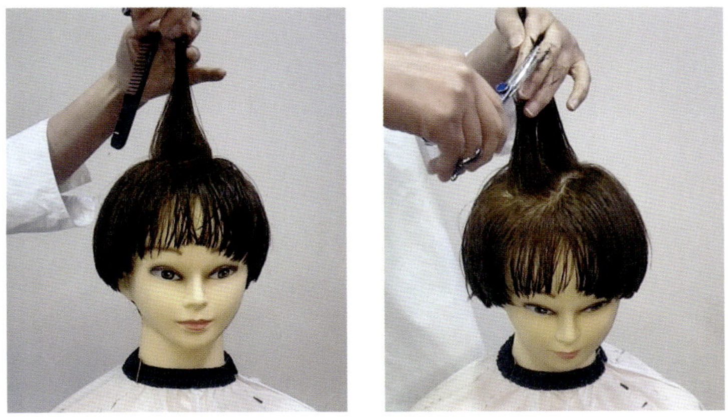

⑫ 탑의 모발을 일직선으로 들어 올려 코너 진 모발을 제거한다. 우측 프론트 모발과 연결하여 커팅한다.

⑬ T.P를 중심으로 피봇 섹션으로 판넬을 나누어 탑의 모발을 중심으로 우측 모발들을 끌어 코너 진 모발을 제거한다.

⑭ 좌측까지 두상 곡면을 따라 같은 방법으로 커팅한다.

Check Point

후대각 원랭스 라인으로 커팅 후 T.P 중심에서 0° 각도로 커팅하면 자연스럽게 그래쥬에이션 형태가 연출된다.

5. Textured

① 틴닝 가위로 라인언더 틴닝 기법으로 판넬 끝의 라인 부분에 여러 개의 그래쥬에이션 층이 형성되도록 틴닝 처리한다. 우측의 프론트까지 진행한다.

② 우측에서 네이프까지 같은 방법으로 진행한다. 틴닝 처리가 된 모발은 앞으로 빗어넘겨 무리한 질감 처리가 이루어지지 않도록 한다.

③ 좌측도 같은 방법으로 프론트부터 틴닝 가위로 라인언더 틴닝 기법으로 판넬 끝의 라인 부분에 여러 개의 그래쥬에이션 층이 형성되도록 틴닝 처리한다.

Check Point

질감 처리는 고객의 모발의 양에 따라 실행해야 한다.

6. 헤어커트 완성 사진

3. 헤어커트 마무리하기

[인컬 스타일링]

블로우 드라이롤 1~3호 또는 원형 아이론 20~25mm를 이용하여 뿌리에 볼륨을 넣어주면서 모발 끝으로 갈수록 롤을 돌려주어 인컬 형태를 만들어 준다. 헤어 광택제나 헤어 스프레이를 이용하여 스타일링을 마무리한다.

[탑 볼륨 스타일링]

블로우 드라이롤 1~3호 또는 원형 아이론 20~25mm를 이용하여 뿌리에 볼륨을 넣어주면서 모발 끝으로 갈수록 롤을 돌려주어 인컬 형태를 만들어 준다. 탑에서 좌측에서 우측 방향으로 C컬 웨이브를 만들어 탑에 볼륨이 형성되도록 스타일링 한다. 헤어 광택제나 헤어 스프레이를 이용하여 스타일링을 마무리한다.

Title 17

숏 크로스 오버 비대칭 커트 Short Cross Over Asymmetric Cut

앞모습

뒷모습

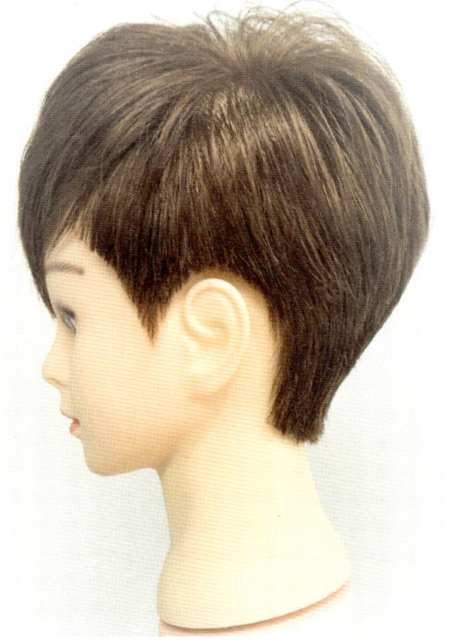

좌측 모습

우측 모습

1. 헤어커트 디자인 분석 및 준비하기

(1) 헤어커트 디자인 형태의 특징

후대각 라인을 이용한 레이어 형태를 연출하는 숏 크로스 오버 비대칭 스타일이다. 후대각 섹션에 의한 온 더 베이스로 교차 커트하여 후두부 센터의 길이가 자연스럽게 길어지는 효과가 나면서 볼륨감을 만들어 주고, 프론트는 E.P에서 수평인 가이드를 중심으로 좌우로 교차하여 원랭스 라인으로 각도를 올려가며 하이 그래쥬에이션 형태를 만들어 자연스럽게 센터의 모발이 길어지도록 연출한다. 프론트 센터의 모발을 커팅할 시 페이스 라인을 따라 커팅하여야 센터의 모발이 자연스럽게 길어지는 효과가 난다.

디자인 설계 테크닉	헤어커트 조건
얼굴형 : 삼각형, 마름모, 장방형 얼굴형은 피하는 것이 좋다.	가이드 길이 : N.P 길이 – 2cm
	블로킹 Blocking : 6등분 Ear To Ear Parting/앞 3, 뒤 3
두상 : 사이드의 함몰과 돌출이 있을 시 보정 커트가 필요하다.	머리 위치 Head Position : 똑바로, 고개 숙임
	섹션 Section : 호리존탈 섹션, 후대각 섹션
이마 형태 : 제안되는 이마 형태가 없이 모두 가능하다.	슬라이스 라인 Slice Line : 평행 라인, 후대각 라인
	베이스 Base : 온 더 베이스
목, 어깨 넓이 : 긴 목과 넓은 어깨는 피하는 것이 좋다.	분배 Distribution : 자연 분배, 직각 분배
	시술 각도 Projection : 일반 시술각
피해야 할 체형 : 마른 체형은 피하는 것이 좋다.	손가락 위치 Finger Position : 평행 손가락
	가이드 라인 Guide Line : 고정 디자인 라인
응용 가능 펌 : 스트레이트, 인컬 웨이브	커트 테크닉 Cut Technique : 블런트 커트 Blunt Cut
	질감 처리 Textured : 포인팅 커트 Pointing Cut, 슬라이싱 Slicing
	마무리 : 블로우 드라이 인컬

(2) 확장 도해도

커팅된 모발을 펼쳤을 때 모습을 그림으로 표현한다.

앞모습

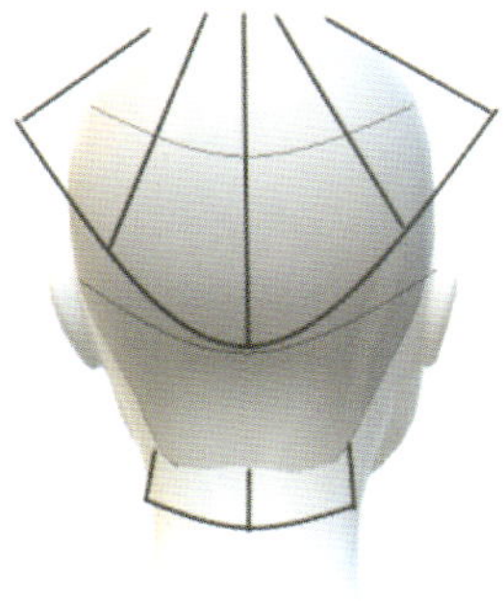

뒷모습

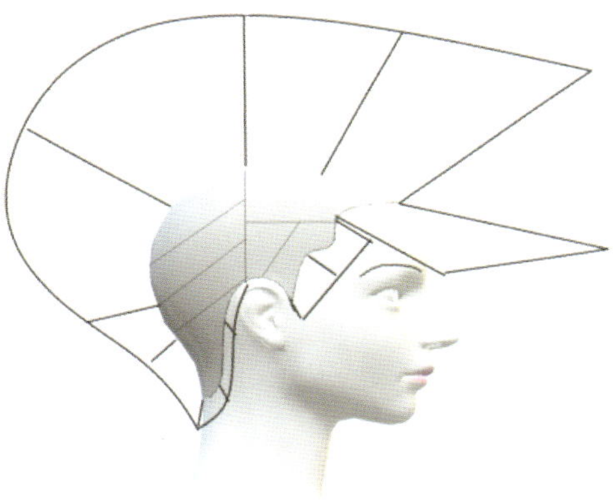

우측

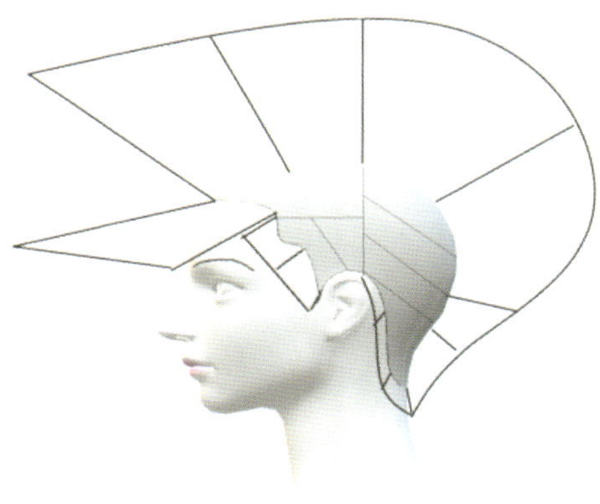

좌측

2. 헤어커트 진행하기

1. Blocking

6등분 Ear To Ear Parting/앞 3, 뒤 3

① Ear To Ear Parting으로 나눈다.
앞 : 좌·우 F.S.P~T.E.M.P 나누어 좌·우 사이드, 프론트 3 파트
뒤 : 좌·우 E.B.P~B.N.M.P 언더, 좌·우 T.E.M.P~B.P 미들, 오버 3 파트

2. 언더 섹션 Under Section – 좌·우 E.B.P~B.N.M.P 후대각 라인 아래

(1) 1 커팅

완성 사진

- 가이드 N.P : 2cm
- U라인 커팅
- 자연 분배
- 머리 위치 : 고개 숙임

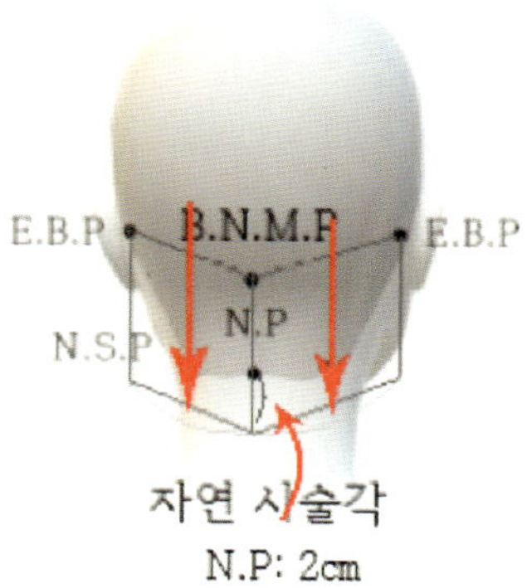

도해도

① N.P 가이드를 결정하여 자연 시술각 후대각 라인으로 커팅한다.

(2) 2 커팅

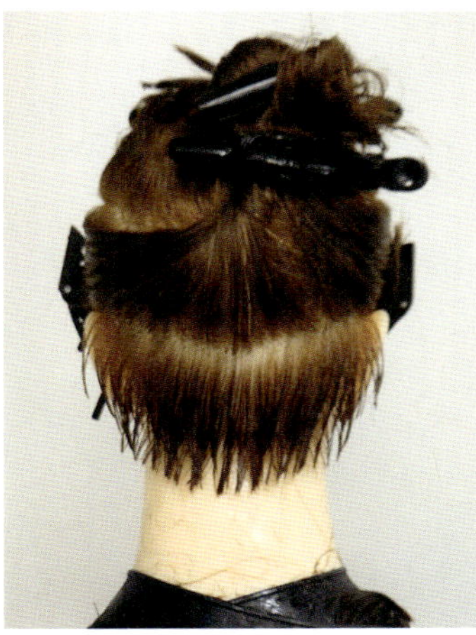

완성 사진

- 후대각 라인 슬라이스
- 90° 각도
- 온 더 베이스
- 머리 위치 : 고개 숙임

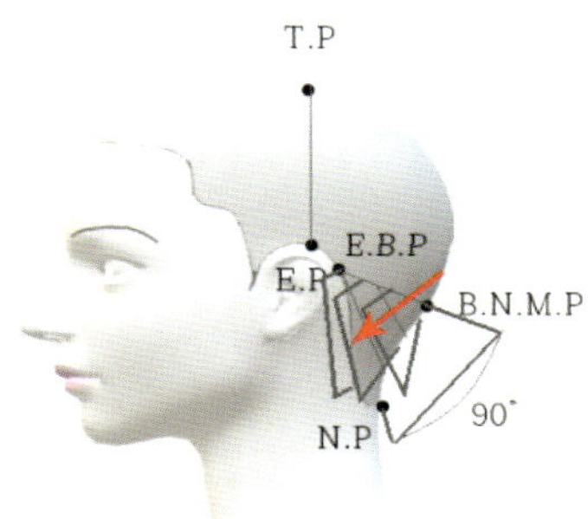

도해도

① 좌측 모발을 후대각 라인 슬라이스 라인과 평행이 되도록 모발을 좌측 방향으로 끌어 90° 각도의 온 더 베이스로 커팅한다. 나머지 판넬도 같은 방법으로 커팅한다.

② 우측 후대각 라인 슬라이스를 한 모습이다.

③ 좌측과 같은 방법으로 후대각 라인 슬라이스 90° 각도로 커팅한다.

Check Point

고객의 네이프 햄 라인의 모양에 따라 후대각 라인 슬라이스를 떠서 커팅하여야 자연스럽게 목을 감싸는 슬림한 레이어 형태가 나온다.

3. 미들 섹션 Middle section – 좌·우 T.E.M.P~B.P 후대각 라인 아래

완성 사진

- 후대각 라인 슬라이스
- 각도 45°
- 온 더 베이스
- B.P 센터 교차 커팅
- 머리 위치 : 똑바로

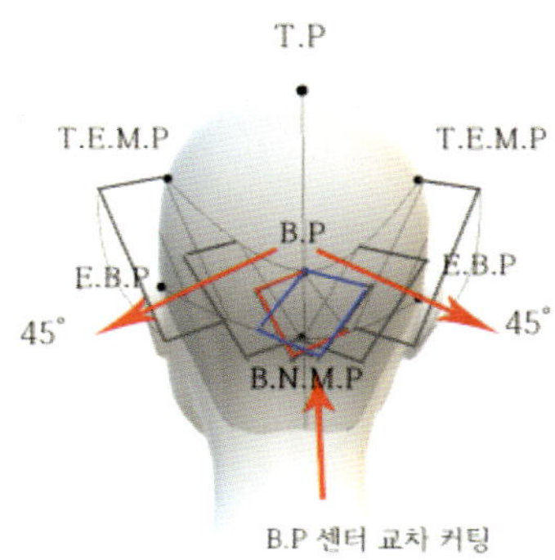

도해도

① 우측 모발을 네이프 가이드와 연결하여 후대각 슬라이스 라인과 평행이 되도록 모발을 우측 방향으로 끌어 45° 각도의 온 더 베이스로 커팅한다. 나머지 판넬도 같은 방법으로 커팅한다. 백의 센터까지 커팅한다.

② 우측 커팅이 완성된 모습이다.

③ 좌측의 모발도 네이프 가이드와 연결하여 같은 방법으로 커팅한다.

④ 마지막 판넬 커트 시 우측의 커팅된 모발과 교차시켜 커팅한다.

Check Point

후대각 라인 슬라이스를 할 때는 고객의 이어 라인과 네이프 라인의 형태를 확인하면서 커팅하여야 한다.

4. 오버 섹션 Over Section – 좌·우 T.E.M.P~B.P 후대각 라인 위

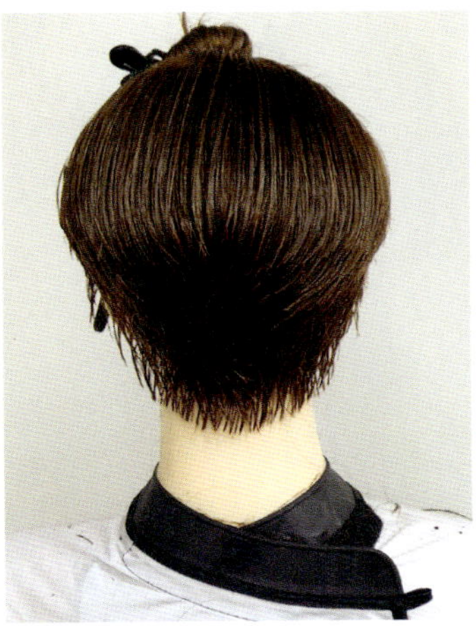

완성 사진

- 후대각 라인 슬라이스
- 각도 15°
- 온 더 베이스
- 좌우 교차 커팅
- 머리 위치 : 똑바로

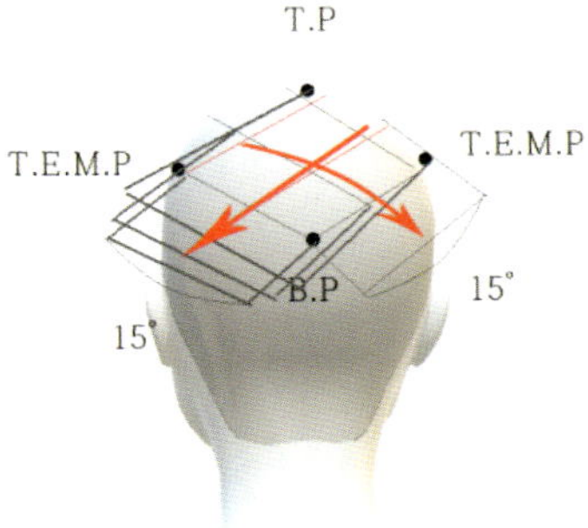

도해도

① 우측에서 좌측까지 후대각 라인의 슬라이스를 한다. 우측 모발을 가이드와 연결하여 후대각 슬라이스 라인과 평행이 되도록 모발을 우측 방향으로 끌어 15° 각도의 온 더 베이스로 커팅한다.

② 우측 첫 번째 판넬이 완성된 모습이다.

③ 두 번째 판넬도 같은 방법으로 우측에서 좌측까지 후대각 라인의 슬라이스 15° 각도의 온 더 베이스로 커팅한다.

④ 두 번째 판넬이 완성된 모습이다.

⑤ 세 번째 판넬이 내려진 모습이다.

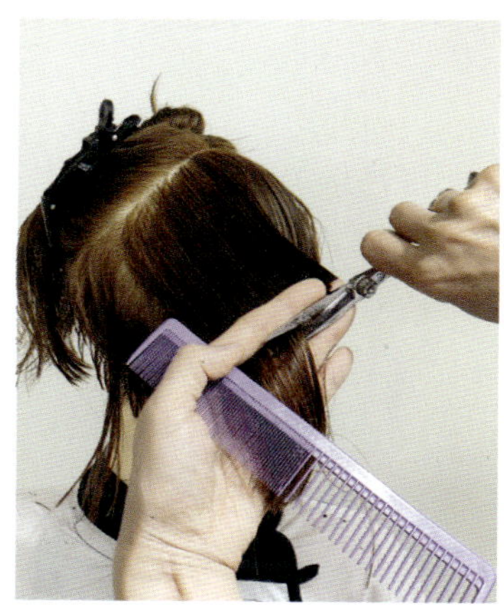

⑥ 같은 방법으로 슬라이스 라인과 평행이 되도록 모발을 우측 방향으로 끌어 커팅한다.

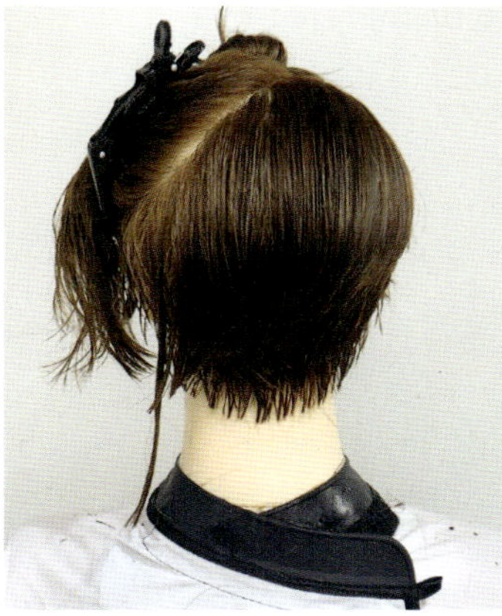

⑦ 세 번째 판넬이 완성된 모습이다.

⑧ 마지막 판넬도 슬라이스 라인과 평행이 되도록 모발을 잡고 온 더 베이스 커팅한다.

⑨ 우측과 같은 방법으로 좌측에서 우측까지 후대각 라인의 슬라이스를 한다. 좌측 모발을 페리에탈 가이드와 연결하여 15° 각도의 온 더 베이스로 커팅한다.

⑩ 마지막 판넬도 우측의 모발을 좌측으로 끌어 커팅한다.

Check Point

후대각 라인의 슬라이스와 평행이 되도록 모발을 후대각 방향으로 모발을 끌어 커팅하여야 후두부 센터가 길어지는 효과가 있다. 또한 후두부 정중선의 모발을 좌우로 교차하면서 커팅하는 것을 잊지 말아야 한다.

5. Temple Section **우측** – 우측 F.S.P~T.E.M.P 호리존탈 라인 아래

- 이어 라인
- 후대각 라인 슬라이스
- 각도 90°
- 온 더 베이스

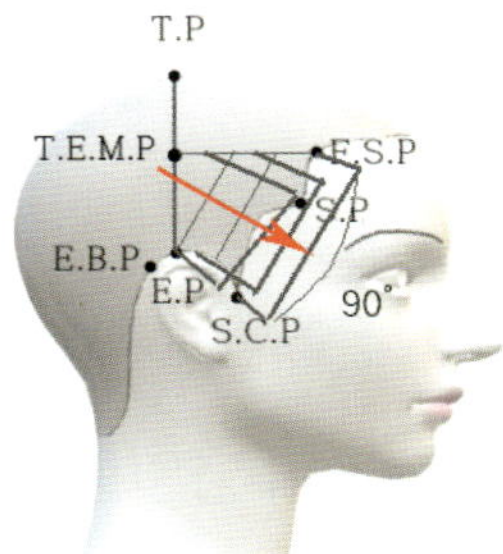

완성 사진

도해도

① 이어 라인을 만들어 주기 위해 90° 각도의 온 더 베이스 커팅한다. 이어 라인을 따라 선을 만들어 준다.

② 이어 라인이 완성된 모습이다.

③ 후대각 라인을 슬라이스 한다. 이어 라인의 가이드 모발과 슬라이스 라인과 평행으로 90° 각도의 온 더 베이스로 커팅한다.

④ 백 사이드와 연결하여 커팅한다.

⑤ 이어 라인의 튀어 나온 모발이 없는지 체크한다.

⑥ 페이스 라인의 튀어 나온 모발이 없는지 체크한다.

Check Point

페이스 라인보다 백 사이드로 갈수록 길어지는 형태이다.

6. Temple Section 좌측 – 좌측 F.S.P~T.E.M.P 호리존탈 라인 아래

완성 사진

- 이어 라인
- 후대각 라인 슬라이스
- 각도 90°
- 온 더 베이스

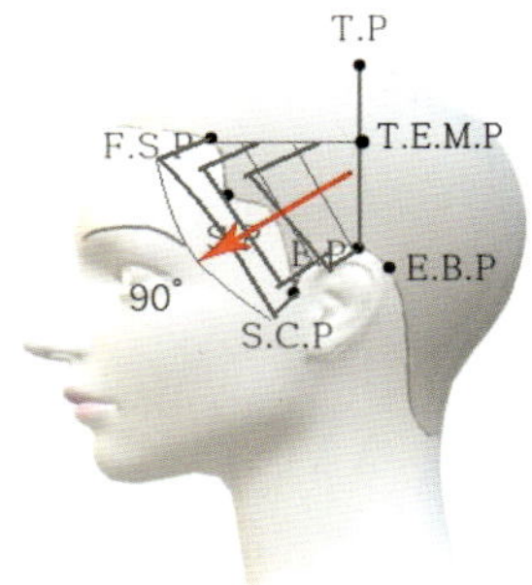

도해도

① 이어 라인을 만들어 주기 위해 90° 각도의 온 더 베이스 커팅한다. 이어 라인을 따라 선을 만들어 준다.

② 2 판넬 : 후대각 라인의 슬라이스로 90° 각도의 온 더 베이스 커팅한다.

③ 이어 라인의 가이드 모발과 슬라이스 라인과 평행으로 90° 각도의 온 더 베이스로 커팅한다.

④ 백 사이드와 연결하여 커팅한다.

⑤ 페이스 라인의 튀어 나온 모발이 없는지 체크하여 커팅한다.

Check Point

양쪽의 사이드 길이가 다르지 않도록 중간에 체크하면서 커트하는 것을 잊지 않아야 한다.

7. Front Section – 좌·우 F.S.P~T.E.M.P 호리존탈 라인 위

완성 사진

- 호리존탈 섹션
- 각도 0°
- 온 더 베이스
- 좌우 교차 커팅
- 머리 위치 : 똑바로

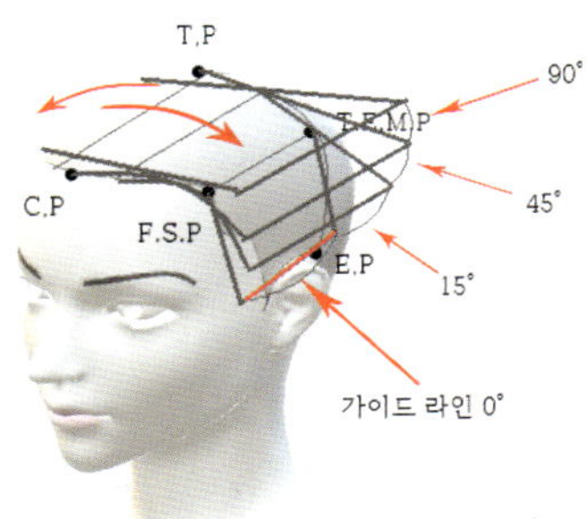

도해도

① 좌측 E,P와 수평으로 원랭스 라인으로 커팅하여 가이드 라인을 만든다.

② 첫 번째 판넬의 가이드 라인에서 15° 각도로 들어 원랭스 라인으로 커팅한다.

③ 원랭스 라인으로 커팅된 모습이다.

④ 첫 번째 판넬의 가이드 라인에서 90° 각도로 들어 원랭스 라인으로 커팅한다.

⑤ 좌측으로 끌어 완성된 커팅 모습이다.

⑥ 우측의 E,P와 수평으로 원랭스 라인으로 커팅하여 가이드 라인을 만든다.

⑦ 좌측과 같은 방법으로 가이드 라인에서 각도를 올려가며 원랭스 라인으로 커팅한다.

⑧ 탑에서 튀어나온 모발을 커팅한다.

Check Point

센터의 모발을 커팅할 시 페이스 라인을 따라 좌우로 모발을 교차하면서 커팅하여야 센터의 모발이 자연스럽게 길어지는 효과가 난다.

8. Textured

① 포인팅 커팅 방법으로 엔드 테이퍼하여 모발끝을 가볍게 한다.

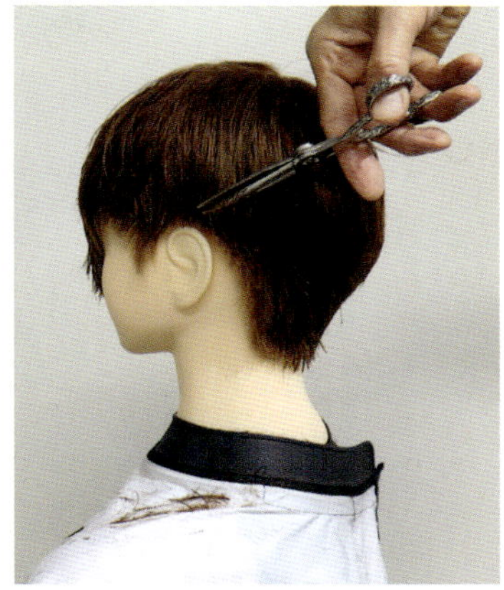

② 머리 표면에 확장감을 만들어 주기 위해 슬라이싱 커팅한다.

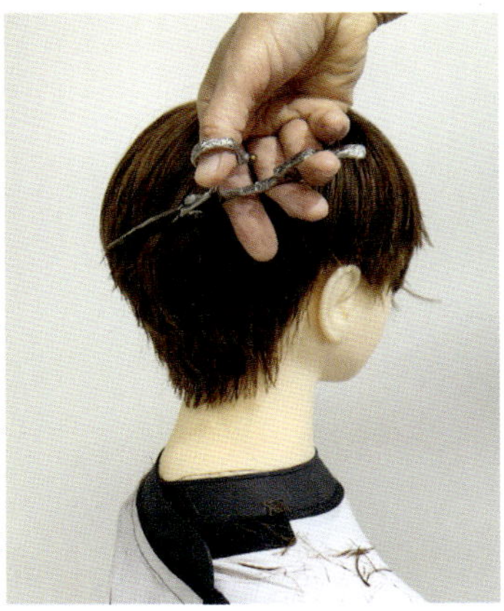

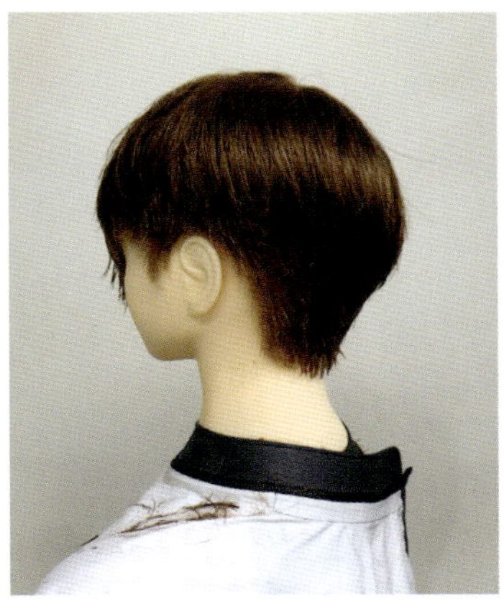

③ 후두부의 질감처리가 완성된 모습이다.

④ 슬라이싱 커팅하여 율동감을 연출한다.

Check Point

질감 처리는 고객의 모발의 양에 따라 실행해야 한다.

9. 헤어커트 완성 사진

3. 헤어커트 마무리하기

[인컬 스타일링]

블로우 드라이롤 1~3호 또는 원형 아이론 20~25mm를 이용하여 탑의 방향을 좌측에서 우측 방향으로 설정하여 볼륨을 만들어 낸다. 사이드와 네이프는 뿌리를 살리지 않고 뿌리를 눌러서 커트 선이 나오도록 스타일링 한다. 헤어 광택제나 헤어 스프레이를 이용하여 스타일링을 마무리한다.

Title 18

숏 투 블록 커트 Short Two Blocks Cut

앞모습

뒷모습

좌측 모습

우측 모습

1. 헤어커트 디자인 분석 및 준비하기

(1) 헤어커트 디자인 형태의 특징

언더 섹션을 클리퍼를 사용하지 않고 가위를 이용하여 들어 올려 깎기 기법으로 상고형 머리 형태를 연출하는 숏 투 블록 커트 스타일이다. B.P 라인에서 가이드 길이를 결정하여 들어 올려 깎기 기법으로 상고형 머리 형태를 만들어 하나의 블록을 만든다. E.P~B.N.M.P 후대각 섹션으로 가이드를 만들어 다른 하나의 블록을 만들어 프론트까지 원랭스 라인으로 커팅하여 투 블록 커트 스타일을 연출한다.

<table>
<tr><th>디자인 설계 테크닉</th><th>헤어커트 조건</th></tr>
<tr><td rowspan="2">얼굴형 : 역삼각형 얼굴형을 제외한 모두가 어울리는 스타일이다.</td><td>가이드 길이 : B.P – 3cm</td></tr>
<tr><td>블로킹Blocking : 6등분 Ear To Ear Parting/앞 3, 뒤 3</td></tr>
<tr><td rowspan="2">두상 : 네이프와 사이드의 함몰과 돌출이 있을 시 보정 커트가 필요하다.</td><td>머리 위치Head Position : 고개 숙임, 똑바로</td></tr>
<tr><td>섹션Section : 호리존탈 섹션, 후대각 섹션, 전대각 섹션</td></tr>
<tr><td rowspan="2">이마 형태 : 짧은 이마는 보정 커트가 필요하다.</td><td>슬라이스 라인Slice Line : 평행 라인, 후대각 라인</td></tr>
<tr><td>베이스Base : 온 더 베이스</td></tr>
<tr><td rowspan="2">목, 어깨 넓이 : 긴 목과 넓은 어깨는 피하는 것이 좋다.</td><td>분배Distribution : 자연 분배, 직각 분배, 변이 분배</td></tr>
<tr><td>시술 각도Projection : 일반 시술각</td></tr>
<tr><td rowspan="2">피해야 할 체형 : 마른 체형은 피하는 것이 좋다.</td><td>손가락 위치Finger Position : 평행 손가락</td></tr>
<tr><td>가이드 라인Guide Line : 고정 디자인 라인</td></tr>
<tr><td rowspan="3">응용 가능 펌 : 스트레이트, 인컬 웨이브</td><td>커트 테크닉Cut Technique : 블런트 커트Blunt Cut, 들어 올려 깎기</td></tr>
<tr><td>질감 처리Textured : 틴닝Thinning</td></tr>
<tr><td>마무리 : 블로우 드라이 인컬</td></tr>
</table>

(2) 확장 도해도

커팅된 모발을 펼쳤을 때 모습을 그림으로 표현한다.

앞모습

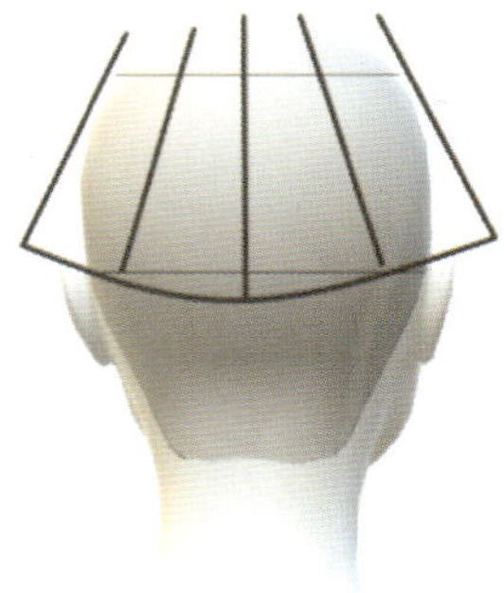

뒷모습

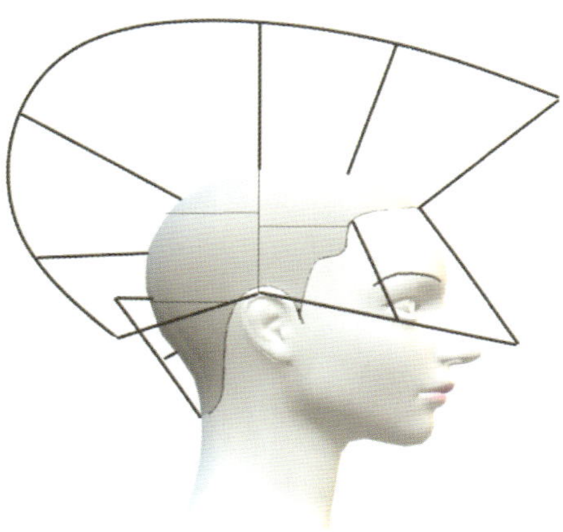

우측

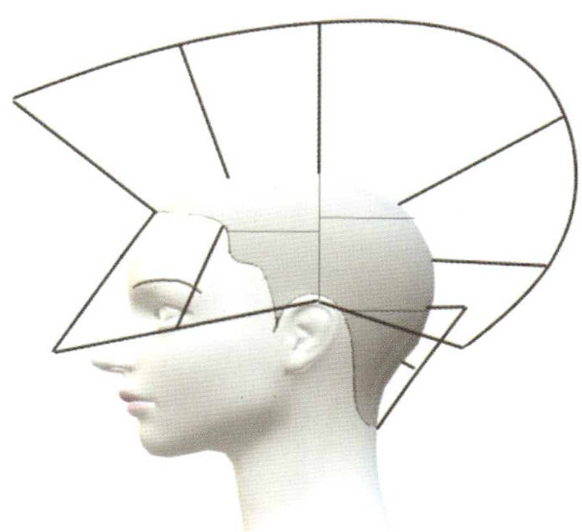

좌측

2. 헤어커트 진행하기

1. Blocking

6등분 Ear To Ear Parting/앞 3, 뒤 3

① Ear To Ear Parting으로 나눈다.
앞 : 좌·우 F.S.P~T.E.M.P 나누어 좌·우 사이드, 프론트 3 파트
뒤 : 좌·우 E.B.P~B.P 언더, 좌·우 T.E.M.P~G.P 미들, 오버 3 파트

2. 언더 섹션 Under Section – 좌·우 E.B.P~B.P 호리존탈 라인 아래

(1) 1 커팅

완성 사진

- 가이드B.P : 3cm
- 90° 각도 커팅
- 직각 분배
- 머리 위치 : 고개 숙임

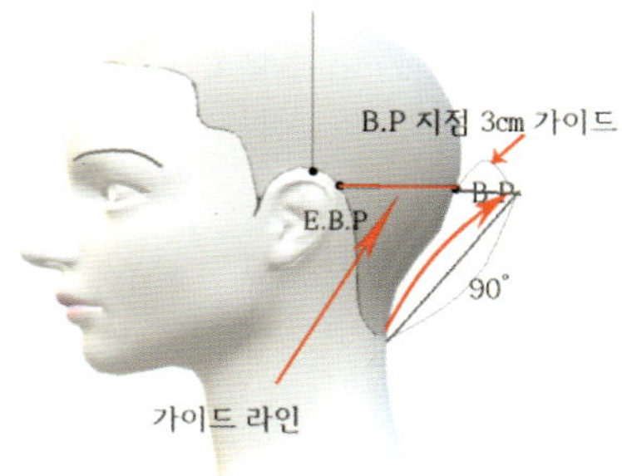

도해도

① B.P 지점 3㎝ 가이드를 결정하여 90° 각도로 커팅한다.

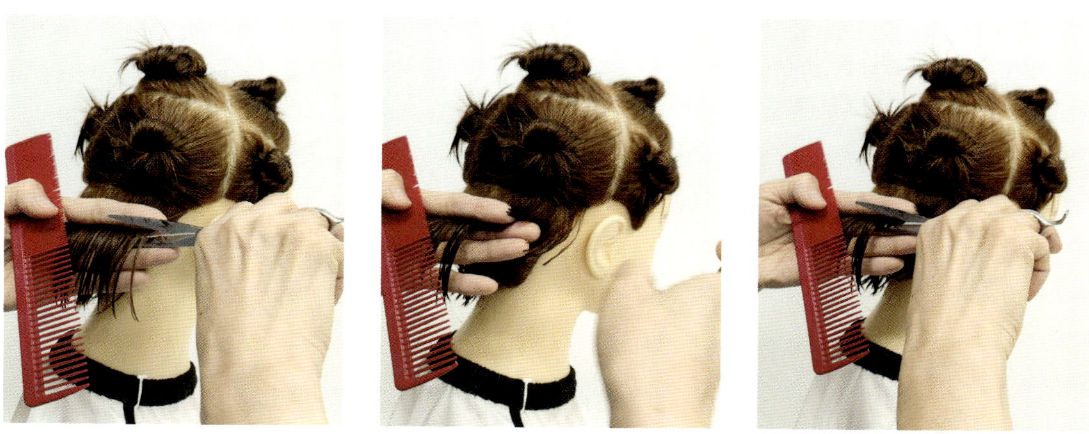

② 좌·우측 모발을 같은 방법으로 모발을 들어 올려 90° 각도로 커팅한다.

Check Point

들어 올려 깎기를 위한 가이드를 만들기 위해 **B.P** 지점 라인을 중심으로 모발을 들어 커팅한다.

(2) 2 커팅

완성 사진

- 가이드N.P : 2㎜
- 들어 올려 깎기
- 머리 위치 : 고개 숙임

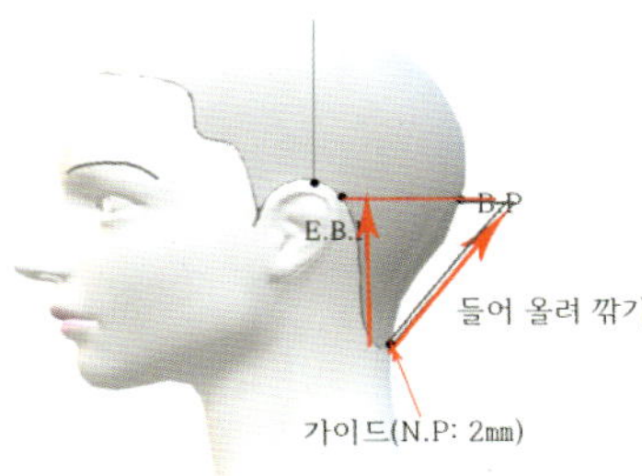

도해도

① 센터 모발을 **B.P** 지점 라인의 가이드와 연결하여 네이프에서부터 빗을 들어 올려 커팅한다.

② 좌측 모발도 같은 방법으로 네이프에서부터 가이드 라인까지 들어 올려 깎기로 커팅한다.

③ 우측 모발도 같은 방법으로 네이프에서부터 가이드 라인까지 들어 올려 깎기로 커팅한다.

Check Point

클리퍼를 사용하지 않고 빗만을 사용하여 커팅하는 방법이다. 빗과 가위가 평행이 되도록 하여 커팅하여야 일정한 형태가 나온다.

3. 미들 섹션 Middle section – 좌·우 T.E.M.P~G.P 호리존탈 라인 아래

완성 사진

- 후대각 라인 슬라이스
- 빗의 각도 45°
- 온 더 베이스
- 머리 위치 : 똑바로

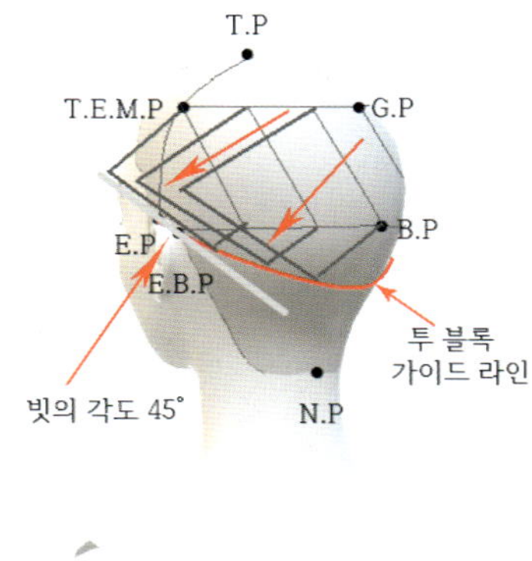

도해도

① E.P 중심으로 빗을 언더 섹션의 가이드와 연결하여 45° 각도를 만들어 후대각 라인으로 가이드 라인을 만든다.

② 두 번째 판넬은 가이드 라인과 연결하여 모발을 좌측 방향으로 끌어 후대각 슬라이스 라인과 평행으로 원랭스 커팅한다.

③ 나머지 좌측 판넬도 같은 방법으로 좌측 방향으로 모발을 끌어 후대각 라인으로 커팅한다.

④ 마지막 판넬도 같은 방법으로 모발을 좌측으로 끌어 후대각 라인으로 커팅 한다.

⑤ 좌측 커팅이 완성된 모습이다.

⑥ 우측도 같은 방법으로 E.P 중심으로 빗을 언더 섹션의 가이드와 연결하여 45° 각도를 만들어 가이드 라인을 만든다.

⑦ 두 번째 판넬은 가이드 라인과 연결하여 모발을 우측 방향으로 끌어 후대각 슬라이스 라인과 평행으로 원랭스 커팅한다.

⑧ 마지막 판넬도 같은 방법으로 모발을 우측으로 끌어 후대각 라인으로 커팅한다.

Check Point

언더 섹션의 가이드와 연결하면 투 블록이 형성되지 않는다. 미들 섹션 가이드를 별도로 만들되 E.P에서 B.N.M.P 지점까지 후대각 라인으로 커팅한다.

4. 오버 섹션 Over Section – 좌·우 T.E.M.P~G.P 호리존탈 라인 위

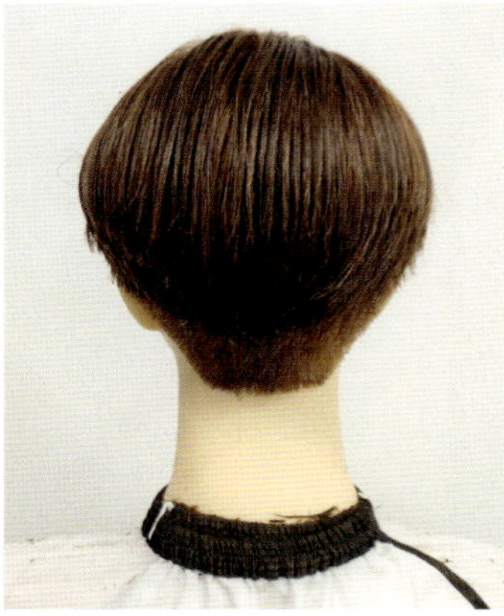

완성 사진

- 후대각 라인 슬라이스
- 각도 15°
- 온 더 베이스
- 머리 위치 : 똑바로

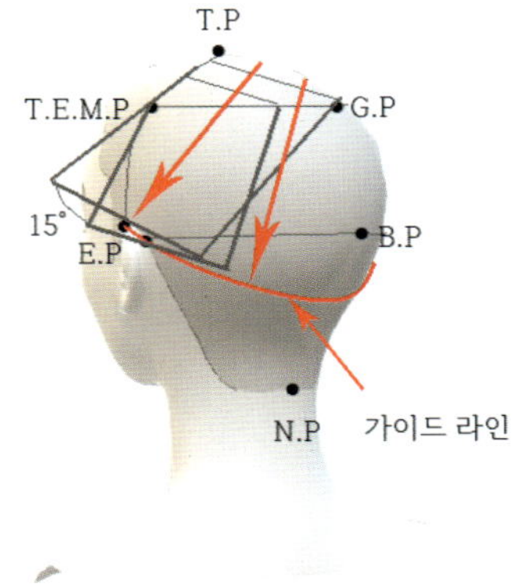

도해도

① 우측에서 좌측까지 후대각 라인의 슬라이스를 한다. 우측 모발을 가이드와 연결하여 후대각 슬라이스 라인과 평행이 되도록 모발을 우측 방향으로 끌어 15° 각도의 온 더 베이스로 첫 번째 판넬을 커팅한다. 나머지 판넬도 같은 방법으로 커팅한다.

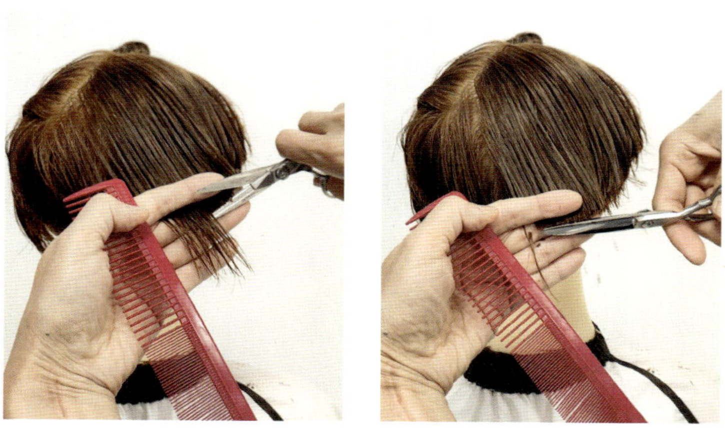

② 마지막 판넬도 가이드 라인과 연결하여 후대각 라인으로 커팅한다.

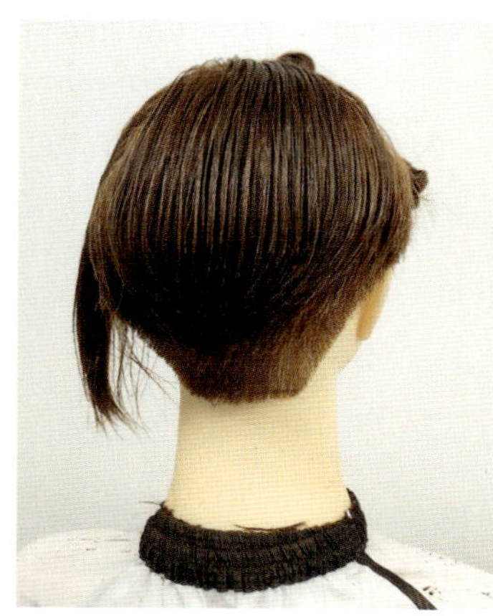

③ 우측 커팅이 완성된 모습이다.

④ 좌측에서 우측까지 후대각 라인의 슬라이스를 한다. 좌측 모발을 가이드와 연결하여 후대각 슬라이스 라인과 평행이 되도록 모발을 좌측 방향으로 끌어 15° 각도의 온 더 베이스로 첫 번째 판넬을 커팅한다. 나머지 판넬도 같은 방법으로 커팅한다.

⑤ 마지막 판넬까지 같은 방법으로 커팅한다.

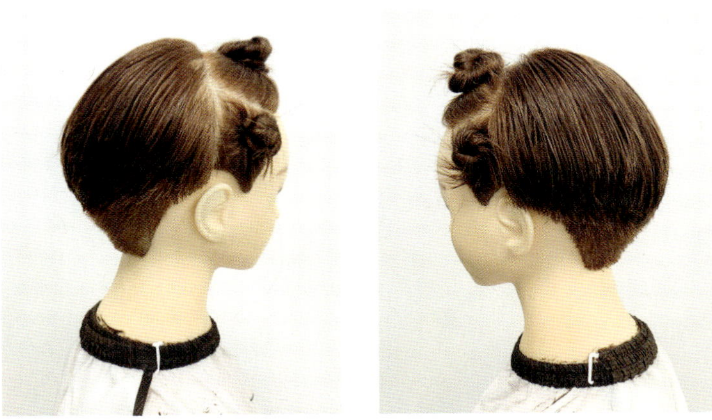

⑥ 오버 섹션의 좌·우의 커팅이 완성된 모습이다.

Check Point

오버 섹션의 가이드는 미들 섹션의 가이드와 연결하여 후대각 라인의 슬라이스와 평행이 되도록 모발을 후대각 방향으로 끌어 커팅하여야 후두부 센터가 길어지는 효과가 있다. 또한 후두부 정중선의 모발을 좌우로 교차하면서 커팅하는 것을 잊지 말아야 한다.

5. Temple Section 우측 – 우측 F.S.P~T.E.M.P 호리존탈 라인 아래

완성 사진

- 이어 라인
- 전대각 라인 슬라이스
- 각도 0°
- 온 더 베이스

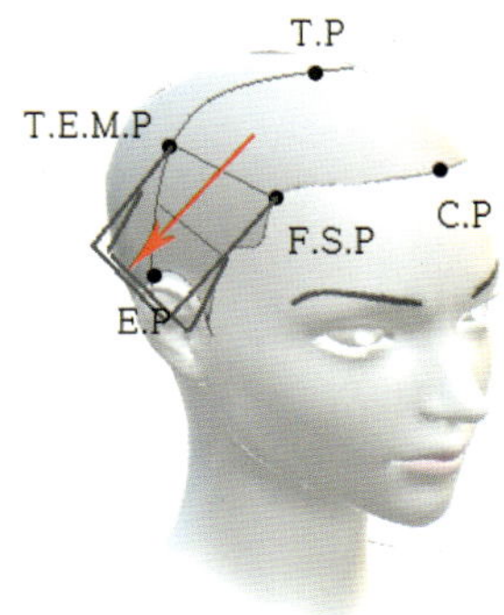

도해도

① 미들 섹션의 가이드와 연결하여 E.P 지점에 손을 전대각 라인으로 놓고 원랭스 라인으로 커팅하여 가이드를 만든다.

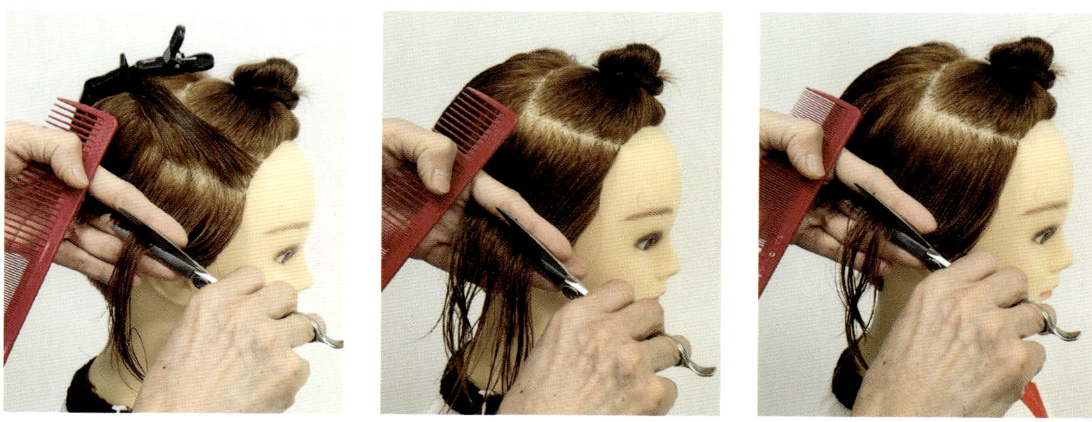

② 나머지 판넬은 가이드 라인과 연결하여 원랭스 라인으로 커팅한다.

Check Point

가이드를 만들 때 미들 섹션의 가이드와 연결하여 만들어야 한다.

③ 이어 라인에 튀어나온 모발을 정리한다.

6. Temple Section 좌측 – 좌측 F.S.P~T.E.M.P 호리존탈 라인 아래

완성 사진

- 이어 라인
- 전대각 라인 슬라이스
- 각도 0°
- 온 더 베이스

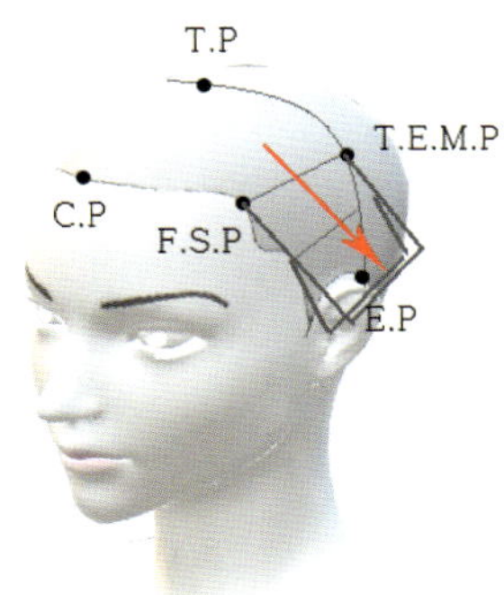

도해도

① 우측과 같은 방법으로 미들 섹션의 가이드와 연결하여 E.P 지점에 손을 전대각 라인으로 놓고 원랭스 라인으로 커팅한다. 이어 라인에 튀어나온 모발을 정리한다.

Check Point

양쪽의 사이드 길이가 다르지 않도록 중간에 체크하면서 커트하는 것을 잊지 않아야 한다.

7. Front Section – 좌·우 F.S.P~T.E.M.P 호리존탈 라인 위

완성 사진

- 호리존탈 섹션
- 각도 0°
- 온 더 베이스
- 좌우 교차 커팅
- 머리 위치 : 똑바로

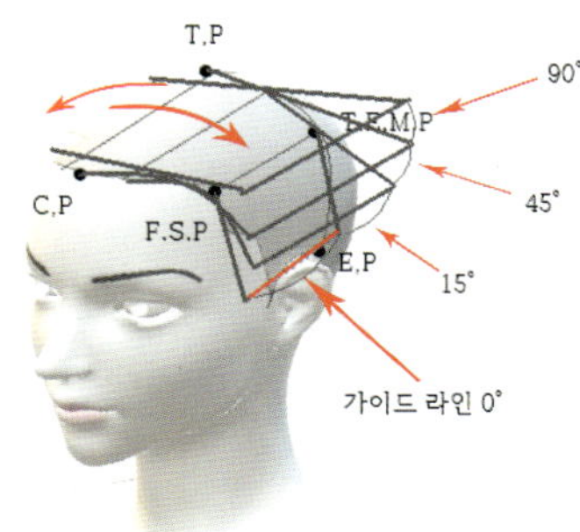

도해도

① 좌측 E.P와 수평으로 원랭스 라인으로 커팅하여 가이드 라인을 만든다.

② 가이드 라인에서 15° 각도로 들어 원랭스 라인으로 커팅한다.

③ 세 번째 판넬은 첫 번째 판넬의 가이드 라인에서 45° 각도로 들어 원랭스 라인으로 커팅한다.

④ 좌측 커팅이 완성된 모습이다.

⑤ 우측의 E,P와 수평으로 원랭스 라인으로 커팅하여 가이드 라인을 만든다.

⑥ 좌측과 같은 방법으로 가이드 라인에서 각도를 올려가며 원랭스 라인으로 커팅한다.

⑦ 좌측의 모발을 우측으로 끌어 커팅한다.

⑧ 우측 커팅이 완성된 모습이다.

⑨ 탑의 모발을 센터 라인으로 끌어 튀어 나온 모발을 커팅한다.

⑩ 탑에서 튀어나온 모발을 커팅한다.

⑪ 탑을 중심으로 센터의 모발을 끌어 체크하여 튀어나온 모발을 커팅한다.

⑫ T.P 중심 피봇 섹션으로 체크한다.

⑬ 우측 좌측으로 피봇 섹션으로 체크하여 튀어나온 모발을 커팅한다.

Check Point

센터의 모발을 커팅할 시 페이스 라인을 따라 좌우로 모발을 교차하면서 커팅하여야 센터의 모발이 자연스럽게 길어지는 효과가 난다.

8. Textured

① 백을 틴닝 가위를 사용하여 올려 깎기 방법으로 엔드 테이퍼한다.

② 틴닝 가위를 이용하여 포인팅 기법으로 모발 끝을 제거하여 머리 표면에 확장감을 만들어 준다.

③ 오버 섹션을 틴닝 가위로 포인팅 커팅 방법으로 엔드 테이퍼하여 모발 끝을 가볍게 한다.

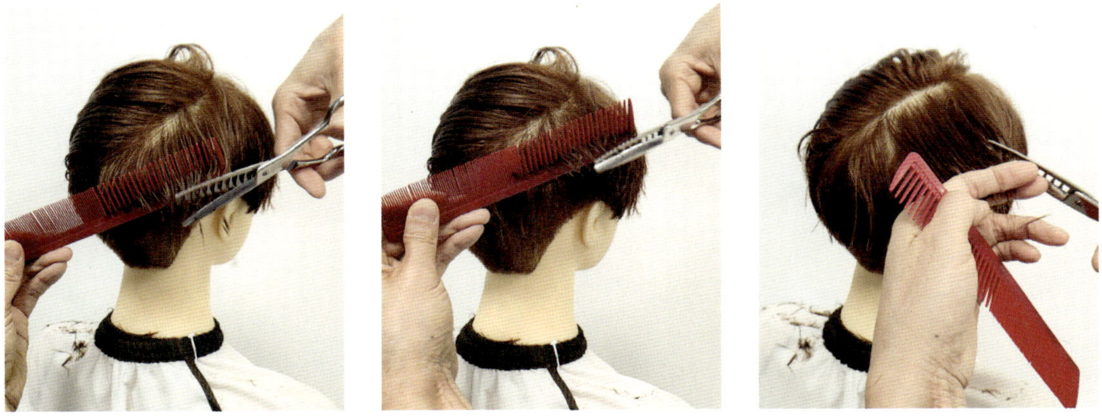

④ 사이드도 틴닝 가위를 사용하여 올려 깎기 방법으로 엔드 테이퍼한다.

⑤ 사이드도 틴닝 가위를 이용하여 포인팅 기법으로 모발 끝을 제거하여 머리 표면에 확장감을 만들어 준다.

⑥ 이어 라인도 틴닝 가위를 사용하여 모발 끝을 가볍게 해준다.

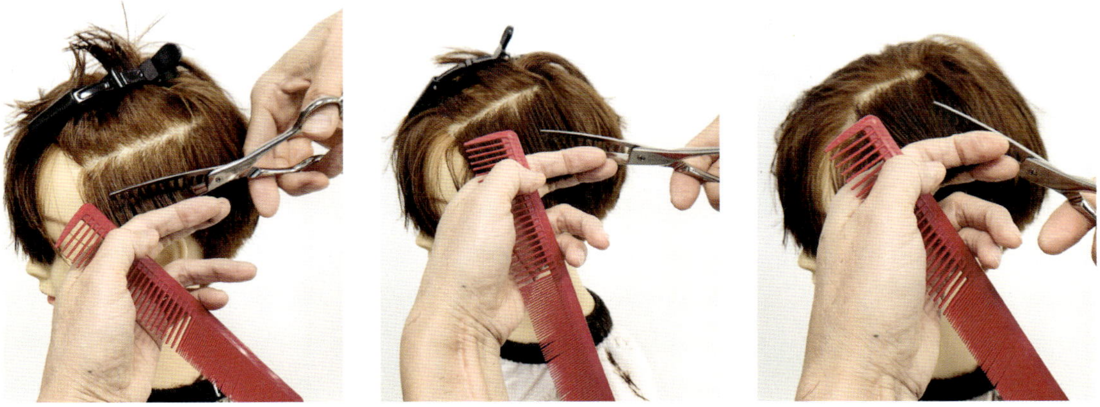

⑦ 포인팅 커팅 방법으로 엔드 테이퍼하여 모발 끝을 가볍게 한다.

⑧ 프론트를 틴닝 가위로 포인팅 커팅 방법으로 엔드 테이퍼하여 모발 끝을 가볍게 한다.

Check Point

질감 처리는 고객의 모발의 양에 따라 실행해야 한다.

9. 헤어커트 완성 사진

3. 헤어커트 마무리하기

[인컬 스타일링]

상위 블록만 블로우 드라이롤 1~3호 또는 원형 아이론 20~25mm를 이용하여 탑의 방향을 좌측에서 우측 방향으로 설정하여 인컬 형태를 만들어 낸다. 헤어 광택제나 헤어 스프레이를 이용하여 스타일링을 마무리한다.

[탑 C컬 웨이브 스타일링]

상위 블록만 블로우 드라이롤 1~3호 또는 원형 아이론 20~25mm를 이용하여 탑의 방향을 좌측에서 우측 방향으로 설정하여 인컬과 C컬 웨이브 형태를 만들어 내어 탑에 볼륨을 형성한다. 헤어 광택제나 헤어 스프레이를 이용하여 스타일링을 마무리한다.

Title 19

숏 반 다이아몬드 조각 커트 Short Half Diamond Piece Cut

앞모습

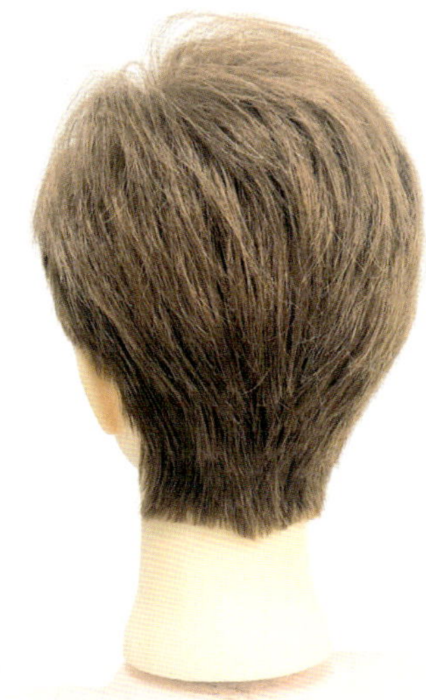

뒷모습

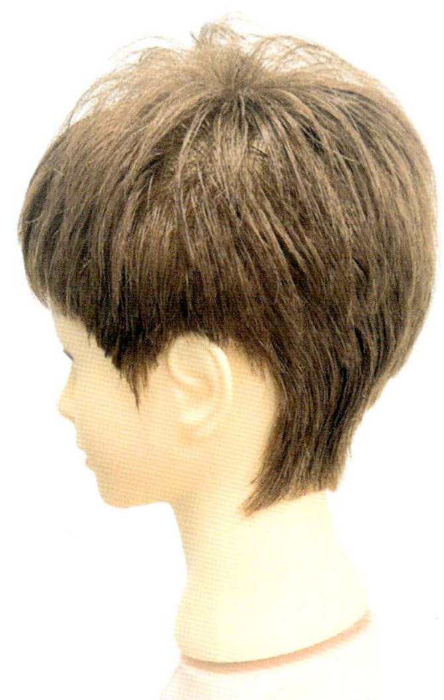

좌측 모습

우측 모습

1. 헤어커트 디자인 분석 및 준비하기

(1) 헤어커트 디자인 형태의 특징

탑 볼륨을 강조하고 앞머리에서 반 다이아몬드 형태의 조각 커트가 특징인 숏 반 다이아몬드 조각 커트 스타일이다. 프론트를 제외한 모든 영역에서 수직 버티컬 라인의 슬라이스와 손가락 위치가 평행하도록 커팅하여 각도에 따라 모발 길이 변화가 나타난다.

언더 90°, 미들 45°, 오버 0° 각도로 탑으로 올라가면서 각도가 줄어들어 자연스럽게 백에서 볼륨이 형성된다. 탑에서 직각 분배로 커팅하여 볼륨을 더욱 강조하였으며, 커팅이 완성된 후 라인 언더 틴닝 기법으로 모발 끝의 라인 부분에 틴닝 처리하여 여러 개의 레이어 층이 형성되도록 하는 스타일이다.

디자인 설계 테크닉	헤어커트 조건
얼굴형 : 모든 얼굴형에 어울린다.	가이드 길이 : N.P 길이 – 2cm
	블로킹 Blocking : 6등분 Ear To Ear Parting/앞 3, 뒤 3
두상 : 네이프와 사이드의 함몰과 돌출이 있을 시 보정 커트가 필요하다.	머리 위치 Head Position : 똑바로
	섹션 Section : 전대각 섹션, 수직 버티컬 섹션
이마 형태 : 이마가 짧을 경우 피하는 것이 좋다.	슬라이스 라인 Slice Line : 전대각 라인, 수직 라인
	베이스 Base : 온 더 베이스
목, 어깨 넓이 : 긴 목과 넓은 어깨는 피하는 것이 좋다.	분배 Distribution : 자연 분배, 직각 분배
	시술 각도 Projection : 일반 시술각
피해야 할 체형 : 마른 체형은 피하는 것이 좋다.	손가락 위치 Finger Position : 평행 손가락
	가이드 라인 Guide Line : 고정 디자인 라인
응용 가능 펌 : 스트레이트, C컬 웨이브	커트 테크닉 Cut Technique : 블런트 커트 Blunt Cut
	질감 처리 Textured : 틴닝 Thinning
	마무리 : 블로우 드라이 인컬

(2) 확장 도해도

커팅된 모발을 펼쳤을 때 모습을 그림으로 표현한다.

앞모습

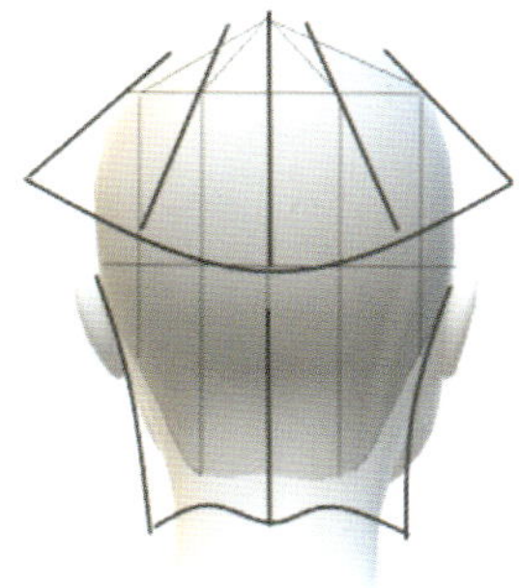

뒷모습

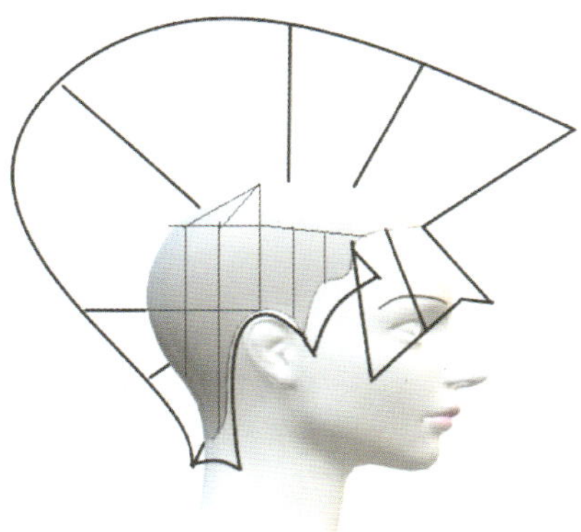

우측

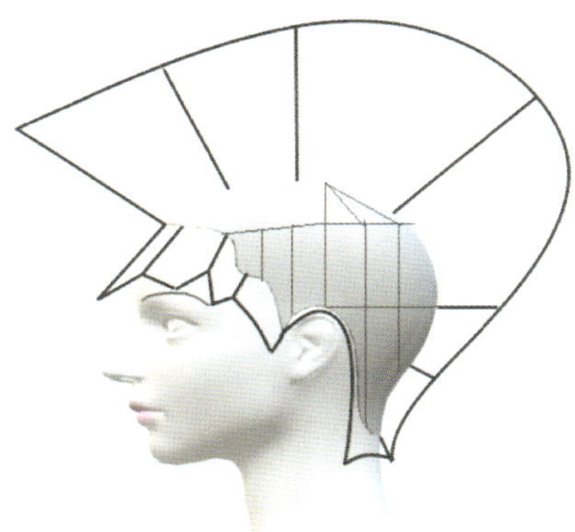

좌측

2. 헤어커트 진행하기

1. Blocking

6등분 Ear To Ear Parting/앞 3, 뒤 3

① Ear To Ear Parting으로 나눈다.
앞 : 좌·우 F.S.P~좌·우 T.E.M.P 3 파트
뒤 : 좌·우 E.P~B.P 언더, T.E.M.P~G.P 위를 오버, 아래 미들 3 파트

2. 언더 섹션 Under Section – 좌·우 E.P~B.P 호리존탈 라인 아래

완성 사진

- 가이드 N.P : 2cm
- 후대각 라인 슬라이스
- 90° 각도
- 온 더 베이스
- 머리 위치 : 똑바로

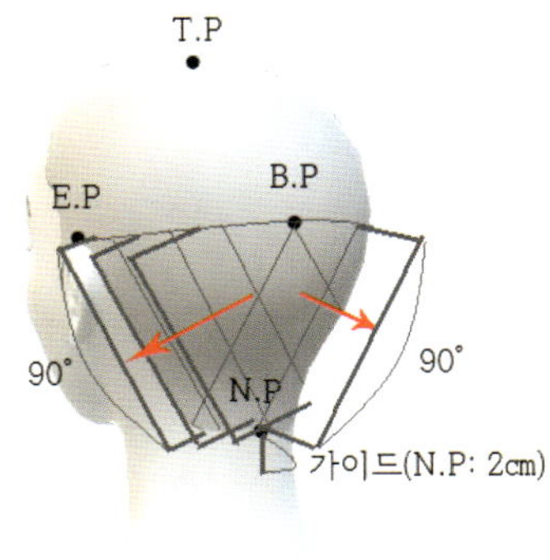

도해도

① 롱 기장의 모발을 N.P 기준 2cm 자연 시술각 원랭스 라인으로 커팅한다.

② 센터 판넬을 후대각 슬라이스 라인으로 판넬을 나누어 90° 각도로 커팅한다. 나머지 판넬도 같은 방법으로 커팅한다.

③ 좌측도 같은 방법으로 후대각 라인 90° 각도로 커팅한다. 나머지 판넬도 같은 방법으로 커팅한다.

Check Point

후대각 슬라이스 라인과 손가락의 위치가 평행을 유지해야 일정한 레이어 형태가 나온다.

④ 네이프 가이드 라인을 정리한다.

3. 미들 섹션 Middle section – 좌·우 T.E.M.P~G.P 호리존탈 라인 아래

완성 사진

- 수직 버티컬 섹션
- 각도 45°
- 온 더 베이스
- 머리 위치 : 똑바로

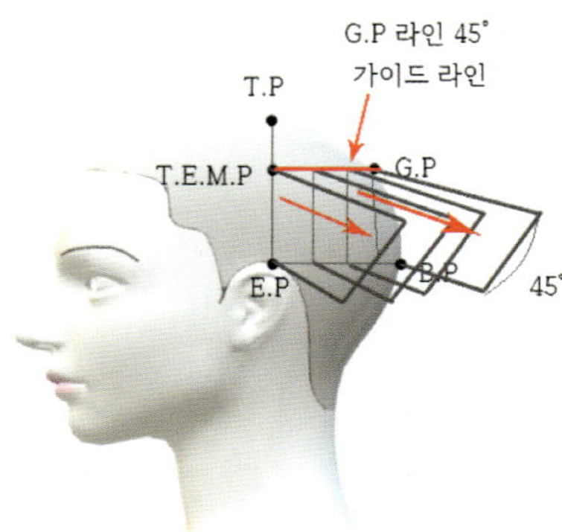

도해도

① 수직 버티컬 섹션으로 나눈 모습이다.

② 언더 섹션의 가이드 연결하여 수직으로 45° 각도로 커팅한다.

③ 나머지 판넬도 같은 방법으로 가이드 모발과 연결하여 수직 섹션 45° 각도를 유지하며 커팅한다.

④ 우측 커팅이 완성된 모습이다.

⑤ 좌측도 같은 방법으로 언더 섹션의 가이드 모발과 연결하여 수직 라인 45° 각도로 커팅한다.

Check Point

수직 버티컬 섹션으로 45° 각도를 일정하게 유지하면서 커팅한다.

4. 오버 섹션 Over Section – 좌·우 T.E.M.P~G.P 호리존탈 라인 위

완성 사진

- 피봇 섹션
- T.P 기준 0°
- 온 더 베이스
- 머리 위치 : 똑바로

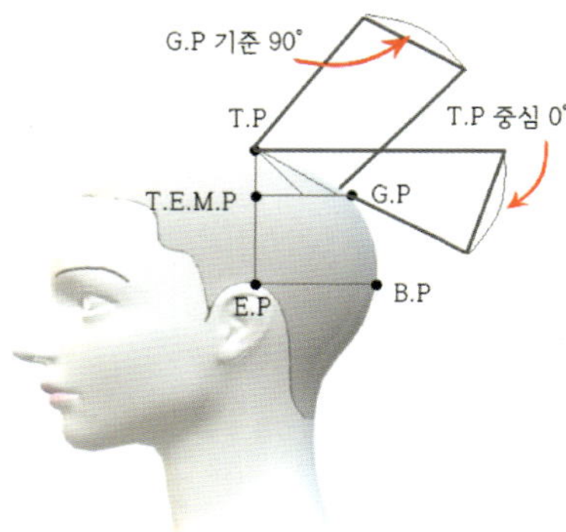

도해도

① T.P 중심 피봇 섹션으로 나눈 모습이다.

② 센터 판넬부터 미들 가이드 모발과 연결하여 T.P 중심 0°로 커팅한다.

③ 마지막 판넬까지 T.P와 평행을 유지하며 커팅한다.

④ 우측 커팅이 완성된 모습이다.

⑤ 좌측도 같은 방법으로 미들 가이드 모발과 연결하여 T.P 중심 0°로 커팅한다.

⑥ 마지막 판넬까지 T.P와 평행을 유지하며 커팅한다.

⑦ 오버 섹션의 커팅이 완성된 모습이다.

⑧ G.P 기준 90° 각도로 모발을 들어 튀어 나온 모발을 커팅한다.

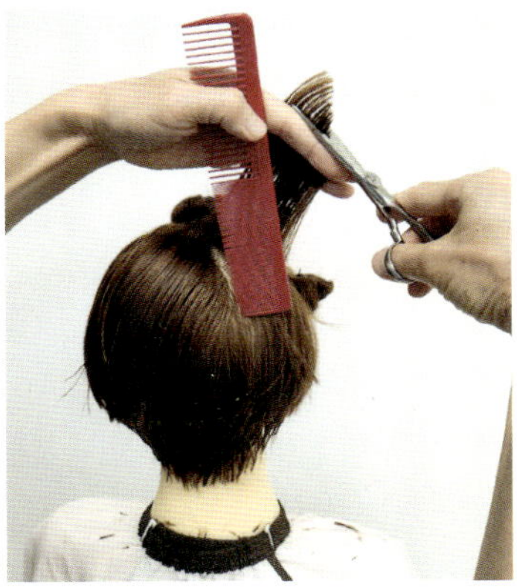

⑨ T.P 기준 피봇 섹션으로 나누어 G.P 기준 90° 각도로 모발을 들어 튀어 나온 모발을 커팅한다.

Check Point

오버 섹션 커트 시 정확한 커트를 위해 롱 기장의 모발을 미들 가이드와 연결하여 커트한 후 G.P 기준 90° 각도로 두 번째 커트가 들어가는 것이다.

5. Temple Section 좌측 – 좌측 F.S.P~좌측 T.E.M.P 호리존탈 라인 아래

완성 사진

- 이어 라인
- 수직 버티컬 섹션
- 각도 90°
- 온 더 베이스
- 머리 위치 : 똑바로

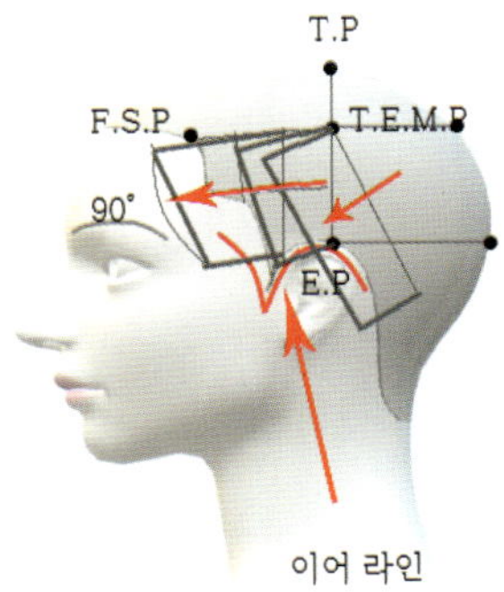

도해도

① 이어 라인을 만들기 위해 손가락을 귀에 붙여서 90° 각도로 판넬을 들어 모발을 제거한다.

② E.P 모발을 E.B.P의 모발과 연결하여 커팅한다.

③ 이어 라인 90° 각도로 커팅한 모습이다.

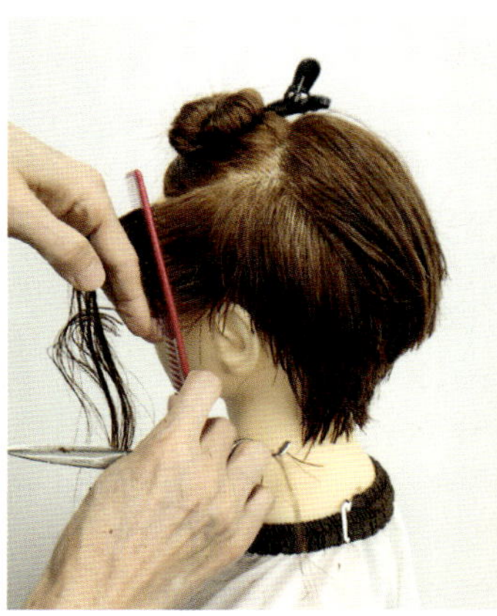

④ 수직 버티컬 슬라이스를 나누어 90° 각도로 커팅한다.

⑤ E.B.P 지점까지 90˚ 각도로 커팅한다.

⑥ 백의 모발까지 E.B.P 지점을 중심으로 커팅한다.

⑦ 이어 라인의 튀어 나온 모발을 커팅한다.

⑧ 이어 백 라인의 튀어 나온 모발을 커팅한다.

Check Point

백의 모발을 끌어서 커트할 시 E.B.P 지점을 중심으로 커팅한다.

6. Temple Section 우측 – 우측 F.S.P~좌측 T.E.M.P 호리존탈 라인 아래

완성 사진

- 이어 라인
- 수직 버티컬 섹션
- 각도 90˚
- 온 더 베이스
- 머리 위치 : 똑바로

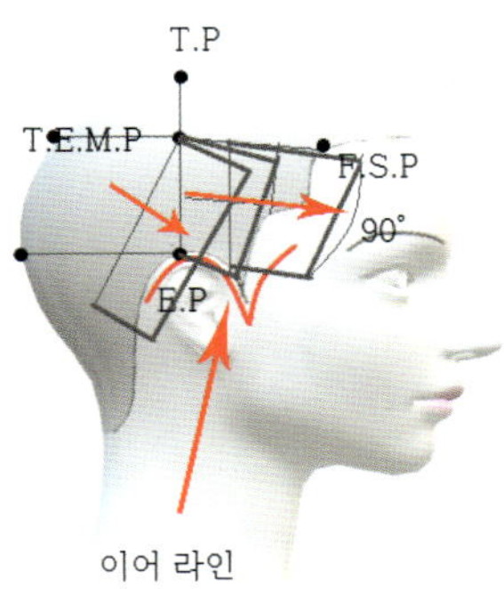

도해도

① 이어 라인을 만들기 위해 손가락을 귀에 붙여서 90° 각도로 판넬을 들어 모발을 제거한다.

② E.P 모발을 E.B.P의 모발과 연결하여 커팅한다.

③ 수직 버티컬 슬라이스를 나누어 90° 각도로 커팅한다.

④ E.B.P 지점까지 90° 각도로 커팅한다.

⑤ 백의 모발까지 E.B.P 지점을 중심으로 커팅한다.

Check Point

양쪽의 사이드 길이가 다르지 않도록 중간에 체크하면서 커트하는 것을 잊지 않아야 한다.

⑥ 커팅 후 이어 라인에서 튀어 나온 모발을 제거한다.

7. Front Section – 좌·우 F.S.P~좌·우 T.E.M.P 호리존탈 라인 위

완성 사진

- 전대각 라인 슬라이스
- 온 더 베이스
- 머리 위치 : 똑바로

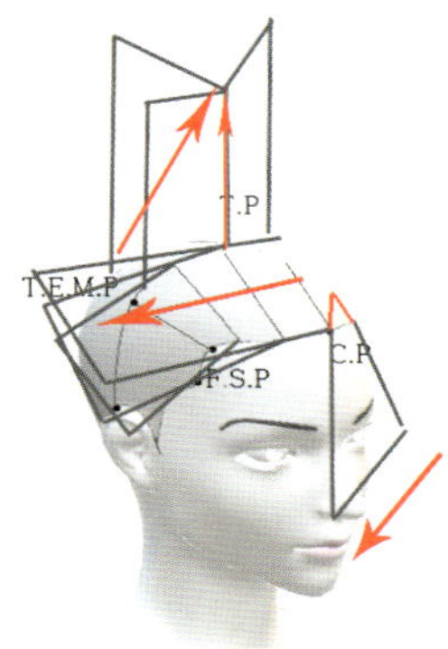

도해도

① 전대각 라인으로 슬라이스 나눈 모습이다.

② 백 사이드 가이드 라인과 연결하여 전대각 라인 슬라이스와 평행으로 커팅한다.

③ 나머지 판넬도 같은 방법으로 백 사이드 가이드 라인과 연결하여 커팅한다.

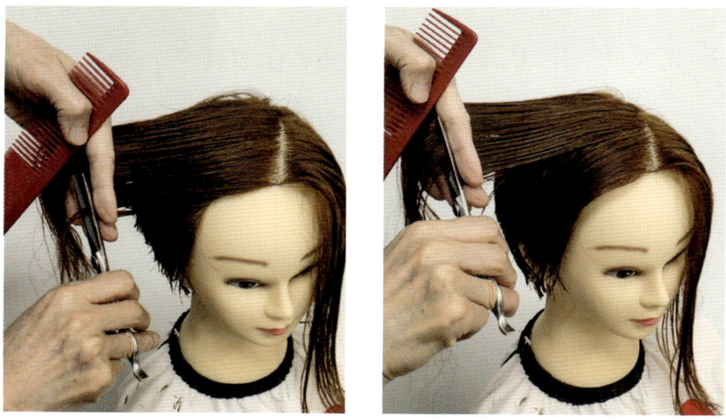

④ 마지막 판넬까지 백 사이드 가이드 라인과 연결하여 전대각 라인으로 커팅한다.

⑤ 우측 프론트 커팅이 완성된 모습이다.

⑥ 좌측도 같은 방법으로 전대각 라인 슬라이스로 백 사이드 가이드 라인과 연결하여 전대각 라인으로 커팅한다.

⑦ 나머지 판넬까지 백 사이드 가이드 라인과 연결하여 전대각 라인으로 커팅한다.

⑧ 좌측 프론트 커팅이 완성된 모습이다.

⑨ 좌측 눈썹 가운데를 중심으로 T.P와 연결하여 좌측 사이드 가르마를 만든다.

⑩ 좌측 사이드 가르마에서 좌측과 연결하여 삼각 형태 슬라이스를 나누어 좌측의 모발과 연결하여 커팅한다.

⑪ 앞머리 가이드가 완성된 모습이다.

⑫ 삼각 형태의 가이드 슬라이스와 평행으로 슬라이스를 나누어 가이드 라인과 연결하여 커팅한다.

⑬ T.P 모발을 직각으로 들어 올려 좌·우 짧은 모발과 연결하여 커팅한다.

⑭ T.P의 짧은 모발과 백의 긴 모발을 사선으로 연결하여 튀어 나온 모발을 커팅한다.

Check Point

탑의 모발과 백의 모발 연결 시 두상과 손가락의 위치가 평행으로 하여 커팅하면 백의 모발이 짧아지므로 손가락의 위치를 사선으로 하는 것을 잊지 않아야 한다.

8. Textured

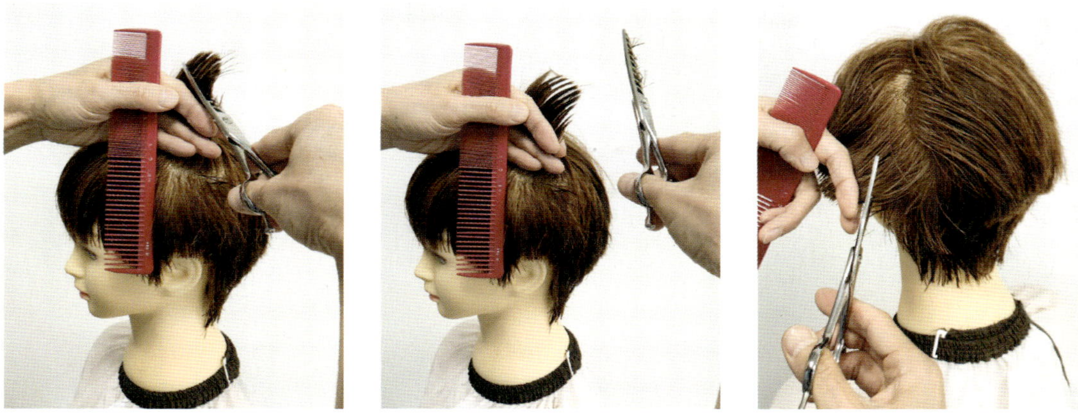

① 탑의 모발을 라인언더 틴닝 기법으로 모발을 수직인 상태로 잡아 판넬 끝의 라인 부분에 여러 개의 그래쥬에이션 층이 형성되도록 틴닝 처리한다.

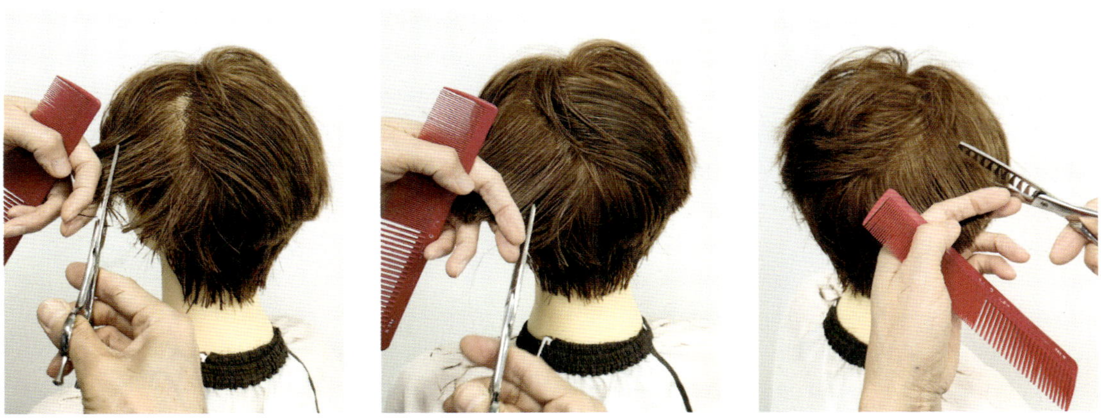

② 백의 모발을 라인언더 틴닝 기법으로 판넬 끝의 라인 부분에 여러 개의 그래쥬에이션 층이 형성되도록 틴닝 처리한다.

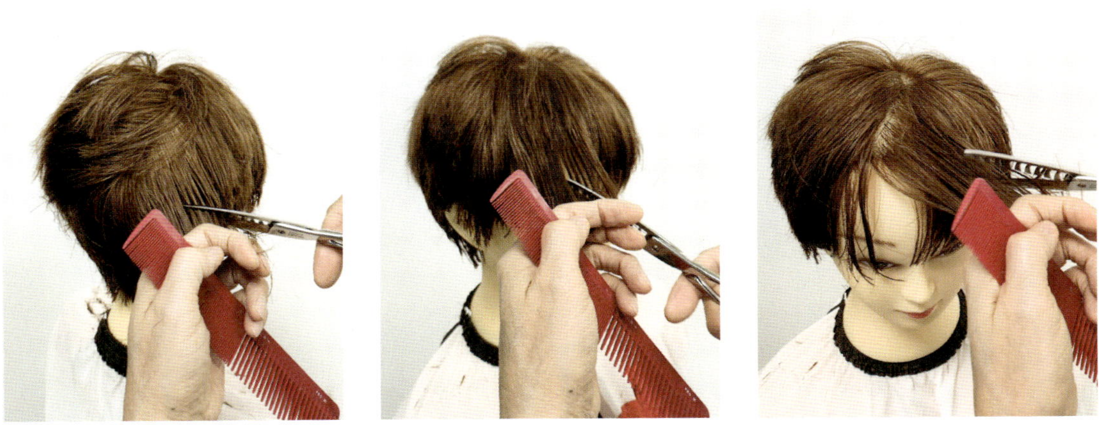

③ 백 사이드와 프론트도 같은 방법으로 모량 조절과 그래쥬에이션 층을 만들어 준다.

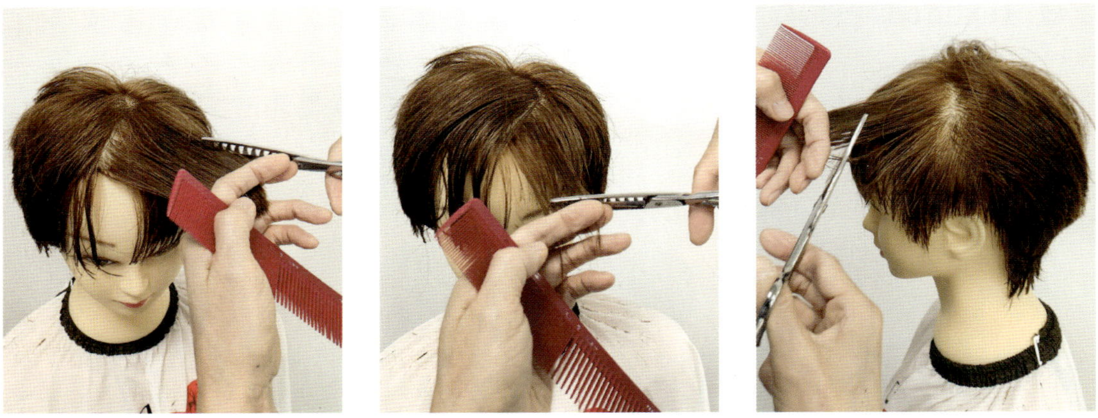

④ 앞머리와 사이드도 같은 방법으로 모량 조절과 그래쥬에이션 층을 만들어 준다.

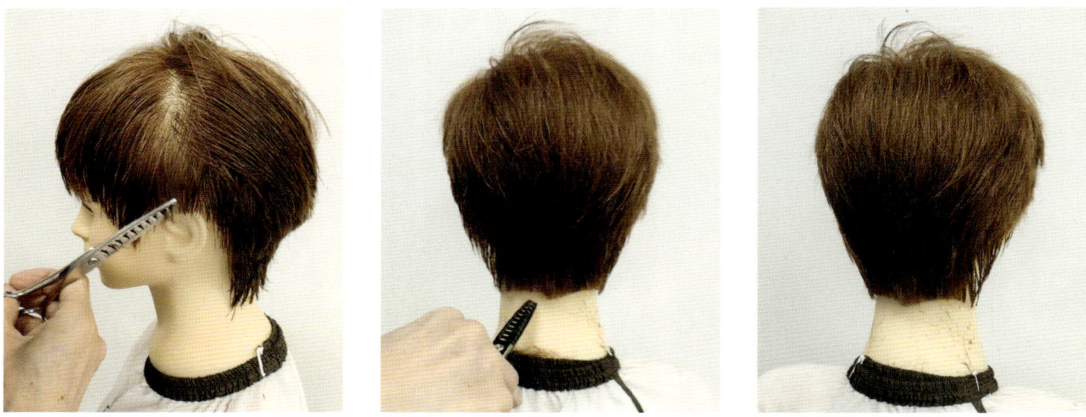

⑤ 네이프도 같은 방법으로 모량 조절과 그래쥬에이션 층을 만들어 준다.

Check Point

질감 처리가 과도하게 실행되어 커트 형태의 변형이 일어날 수 있으므로 주의해서 질감 처리한다.

9. 헤어커트 완성 사진

10. 반 다이아몬드 조각 커트

① 첫 번째 조각 커트는 좌측 눈썹 끝에서 45° 각도 사선으로 반 다이아몬드 모양으로 커트한다.

② 두 번째 조각 커트는 좌측 눈썹 중앙에서 45° 각도 사선으로 반 다이아몬드 모양으로 커트한다.

③ 세 번째 조각 커트는 미간 중앙에서 45° 각도 사선으로 반 다이아몬드 모양으로 커트한다.

Check Point

앞머리의 조각 커트는 정확한 커트 선을 만들기 위해 스타일링이 완성된 후에 실행한다.

3. 헤어커트 마무리하기

[탑 프론트 방향 스타일링]

블로우 드라이롤 1~3호 또는 원형 아이론 20~25mm를 이용하여 탑의 모발을 얼굴 방향으로 설정하여 인컬 형태를 만들어 볼륨을 만들어 낸다. 사이드와 네이프는 뿌리를 눌러서 고정시킨다. 프론트의 반 다이아몬드 형태의 선이 보이도록 스타일링 한다. 헤어 광택제나 헤어 스프레이를 이용하여 스타일링을 마무리한다.

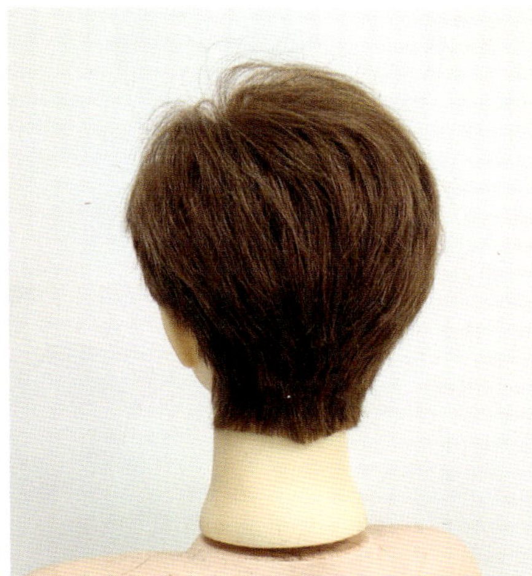
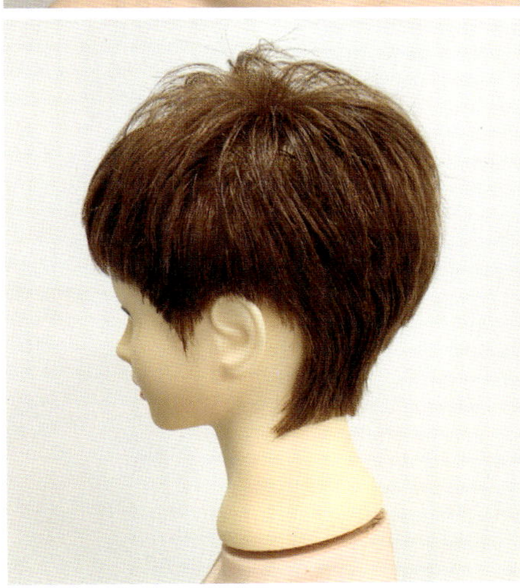

[탑 우측 방향 스타일링]

블로우 드라이롤 1~3호 또는 원형 아이론 20~25㎜를 이용하여 탑의 모발을 좌측에서 우측 방향으로 설정하여 인컬 형태를 만들어 볼륨을 만들어 낸다. 사이드와 네이프는 뿌리를 눌러서 고정시킨다. 프론트의 반 다이아몬드 형태의 선이 보이도록 스타일링 한다. 헤어 광택제나 헤어 스프레이를 이용하여 스타일링을 마무리한다.

Title 20

숏 처피 뱅 레이어 커트 Short Chirpy Bang Layer Cut

앞모습

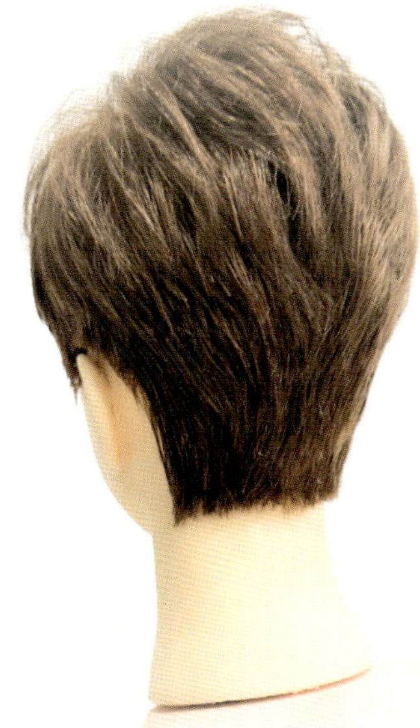

뒷모습

좌측 모습

우측 모습

1. 헤어커트 디자인 분석 및 준비하기

(1) 헤어커트 디자인 형태의 특징

후대각 라인의 앞머리 처피 뱅이 특징인 숏 처피 뱅 레이어 커트 스타일이다. 프론트를 제외한 모든 영역에서 후대각 라인의 슬라이스와 손가락 위치가 평행하도록 커팅하여 백의 센터로 자연스럽게 모발이 길어지는 효과가 난다. 언더에서 90° 각도, 미들 45° 각도, 오버 15° 각도로 탑으로 올라가면서 각도가 줄어들어 자연스럽게 백에서 볼륨이 형성된다. 커팅이 완성된 후 라인언더 틴닝 기법으로 모발 끝의 라인 부분에 틴닝 처리하여 여러 개의 그래쥬에이션 층이 형성되도록 하는 스타일이다.

디자인 설계 테크닉	헤어커트 조건
얼굴형 : 장방형 얼굴형을 제외한 모두가 어울리는 스타일이다.	가이드 길이 : N.P 길이 − 2cm
	블로킹 Blocking : 6등분 Ear To Ear Parting/앞 3, 뒤 3
두상 : 네이프와 사이드의 함몰과 돌출이 있을 시 보정 커트가 필요하다.	머리 위치 Head Position : 똑바로
	섹션 Section : 호리존탈 섹션, 후대각 섹션
이마 형태 : 함몰이 있을 경우 피하는 것이 좋다.	슬라이스 라인 Slice Line : 평행 라인, 후대각 라인
	베이스 Base : 온 더 베이스
목, 어깨 넓이 : 긴 목과 넓은 어깨는 피하는 것이 좋다.	분배 Distribution : 자연 분배, 직각 분배
	시술 각도 Projection : 일반 시술각
피해야 할 체형 : 마른 체형은 피하는 것이 좋다.	손가락 위치 Finger Position : 평행 손가락
	가이드 라인 Guide Line : 고정 디자인 라인
응용 가능 펌 : 스트레이트, C컬 웨이브	커트 테크닉 Cut Technique : 블런트 커트 Blunt Cut
	질감 처리 Textured : 틴닝 Thinning
	마무리 : 블로우 드라이 인컬

(2) 확장 도해도

커팅된 모발을 펼쳤을 때 모습을 그림으로 표현한다.

앞모습

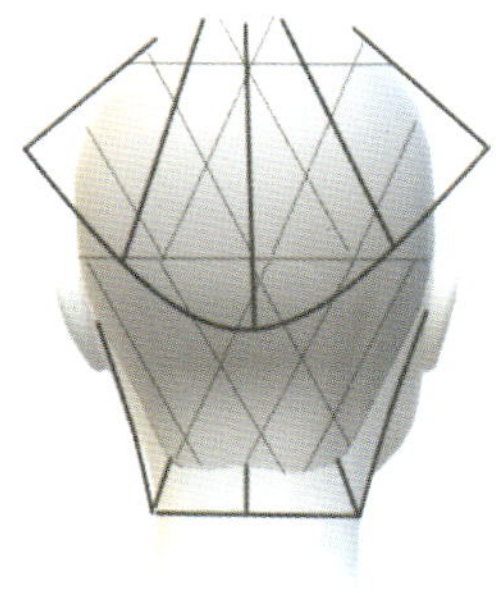

뒷모습

우측

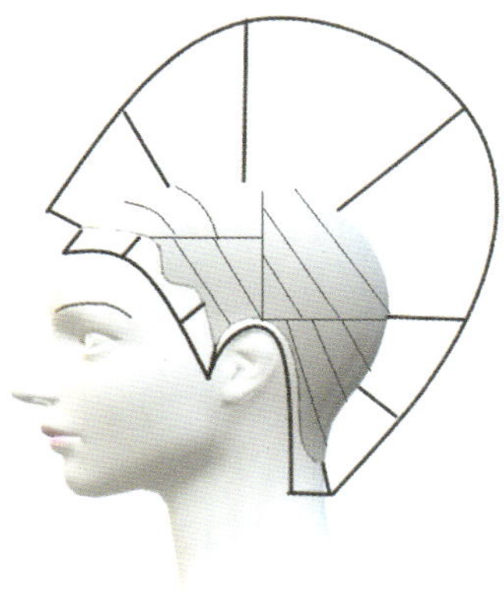

좌측

2. 헤어커트 진행하기

1. Blocking

6등분 Ear To Ear Parting/앞 3, 뒤 3

① Ear To Ear Parting으로 나눈다.
앞 : 좌·우 F.S.P~좌·우 T.E.M.P 3 파트
뒤 : 좌·우 E.P~B.P 언더, T.E.M.P~G.P 위를 오버, 아래 미들 3 파트

2. 언더 섹션 Under Section – 좌·우 E.P~B.P 호리존탈 라인 아래

완성 사진

- 가이드N.P : 2cm
- 후대각 라인 슬라이스
- 90° 각도
- 온 더 베이스
- 머리 위치 : 똑바로

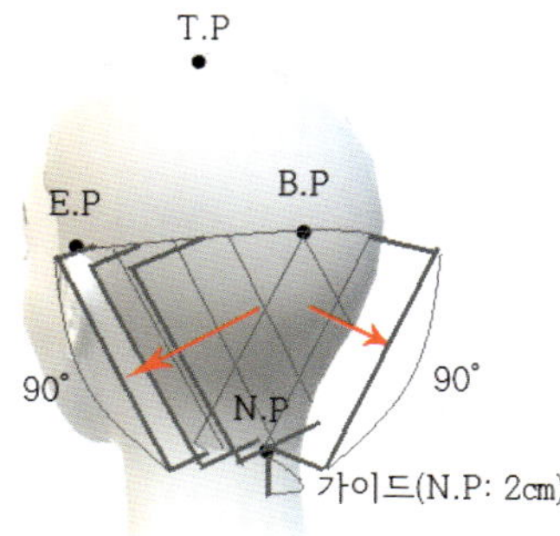

도해도

① E.P~N.C.P 연결하여 후대각 슬라이스 라인과 평행으로 커팅한다.

② 2 판넬을 후대각 라인으로 슬라이스 한 모습이다.

③ 후대각 라인 90° 각도로 커팅한다.

④ 3~4 판넬도 같은 방법으로 후대각 슬라이스 라인과 평행으로 커팅한다.

⑤ 마지막 판넬도 같은 방법으로 커팅한다.

⑥ 좌측 언더 섹션이 완성된 모습이다.

⑦ 우측 판넬도 후대각 슬라이스 라인으로 판넬을 나누어 90° 각도로 커팅한다.

⑧ 우측 나머지 판넬도 같은 방법으로 후대각 슬라이스 라인으로 판넬을 나누어 90° 각도로 커팅한다.

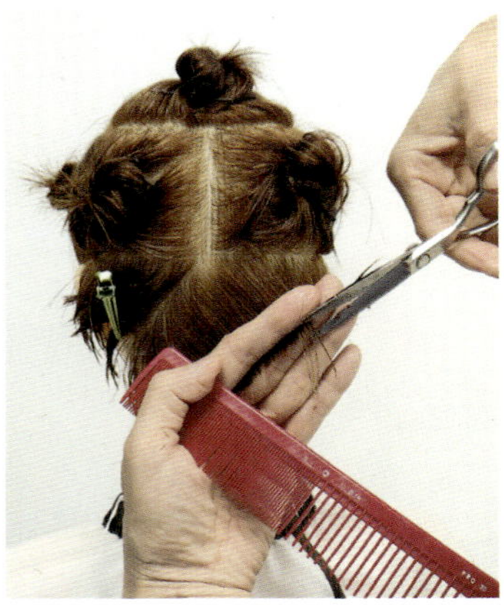

⑨ 마지막 판넬까지 슬라이스 라인과 평행을 유지하며 커팅한다.

⑩ 언더 섹션의 커팅이 완성된 모습이다.

⑪ 좌측 네이프 라인을 일정하게 정리한다.

Check Point

후대각 슬라이스 라인과 손가락의 위치가 평행을 유지해야 일정한 레이어 형태가 나온다.

⑫ 좌측 네이프 라인을 일정하게 정리한다.

3. 미들 섹션 Middle section – 좌·우 T.E.M.P~G.P 호리존탈 라인 아래

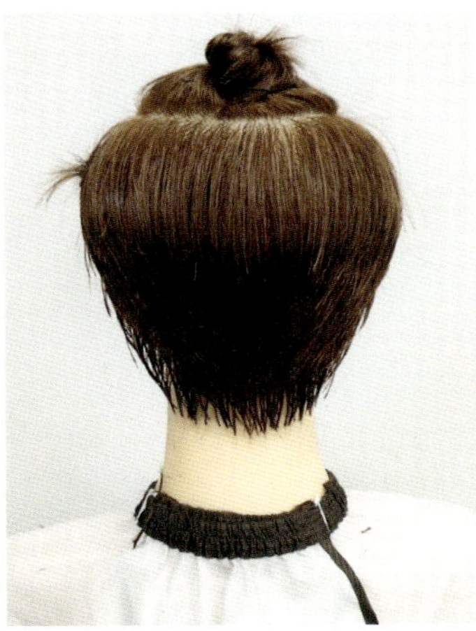

완성 사진

- 후대각 라인 슬라이스
- 각도 45°
- 온 더 베이스
- 머리 위치 : 똑바로

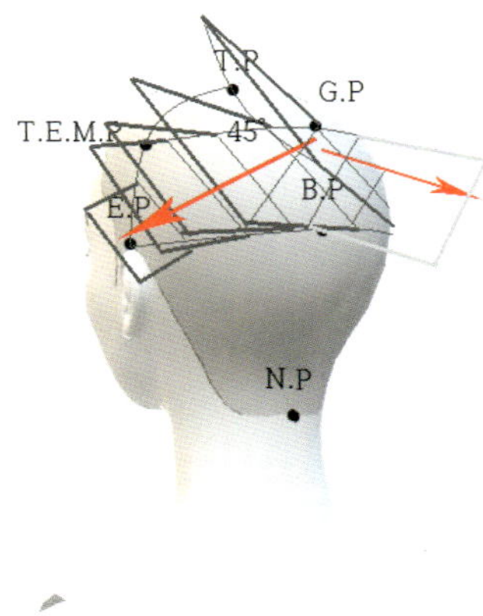

도해도

① 1 판넬 : 언더 섹션의 가이드 모발과 연결하여 후대각 라인 슬라이스 45° 각도로 커팅한다.

② 좌측의 마지막 판넬도 같은 방법으로 가이드 모발과 연결하여 후대각 라인 슬라이스 45° 각도로 커팅한다.

③ G.P 지점까지 가이드 모발과 연결하여 후대각 라인으로 커팅한다.

④ 좌측의 커팅이 완성된 모습이다.

⑤ 우측도 언더 섹션의 가이드 모발과 연결하여 후대각 라인 슬라이스 45° 각도로 G.P 지점까지 커팅한다.

⑥ 우측의 나머지 판넬도 언더 섹션의 가이드 모발과 연결하여 후대각 라인 슬라이스 45° 각도로 G.P 지점까지 커팅한다.

Check Point

후대각 라인 슬라이스 45° 각도로 커팅을 하면 백의 센터가 자연스럽게 길어지면서 볼륨이 생긴다.

4. 오버 섹션 Over Section – 좌·우 T.E.M.P~G.P 호리존탈 라인 위

완성 사진

- 후대각 라인 슬라이스
- 각도 15°
- 온 더 베이스
- 머리 위치 : 똑바로

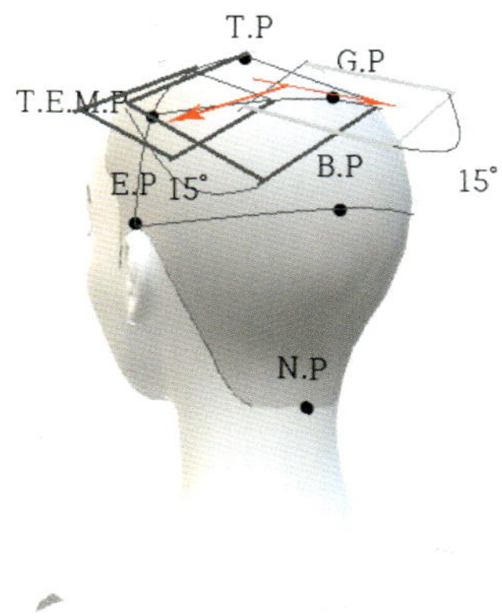

도해도

① 후대각 라인 슬라이스로 판넬을 나누어 미들 섹션의 가이드 모발과 연결하여 후대각 라인 슬라이스 15° 커팅한다.

② 우측의 커팅이 완성된 모습이다.

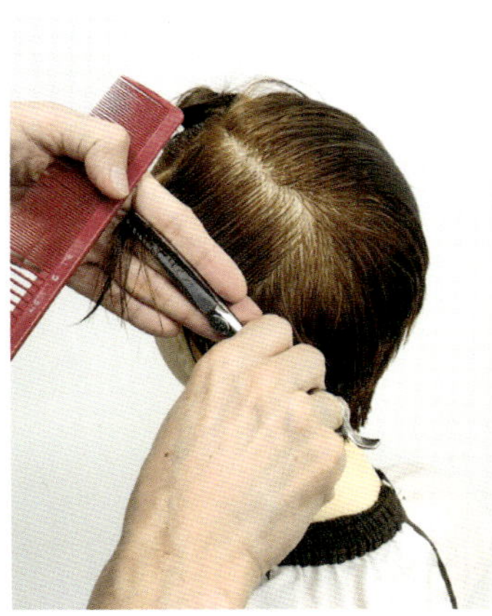

③ 좌측도 같은 방법으로 후대각 라인 슬라이스로 판넬을 나누어 미들 섹션의 가이드 모발과 연결하여 후대각 라인 슬라이스 15° 각도로 커팅한다.

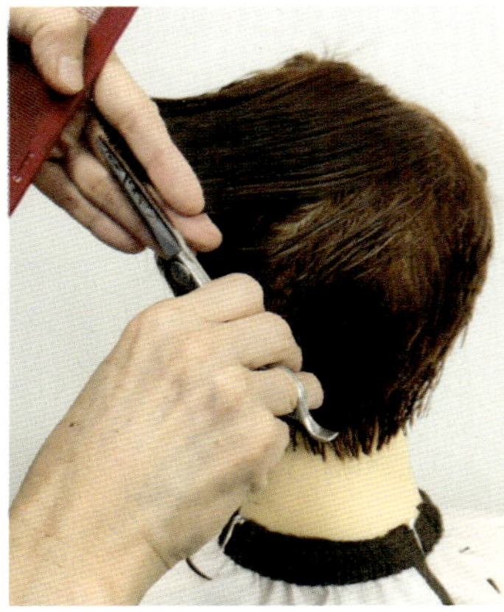

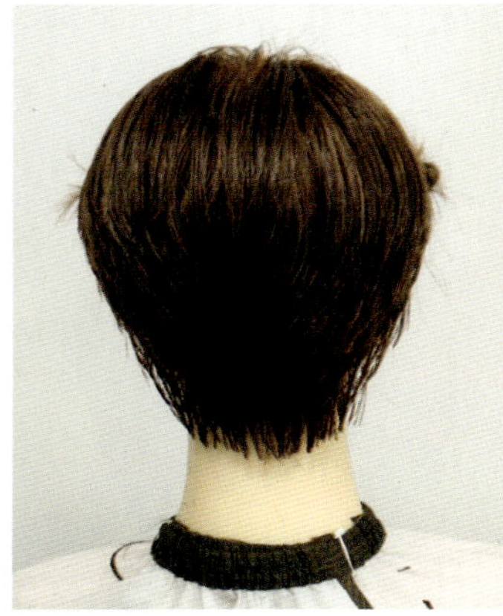

④ 나머지 판넬도 같은 방법으로 후대각 라인 슬라이스로 판넬을 나누어 미들 섹션의 가이드 모발과 연결하여 후대각 라인 슬라이스 15° 각도로 커팅한다.

⑤ 오버 섹션의 커팅이 완성된 모습이다.

Check Point

후대각 라인 슬라이스 15° 각도로 커팅하면 탑 센터의 모발이 자연스럽게 길어지면서 볼륨이 생긴다.

5. Temple Section 좌측 – 좌측 F.S.P~좌측 T.E.M.P 호리존탈 라인 아래

완성 사진

- 후대각 라인 슬라이스
- 각도 45°
- 온 더 베이스
- 머리 위치 : 똑바로

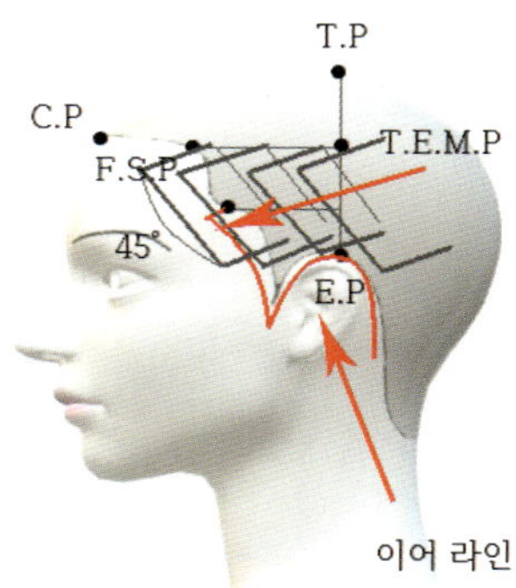

도해도

① 이어 라인을 만들기 위해 손가락을 귀에 붙여서 90° 각도로 판넬을 들어 모발을 제거한다.

② E.P 모발을 E.B.P의 모발과 연결하여 커팅한다.

③ 이어 라인에서 튀어나온 모발을 정리하듯 커팅한다.

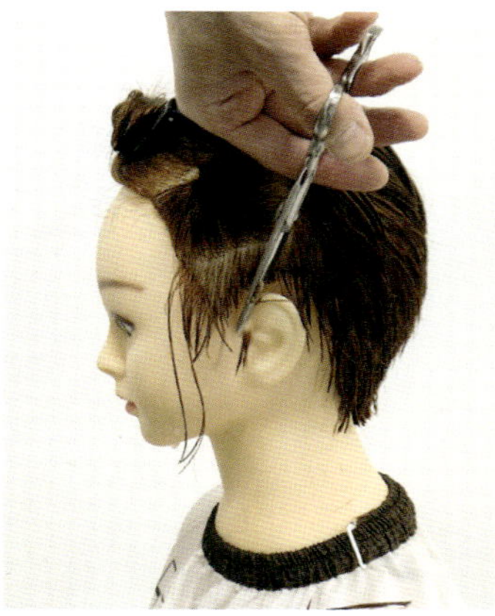

④ S.C.P 지점까지 라인을 정리해준다.

⑤ 후대각 라인 슬라이스로 판넬을 나누어 이어 라인의 모발과 연결하여 슬라이스 라인 평행 45° 각도로 커팅한다.

⑥ 이어 라인의 모발과 연결하여 슬라이스 라인 평행 45° 각도로 커팅한다.

⑦ 커팅 후 이어 라인을 다시 한 번 체크한다.

Check Point

사이드 커트 시 백 사이드의 모발과 연결하여 커팅하는 것을 잊지 말아야 한다.

6. Temple Section 우측 – 우측 F.S.P~좌측 T.E.M.P 호리존탈 라인 아래

완성 사진

- 후대각 라인 슬라이스
- 각도 45°
- 온 더 베이스
- 머리 위치 : 똑바로

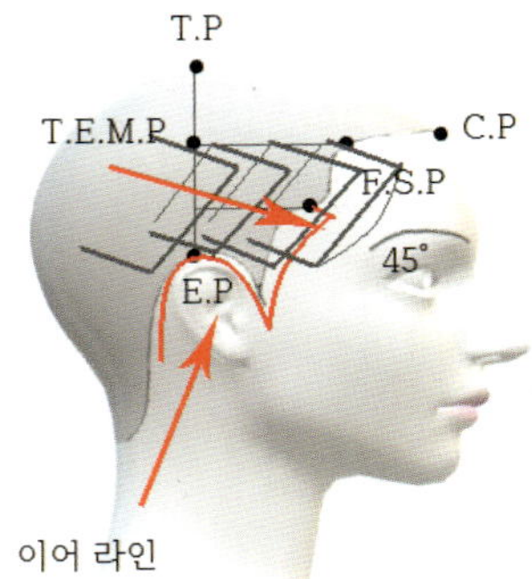

도해도

① 이어 라인을 만들어 주기 위해 90° 각도로 커팅한다. 이어 라인을 따라 선을 만들어 준다.

② S.C.P 지점까지 라인을 정리해준다.

③ 후대각 라인 슬라이스로 판넬을 나누어 이어 라인의 모발과 연결하여 슬라이스 라인 평행 45° 각도로 커팅한다.

④ 후대각 라인 슬라이스로 판넬을 나누어 이어 라인의 모발과 연결하여 슬라이스 라인 평행 45° 각도로 커팅한다.

⑤ 마지막 판넬은 백 사이드 가이드 모발과 연결하여 후대각 슬라이스 라인 평행 45° 각도로 커팅한다.

⑥ 커팅 후 이어 라인을 다시 한 번 체크한다.

Check Point

양쪽의 사이드 길이가 다르지 않도록 중간에 체크하면서 커트하는 것을 잊지 않아야 한다.

7. Front Section – 좌·우 F.S.P~좌·우 T.E.M.P 호리존탈 라인 위

완성 사진

- 페이스 라인 슬라이스
- 각도 0°~45°
- 온 더 베이스
- 머리 위치 : 똑바로

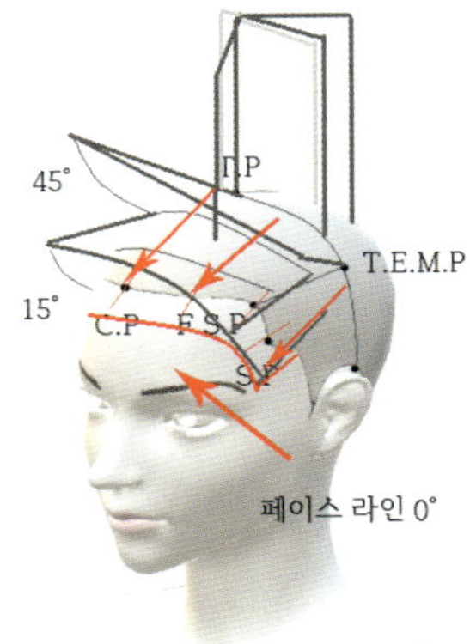

도해도

① C.P 중심으로 좌측 방향으로 페이스 라인을 따라 자연 시술각 온 더 베이스로 커팅하여 가이드 라인을 만든다.

② 우측 가이드 라인이 완성된 모습이다.

③ C.P 중심으로 우측 방향으로 페이스 라인을 따라 가이드 라인을 만든다.

④ 프론트 가이드 라인을 만들 때 좌·우 S.P 지점까지 연결해서 커팅한다.

⑤ 프론트 가이드 라인이 완성된 모습이다.

⑥ 2 판넬의 모발을 페이스 라인 가이드 모발과 연결하여 15° 각도 온 더 베이스로 커팅한다.

⑦ 우측 2 판넬의 모발을 가이드의 모발과 연결하여 15° 각도 온 더 베이스로 커팅한다.

⑧ 3 판넬의 모발을 페이스 라인 가이드 모발과 연결하여 45° 각도 온 더 베이스로 커팅한다.

⑨ 우측 3 판넬의 모발을 가이드의 모발과 연결 45° 각도 커팅한다.

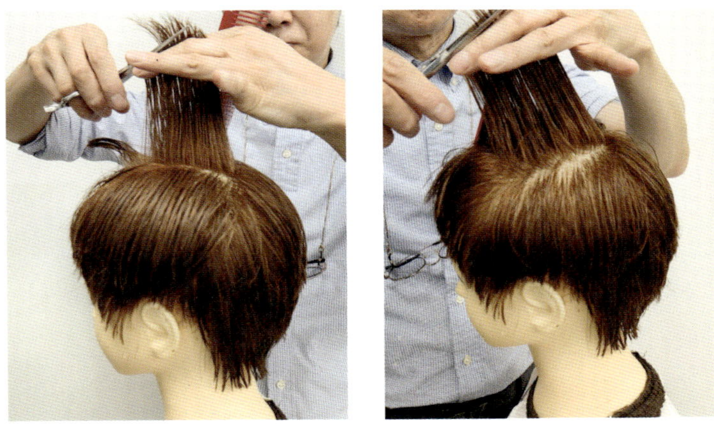

⑩ 탑의 모발을 두상에서 직각으로 들어 올려 튀어 나온 모발을 제거 한다.

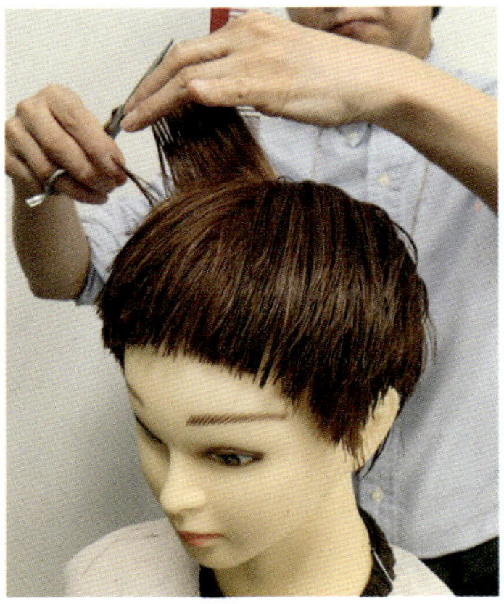

⑪ 피봇 섹션으로 체크한다.

Check Point

탑의 모발 커팅 시 백의 모발을 탑으로 끌어서 제거해야 한다.

8. Textured

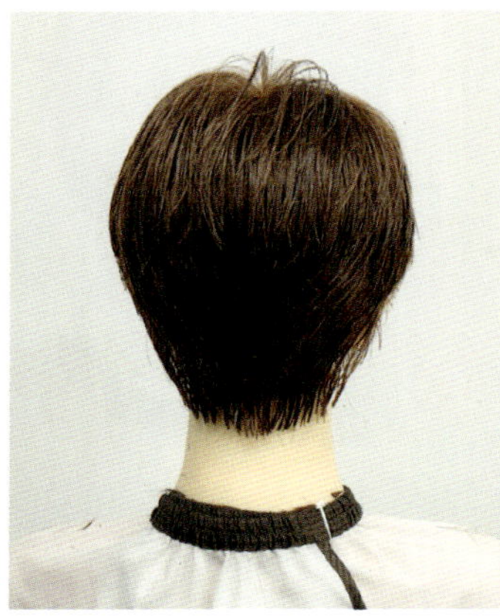

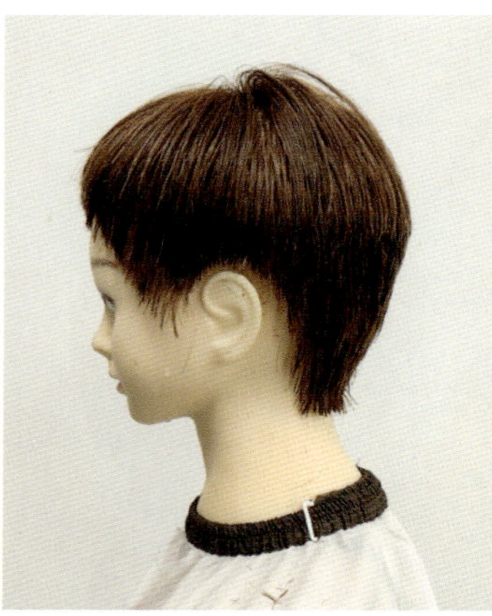

① 질감 처리 전의 모습이다.

② 라인언더 틴닝 기법으로 모발을 수직인 상태로 잡아 판넬 끝의 라인 부분에 여러 개의 그래쥬에이션 층이 형성되도록 틴닝 처리한다.

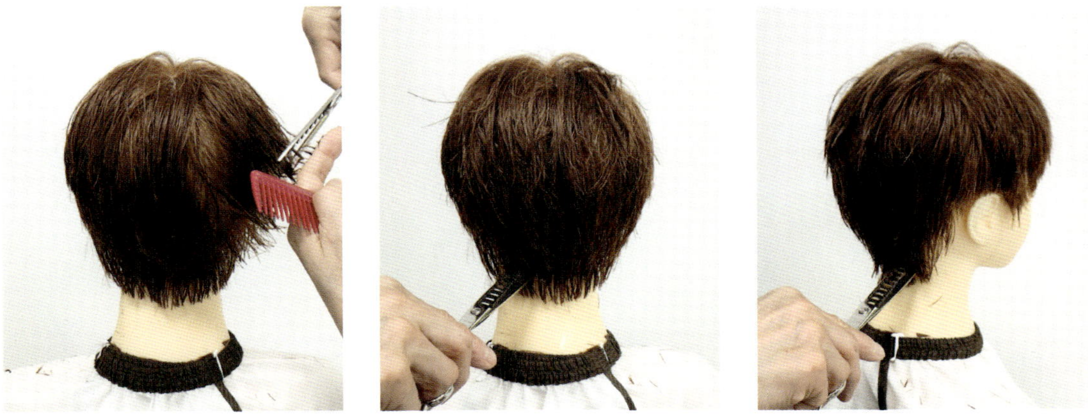

③ 사이드도 같은 방법으로 틴닝한다.

④ 네이프와 프론트도 같은 방법으로 모량 조절과 그래쥬에이션 층을 만들어 준다.

⑤ 네이프와 프론트도 같은 방법으로 모량 조절과 그래쥬에이션 층을 만들어 준다.

Check Point

질감 처리가 과도하게 실행되어 커트 형태의 변형이 일어날 수 있으므로 주의해서 질감 처리한다.

⑥ 페이스 라인도 같은 방법으로 질감 처리한다.

9. 헤어커트 완성 사진

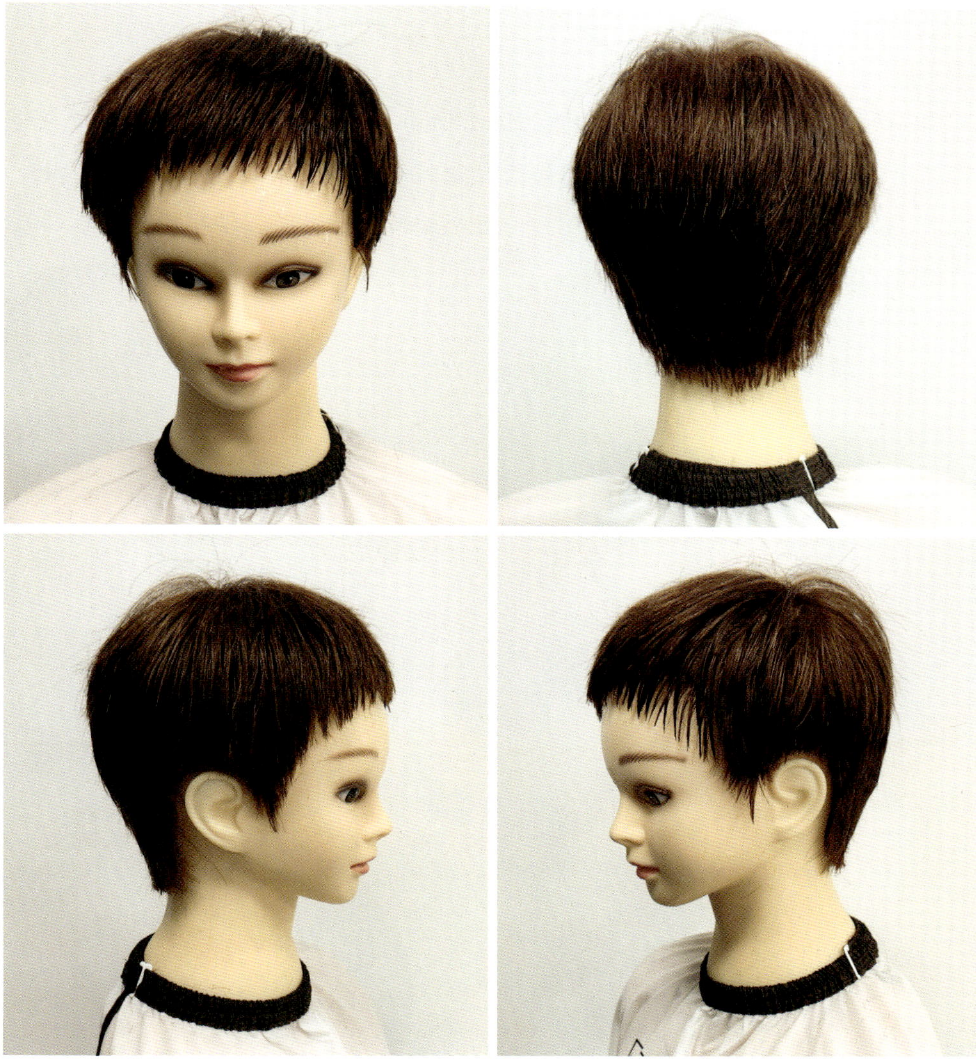

3. 헤어커트 마무리하기

[탑 우측 방향 스타일링]

블로우 드라이롤 1~3호 또는 원형 아이론 20~25mm를 이용하여 탑의 모발을 좌측에서 우측 방향으로 설정하여 인컬 형태를 만들어 볼륨을 만들어 낸다. 사이드와 네이프는 뿌리를 눌러서 고정시킨다. 프론트의 처피 뱅 형태의 선이 보이도록 스타일링 한다. 헤어 광택제나 헤어 스프레이를 이용하여 스타일링을 마무리한다.

[와일드 스타일 스타일링]

블로우 드라이롤 1~3호 또는 원형 아이론 20~25mm를 이용하여 탑의 모발을 좌측에서 우측 방향으로 설정하여 C컬 형태를 만들어 볼륨을 만들어내 C컬을 거칠게 스타일링 한다. 사이드와 네이프는 뿌리를 눌러서 고정시키고 프론트의 처피 뱅 형태의 선이 보이도록 스타일링 한다. 헤어 광택제나 헤어 스프레이를 이용하여 스타일링을 마무리한다.

참고 문헌

- 강갑연·최은정, “디자인 헤어커트”, 광문각, 2011.
- 권기형, “커머셜 업스타일”, 메디시언, 2021.
- 권오혁, “CUT PROCESS”, 지구문화사, 2012.
- 김남희, “헤드 존 커트 트레이닝”, PORICA ACADEMY, 비앤엘, 2018.
- 김동분·최은정, “NCS 베이직 헤어커트”, 광문각, 2018.
- 김민선, “21 세기 헤어커트”, 유신 문화사, 1997.
- 김혜균·김진희, “ILLUSTRATION”, 구민사, 2017.
- 문승재, “응용 헤어커트”, 훈민사, 2018.
- 박경숙, “미용 미술”, 제일 출판사, 1998.
- 박상국, “베이직 앤 모던 커트”, 앤이, 2005.
- 박상국, “형태의 원리를 이용한 헤어 디자인 발상 - 작품 제작을 중심으로”, 서경대학교 일반대학원, 박사학위 논문, 2010.
- 박은준 외, “교육역량 강화를 위한 베이직 헤어커트”, 메디시언, 2021.
- 박은준 외, “어드밴스 헤어커트”, 메디시언, 2018.
- 오지영 외, “헤어 컷 디자인”, 광문각, 2015.
- 오지영·최유식, “비달사순 베이직 헤어커트”, 학문사, 2004.
- 이노우에 요헤이, 박경숙 역, “헤어 디자인”, 한서출판사, 1985.
- 이명심 역, “헤어 커팅법”, 정문각, 2001.
- 이재숙 외, “베이직 컷 프로”, 구민사, 2015.
- 이토 유타카, “100 시간 100 스타일 레슨”, 가미쇼보코리아, 2016.
- 임연웅, “디자인 총론”, 형설출판사, 2001.
- 정웅경, 지식재산권 기반의 “한국인 두상에 적합한 헤어커트 방법” 연구, 서경대학교 일반대학원, 박사학위논문, 2022.
- 지정훈·김선영, “Basic Cut”, 청구문화사, 2016.
- 진용미 외, “NCS기반 크리에이티브 헤어커트”, 훈민사, 2017.
- 진용인 외, “베이직 헤어커트”, 훈민사, 2014.
- 진태연 외, “Scalp Hair Cut”, 청구문화사, 2015.
- 湯谷純明, “스트록 커트를 마스터한다”, 여성 모드사, 1999.
- 2016 Pivot Point International, Inc. PIVOT POINT FUNDAMENTALS SCULPTURE/CUT.
- Vidal Sassoon. Cutting Hair The Vidal Sassoon Way. Vidal Sassoon INC. 1984.

저자 소개

권 기 형

서경대학교 미용예술학과 초빙교수
서경대학교 일반대학원 미용예술학 박사
대구 미용명장
대한민국기능올림픽 국가대표 지도교사 역임
대한미용사중앙회 국제분과위원장&국제트레이너
프랑스파리 MCB유럽챔피언쉽 우승
OMC헤어월드 챔피언 4회연속 우승
권기형헤어샵 대표
대한미용사 수성구 지회장

정 웅 경

서울사이버대학교 뷰티디자인학과 대우교수
전 서영대학교 뷰티아트학과 겸임교수
서경대학교 일반대학원 미용예술학 박사
국가 미용기능장
한국뷰티스타일리스트직업기능협회 교육이사
대한미용사회 중앙회 기술강사
한국미용경경학회 상임이사
"한국인의 두상에 적합한 볼륨 헤어커트 방법" 특허출원
정웅경헤어샵 대표

Salon Hair Cut

살롱 헤어커트

2023년 9월 5일 초판 인쇄
2023년 9월 10일 초판 발행

지은이 • 권기형 · 정웅경
발행인 • 주병오 · 주민기

발행처 • 메디시안

주 소 • 경기도 파주시 회동길 209
파주출판문화정보산업단지
영업부 • 031–955–7566 · 7577
편집부 • 031–955–7731
F A X • 031–955–7730
홈페이지 • www.ji–gu.co.kr
전자우편 • jigupub@hanmail.net
등록번호 • 2005년 2월 16일
제 406–2005–000045호

ISBN 979–11–90839–98–3 가격 : 35,000원